华建集团 科创成果系列丛书
ARCPLUS

空港枢纽建筑电气及智慧设计
关键技术研究与实践

RESEARCH AND PRACTICE ON KEY TECHNOLOGIES OF ELECTRICAL
AND INTELLIGENT DESIGN OF AIRPORT HUB BUILDINGS

沈育祥　著

中国建筑工业出版社

图书在版编目（CIP）数据

空港枢纽建筑电气及智慧设计关键技术研究与实践 = RESEARCH AND PRACTICE ON KEY TECHNOLOGIES OF ELECTRICAL AND INTELLIGENT DESIGN OF AIRPORT HUB BUILDINGS / 沈育祥著. —北京：中国建筑工业出版社，2022.8（2023.11重印）

（华建集团科创成果系列丛书）

ISBN 978-7-112-27634-9

Ⅰ．①空… Ⅱ．①沈… Ⅲ．①机场-电气设备-建筑设计-研究 Ⅳ．①TU248.6

中国版本图书馆CIP数据核字（2022）第132666号

本书包含研究和实践两个方面，对空港枢纽建筑电气与智慧设计中的关键技术进行了多维度的详细阐述。研究篇分为背景和概况、供配电可靠性设计、配电设计及应用、大空间照明设计、电气防灾系统、能源管理及控制、空港枢纽建筑智慧设计要点、智慧基础设施、智慧安全、智慧出行、智慧服务、智慧运营12个章节。实践篇汇集了华东院近期设计的多个空港枢纽建筑优秀项目案例。

本书具有系统性强、结构严谨、技术先进、实践性强等特点，可供从事空港枢纽建筑电气与智慧设计技术理论研究和工程实践的工程技术人员、设计师参考和借鉴，也可作为高等院校相关专业师生的参考阅读资料。

责任编辑：王华月　范业庶
责任校对：董　楠

华建集团科创成果系列丛书

空港枢纽建筑电气及智慧设计
关键技术研究与实践
RESEARCH AND PRACTICE ON KEY TECHNOLOGIES OF ELECTRICAL
AND INTELLIGENT DESIGN OF AIRPORT HUB BUILDINGS
沈育祥　著

*

中国建筑工业出版社出版、发行（北京海淀三里河路9号）
各地新华书店、建筑书店经销
北京鸿文瀚海文化传媒有限公司制版
北京中科印刷有限公司印刷

*

开本：880毫米×1230毫米　1/16　印张：25　字数：680千字
2022年8月第一版　2023年11月第二次印刷
定价：**198.00**元
ISBN 978-7-112-27634-9
（39761）

作者简介

沈育祥 华建集团电气专业总工程师兼华东建筑设计研究院有限公司电气总工程师，教授级高级工程师，注册电气工程师，担任全国勘察设计注册工程师管理委员会委员、中国建筑学会建筑电气分会理事长、中国建筑学会常务理事、中国消防协会电气防火专业委员会副主任、上海市建筑学会常务理事、上海市建委科学技术委员会委员等社会职务。

先后主持东方之门、新开发银行总部大楼、苏州中南中心、南京江北新区等超高层建筑以及国家图书馆、上海地铁迪士尼车站、东方艺术中心等各类重大工程项目的电气设计。

主编和参编《智慧建筑设计标准》T/ASC 19-2021、《智能建筑设计标准》GB/T 50314-2000、《民用建筑电气防火设计规程》DGJ 08-2048-2016、《耐火和阻燃电线电缆通则》GB 19666-2005等20余部国家和地方标准规范。

在国内权威期刊上发表《从智能建筑到智慧建筑的技术革新》《低压直流配电技术在民用建筑中的合理应用》等十余篇专业学术论文，并主编或参撰《超高层建筑电气设计关键技术研究与实践》《超高层建筑智能化设计关键技术研究与实践》《会展建筑电气及智慧设计关键技术研究与实践》《智能建筑设计技术》《中国消防工程手册》等多部学术专著。

曾获国家优秀工程标准设计奖、上海市优秀工程设计奖、全国标准科技创新奖、上海标准化优秀技术成果奖、上海优秀工程标准设计奖、上海市科技进步奖、上海市建筑学会科技进步奖等荣誉。

编委会

空港枢纽建筑电气及智慧设计关键技术研究与实践

总　序

当今世界处于百年未有之大变局时期，唯有科技创新才能持续引领行业发展。随着新一轮科技革命和产业变革深入发展，以及碳达峰、碳中和纳入生态文明建设整体布局，数字中国和智慧城市建设，将带动5G、人工智能、工业互联网、物联网、绿色低碳等"新型基础设施"建设和发展。当前，在构建双循环新发展格局的背景下，实行高水平对外开放、深化"一带一路"国际合作、雄安新区、粤港澳大湾区、长江经济带发展、长三角一体化发展、黄河流域生态保护和高质量发展等国家战略的持续推进，将为行业带来新的、重要的战略机遇期，勘察设计行业应加快创新转型发展，瞄准科技前沿，在关键核心技术和引领性原创成果方面不断突破，切实将科技创新成果转化为促进发展的源动力。

华东建筑集团股份有限公司（以下简称华建集团）作为一家以先瞻科技为依托的高新技术上市企业，引领着行业的发展，集团定位为以工程设计咨询为核心，为城乡建设提供高品质、综合解决方案的集成服务商。旗下拥有华东建筑设计研究院、上海建筑设计研究院、上海市水利工程设计研究院、上海地下空间与工程设计研究院、建筑装饰环境设计研究院、数创公司等20余家分子公司和专业机构。集团业务领域覆盖工程建设项目全过程，作品遍及全国各省市及全球7大洲70个国家及地区，累计完成3万余项工程设计及咨询工作，建成大量地标性项目，工程专业技术始终引领并推动着行业发展和攀升新高度。

集团拥有1个国家级企业技术中心、9家高新技术企业和6个上海市工程技术研究中心，近5年有1500多项工程设计、科研项目和标准设计荣获国家、省（市）级优秀设计和科技进步奖，获得知识产权610余项。历年来，主持和参与编制了各类国家、行业及上海市规范、标准共270余册，体现了集团卓越的行业技术创新能力。累累硕果来自数十年如一日的坚持和积累，来自企业在科技创新和人才培养的不懈努力。集团以"4+e"科技创新体系为依托，以市场化、产业化为导向，创新科技研发机制，构建多层级、多元化的技术研发平台，逐渐形成了以创新、创意为核心的企业文化，是全国唯一一家拥有国家级企业技术中心的民用建筑设计咨询企业。在专项业务领域，开展了超高层、交通、医疗、养老、体育、演艺、工业化住宅、教育、物流等专项建筑设计产品研发，形成一系列专项核心技术和知识库，解决了工程设计中共性和关键性的技术难点，提升了设计品质；在专业技术方面，拥有包括超高层结构分析与设计技术、软土地区建筑地基基础和地下空间设计关键技术、大跨空间结构分析与设计技术、建筑声学技术、建筑装配式集成技术、建筑信息模型数字化技术、绿色建筑技术、建筑机电技术等为代表的核心技术，在提升和保持集团在行业中的领先地位方面，起到了强有力的技术支撑作用。同时，集团聚焦中高端领军人才培养，实施"213"人才队伍建设工程，不断提升和强化集团在行业内的人才比较优势和核心竞争力，集团人才队伍不断成长壮大，一批批优秀设计师成为企业和行业内的领军人才。

为了更好地实现专业知识与经验的集成和共享，推动行业发展，承担国有企业社会责任，我们将华建集团各专业、各领域领军人才多年的研究成果编撰成系列丛书，以记录、总结他们及团队在长期实践与研究过程中积累的大量宝贵经验和所取得的成就。

丛书聚焦建筑工程设计中的重点和难点问题，所涉及项目难度高、规模大、技术精，具有普通小型工程无法比拟的复杂性，希望能为广大设计工作者提供参考，为推动行业科技创新和提升我国建筑工程设计水平尽一点微薄之力。

华东建筑集团股份有限公司党委书记、董事长

序 一

伴随世界文化经济深入融合与发展，大型航空枢纽已成为全球生产要素最佳结合点之一，这也为机场航站楼的建设获得了难得的机遇。航站楼作为航空枢纽的核心建筑，如何实现与综合交通枢纽一体化、如何实现与城市一体化、如何满足功能多样化、低碳、智慧化等要求，这些挑战也伴随着发展机遇而呈现。同时，这些挑战也意味着对航站楼的供配电可靠性、能源管理、智慧化等设计提出了新的要求，为应对航站楼建设中对于电气及智慧化的特殊需求，其设计也需要用更为先进和综合的技术手段来满足航站楼的建设需求。

作为中国一流的勘察设计企业，华建集团及其下属华东建筑设计研究院有限公司长期从事机场航站楼及综合交通枢纽的设计，并形成了专注原创、追求精致、重视科研、集成设计总包服务的特点。其机场交通枢纽的设计实践最早可追溯至20世纪60年代的虹桥机场T1航站，后经浦东机场T1及T2航站楼、虹桥综合交通枢纽、南京禄口机场二期工程、虹桥机场T1航站楼改造、浦东机场卫星厅、乌鲁木齐机场改扩建工程、萧山机场三期综合交通枢纽、呼和浩特新机场、合肥机场、太原机场、昆明长水机场二期等一大批国家门户和枢纽机场的实践积累，形成了核心技术优势，得到了社会各界和业主的高度认可和好评，并涌现了一批为我国民航建设事业作出卓越贡献的优秀电气工程师，华东建筑设计研究院有限公司电气总工程师沈育祥就是其中的代表之一。

本书由沈育祥先生倾注多年心血撰写而成，凝聚了其多年来专注航站楼和交通枢纽电气及智慧设计专项领域的工程技术经验和理论创新成果，也是华建集团长期坚持产学研一体化发展的成就展示。书中通过对大量具有广泛影响力的重大工程项目实践案例及国内外著名航站楼案例的梳理和分析，结合长期的科技创新研究成果，对航站楼的供配电可靠性设计、配电设计及应用、大空间照明设计、电气防灾系统、能源管理及控制、空港枢纽建筑智慧设计要点、智慧基础设施、智慧安全、智慧出行、智慧服务、智慧运营等各个方面进行了系统总结和理论创新，体现了当今国内外先进设计理念和设计技术。

相信本书的出版将会弥补目前市场上航站楼电气及智慧设计这一专项领域学术论著的空白，为广大的电气及智慧设计工作者提供极有裨益的专业参考。同时，也期望本书的出版，能为我国机场航站楼和综合交通枢纽建筑电气及智慧的设计实践与技术创新作出积极贡献。

华东建筑集团股份有限公司　总裁

序 二

从当今世界发展态势看，世界正在经历新一轮科技革命和产业变革，以新一代信息技术融合应用为主要特征的智慧民航建设，正全方位重塑民航业的形态、模式和格局，这必将引领民航业包括机场建设的发展方向。

党的十九大作出了建设交通强国、数字中国的战略部署，国民经济和社会发展"十四五"规划纲要专篇布局数字中国建设，明确提出了建设智慧民航的任务。近年来，我国智慧机场作为国家强力支持的战略性新兴产业，国家不断释放各种政策红利，从国务院发布《国家综合立体交通网规划纲要》，到民航局印发《"十四五"民用航空发展规划》《智慧民航建设路线图》，极大地调动了各地建设智慧机场的热情。

《"十四五"民用航空发展规划》明确规定，要继续完善智慧机场建设、推动技术研发等，同时对我国智慧机场相关指标提出相应的规划和要求，对各省市智慧机场行业的布局进行进一步完善。目前，我国31省市均颁布了智慧机场及智慧交通相关的支持性政策，主要省份也提出了智慧机场行业的政策指引，其中一线城市率先做出详细规划。《智慧民航建设路线图》明确提出，到2030年，智慧民航建设"智能化应用取得关键性突破，基本实现出行一张脸、物流一张单、通关一次检、运行一张网、监管一平台，实现更高水平的数字化、网络化、智能化"。

随着《民航"十四五"发展规划》《智慧民航建设路线图》等这些重要文件的相继印发，我国机场行业进入"发展阶段转换期、发展质量提升期、发展格局拓展期"三期叠加新阶段；同时，在2030年碳达峰和2060年碳中和的背景下，只有通过不断探索新的智慧机场建设理念，才能破解行业发展难题、拓展绿色发展上限、进行数字化转型、提升行业发展空间、构筑行业发展竞争新优势。

在机场航站楼和综合交通枢纽建筑设计领域中，华东建筑设计研究院有限公司（华东院）专注原创、科研、设计总包服务，不断更新发展前端、高端技术，承担设计浦东机场T1、T2、T3航站楼、卫星厅，上海虹桥国际机场T1航站楼改造、T2航站楼、虹桥综合交通枢纽，杭州萧山机场T3航站楼，南京禄口国际机场T2航站楼，烟台潮水机场航站楼，乌鲁木齐机场T4航站楼及交通中心，呼和浩特新机场，温州机场，宁波机场，太原机场，昆明机场T2航站楼及综合交通枢纽，合肥机场T2航站楼及交通中心，红河综合交通枢纽等重大机场枢纽工程项目。在其他交通建筑设计领域，包括大型通关口岸、大型城市轨道交通站等方面的设计技术和项目积累也处于国内领先地位。项目曾荣获全国工程勘察设计最高奖项——全国优秀工程勘察设计金奖、亚洲建筑协会建筑大奖荣誉提名奖、联合国气候大会绿色建筑大奖等。

本书基于华东院多年在空港枢纽及口岸建筑方面的实践经验，将技术理论与实际工程案例相结合，全面详尽介绍了空港枢纽建筑电气及智慧设计的关键技术，并精选了近期六个智慧机场设计重大工程案例，提供了相关案例的电气和智慧设计精准数据，为今后空港枢纽建筑电气与智能化设计的从业人员提供了宝贵资料，作出了应有的贡献，体现了华东院的专业精神和对社会的回馈奉献意识。

在科技不断发展的今天，如何合理应用AI、5G/F5G、大数据及云计算等技术，塑造更好用的智慧机场、并为平安机场、绿色机场和人文机场提供有力的技术支撑，需要进行更多的探索、创新和实践，任重而道远。相信这本《空港枢纽建筑电气及智慧设计关键技术研究与实践》能够为机场设计从业人员提供帮助，助力行业高质量发展。

华东建筑设计研究院有限公司总经理、首席总建筑师

序 三

我国近四十余年的改革开放给予了基建行业前所未有的历史机遇，规模空前的空港型枢纽、铁路场站、通关口岸以及邮轮码头等枢纽建筑的建设给我国的城市化发展带来了源源不断的动力。大型交通枢纽项目重新定义了当代城市群的空间和时间，对于城市的发展与更新有着重要的引导作用，也决定着城市运行的效率。

枢纽建筑作为大型公共建筑的一个细分类别，在建筑形态、空间布局、设计语言、专业划分、设计组织以及系统集成等方面都有其显著的特点。依托华东院多年来在枢纽建筑领域的项目实践，院内各专业以建筑设计为龙头，结构设计、电气及智能化设计、暖通设计、给水排水专业以及设计项目管理等专业都开展了卓有成效的专项化研究，并逐渐形成了贯穿于项目全生命周期的产学研体系，同时也推动了该领域行业整体水平的提升。

空港型枢纽作为枢纽建筑中专业集成度最高、交通换乘方式最为复杂，同时智慧化程度最高的一类工程，电气及智能化设计既是建筑机电系统的重要组成部分，同时也是响应中国民用航空局号召打造新型"四型机场"的重要技术支撑之一。华东院电气专业的同事近年来在院机电总师团队的引领下，开展了大量的项目实践和研究工作。

全书汇集了华东院多项原创重大机场项目案例，提炼了编者对于空港枢纽建筑电气及智能化设计关键技术方面的经验总结，有效弥补了空港枢纽建筑设计领域在该专项研究方面的空白。本书的出版希望对我国枢纽建筑的设计实践和进步发展带来宝贵价值和积极的指导作用！

全国工程勘察设计大师

华东建筑设计研究院有限公司总建筑师

前　言

在这个日新月异的时代，空港枢纽建筑的空间布局和建筑形态也在发生着变化，设计师始终围绕着交通工具使用效率的提升、旅客体验的优化、旅客换乘效率的提高和城市开发的联动进行设计。随着信息技术的不断发展成熟以及民航机场业务的不断扩展，业内对智慧机场的需求和理解也在不断加强和更新，以智慧机场技术为关键支撑的"四型机场"建设是全国民航机场建设的主要方向，以"绿色"为导向的机场可持续发展更需要全球参与。智慧机场的高速发展需要通过新一代信息技术，运用物联网、无线传输、大数据挖掘、云计算、信息安全等关键技术，实现点到点的时时互联，采集处理信息，实现业务自动化、服务个性化、功能人性化、管理流程化的模式创新。并以科技推动创新，以科技节能减排，以科技推动民航产业健康发展。

华东院作为具有深厚历史底蕴的国内顶级技术平台，一直致力于国家级、区域级重大项目建设，为社会和城市的发展奉献更好的建筑作品，助推人们生活品质的提升。华东院先后完成浦东机场T1航站楼T2航站楼、上海虹桥综合交通枢纽、上海虹桥国际机场T1航站楼改造、上海浦东国际机场卫星厅、杭州萧山机场T3航站楼、南京禄口国际机场二期工程、港珠澳大桥珠海口岸工程、港珠澳大桥澳门口岸、乌鲁木齐机场北航站区、呼和浩特新机场、萧山机场三期、温州机场、昆明机场T2航站楼、合肥机场T2航站楼等重大机场工程项目。在机场领域取得的非凡业绩，得益于这些年国家对民航业的高度重视，民航业的蓬勃发展；得益于机场方特别是上海机场集团的需求牵引；得益于参与建设各方对于策划及方案前瞻性的研究与确认；得益于各方在方案的落地实施及优化全过程中积极的贡献。

基于华东院院士、大师领衔的强大设计队伍和建筑原创能力，才给予我们机电专业实践的机会。作为华东院的一名电气工程师，我深感有责任和义务，将华东院强项的空港枢纽建筑项目进行总结和传承，以飨我国广大业内设计师同仁。本书中详细地阐述了空港枢纽建筑涉及的关键技术，并汇集了华东院近年来多项原创重大项目优秀案例，供广大同行参考借鉴。

本书的编写得到了华建集团和华东院领导们的大力支持，得到了张俊杰、汪大绥、汪孝安、郭建祥、周建龙等给予的学术指导，郭建祥、付小飞、黎岩、夏崴等空港建筑方面的专家提供了专业指导，吴文芳、邵民杰、殷振慧、金大算等教授和专家对本书进行了认真的审阅，提出了非常宝贵的意见，在此一并表示感谢！

参加本书编写的还有副主编蒋玮、郭安、陈新，编委王伟宏、杨小琴、缪海琳、徐玓、薛月英、王巍、印骏、江毅哲、朱婉宁、徐亿、陈昊、杨熊、王爱平、王攸、陈爽、阳旭、周毅、徐天择、龙晖等。他们为了本书的编写及顺利出版付出了辛勤的汗水和劳动，在此深表谢意！

由于编者水平有限，加之时间仓促，书中难免疏漏或不妥之处，欢迎读者批评指正。

沈育祥

2022年4月于上海

目　录

空港枢纽建筑电气及智慧设计关键技术研究与实践

空港枢纽建筑电气及智慧设计关键技术研究与实践

空港枢纽建筑电气及智慧设计关键技术研究与实践

第一篇 | 研究篇

第1章　背景和概况

1.1　背景

自2010年以来，世界各国机场建设逐步迈入第三代机场"智慧机场"的建设阶段，但是关于什么是"智慧机场"、如何建设"智慧机场"、机场建设还有没有其他要素、智慧与其他要素的关系等问题，随着政策和指导文件逐步落地，加之从业者们在实践中摸索、在运行中验证，这些问题的答案逐渐清晰。

2019年9月25日，习近平亲自出席北京大兴国际机场投运仪式，对民航工作作出重要指示，要求建设以"平安、绿色、智慧、人文"为核心的四型机场，为中国机场未来发展指明了方向。

近年来，我国民用机场运输业务量持续快速增长，机场数量持续增加、密度持续加大、规模持续扩大，运行保障能力实现质的飞跃。但与世界民航强国相比，在安全管理、保障能力、运行效率、服务品质和管理水平等方面仍有一定差距，资源环境约束增大、发展不平衡不充分等问题愈加凸显。为全面贯彻落实习近平总书记关于四型机场建设的指示要求，推进新时代民用机场高质量发展和民航强国建设，中国民用航空局（以下简称民航局）制定了《中国民航四型机场建设行动纲要（2020-2035年）》。民航局在四型机场方面已经引导、孵化一系列指导性文件及先进示范项目。在顶层设计的标准建设方面，西部机场集团主编了《四型机场建设导则》，厦门翔业集团主编了《人文机场建设指南》；选择正在建设的大型机场作为示范项目，引领、带动后续机场建设；同时，在建机场中全面开展四型机场的评价工作，摒弃《四型机场建设要素库》引导的唯要素数量论的建设思路。

2020年7月10日，全国民航年中工作会议中提出要求，高水平编制好民航"十四五"发展规划，将新基建作为"十四五"民航发展的重要抓手，推进四型机场和四强空管建设，大力推进民航协同发展战略规划的组织实施。

2020年12月24日，为深入贯彻落实党中央、国务院决策部署，促进民航基础设施高质量发展，支撑民航强国战略实施，民航局又下发了《推动新型基础设施建设促进民航高质量发展实施意见》，要求到2035年全面建成国际一流的现代化民航基础设施体系，实现民航出行一张脸、物流一张单、通关一次检、运行一张网、监管平台。民航数字感知、数据决策、精益管理、精心服务能力大幅提升，基础设施发展方式实现根本性转变，传统和新型基础设施深度融合，系统化、协同化、智能化、绿色化水平明显提升，成为多领域民航强国的强大支撑。

2021年，民航局以启动《四型机场评价指标体系》研编为主要任务，不再推动《四型机场建设要素库》的深化研究，引导机场合理有效结合自身特点规划四型建设方案。民航局对四型建设项目提出的相关要求还有：民航局安全管理体系（SMS）专项审核、"十四五"平安民航建设工作实施意见、车辆电动化行动计划、打赢蓝天保卫战三年行动计划、民航新基建要求、新技术应用要求、机场协同决策系统（A-CDM）、民航行李全流程跟踪系统、无纸化出行、差异化安检、航班正常率、同城同质同价等内容。

2017年，中国民航正式提出"智慧机场"概念以来，国内民航机场围绕智慧发展纷纷展开数字化、信息化工作，这些工作为建设数字孪生机场奠定了良好的技术基础。北京首都机场基于"一核两翼"（"一核"是指机场群智慧云平台，"两翼"分别指地域中心的机场群智慧运行体系和垂直一体化的机场群智慧商业服务体系）的智慧机场建设思路，已实现网络安全、云服务、大数据、物联网、地理信息五大基础能力平台，并在智能资源管理、智慧服务、智慧运营、智慧安检等领域推动多个智慧项目落地。广州白云机场智慧化发展以智慧生态、智慧服务、智慧生产、智慧安全、智慧商业为特征，已建成实现覆盖全机场的物联网、云计算中心和大数据中心以及旅客信息数据库。深圳宝安机场全力推进"未来机场"（智慧机场）信息化项目建设，全面、系统地推进大服务、大运行、大安全体系的构建工作，聚焦未来"5个面向"的最佳体验（旅客个性化便捷出行、航企空地无缝保障、物流可视化集成、数字商城增值、员工全联接），形成机场全面智慧转型的新模式、新样板。鄂州机场创新数字建造理念，依托BIM技术建立了2000多万个构件和4亿多条管理信息，有效推动了机场建设项目设计及工程实施由传统的管理方式向全要素全数字化管理的转变，打造了机场数字施工样板。机场运行版本形态发展如图1-1所示。

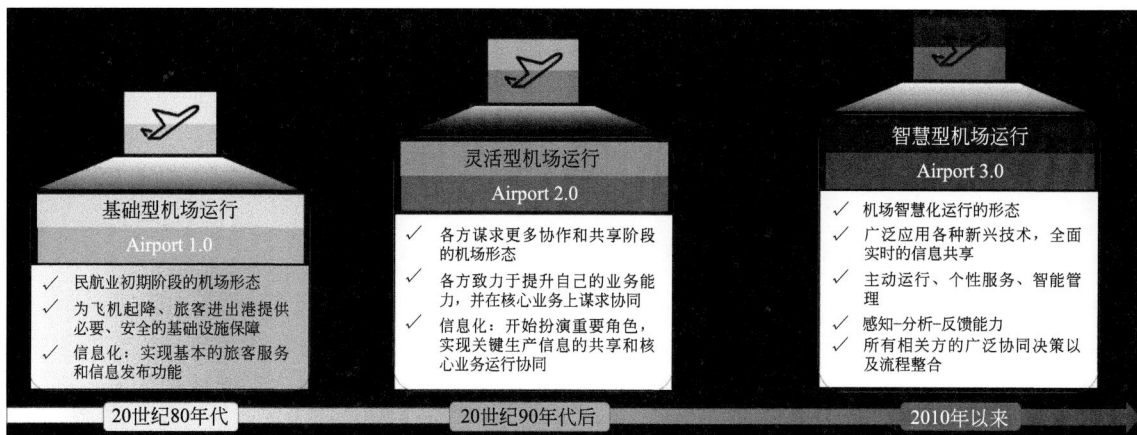

图1-1 智慧机场是机场运行3.0版本形态

以下是一些重要的"智慧机场"里程碑事件：

2019年9月25日，全球最大、旅客年吞吐量达1.3亿人次的北京大兴机场通航，率先配备了刷脸登机、无感通关、智能机器人停车系统、行李全流程跟踪、机器人问询自助终端等多项"黑科技"，提高旅客出行感受和机场管理效率，如图1-2所示。

2019年12月10日，深圳机场联合华为发布了《深圳智慧机场数字化转型白皮书》，解读了深圳机场如何实现安全"一张网"、运行"一张图"、服务"一条线"的新模式，展示了智能机位分配、SOC、刷脸全流程、机场服务小程序等智慧应用，如图1-3所示。

2021年6月27日成都天府机场通航，实现了RFID+视觉识别、全程"刷脸"登机、让旅客无感过安检的毫米波门、智慧卫生间投射光指引服务、无人驾驶APM便利旅客中转、全程自动识别行李（在酒店内即可托运行李）等智慧便民服务，如图1-4所示。

2021年8月2日南航联合广州白云机场，在广州白云机场首次推出符合IATA理念的"One ID"全流程刷脸出行服务，对提升旅客出行体验具有重要意义，如图1-5所示。

图 1-2　北京大兴机场

图 1-3　深圳机场

图 1-4　成都天府机场

图 1-5　广州白云机场

同时，大量的大型机场改扩建工程正在进行或计划上马，在这些项目中，"智慧机场"建设已经成为四型机场建设的重要一环。

2021年8月24日上午，国新办举行"为全面建成小康社会提供交通保障新闻"发布会。中国民航局副局长董志毅表示，"十四五"期间将以智慧民航建设作为行业发展的主线，将数字化建设涵盖民航全领域、全流程、全要素，进一步加快推进民航强国进程。未来一个时期，我们将实现"五个一"，就是"出行一张脸、物流一张单、通关一次检、运行一张网、监管一平台"。

（1）旅客出行一张脸，就是通过行业各主体之间以及与其他交通方式之间共享与合作，实现旅客"刷脸出行"，全流程引导，旅客所交运的行李全流程可见可视，实现门到门的服务，旅客在家可以安心享受行李到门的服务，旅客出行一键化定制"航空+服务产品"，民航与旅游、餐饮等服务深度融合，进一步丰富人民群众的出行体验。

（2）航空物流一张单，就是要通过提高航空物流设施的自动化水平，实现航空货物运输全程"可视、可测、可控、可响应"，让航空物流的流程大大简化，物流时间将大幅缩短，物流成本进一步降低。

（3）旅客通关一次检，就是实现安检、海关、检疫一次通关，不同交通方式换乘"一次安检"，实现中转旅客通程联运和行李直挂，使旅客享受无缝隙、无感化的出行体验。

（4）航班运行一张网，就是构建全面感知、泛在物联、人机协同、全球共享的新一代航空运输系统，以航空器运行为核心，以秒级管控为最终目标，以推动数据流、业务流、信息流等各类资源要素有机融合，使整个航空运输系统更加协调高效，让人民群众所关心的航班更加准点，所运送的货物更加及时。

（5）行业监管一平台，就是以提高监管效能为目标，实现数据互通和共享。强化数据分析，丰富监管手段，以实现更加精准地监管，为人民群众航空出行保驾护航，让旅客出行更加安心、放心、舒心。

可见，在未来的智慧机场建设中，"五个一"将成为重要的抓手。

1.2 空港枢纽建筑的建设目标

随着"平安机场、绿色机场、智慧机场、人文机场"四大核心理念提出，推进空港枢纽的建设，实现机场+高铁+地铁一体化的交通枢纽的高质量的发展。基于民航强国战略的推动以及行业发展的普遍诉求，建设四型机场正在成为行业公认的，可以应对挑战的有效途径。从2020年初《中国民航四型机场建设行动纲要（2020-2035年）》的出台到近期《四型机场建设导则》（简称《导则》）的颁布与逐步落地，2020年"四型机场"无疑迎来了"开局之年"。根据《导则》，四型机场建设将围绕机场从规划、设计、施工到运营进行全方位优化，提升机场治理体系和治理能力现代化水平，以实现规划建设科学有序、安全根基扎实牢固、资源保障可靠有力、业务运行协同经济、信息系统集成共享、环境友好绿色低碳等目标。

让机场"智慧"起来的核心是使机场能够主动运行、个性服务、智能管理，关键是要实现广泛的感知、高效敏捷的数据传输、深度的数据挖掘和分析、实时的自动反馈、信息共享和数据互通，落脚点是人工智能、云计算、大数据、5G、F5G等技术和新设备的合理应用。

对于广大旅客来说，航空出行可分为4个阶段：交通、值机、安检、登机。现有机场服务更多地聚焦在自助值机和智能安检这两个环节，推出了自助值机、一证通关、人脸识别、快速安检等一系列便捷智能化渠道，同时旅客可以借助自助航显、自助导引、自助问询、自助行李托运、自助登机等各种自助服务，享受最佳体验，感受服务智慧化。

智慧机场的着眼点包含：运行、安全、管理、物流、服务、商业、交通、能源环境等。

智慧机场的关键词包含：感知、分析、预测、主动、实时、响应、协同、绿色。

智慧机场的建设目标：物联化、敏态化、智能化、生态化、精细化、可视化。

（1）物联化。服务对象，服务资源，全面互联，自动识别，定位和监控；建设数字孪生机场，搭建统一的融合地图、位置、时空服务，实现航空器、车辆、人员的定位，基于位置信息的数据分析。

（2）敏态化。能够对每个服务对象提供主动、前瞻、全程的服务关怀；建立旅客和员工肖像库，通过人脸识别的应用支持服务对象的识别，实现资源供给侧和用户消费侧的敏态服务匹配。

（3）智能化。业务主题内评估分析、跨业务主题多维度分析、智能行动决策；应用数据中台、AI中台、业务中台和技术中台，实现运行等实时业务态势的分析，提供强大数据支持的规律分析和预测。

（4）生态化。信息共享、资源统筹、协作高效，范机场生态圈；建设企业服务总线、OC协同平台及交通平台，建立统一的信息交换和共享标准，建立范机场生态圈协调运行，建立空空、空铁、空巴联运机制。

（5）精细化。保障资源、资产管理、运行调度能够进行一对一的管理，指令可直接下达到一线人员；航班运行管理、安全监控、资源管控等部分环节实现较为精细化的管控。

（6）可视化。运行、服务、安全及环境的实时监控和分析；基于服务总线和数据中台，实时采集和分析业务数据，实现业务的感知和分析。

1.3 空港枢纽建筑的建设工程范围

空港枢纽中机场的区域大体分为飞行区、航站区、工作区等；按建筑物区分一般可能包含跑道和滑行道、飞行区（道面、道桥、排水、安防等）航站楼、卫星厅、交通换乘中心、车库、旅客过夜用房、机场办公用房、信息中心、运行指挥中心、能源中心、货运区、场内陆侧道桥、机务维修、航空食品、综合管廊、生产辅助设施、生活服务设施等；空港枢纽建设工程中还包含大量专业专项工程，如航管及导航工程、助航灯光工程、机坪照明及配电工程、供电工程、供水工程、供冷供热及燃气工程、雨污水及污物处理工程、消防应急救援工程、信息工程、通信工程等。

空港枢纽中智慧机场的设计包含飞行区、航站区、工作区的智能化弱电设计，以及信息工程、通信工程等，如图1-6所示。由专长建筑智能化的建筑设计院、专精民航专业业务系统的行业设计院、专注道桥隧道的市政工程设计单位等共同完成智慧机场的设计工作。

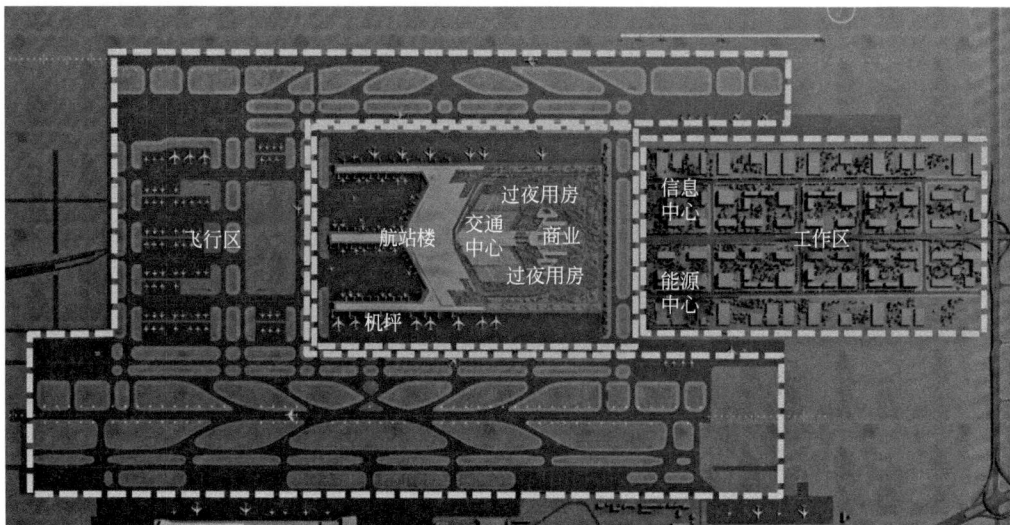

图1-6 空港枢纽区域范围示例

建筑设计院的工作范围通常是航站区、工作区的设计。"航站区"包含航站楼、综合交通换乘中心、车库、商业、旅客过夜用房等建筑，有时还会有机坪塔台。综合交通换乘中心是大型机场未来发展中必备的建筑设施，它赋予机场"综合交通枢纽"的功能，根据各机场定位不同，需要将机场航站楼与地铁站厅、高铁站厅、城铁站厅、长途汽车站、市内大巴站、出租车候车区、网约车候车区、自驾车停车库等建筑设施进行合理的链接、流程规划，让多种交通工具的换乘更加高效便捷。

智慧机场规划设计体系庞大、内容繁复，其设计是一个多单位、多维度合作的过程；智慧机场建设跨越时段长、配合界面多。为了使智慧机场使用的技术既可靠，又尽可能保持先进性，绝对支撑涉航业务的同时获得较好的投资回报，通常大型智慧机场的规划设计建议遵循以下原则：

（1）统筹规划、分期发展、预留接口。

（2）平台先行、信息整合、迭代发展。

（3）运营成熟、非航创新、适度先进。

（4）统一指挥、区域管理、专业支持。

1.4 空港枢纽建筑中电气和智慧设计主要术语、标准及规范

空港枢纽建筑作为一个特定建筑，存在大量的专有系统，相应有大量专有名词、专用标准及规范。

（1）供配电类标准及规范：

《建筑设计防火规范》GB 50016-2014（2018年版）

《民用机场航站楼设计防火规范》GB 51236-2017

《公共建筑节能设计标准》GB 50189-2015

《绿色建筑评价标准》GB/T 50378-2019

《绿色航站楼标准》MH/T 5033-2017

《健康建筑评价标准》T/ASC 02-2016

《建筑机电工程抗震设计规范》GB 50981-2014

《城市综合管廊工程技术规范》GB 50838-2015

《消防设施物联网系统技术标准》DG/TJ 08-2251-2018

《民用建筑设计统一标准》GB 50352-2019

《民用建筑电气设计标准》GB 51348-2019

《民用建筑电气防火设计规程》DGJ 08-2048-2016

《交通建筑电气设计规范》JGJ 243-2011

《火灾自动报警系统设计规范》GB 50116-2013

《建筑照明设计标准》GB 50034-2013

《供配电系统设计规范》GB 50052-2009

《低压配电设计规范》GB 50054-2011

《20kV及以下变电所设计规范》GB 50053-2013

《3～110kV高压配电装置设计规范》GB 50060-2008

《并联电容器装置设计规范》GB 50227-2017

《建筑物防雷设计规范》GB 50057-2010

《通用用电设备配电设计规范》GB 50055-2011

《民用机场能源资源计量器具配备规范》MH/T 5113-2016

《公共建筑用能检测系统工程技术标准》DBJ/T 36-047-2019

《民用机场智慧能源管理系统建设指南》MH/T 5043-2019

《爆炸危险环境电力装置设计规范》GB 50058-2014

《电力工程电缆设计标准》GB 50217-2018

《智能建筑设计标准》GB 50314-2015

《数据中心设计规范》GB 50174-2017

《建筑物电子信息系统防雷技术规范》GB 50343-2012

《建筑电气工程施工质量验收规范》GB 50303-2015

《城市夜景照明设计规范》JGJ/T 163-2008

《城市道路照明设计标准》CJJ 45-2015

《钢制电缆桥架工程技术规范》T/CECS 31-2017

《电力变压器能效限定值及能效等级》GB 20052-2020

《综合布线系统工程设计规范》GB 50311-2016

《安全防范工程技术标准》GB 50348-2018

《入侵报警系统工程设计规范》GB 50394-2007

《视频安防监控系统工程设计规范》GB 50395-2007

《出入口控制系统工程设计规范》GB 50396-2007

《安全防范工程程序与要求》GA/T 75-1994

《有线电视网络工程设计标准》GB/T 50200-2018

《智能建筑弱电工程设计施工图集》97X700

《车库建筑设计规范》JGJ 100-2015

《建筑抗震设计规范》GB 50011-2010

《民用运输机场航站楼安防监控系统工程设计规范》MH/T 5017-2017

《民用运输机场航站楼公共广播系统工程设计规范》MH/T 5020-2016

《民用运输机场航班信息显示系统工程设计规范》MH/T 5015-2016

《民用运输机场信息集成系统工程设计规范》MH/T 5018-2016

《民用运输机场航站楼时钟系统工程设计规范》MH/T 5003-2016

《民用运输机场航站楼楼宇自控系统工程设计规范》MH/T 5009-2016

《民用运输机场航站楼时钟系统工程设计规范》MH/T 5019-2016

《民用运输机场航站楼综合布线系统工程设计规范》MH/T 5021-2016

《民用运输机场安全保卫设施》MH/T 7003-2016

（2）智能化类标准及规范：

《民用建筑电气设计标准》GB 51348-2019

《耐火电缆槽盒》GB 29415-2013

《建筑电气工程施工质量验收规范》GB 50303-2015

《计算机场地通用规范》GB/T 2887-2011

《智能建筑设计标准》GB 50314-2015

《建筑物防雷设计规范》GB 50057-2010

《民用建筑通信接地标准》EIA/TIA607

《房屋建筑制图统一标准》GB/T 50001-2017

《建筑制图标准》GB/T 50104-2010

《网络系统》：

　　　　——路由及交换IEEE 802.3 XX系列

　　　　——生成树协议IEEE 802.1 X系列

　　　　——网管SNMP/Web（JAVA）/CLI/RMON

《服务器级计算机OS标准》：

　　　　——XPG&POSIX-UNIX

　　　　——LINUX

——WINDOWS-2K SERVER或以上

《工作站级计算机OS标准》：

    ——POSIX

    ——WINDOWS-2K

    ——WINDOWS XP

    ——Linux

《数据库标准》：

    ——ANSI/ISO SQL 99标准

《应用开发平台及应用操作界面标准》：

    ——UNIX：X-WINDOWS & MOTIF

    ——MS-WINDOWS： MFC/COM/.NET

    ——SUN-JAVA2

《开放系统互联标准》：

    ——TCP/IP 四层模型

    ——ISO/OSI 7层模型

《工业控制类设计标准》：

    ——消防监控系统设计标准：《火灾自动报警系统设计规范》GB 50116

    ——系统安装/集成总线标准：EIB

    ——网络体系标准 管理网/IP/；工控网/LW&BC&IP

    ——层间通信/系统集成标准：OPC，ODBC

    ——现场控制级标准：DDC：通信/编程/GUI

《国际民航组织修订国际标准和建议措施 附件14、17》

《民航运输机场安全保卫设施》MH/T 7003-2017

《民用航空运输机场安全防范监控系统技术规范》MH 7008-2002

《民用运输机场信息集成系统技术规范》MH/T 5103-2020

《民用运输机场航站楼楼宇自控系统工程设计规范》MH/T 5009-2016

《民用运输机场航班信息显示系统工程设计规范》MH/T 5015-2016

《民用运输机场航站楼时钟系统工程设计规范》MH/T 5003-2016

《民用运输机场航站楼安防监控系统工程设计规范》MH/T 5017-2017

《民用运输机场信息集成系统工程设计规范》MH/T 5018-2016

《民用运输机场航站楼时钟系统工程设计规范》MH/T 5019-2016

《民用运输机场航站楼公共广播系统工程设计规范》MH/T 5020-2016

《民用运输机场航站楼综合布线系统工程设计规范》MH/T 5021-2016

《民用运输机场航班信息显示系统检测规范》MH/T 5032-2015

《民用航空重要信息系统空难备份与恢复管理规范》MH/T 0026-2005

《民用机场工程初步设计文件编制内容及深度要求》MH 5016-2001

《民用航空信息系统安全等级保护管理规范》MH/T 0025-2005

《民航机场候机楼广播用语规范》MH/T 1001-1995

《民用航空飞行动态固定电报格式》MH/T 4007-2012

（3）术语：

在空港枢纽建筑的设计当中常用的术语、缩略语如表1-1所示。

常用术语、缩略语			表 1-1
序号	缩略语	英文全称	中文全称
1	ACDM	Airport Collaborative Decision Making	机场协同决策
2	ACS	Access Control System	门禁（巡更）系统
3	AECS	Airport Electronic Commerce System	机场电子结算系统
4	AIR	Airport Intelligence Repository	机场智能数据库
5	AODB	Airport Operational Data Base	机场运行数据库
6	AOC	Airport Operation Center	机场运行中心
7	APWS	Airport Portal Website System	机场门户网站系统
8	BBMS	Boarding Bridge Management System	登机桥管理系统
9	BHS	Baggage Handling System	行李处理系统
10	BRS	Baggage Reconciliation System	行李再确认系统
11	BSM	Book Service Management	预定服务管理
12	CAM	Commercial Activities Management	业态管理
13	CAPM	Control Area Pass Management	控制区通行证管理
14	CBAS	Cost-Benefit Analysis	收益分析
15	CCS	Call Center System	呼叫中心系统
16	CCTV	Closed Circuit Television	闭路电视监控系统
17	CEP	Complex Event Processing	复杂事件处理
18	CLMS	Commercial Leasing Management System	商业租赁管理系统
19	CLP	Customer membership system	旅客会员系统
20	CMS	Crossing Management System	道口管理系统
21	CRM	Customer Relationship Management	客户关系管理
22	CUM	Commercial User Management	商户管理
23	CUPPS	Common Use Passenger Processing System	公用旅客处理系统
24	DAS	Decision Analysis System	决策分析系统
25	DaaS	Data-as-a-Service	数据即服务
26	DCR	Distribute Communication Room	汇聚机房
27	DSS	Dynamic Signage System	动态标识系统
28	DW	Data Warehouse	数据仓库
29	DDS	Data Publishing service	数据发布服务
30	EFMMS	Equipment and Facilities Maintenance Management System	设备设施维护管理系统
31	ERMS	Emergency rescue management system	应急救援管理系统
32	ERP	Enterprise Resource Planning	企业资源计划
33	ESB	Enterprise Service Bus	企业服务总线
34	ESB-I	Enterprise Service Bus-Inside	内部企业服务总线

序号	缩略语	英文全称	中文全称
35	ESB-O	Enterprise Service Bus-Outside	外部企业服务总线
36	FAS	Fire Alarm system	火灾自动报警系统
37	FIDS	Flight Information Display System	航班信息显示系统
38	FIMS	Flight Information Management system	航班信息管理
39	FQS	Flight Query System	航班信息查询子系统
40	GSMS	Ground service Management System	地服管理系统
41	GIS	Geographic Information System	机场地理信息系统
42	GTC	Ground Traffic Centre	地面交通中心
43	HR	Human Resources	人力资源
44	IaaS	Infrastructure-as-a-Service	基础设施即服务
45	IATA	International Air Transport Association	国际航空运输协会
46	ICAO	International Civil Aviation Organization	国际民航组织
47	IMF	Intelligence Middleware Flatform	智能中间件平台
48	IMF-O	Intelligence Middleware Flatform - Operation	生产业务智能中间件
49	ITC	Information Telecommunication Center	信息通信中心
50	ITMDB	IT Management Database	IT 管理数据库
51	KPI	Key Performance Indicator	关键绩效指标
52	L&F	Lost and Found	失物招领
53	NMS	Network Management System	网络管理系统
54	NNFS	Non Normal Flight Service	非正常航班服务
55	NTP	Network Time Protocol	网络时钟协议
56	OA	Office Automation	办公自动化系统
57	OBCS	Operation Business Coordination Service	航班运行业务协调处理
58	OBMS	Out of Band management System	带外管理系统
59	OMC	Outside Management Center	外场管理中心
60	OMD	Operation Monitoring and Decision	运行监控与决策
61	ORMS	Operation Resource Management System	运行资源管理
62	PAS	Public Address System	公共广播系统
63	PaaS	Platform-as-a-Service	平台即服务
64	PCR	Primary Communication Room	主机房
65	PES	Passenger Experience System	旅客体验系统
66	PIAS	Perimeter Intrusion Alarm System	围界监控入侵报警系统
67	PODB	Passenger Operation Management Data Base	旅客运行管理数据库
68	POS	Point Of Sale	商业 POS 系统
69	Q&S	Query and Statistics	查询统计
70	ROC	Ramp Operation Management Centre	飞行区管理中心
71	RMDB	Rent Management Database	商业租赁管理数据库

序号	缩略语	英文全称	中文全称
72	RODB	Ramp Operation Management Data Base	空侧运行管理数据库
73	SaaS	Software-as-a-Service	软件即服务
74	SAEMS	Security Alarm Emergency Management System	安全报警事件管理
75	SCIMS	Security Check Information Management System	安检信息管理系统
76	SCR	Small Communication Room	接入机房（小间）
77	SDM	Service Delivery Measurement System	服务执行测量
78	SIAS	Security Intelligence Analysis System	安全智能分析
79	SIMS	Security Information Management System	安全信息管理系统
80	SM	System Management	系统管理
81	SMC	Security Management	安全管理中心
82	SODB	Security Operation DataBase	安全运行数据库
83	TOC	Terminal Operation Centre	航站楼运行中心
84	T1	Terminal 1	T1 航站楼
85	T2	Terminal 2	T2 航站楼
86	T3	Terminal 3	T3 航站楼
87	T4	Terminal 4	T4 航站楼
88	UMAP	Urumqi Airport Map All Prospective for airport collaborative management	机场协同运行管理视图
89	UVP	Universe Video PTZO	统一视频操控
90	WiFi	Wireless	无线网络

第2章 供配电可靠性设计

电源系统设计应具备技术先进、经济合理、性能可靠，且设备选型定位及配置标准应与建筑的性质、规模、功能相匹配，同时应充分考虑专业技术和建筑功能扩展的可能性，加强绿色节能环保措施的合理应用，目的是充分提高系统的性价比。

鉴于机场的重要性，空港建筑的供电可靠性要求非常高，按不低于99.9999%来配置，以确保空港枢纽建筑供电的可靠性。

2.1 负荷容量需求及分析

负荷容量必须结合空港枢纽建筑所在城市的发展需求，并结合该城市所处在的当地气候分区和地域民族特色，是否设置集中冷热源的情况，空侧近机位设备实施容量，特别是响应民航蓝天保卫战三年行动计划的充电桩和汽改电的发展行动目标对用电需要的变化，四型机场建设的安保用电需求以及5G技术发展对基站用电指标的提升等各方面因素进行综合分析。

2.1.1 空港枢纽建筑负荷类别

Ⅲ类及以上民用机场航站楼、集民用机场航站楼或铁路及城市轨道交通车站等为一体的大型综合交通枢纽站，用电负荷等级应根据供电可靠性及中断供电所造成的损失或影响程度，分为一级负荷、二级负荷及三级负荷。

一级负荷包括边防、海关的安全检查设备、航班信息、显示及时钟系统及消防设备、公共区域照明、电梯、送排风系统设备、排污泵、生活水泵、行李处理系统（BHS）、站坪照明、站坪机务、飞行区内雨水泵站等。

其中，边防、海关的安全检查设备、航班信息、显示及时钟系统、消防设备及外航驻机场办事处中不允许中断供电的重要场所用电负荷为一级负荷特别重要负荷。

二级负荷包括除一级负荷以外的其他主要用电设备，包括但不限于公共场所空调系统、自动扶梯、自动人行道等用电负荷。

不属于一级和二级的用电负荷属于三级负荷，包括但不仅限于景观照明、融雪除冰设施、非公共区域空调、飞机送空调以及值机区、候机区、到达区的商业、餐饮、广告、娱乐服务等用电设备。

2.1.2 空港枢纽建筑负载百分占比

用电设备分为照明负荷和动力负荷。它们在不同类别的建筑物中所占负荷的百分率不同，在一般的民用建筑中，其照明插座、空调机组所占份额较大，可参照见表2-1。

序号	类别	办公楼	旅游旅馆	医疗建筑	商业建筑
1	照明及插座	43.66	11	11	47
2	空调机组	48	29	36	38
3	通风换气	2.4	14	16	5
4	电梯及其他设备	5.3	27	37	8
5	给水排水设备	0.64	19	—	2

就空港枢纽建筑而言，其用电设备种类有照明、应急照明、空调通风、水泵动力、站坪类用电、弱电机房用电、消防用电、厨房餐饮和UPS电源等，其中站坪类用电又包括飞机送空调、机务高杆灯和飞机400Hz电源等。

根据统计，空港枢纽建筑的空调类负荷占据了整个用电负荷的30%左右，商业和餐饮类负荷大约占15%，照明及插座用电负荷占15%左右，站坪用电负荷占10%左右。

2.1.3 空港枢纽建筑负载百分比案例分析

为准确地分析空港枢纽建筑负载百分比在实际运营使用中的百分比，我们实地进行考察、调取和研究了虹桥T2、T1航站楼，浦东T2航站楼，南京T2航站楼，浦东卫星厅等空港枢纽建筑的资料，并逐一对数据进行分析：

1. 虹桥机场T2航站楼

调研虹桥机场T2航站楼，从实测数据来分析，负载率最大值基本都在40%左右的变压器有1T1、1T2、5T2、6T2、8T2，其中1T2的负载率最大值在5月份达到60%，这些变压器所带的负载类型及负荷百分比统计如表2-2所示。

变压器所带的负载类型及负荷百分比统计									表 2-2
序号	变压器编号	照明	应急照明	空调动力	站坪类	消防	UPS	弱电机房	商业	厨房
1	1T1	5	2	24	55	12	2	/	/	/
2	1T2	22	/	37	33	/	/	3	5	/
3	5T2	29	/	68	/	/	/	3	/	/
4	6T2	37	/	59	/	/	/	4	/	/
5	8T2	53	/	32	/	/	/	8	/	7

注：虹桥 T2 航站楼最大负载率 40% 的变压器所载负荷类型百分比。

从表2-2中可见，这些变压所带的负载中，空调动力类的用电设备所占比重很大，其次是站坪类用电（包括飞机送空调，机务高杆灯、飞机400Hz电源等），再次就是普通照明用电。

负载率最大值在20%左右的月份较多的变压器有3T1、4T1、5T1、6T1、6T3、6T4、7T4和8T1，这些变压器所带的负载类型及负荷百分比统计如表2-3所示。

变压器所带的负载类型及负荷百分比统计										表 2-3
序号	变压器编号	照明	应急照明	空调动力	站坪类 * 行李	消防	UPS	弱电机房	商业	厨房
1	3T1	39	5	24	/	28	4	/	/	/
2	4T1	27	8	13	/	35	5	9	/	3
3	5T1	27	8	11	/	25	5	21	/	3
4	6T1	41	6	27	/	13	/	13	/	/
5	6T3	/	/	/	100	/	/	/	/	/
6	6T4	/	/	/	*76	/	/	/	/	24
7	7T4	/	/	/	*76	/	/	/	/	24
8	8T1	39	4	27	/	30	/	/	/	/

注：虹桥 T2 航站楼最大负载率 20% 的变压器所载负荷类型。

从表2-3中可见，6T4和7T4两台变压器所带的行李设备用电负荷占比接近80%，而4T1所带的消防类负荷接近40%，这几类用电负荷的使用系数都比较低，这也就造成了这三台变压器的负载率长期处于低位的状况。

2. 虹桥机场T1航站楼

调研虹桥机场T1航站楼，从实测数据来分析，1#变电站的1T3和1T4两台变压器的负载率持续处于低位，1T2的负载率明显高于1T1；2#变电站的2台变压器2T1和2T2一直处于低负载率，这些变压器所带的负载类型及负荷百分比统计如表2-4所示。

变压器所带的负载类型及负荷百分比统计										表 2-4
序号	变压器编号	照明	应急照明	空调动力	站坪类 * 能源中心 # 行李	消防	UPS 贵宾	弱电机房	商业	厨房
1	1T1	24	9	45	/	/	*9	13	/	/
2	1T2	41	/	35	/	/	/	4	20	/
3	1T3	/	/	/	*55	/	*9	4	9	23
4	1T4	16	5	17	40	11	/	4	7	/
5	2T1	16	5	/	40	11	/	4	7	/
6	2T2	13	/	9	63+#13	/	/	/	/	/

注：虹桥 T1 航站楼各台变压器所载荷类型。

从表2-4中可见，1T2的商业用电和照明用电比重明显高于1T1，其余变压器所载类型的负荷比重大致一样，由此推断商业负荷的大小对变压器负载率的高低起着重要作用。

3. 浦东机场T2航站楼

通过实地调研，采集了浦东机场T2航站楼从2016年7月至2017年5月近一年之间各变压器的当月实际运行负载率数据。浦东机场T2航站楼变压器负载率相对较高的变压器有：1#乙、5#甲、7#甲，这几台变压器的负载率基本都在30%～40%之间，个别月份会攀升至50%～60%。这些变压器所带的负载类型及负荷百分比统计如表2-5所示。

变压器所带的负载类型及负荷百分比统计										表 2-5
序号	变压器编号	照明	应急照明	空调动力	站坪类＊行李	消防	UPS	弱电机房	商业	厨房
1	1# 乙	16	/	38	37	/	/	9	/	/
2	5# 甲	38	6	43	/	7	/	6	/	/
3	7# 甲	17	2	33	46	2	/	/	/	/

注：浦东 T2 航站楼最大负载率 40% 左右的变压器所载负荷类型。

从表2-5中可见，变压器的负载类型主要以空调动力、站坪类用电（包括飞机送空调，机务高杆灯、飞机400Hz电源等）和普通照明用为主，与虹桥机场T2航站楼的情况非常类似。最大负载率基本都在20%上下波动的变压器有2#甲、2#乙、3#甲、3#乙、5#乙、6#甲、7#乙，这些变压器所带的负载类型及负荷百分比统计如表2-6所示。

变压器所带的负载类型及负荷百分比统计										表 2-6
序号	变压器编号	照明	应急照明	空调动力	站坪类＊行李	消防	UPS	弱电机房	商业	厨房
1	2# 甲	29	5	39	/	12	/	15	/	/
2	2# 乙	28	/	33	38	/	/	1	/	/
3	3# 甲	36	3	19	27	9	/	/	/	6
4	3# 乙	42	/	35	19	/	/	/	/	4
5	5# 乙	35	/	30	30	/	/	/	/	/
6	6# 甲	41	6	33	2	6	/	5	/	7
7	7# 乙	15	/	2	72	/	/	/	/	11

注：浦东 T2 航站楼负载率 20% 左右的变压器所载负荷类型。

4. 南京机场T2航站楼

通过实地调研，对南京机场T2航站楼进行了实地测量，南京机场T2负载率30%左右的变压器所载负荷类型，这些变压器所带的负载类型及负荷百分比统计如表2-7所示。

变压器所带的负载类型及负荷百分比统计										表 2-7
序号	变压器编号	照明	应急照明	空调动力	站坪类＊行李	消防	UPS＊贵宾	弱电机房	商业	厨房
1	2T2	32	/	44	/	/	＊10	/	/	14
2	3T2	27	/	39	26	/	/	/	3	5
3	4T3	/	/	43	＊57	/	/	/	/	/

注：南京 T2 航站楼负载率 30% 左右的变压器所载负荷类型。

而反观南京机场T2负载率在10%左右的变压器，其负载所占比例较高的是站坪类（包括飞机送空调，机务高杆灯、飞机400Hz电源等）和厨房用电，南京机场T2负载率10%左右的变压器所载负荷类型，这些变压器所带的负载类型及负荷百分比统计如表2-8所示。

序号	变压器编号	照明	应急照明	空调动力	站坪类 * 行李	消防	UPS	弱电机房	商业	厨房
1	4T4	34	/	/	/	/	/	14	/	52
2	5T1	17	3	26	38	7	6	3	/	/
3	5T2	22	/	7	71	/	/	/	/	/

变压器所带的负载类型及负荷百分比统计 表 2-8

注：南京机场 T2 航站楼负载率 10% 左右的变压器所载负荷类型。

5. 浦东机场卫星厅

浦东机场卫星厅的各变压器设计负载类型，这些变压器所带的负载类型及负荷百分比统计如表2-9所示。

变压器所带的负载类型及负荷百分比统计 表 2-9

序号	变压器编号	照明	应急照明	空调动力	站坪类 * 行李	消防	UPS* 充电桩 # 贵宾	弱电机房	商业 * 餐饮	厨房
1	1T1	8	/	7	74	/	3+*3	/	5	/
2	1T2	11	/	9	63	/	*11	/	6	/
3	2T1	/	12	/	*80	/	*8	/	/	/
4	2T2	52	/	37	/	/	*11	/	/	/
5	2T3	12	/	40	32	/	#12	/	/	/
6	2T4	/	/	16	69	/	/	/	15	/
7	2T5	/	/	5	11	/	7	10	*67	/
8	2T6	17	/	19	/	/	*6	/	58	/
9	3T1	/	12	/	*80	/	*8	/	/	/
10	3T2	50	/	41	/	/	*9	/	/	/
11	3T3	10	/	31	30	/	#7	/	22	/
12	3T4	/	/	23	64	/	#13	/	/	/
13	3T5	/	/	7	15	/	6	13	*59	/
14	3T6	20	/	22	/	/	*6	/	52	/
15	4T1	6	/	7	77	/	3+*3	/	4	/
16	4T2	11	/	16	68	/	*3	/	2	/
17	5T1	4	/	15	37	/	7	16	21	/
18	5T2	13	/	50	19	/	/	4	14	/
19	5T3	11	4	35	40	/	*10	/	/	/
20	5T4	32	/	32	25	/	*9	/	2	/
21	6T1	9	2	8	68	/	3+*3	/	7	/
22	6T2	9	5	10	73	/	*3	/	/	/
23	7T1	/	13	4	*83	/	/	/	/	/
24	7T2	22	/	41	/	/	*15+#17	5	/	/
25	7T3	6	/	23	65	/	#6	/	/	/
26	7T4	7	/	9	58	/	/	/	26	/

续表

020

空港枢纽建筑电气及智慧设计关键技术研究与实践

序号	变压器编号	照明	应急照明	空调动力	站坪类*行李	消防	UPS*充电桩#贵宾	弱电机房	商业*餐饮	厨房
27	7T5	14	/	31	19	/	11+#25	/	/	/
28	7T6	21	/	38	/	/	/	/	41	/
29	8T1	/	9	3	*67	/	/	/	21	/
30	8T2	34		40	/	/	/	/	26	/
31	8T3	/		21	74	/	#5	/	/	/
32	8T4	/	/	/	78	/	#5	/	17	/
33	8T5	/	/	31	19	/	9	16	25	/
34	8T6	28	/	36	/	/	*16+#20	/	/	/
35	9T1	7	2	18	63	/	3+*7	/	3	/
36	9T2	10	/	7	73	/	*4	/	2	4
37	10T1	8	/	21	40	/	7	8	16	/
38	10T2	23	/	27	31	/	/	/	19	/
39	10T3	21	3	14	39	/	*7	/	16	/
40	10T4	8	/	36	19	/	*8	/	29	/

注：浦东机场卫星厅变压器所载负荷类型。

经对上所项目的变压器负荷率百分比和各台变压器分项负荷百分比的综合分析及汇总后，得到空港枢纽航站楼用电设备所占负荷的百分率，详见表2-10。

空港枢纽航站楼用电设备所占负荷的百分率　　　　　　　　　　　　　　表2-10

照明及插座	应急照明	空调通风动力	站坪类	消防	UPS	充电桩	弱电机房	贵宾	商业	厨房餐饮	行李	太阳能
15	2	29	9	10	2	6	1	1	12	9	4	0

从表2-10的负荷统计中可以看出，空调类负荷占据了整个用电负荷的大部分；空调系统在建筑设备中占用能耗最多的系统，其特点设备数量多，控制规律复杂，但也是建筑节能中效果最明显的部分。因此应对空调工程中自控系统的设置合理性进行分析，空调自控系统是空调系统不可或缺的组成部分，且对空调系统的运行起到关键的作用。其次是照明的能耗，采用智能照明控制系统，结合运营管理的优化控制，可以有效地节约照明能源。对空港枢纽建筑的变电站，由于数量较多，采用电力监控管理系统可以对用电负荷进行管理，合理调配，提高供电设施的利用效率，起到节能增效的效果。

2.1.4　单位用电指标比较

随着民用航空业的发展，目前国内规划的大型机场越来越多，此处采集调查了国内部分已运行或在建的大型空港枢纽机场航站楼单位用电指标设计值，其指标如表2-11所示。

国内大型民用机场航站楼单位用电指标设计值								表2-11
空港枢纽建筑名称	浦东 T1	浦东 T2	虹桥 T1	虹桥 T2	南京 T2	浦东卫星厅	重庆江北	青岛流亭	成都双流
用电指标 VA/m²	143	137	133	132	121	139	143	167	167
建筑面积（万 m²）	43	55	13	40	24	62	54	47	70
空港枢纽建筑名称	首都 T3	北京大兴	广州白云 T2						
用电指标 VA/m²	190	136	161						
建筑面积（万 m²）	98	78	65						

2.1.5 用电指标案例分析

为分析空港枢纽建筑变压器在实际运行过程中使用情况，本文实地调研了虹桥机场T1、T2航站楼，浦东机场T1、T2航站楼，南京机场T2航站楼，对变压器在实际运行中的数据进行了采集。

1. 虹桥机场T2航站楼

虹桥机场T2航站楼的变压器装置指标设计值，如表2-12所示。

虹桥机场 T2 航站楼变压器装置指标设计值						表2-12
虹桥机场 T2 航站楼						
位置	编号	变压器（kVA）	台数	小计（kVA）	面积（m²）	单位功率密度（VA/m²）
长廊	1# 变电站	2500	2	5000		
	2# 变电站	2000	2	4000		
	3# 变电站	2500	2	5000		
	8# 变电站	2500	2	5000		
	9# 变电站	2000	2	4000		
	10# 变电站	2500	2	5000		
主楼	4# 变电站	2500	2	5000		
	5# 变电站	2500	2	5000		
	6# 变电站	2000	2	4000		
		1600	2	3200		
	7# 变电站	2000	2	4000		
		1600	2	3200		
小计				52400	400000	131.6

通过实地调研，采集了虹桥机场T2航站楼从2016年7月至2017年6月的一年之间各变压器的当月实际运行负载率数据。将这些数据经整理后，以图形的形式加以技术呈现，能更加清晰地进行相互之间的对比；虹桥T2各台变压器每月运行负载率数据，如图2-1所示。

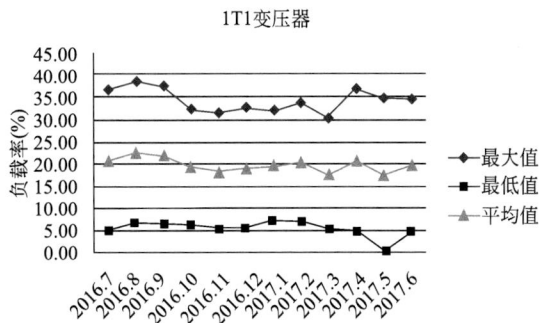

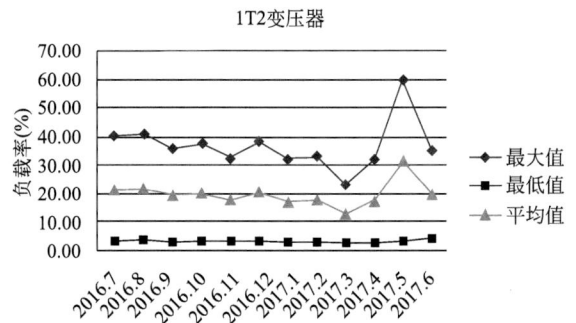

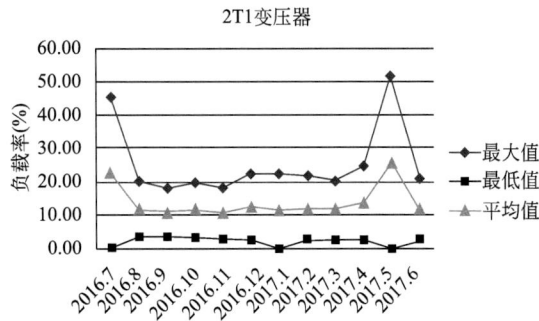

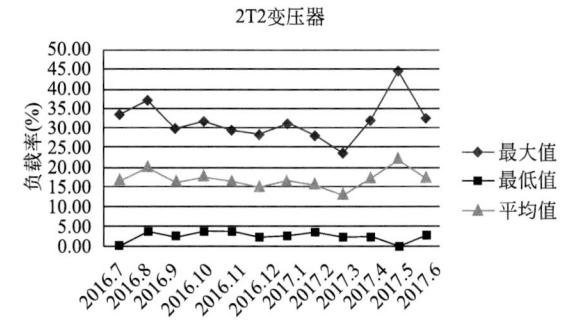

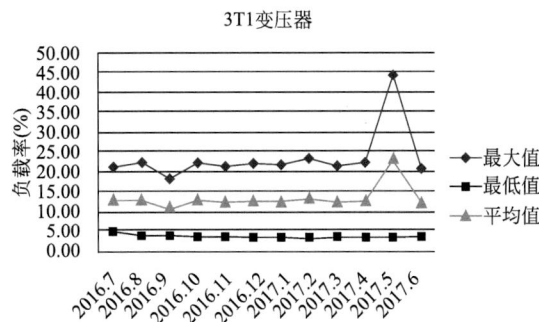

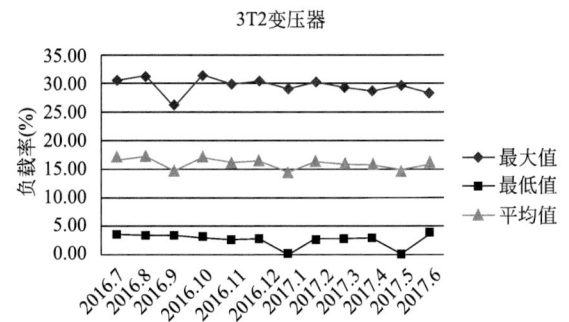

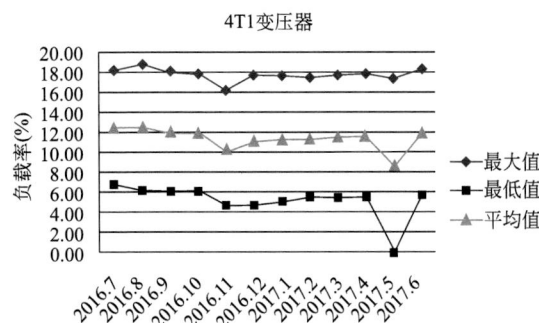

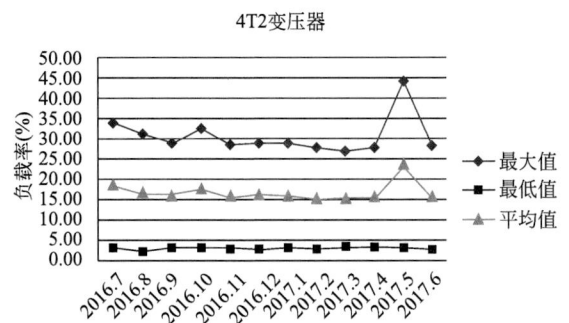

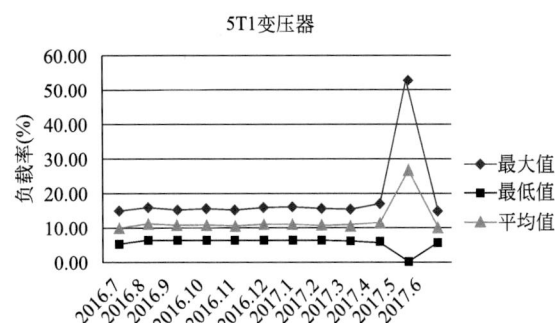

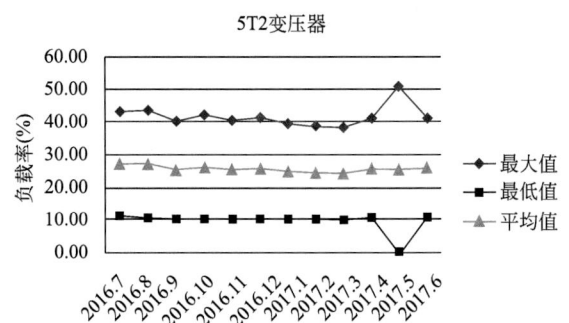

空港枢纽建筑电气及智慧设计关键技术研究与实践

6T1变压器

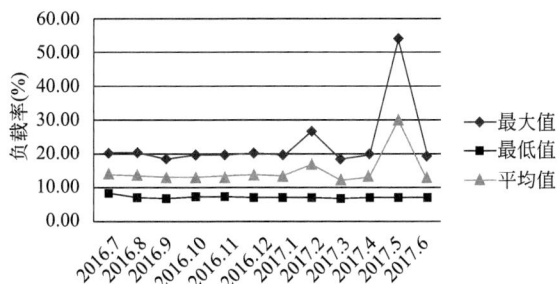

6T2变压器

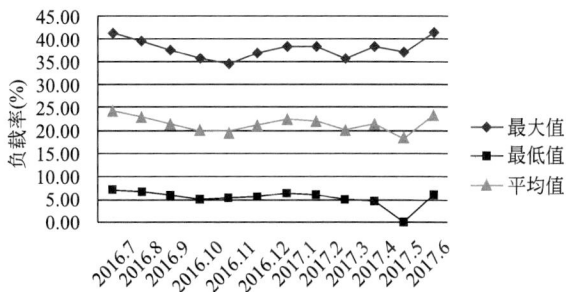

6T3变压器

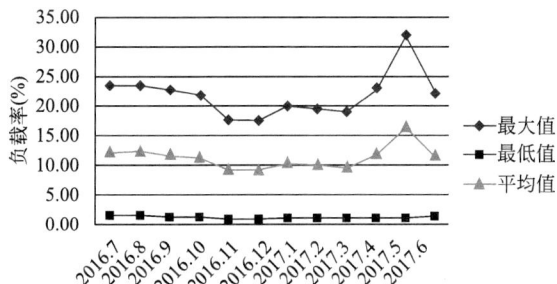

6T4变压器

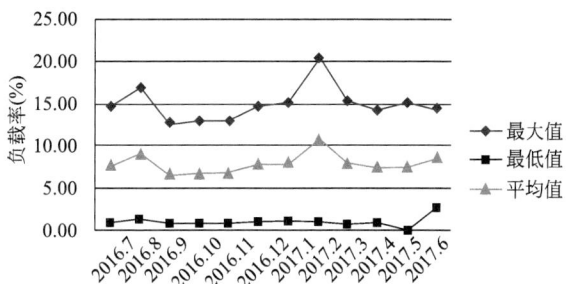

7T1变压器

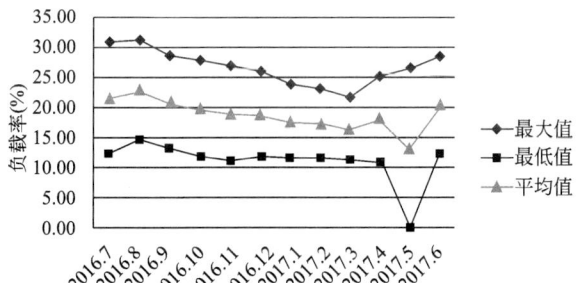

7T2变压器

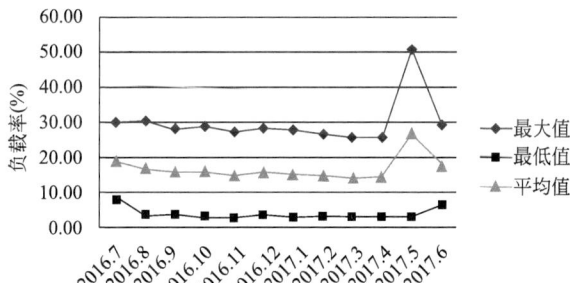

7T3变压器

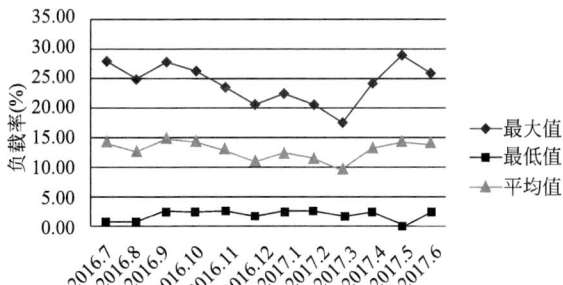

7T4变压器

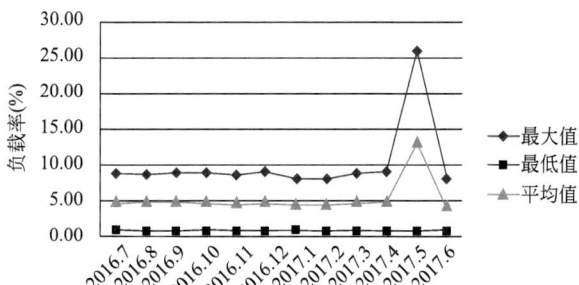

8T1变压器

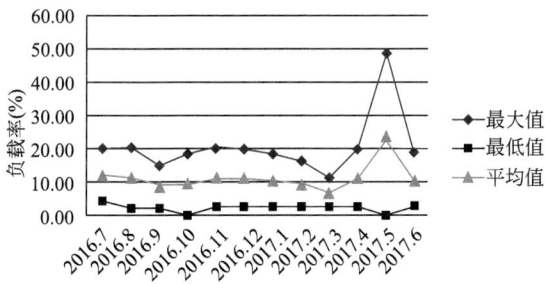

8T2变压器

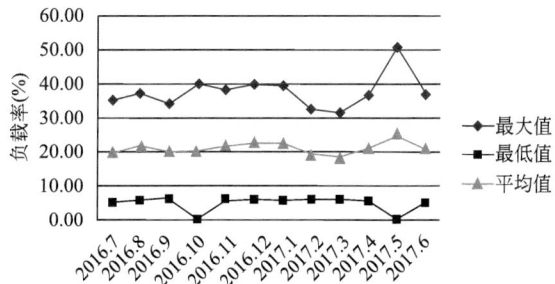

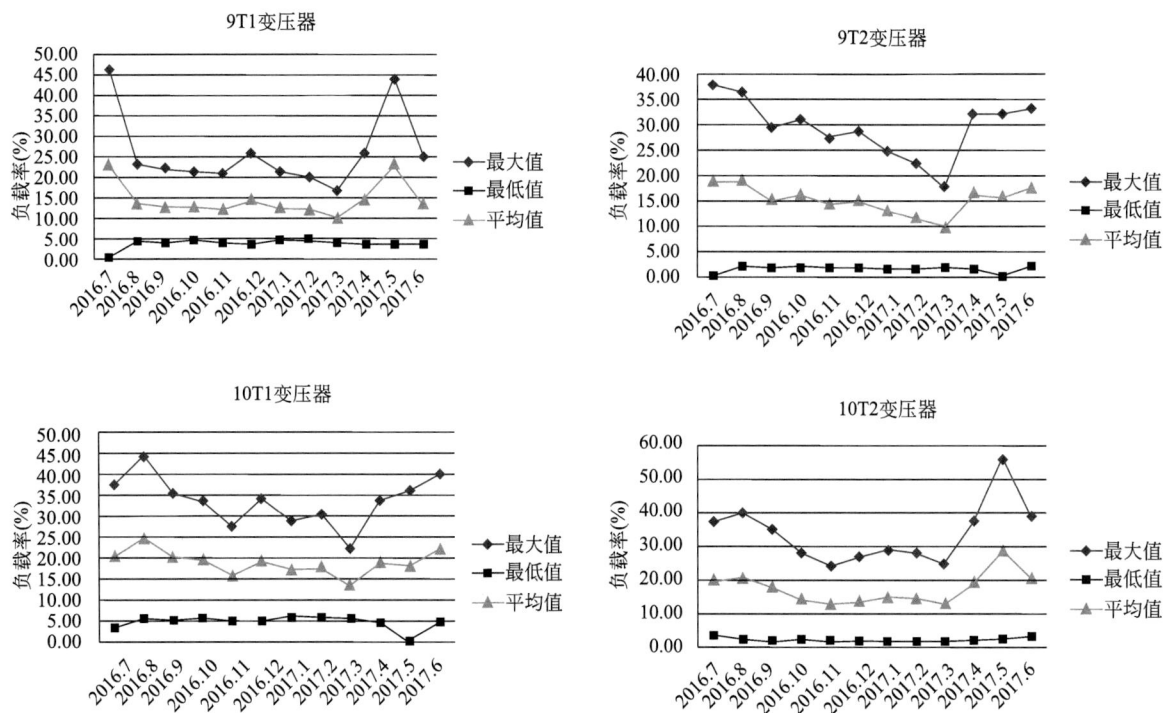

图 2-1 虹桥机场 T2 各台变压器每月运行负载率

从实测数据可以看出，虹桥机场T2的变压器负载率的最大值在10%～60%之间浮动，振幅区间比较大，并且可以明显看出夏季的变压器负载率明显高于冬季，这是因为夏季制冷设备的用电量增加所致。

尽管3T1、5T1、6T1、6T3、8T1这几台变压器的负载率最大值大部分月份是处于20%左右，但是在个别月份其负载率会攀升至40%～50%，这可能是因为所带负载中空调动力类、普通照明、弱电机房等比例较大，在某些情况下，同时使用的概率增加导致，所以这几台变压器不属于负载率较低一类。

除此以外，其余变压器的负载率最大值均在30%～40%之间波动，这基本可以保证当一台变压器发生故障时，另一台变压器可以承担全部负荷。

通过调研，从现场后勤保障部门技术工作人员对变压器使用情况及负载率的反馈来看，目前变压器的实际负载率可以为工作人员检修供电设备和线路提供很大的方便，而不用担心检修对航站楼用电造成影响。

为更加直观地分析出虹桥T2的各台变压器最近一年负载率最大值，采用折线形式进行了统计，如图2-2所示。

从图中可以清晰地看出，虹桥T2的大部分变压器峰值负载率在25%～45%之间，而到了5月份均有明显的升高。

从变压器分布位置来看，最大负载率较高的几台变压器中，1T1、1T2、8T2位于长廊部分，5T2、6T2位于主楼；负载率较低的几台变压器中，除去3T1、8T1位于长廊外，其余几台均位于主楼。所以从虹桥机场T2的变压器实际使用情况来看，长廊部分的变压器负载率明显高于主楼部分。

这是因为虹桥机场T2的主楼区域主要以行李机房、值机安检等为主，配以行李传送井道和走廊过道，基本无大规模人员长期逗留区域，而这些负荷都是为机场工艺设备服务的；反观长廊部分，以商业、候机区、办公、空调机房等功能区域为主，基本承担了航站楼一半以上的主要用电设备，并且属

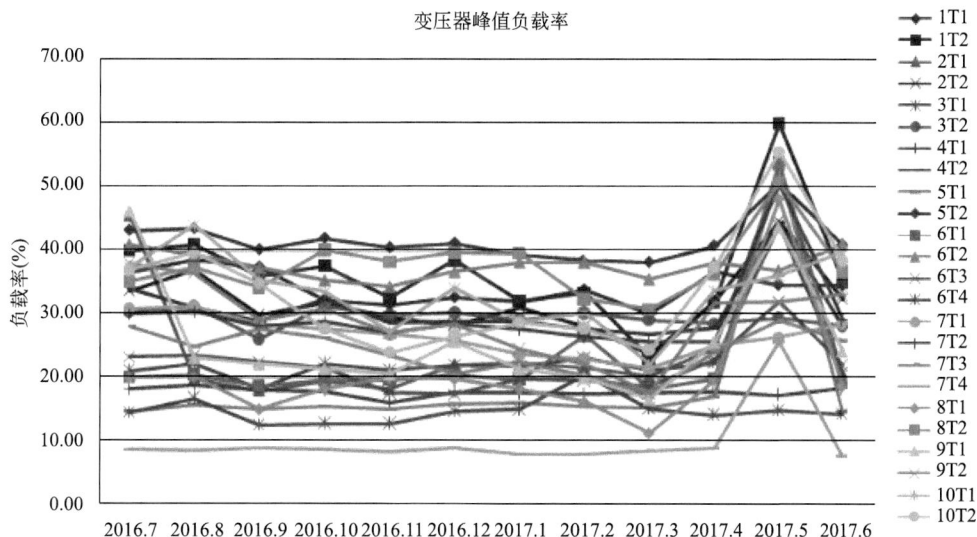

变压器峰值负载率

图例：1T1 1T2 2T1 2T2 3T1 3T2 4T1 4T2 5T1 5T2 6T1 6T2 6T3 6T4 7T1 7T2 7T3 7T4 8T1 8T2 9T1 9T2 10T1 10T2

图 2-2　虹桥机场 T2 航站楼各台变压器峰值负载率

于人员长期聚集区域，所以负责这些区域的变压器负载率明显偏高。

就虹桥机场T2而言，从低压配电系统的结构组成形式来看，变电站内有一组或多组互为备用的变压器，其中一台变压器承担该供电区域内的全部消防负荷的常用回路，备用从专门的消防配电柜配出。而因为纯消防负荷只有在发生火灾的情况下才会启动，所以在正常运行情况下，这部分负荷虽然占用的变压器的一大部分容量，但是却一直处于无输出状态，故而这些变压器的负载率会明显偏低，例如2T1、3T1、4T1、5T1、8T1、9T1，这些变压器的最大负载率基本都在15%～25%之间。

2. 虹桥机场T1航站楼

虹桥机场T1航站楼的变压器配置，如表2-13所示。

虹桥机场 T1 航站楼变压器装置指标设计值　　　　　　　　　　　表 2-13

虹桥机场 T1 航站楼						
位置	编号	变压器（kVA）	台数	小计（kVA）	面积（m²）	功率密度（VA/m²）
A 楼	1# 变电站	2000	2	4000		
		1250	2	2500		
	2# 变电站	2000	2	4000		
B 楼	3# 变电站	1600	2	3200		
	4# 变电站	1600	2	3200		
小计				16900	127000	133.1

有针对性地分析，从虹桥机场T1采集的1#变电站和2#变电站在2017年7月11日、7月12日、4月、5月和6月的变压器负载率数据，如图2-3所示。

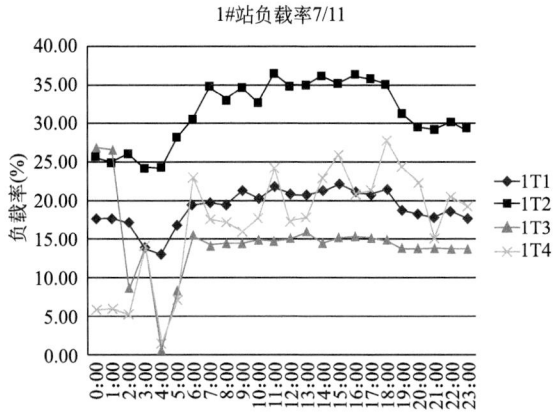

1#站负载率7/11

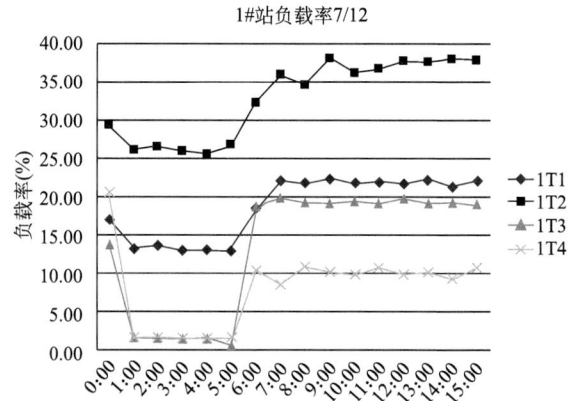

1#站负载率7/12

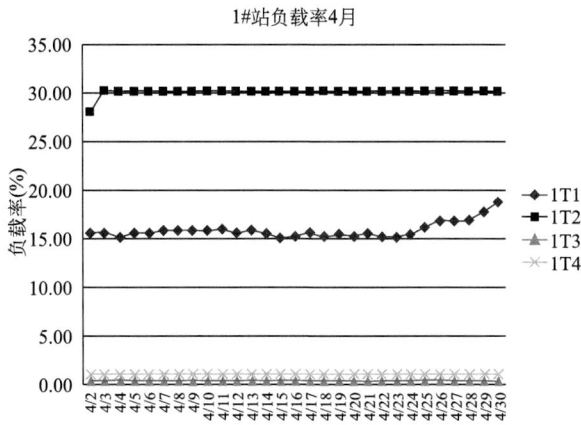

1#站负载率4月

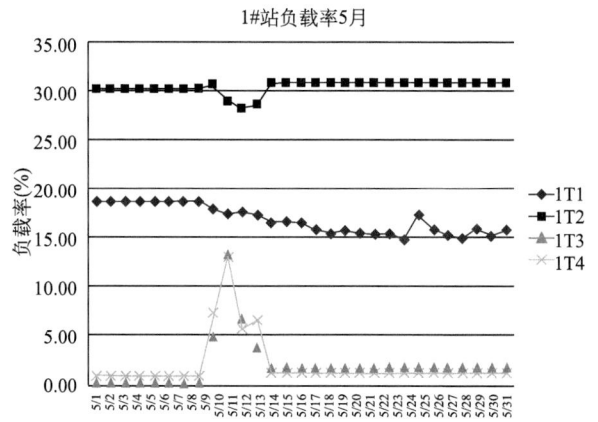

1#站负载率5月

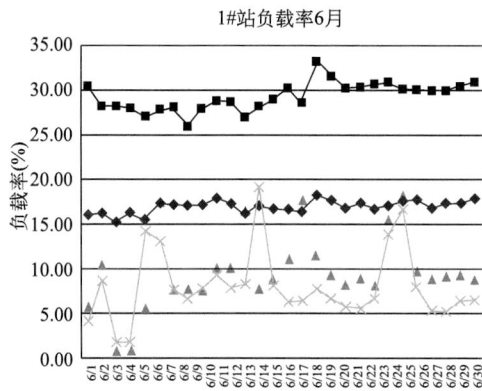

1#站负载率6月

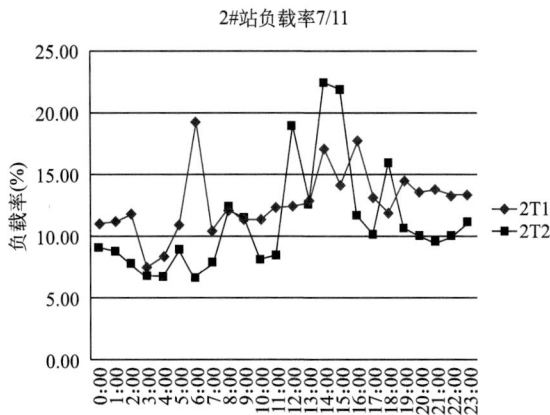

2#站负载率7/11

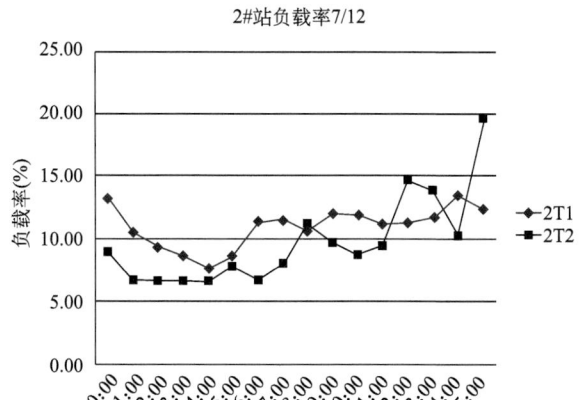

2#站负载率7/12

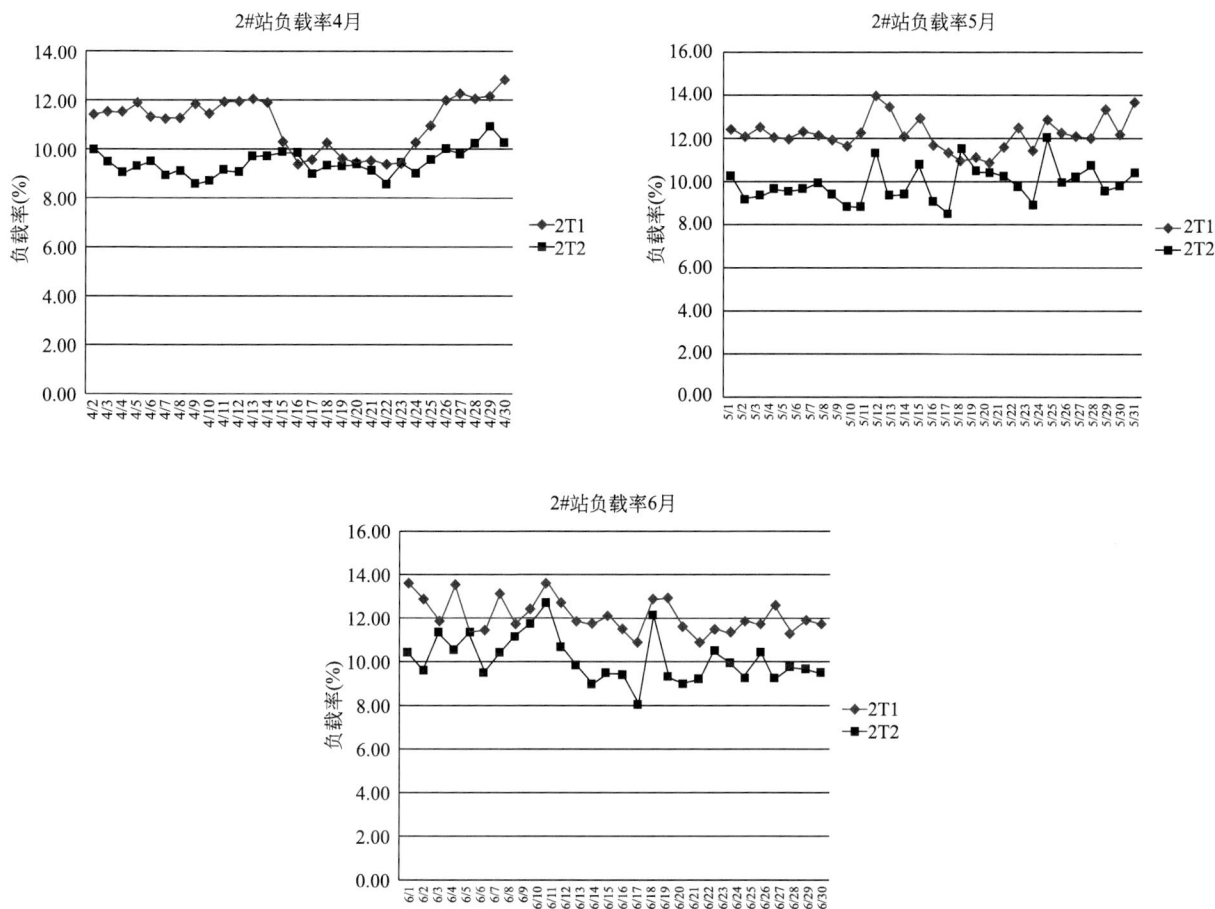

图2-3 虹桥机场T1航站楼多台变压器某几天和某几月运行负载率

1T3和1T4的负载率之所以很低，是因为这两台变压器所承担的负载类型很大一部分是服务于能源中心，包括水泵、制冷设备等，这些设备是同时服务于T1的A楼和B楼。调研期间，虹桥T1的B楼处于封闭改造阶段，A楼处于改造结束调试运行阶段，整个航站楼的客流量等尚未恢复至正常营运状态，多数用电设备未正常使用。同时，也正是基于此，所以2#变电站的两台变压器2T1和2T2主要用于站坪类负载（包括飞机送空调、机务高杆灯、飞机400Hz电源等），所以2#变电站的变压器负载率测量值在此阶段内持续处于较低水平。

3. 浦东机场T2航站楼

浦东机场T2的变压器装置指标设计值，其指标如表2-14所示。

浦东机场T2航站楼的变压器装置指标设计值   表2-14

浦东机场T2航站楼						
位置	编号	变压器（kVA）	台数	小计（kVA）	面积（m²）	功率密度（VA/m²）
长廊	1# 变电站	2500	2	5000		
	2# 变电站	2500	2	5000		
	3# 变电站	2000	1	2000		
		2500	2	5000		

浦东机场 T2 航站楼

位置	编号	变压器（kVA）	台数	小计（kVA）	面积（m²）	功率密度（VA/m²）
长廊	4# 变电站	2500	2	5000		
	5# 变电站	2500	2	5000		
	6# 变电站	2500	2	5000		
	7# 变电站	2000	2	4000		
主楼	8# 变电站	2000	2	4000		
		2500	4	10000		
	9# 变电站	2000	2	4000		
		2500	4	10000		
	10# 变电站	2000	2	4000		
		2500	2	5000		
小计				73000	546000	136.7

我们通过实地调研，采集了浦东机场T2航站楼从2016年7月至2017年5月近一年之间各变压器的当月实际运行负载率数据，如图2-4所示。

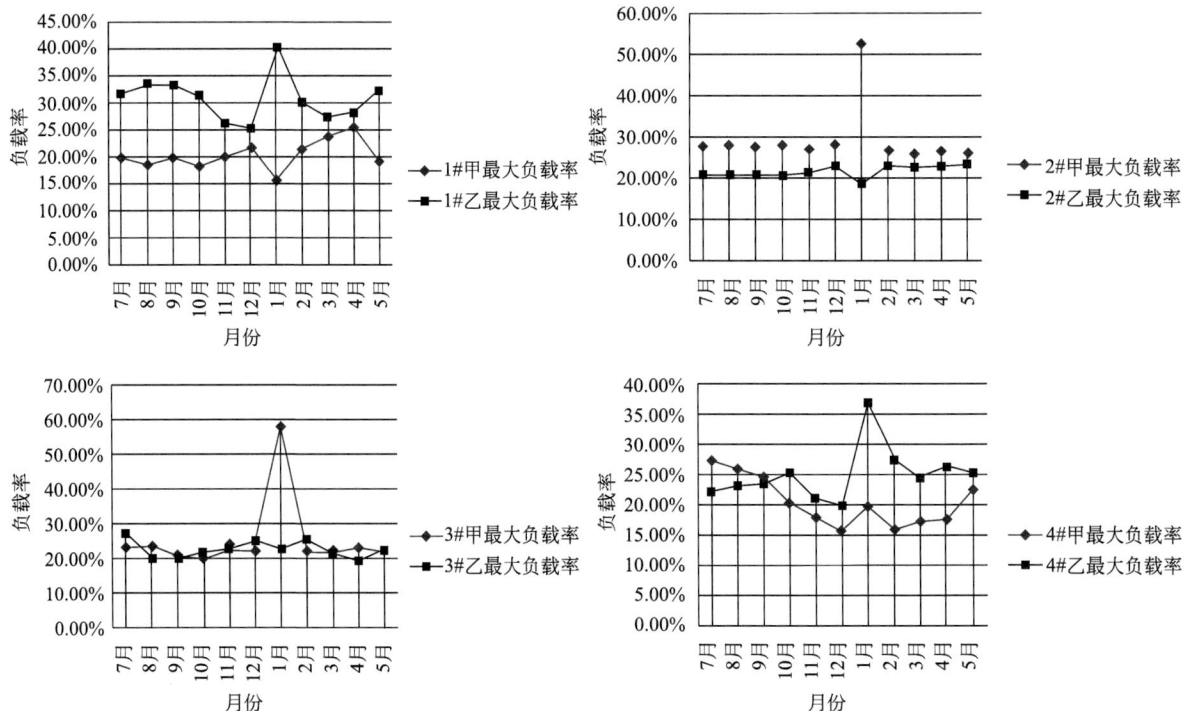

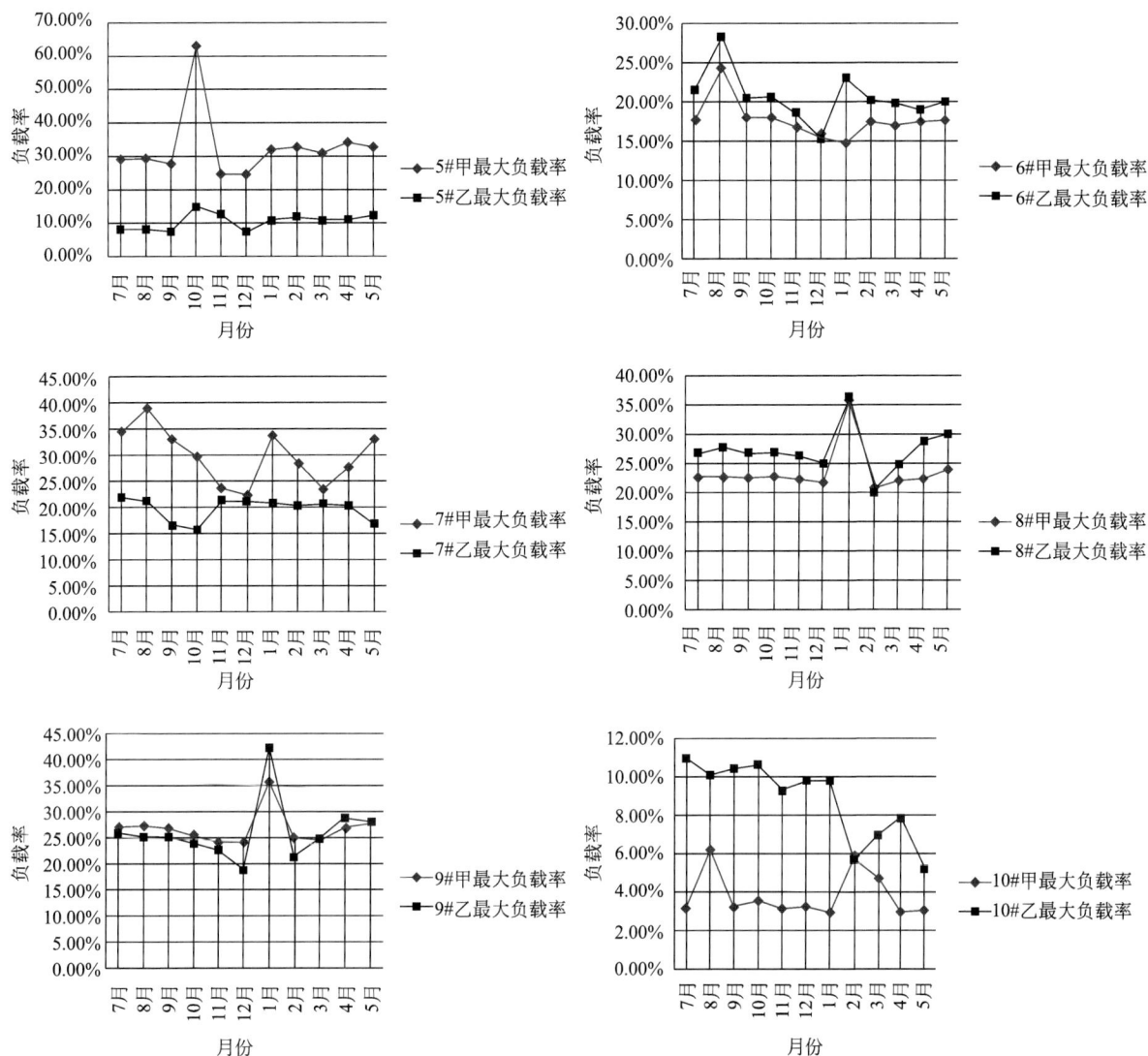

图 2-4 浦东机场 T2 航站楼各台变压器每月运行负载率

通过对比浦东机场T2和虹桥机场T2变压器负载率的实际测量数据，可以发现变压器的最大负载率正常情况下基本都在20%～40%，个别月份会攀升至50%～60%。10#变电站因为是为行李机房单独服务的，所以不在常规研究范围内。

4. 浦东机场T1航站楼

浦东机场T1的变压器装置指标设计值，其指标如表2-15所示。

浦东机场T1 航站楼的变压器装置指标设计值 　　　　表2-15

浦东机场 T1 航站楼						
位置	编号	变压器（kVA）	台数	小计（kVA）	面积（m²）	功率密度（VA/m²）
长廊	1# 变电站	2500	2	5000		
	2# 变电站	1600	2	3200		
	3# 变电站	2500	2	5000		
	4# 变电站	1600	2	3200		

| 浦东机场 T1 航站楼 | | | | | | |
位置	编号	变压器（kVA）	台数	小计（kVA）	面积（m²）	功率密度（VA/m²）
长廊	5# 变电站	2500	2	5000		
主楼	6# 变电站	2000	4	8000		
	7# 变电站	2000	4	8000		
改建	10# 变电站	2500	4	10000		
小计				47400	332000	142.77

与前面浦东机场T2一样，采集了浦东机场T1从2016年7月至次年5月近一年之间变压器的当月实际运行负载率数据，见图2-5。

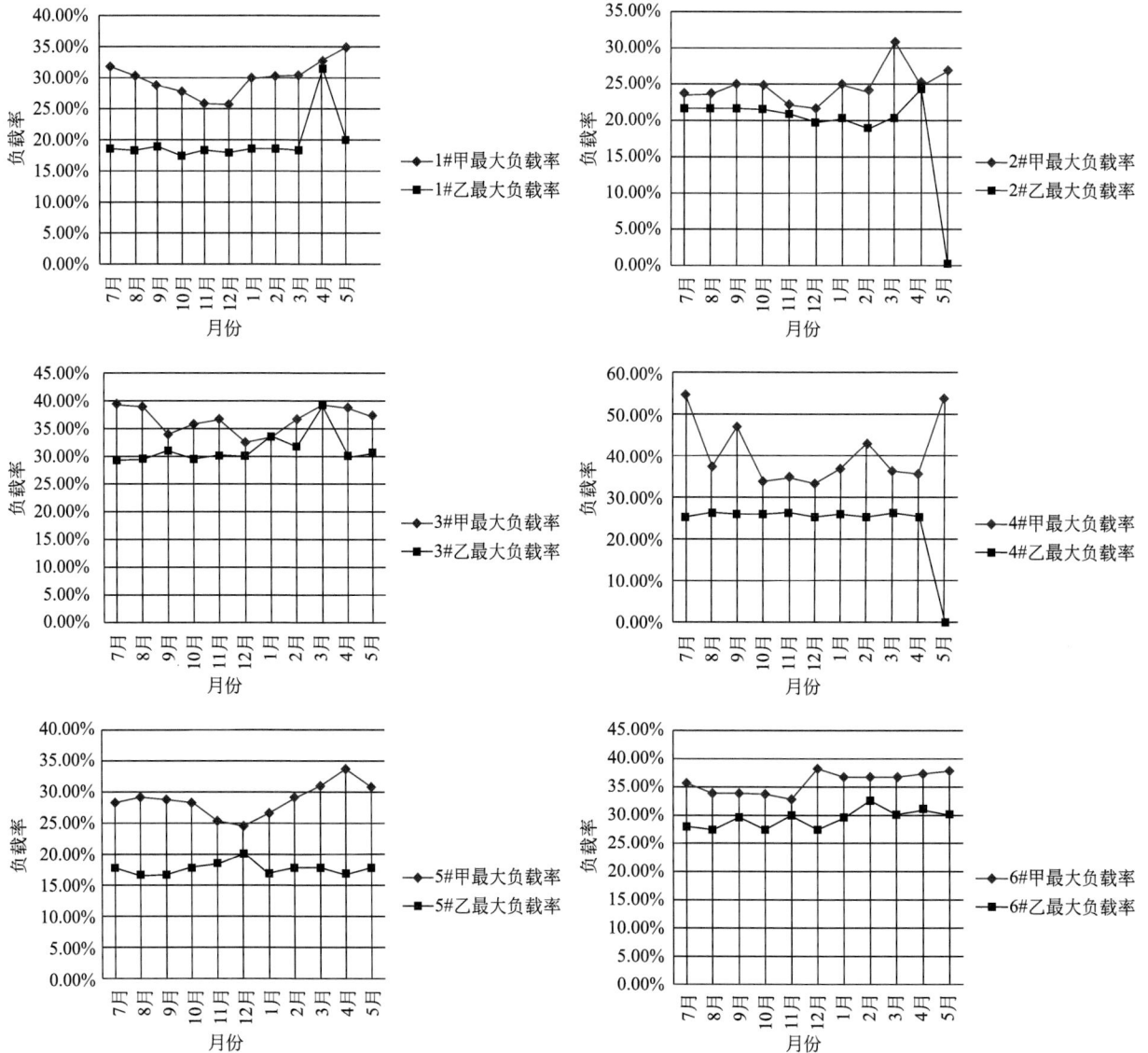

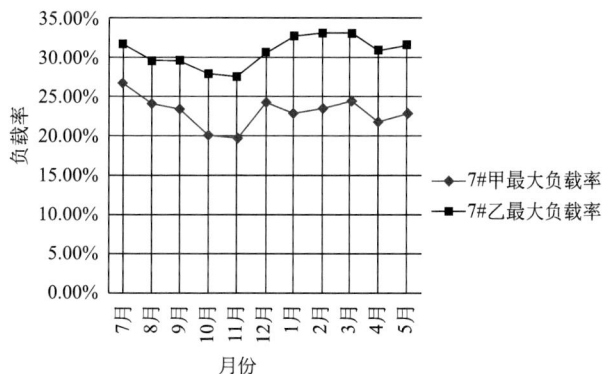

图 2-5 浦东机场 T1 航站楼各台变压器每月运行负载率

浦东机场T1各台变压器运行负载率情况基本和浦东T2一样，大致在20%～40%之间波动，部分月份会突破50%。

5. 南京机场T2航站楼

南京机场T2的变压器装置指标设计值，其指标如表2-16所示。

第 2 章 供配电可靠性设计

南京机场 T2 航站楼的变压器装置指标设计值					表 2-16
南京 T2 航站楼					
位置	编号	变压器（kVA）	台数	小计（kVA）	面积（m²）	功率密度（VA/m²）
长廊	1# 变电站	2500	2	5000		
	5# 变电站	2000	2	4000		
主楼	2# 变电站	2000	4	8000		
	3# 变电站	2500	2	5000		
	4# 变电站	1600	4	6400		
小计				28400	233871	121.4

对南京机场T2航站楼进行了实地测量，其某一时间点的各台变压器实际运行负载率数据，见图2-6。

在2017年7月14日11点这一时间点上，南京机场T2的变压器负载率基本都在15%～30%这个范围内，仔细分析发现，负载率比较高的几台变压器是2T2、3T2和4T3，其承担的负载中空调动力类占据较高比例。

从上述几个航站楼的运行数据以及设计数据来看，航站楼的变压器在实际运行过程中，负载率基本维持在30%～40%的范围内；但这并不意味着变压器负载率只会在此区间内波动，通过实测数据我们也发现，一些变压器的负载率会在个别月份或者某一时间段内会达到50%～60%。变压器承担的负载类型、时间、变压器位置等因素都会影响到负载率的高低，这就使得设计师在设计时需要把变压器负载率攀升至较高水平的可能性考虑进去。

同时，发现空调类的用电负荷对变压器的负载率影响较明显，其所占比例较高的变压器的负载率基本都高于其他变压器；其次是站坪类用电（包括飞机外接空调、机务高杆灯、飞机400Hz电源等），但这类用电比较受使用频率影响，使用频率高的情况下能明显提升变压器负载率；再者是商业、厨房和普通照明用电，人员密度高的区域，这几类用电会较多，相应的变压器负载率也会较高。

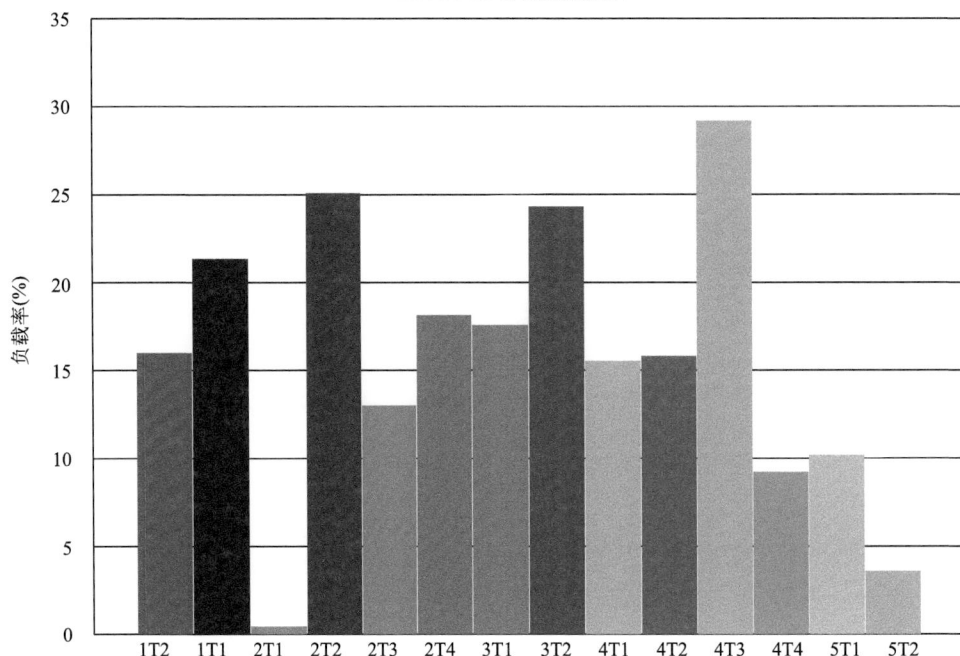

图 2-6　南京机场 T2 各台变压器某时运行负载率

2.1.6　商业厨房餐饮负荷单位指标配置

伴随着经济不断发展，人民生活水平也不断提高，旅客出行消防理念不断变化，消费品质和数量同步上升，空港枢纽建筑中商业餐饮厨房用电指标取值的合理性对供电系统可靠性也起到了至关重要的作用。航站楼商业、厨房餐饮功率密度单位指标值，见表2-17。

航站楼商业、厨房餐饮单位面积功率密度值			表 2-17
序号	类别	W/m²（有燃气）	W/m²（无燃气）
1	西式快餐	500	1200
	中式快餐、小吃等	350	800
2	咖啡、果汁、面包、茶坊等	400	1000
3	VIP 备餐间	60kW	
4	VVIP 备餐间	80kW	
5	包装食品、茶叶、烟酒	250	
6	工艺品、服饰、饰品、皮具、箱包、化妆品、电子数码等	300	
7	一线品牌专卖店	300	
8	非处方药、保健品	200	
9	音像制品、报刊杂志、书籍等（可以提供茶点、咖啡）	300	

对表中的补充说明，商业单元（除餐饮之外）按200m²预留；餐饮部分是否进煤气两种情况考虑；进煤气的餐饮，根据操作间面积大小，按1kW/m²预留；不进煤气的餐饮，根据操作间面积大小，按3kW/m²预留；无操作间的敞开式餐饮区域（100m²以下）按1kW/m²预留。VIP备餐间及自助餐台50kW，VIP备餐间及自助餐台70kW，座位区休息区按40W/m²预留。

2.1.7 商业厨房餐饮面积变化研究

空港枢纽机场航站楼商业餐饮运营关系到机场管理部门的成本和考核指标，运营效果与航空进出港航班流量密切相关；如何将有限的电力资源，合理有效地分配至商业、厨房餐饮中，做到灵活性、发展的协调统一，是设计商业供电的关键。

随着市场投资环境的改变、融资渠道的变化以及政府政策的引导，国内空港枢纽建筑建设投资主体不断发生变化，大型企业逐步对航站楼等标志性建筑投资的热情，形成了政府与大型企业共同出资建设局面的出现。作为企业，盈利是第一要素。针对航站楼而言，创造收益的重点便是旅客，而旅客的数量则取决于进出港航班流量。除了流量增加能带来航空运营的直接收入之外，一个重要的关注的便是旅客的其他消费。旅客其他消费的环境便是航站楼内的商业厨房餐饮。商业厨房餐饮的合理布局能引导旅客进行消费理念的提升。对于电气设计而言，就需要着力规划好电力供应的充足性。以乌鲁木齐机场新建航站楼为例，某中央企业参与投资建设前后的用电量变化，如表2-18、表2-19所示。

乌鲁木齐机场新建航站楼央企投资前后用电量变化表（单位 kW）　　　　表 2-18

变电站编号	商业用电统计			广告用电统计			航空按摩椅用电统计	
	原商业预留电量	新商业需求电量	电量差额	原广告预留电量	新广告需求电量	电量差额	电量需求	电量差额
1 号	713.00	585.00	128.00	0.00	243.52	−243.52	433.60	−433.60
2 号	1339.00	1309.00	30.00	0.00	233.52	−233.52	224.32	−224.32
3 号	1710.00	1422.00	288.00	0.00	174.08	−174.08	104.32	−104.32
4 号	810.00	1597.80	−787.80	148.50	761.84	−613.34	0.00	0.00
5 号	3366.00	4210.92	−844.92	283.50	2199.94	−1916.44	87.04	−87.04
6 号	1434.00	1456.80	−22.80	148.50	624.68	−476.18	0.00	0.00
7 号	440.00	885.00	−445.00	27.00	84.00	−57.00	108.16	−108.16
8 号	550.00	668.00	−118.00	13.50	357.24	−343.74	269.12	−269.12
9 号	1080.00	1476.00	−396.00	0.00	746.84	−746.84	504.32	−504.32
10 号	4660.00	3776.36	883.64	27.00	733.28	−706.28	134.72	−134.72
11 号	790.00	892.00	−102.00	0.00	700.44	−700.44	38.72	−38.72
汇总	16892.00	18278.88	−2693.72	648.00	5558.38	−4910.38	1904.32	−1904.32

乌鲁木齐机场新建航站楼央企投资前后用电量变化表（单位 kW/kVA）　　　　表 2-19

变电站编号	各变电站原预留汇总(商业、广告等)	各变电站新需求汇总(商业、广告等)	各变电站电量差额汇总	变压器原配置	原装机容量	变压器新配置	新装机容量	变压器新旧配置差值电量（75%）	变压器增加至后电量富裕量
1 号	713.00	1262.12	−549.12	2×1600+2×1250	5700	2×1600+2×2000	7200	1125	575.88
2 号	1339.00	1766.84	−427.84	4×1600	6400	2×1600+2×2000	7200	600	172.16
3 号	1710.00	1700.40	9.60	2×2500	5000	2×2500	5000		9.60
4 号	958.50	2359.64	−1401.14	2×1600+2×2000	7200	4×2500	10000	2100	698.86
5 号	3649.50	6497.90	−2848.40	2×1600+2×2000 2×2500+2×2000	16200	2×2500+2×2500 2×2500+2×2500	20000	2850	1.60
6 号	1582.50	2081.48	−498.98	2×1600+2×2000	7200	2×2000+2×2000	8000	600	101.02

变电站编号	各变电站原预留汇总（商业、广告等）	各变电站新需求汇总（商业、广告等）	各变电站电量差额汇总	变压器原配置	原装机容量	变压器新配置	新装机容量	变压器新旧配置差值电量（75%）	变压器增加至后电量富裕量
7 号	467.00	1077.16	−610.16	2×2000	4000	2×2500	5000	750	139.84
8 号	563.50	1294.36	−730.86	2×2000	4000	2×2500	5000	750	19.14
9 号	1080.00	2727.16	−1647.16	2×2500	5000	2×2500+1×2500	7500	1875	227.84
10 号	4687.00	4644.36	42.64	4×2000	8000	4×2000	8000	0	42.64
11 号	790.00	1631.16	−841.16	2×1600	3200	2×2500	5000	1350	508.84
汇总	17540.00	27042.58	−9554.82		71900		87900	12000	227.84

说明：表格中的功率是计算功率，75%是指变压器的负载率，无功补偿量采用忽略处理。

根据商业业态分布的特点，可采取不同的供电方式。对于商业单元比较集中，业态种类较多的场所，采用集中供电，具体的措施包括：划分不同的区域性的负荷中心，负荷中心的配电容量应充分考虑区域内商业业态构成，尤其是在商业业态不明确的区域，区域内宜设置集中的总配电箱，避免因区域内商业业态的局部调整而影响总配电容量调整。相邻的商业区域在供电组织上宜采用由同一树干式集中配出。

商业单元功能单一确定，且面积较大区域，考虑由变配电所采用放射式的供电方式，具有可靠性高、维护方便的优势。

零散分布的商业单元，可考虑以相近的区域为组织形式链式配电。

2.1.8　空港枢纽建筑发展对负荷容量分析

建设以"平安、绿色、智慧、人文"为核心的四型机场，是国内大型空港枢纽建筑必须贯彻的理念。

结合《打赢蓝天保卫战三年行动计划》，加快机场场内车队结构升级，推广使用新能源设备和车辆，完善场内充电设施服务体系建设，除了消防、救护、除冰雪、加油设备（车辆）及无新能源产品设备（车辆）外，重点区域机场新增或更新场内用设备（车辆）应100%使用新能源设备（车辆）。大型公共建筑物配建停车场、社会公共停车场建设充电设施或预留建设安装条件的车位比例不低于10%。

根据新能源技术发展情况，首都机场力争在2020年前实现飞行区内地面保障车辆中特种车辆新能源比例不低于10%，通用车辆新能源比例不低于20%。快慢比例需求，如厦门高崎机场基本交直流比例是1:3；首都机场此次全部使用120kW和60kW的直流设备。

以乌鲁木齐新建航站楼为例，空侧周边车位数约510个，设置充电桩52个。按照常用7kW交流充电桩和60、120kW型直流充电桩计算，分别为39、7、6台，交直流比例约3:1。

2.2　用电负荷特性及供电架构

空港枢纽建筑位于整个机场场区之内，场区一般集中设置一座能源站，空港枢纽建筑每个单体的冷热源均由能源站供给；这样大大地减轻了航站楼、交通换乘中心等大型单体建筑物的用电量。

2.2.1　负荷变化分析

空港枢纽航站楼负荷变化，与进出港航班相关，同时与商业餐饮的运行也密不可分。通过建立在诸多同类项目基础上总结出来的用电指标设计，保证满足多变灵活的商业业态的电力供应。通过"弹性电力供应"的指导理念，确保商业区域商业业态在发生调整变化时，不需要从变电所重新排管布线，最大限度地降低对既有建筑形式和运营的影响，以适应航站楼的最佳商业开发的电力供应预留。

航站楼商业的业态形式及特点主要有：

多样性：便民设施、全备店、快餐店、餐饮点、便利店、休闲设施、商务贵宾服务、商务支援服务等多种服务形式。同时商业业态的多样性，其单位面积功率密度的大小取决于商业功能定位。因而根据不同区域商业业态分布的特点，有针对性地预留相应的用电容量。

灵活性：空港商业是一个不断变化的市场。随着时间的推进，灵活性将是航站楼使用期内商业收益持续增长的保障。在规划方面，尽量聚集商业空间在一起。方便灵活地分隔楼面，可大可小，可深可浅，以应付日后改变的市场，预留空间以备展览馆式的零售。

不同的商业形态单位面积的功率密度差异是比较大的，因而考虑枢纽建筑的特点，原则上应根据面积及燃气的使用情况作相应的调整，没有燃气及商业面积较小时均应适当放大指标范围。

2.2.2　运行负载率研究

负载率是指变压器经济运行的指标；运行负载率涉及的变压器的经济性及自身的寿命。以2008年，对某市各类建筑物的变压器实际运行负载率的研究为例。调研汇总的变压器负载率，如表2-20所示。

某市各类建筑物的变压器实际运行负载率统计表　　　　　　　　　　　　　　表2-20

建筑代码	建筑类型	建筑面积(m²)	单台变压器容量(kVA)	变压器台数	变压器总容量(kVA)	单位面积容量(VA/m²)	变压器最大负荷率	变压器负荷率					
								1#变压器	2#变压器	3#变压器	4#变压器	5#变压器	6#变压器
A	政府办公楼	45450	1250	4	5000	110.01	45.40%	24.90%	42.20%	45.40%	31.70%		
B	政府办公楼	33453	1250	2	2500	74.73	15.80%	15.80%	6.40%				
C	政府办公楼	30000	1000	2	2000	66.67	37.50%	37.50%	7.60%				
D	政府办公楼	42100	1250	2	2500	59.38	56.40%	52.20%	56.40%				
L	商业办公楼	108000	1600、2000	6	10400	96.30	53.70%	45.40%	53.70%	4.30%	24.10%	9.70%	32.80%
F	商业办公楼	54500	1250	4	5000	91.74	58.60%	50.90%	58.60%	51.90%	21.20%		
G	商业办公楼	39000	1250	2	2500	64.10	33.60%	33.60%	23.50%				
H	商场	40000	1600	4	6400	160.00	60.40%	53.70%	55.30%	45.60%	60.40%		
I	综合性商业楼	117000	2000	4	8000	68.38	65%	63.50%	62.70%	55.10%	65%		
E	酒店	37000	1250	2	2500	67.57	28.20%	27.80%	28.20%				
J	酒店	99300	1600	4	6400	64.45	48.10%	48.10%	12.70%	10.30%	16.20%		

注：10%以下4台，占11.1%；20%～30%共6台，占16.7%；10-20%共4台，占11.1%；30-40%共4台，占11.1%。

从表2-20可得到，变压器实际负载率基本位于50%以内。表明变压器的经济寿命与实际负载率基本在合理的匹配范围之内。为了更形象地呈现变压器实际运行负载率，采用点状图进行了分布式表达，如图2-7所示。

变压器负荷率

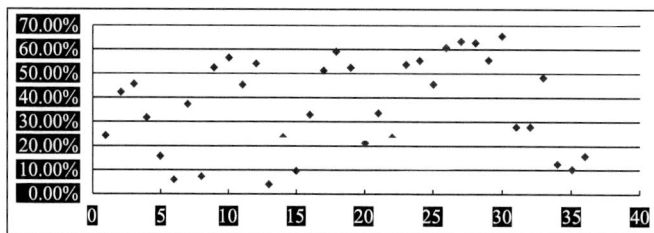

变压器负荷率：
1.最小4.3%；
2.有一半变压器的负荷率低于40%
• 10%以下4台，占11.1%；
• 10%~20%共计4台，占11.1%；
• 20%~30%共计6台，占16.7%；
• 30%~40%共计4台，占11.1%。

图2-7 某市各类建筑物的变压器实际运行负载率分布图

2.2.3 供电系统架构

确保安全可靠，必须结合供电负荷等级，设置合理的供配电系统架构。系统架构的设置需要结合供电电压等级、备用电源柴油发电机组电压等级、弱电信息系统UPS形式和消防应急照明系统EPS形式等条件。以呼和浩特新建航站楼为例，如图2-8所示。

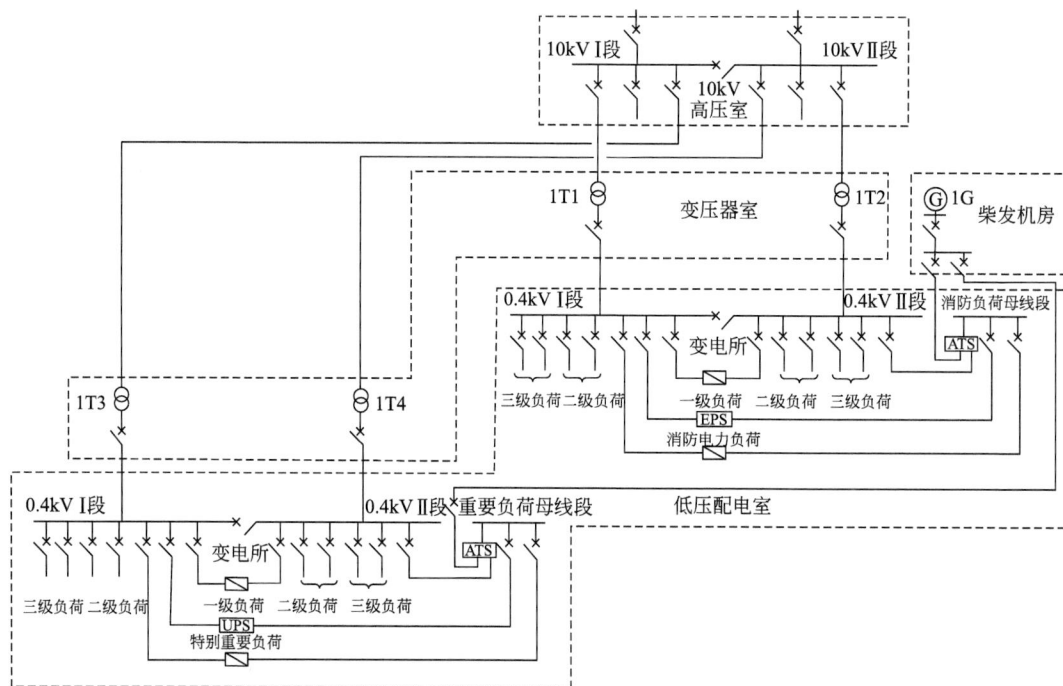

图2-8 呼和浩特新建航站楼变电站高低压系统架构图

2.2.4 中压供电系统分析

空港枢纽建筑的每个变电站，宜采用单母线或单母线分段的接线方式。高压侧出线回路不多，一般会采用封闭式成套开关柜。经多年的实践经验证明，有两路10kV高压电源供电时，根据用户的负荷特点，经技术经济比较，可以采用如下几种主要接线方式：

两路电源同时供电单母线分段，互为备用：这种方式可以用于负荷容量较大，出线回路较多，供电可靠性要求高的场所。

三路电源两路供电两用一备，或三路供电母线分段加联络开关的接线方式；这种方式供电可靠性较高，可用于对供电可靠性要求较高的，其总容量较大的场所。

两路电源一路供电一用一备母线不分段；这种方式由于在倒闸过程中有短时停电现象，可以用于供电可靠性要求一般的场所，其供电容量不宜过大。

（1）两路电源同时供电单母线分段，互为备用

由两路10kV独立双重电源供电，平时两路电源同时供电，分列运行，故障时互为备用。供电主接线见图2-9。

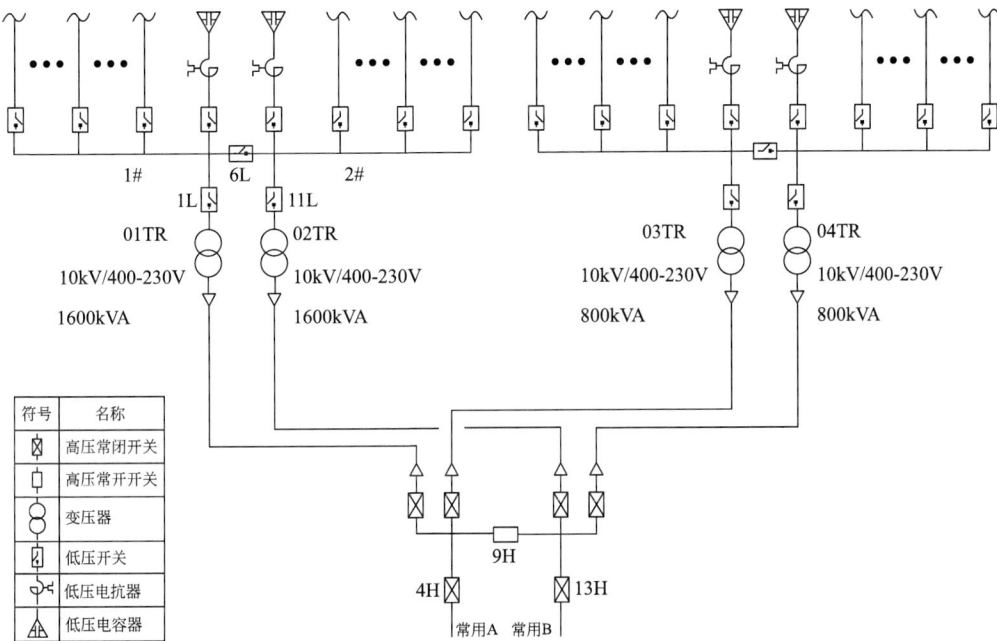

图 2-9　两路电源同时供电单母线分段供电主接线图

（2）三路电源同时供电单母线分段，互为备用

正常运行方式下，三路专用馈线同时供电，分列运行、互为备用。供电主接线见图2-10。

2.2.5　低压配电系统研究

就低压配电系统而言，空港枢纽建筑对消防负荷和不允许中断供电的特别重要负荷有着一些特别的设计考虑。

1. 消防低压专用排

宁波栎社国际机场T2航站楼低压配电系统设置了消防低压专用排。本航站楼内有1#～4#变电站，均属于用户变电站。消防低压专用排在变压器出线侧设置，一台变压器设置两个主开关，其中是一个消防主开关。设置消防低压专用排方案，见图2-11。

2. 不间断电源设备（UPS）

不间断电源设备是由电力变流器（整流器、逆变器）、转换开关（电子式或机械式）、储能装置（如蓄电池）及控制系统等组成，通常采用的是在线式UPS。

不间断电源设备的主要技术要求：

共7600kVA

10kV Ⅰ段

| 01TR | 03TR | 05TR | 07～10TR | 11TR | 13TR | 15TR | 17TR |
| 500kVA | 1600kVA | 1250kVA | 4460kVA | 1250kVA | 1000kVA | 1000kVA | 1000kVA |

共6960kVA

共5100kVA

Ⅱ段

Ⅲ段

| 02TR | 07～10TR | 14TR | 16TR |
| 500kVA | 4460kVA | 1000kVA | 1000kVA |

| 04TR | 06TR | 12TR | 18TR |
| 1600kVA | 1250kVA | 1250kVA | 1000kVA |

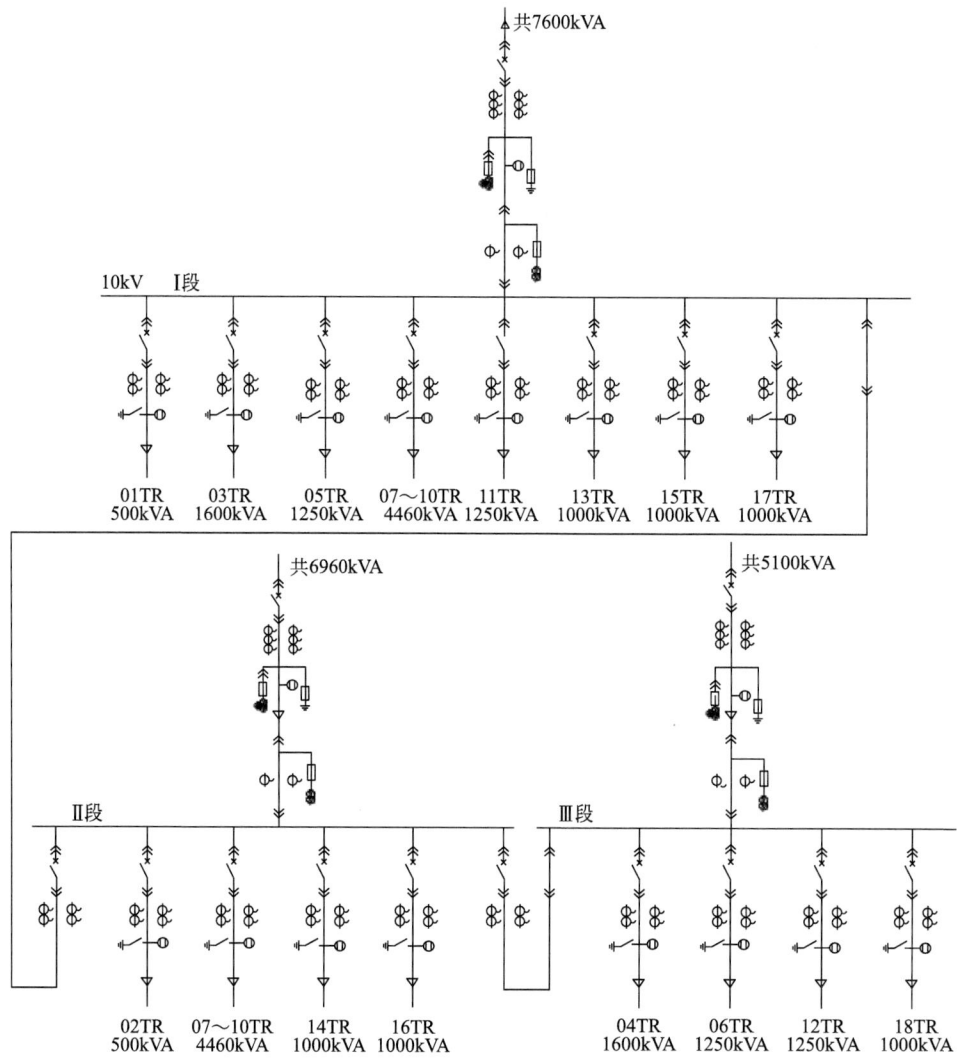

图 2-10 三路电源同时供电单母线分段供电主接线图

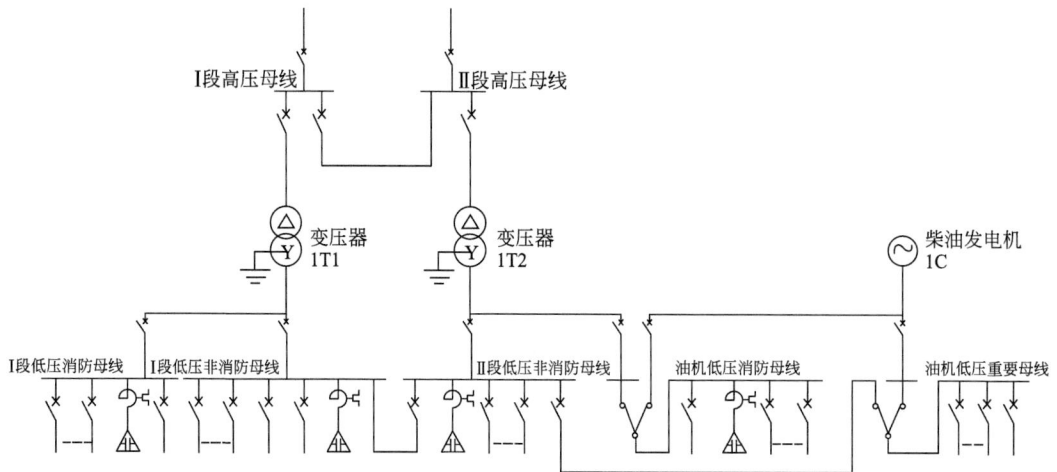

Ⅰ段高压母线　　　　Ⅱ段高压母线

变压器
1T1

变压器
1T2

柴油发电机
1C

Ⅰ段低压消防母线　Ⅰ段低压非消防母线　　　　Ⅱ段低压非消防母线　　　油机低压消防母线　　　油机低压重要母线

图 2-11 消防低压专用排方案图

（1）UPS装置的交流输入端应配置输入滤波器；满载负荷时，输入电流畸变率宜小于5%，输入功率因数应大于0.93；半载负荷时，输入电流畸变率宜小于7%，输入功率因数应大于0.90。

（2）UPS装置的输出电压波形应为连续的正弦波；满载线性负荷时，电压畸变率宜小于或等于2%；满载非线性负荷时，电压畸变率宜小于或等于4%。

（3）大容量UPS装置应具有标准通信接口，并可对第三方软件开放。

（4）大容量UPS装置本身应具有对每节电池监测的功能，并宜能实时显示在监控屏幕上。

UPS机房通常按照400～500w/m²制冷量进行预估，机组荷载建议按照结构设计相关规范推荐至执行，即不间断电源设备室的活荷载标准值为8～10kN/m²，电池室的活荷载标准值为16kN/m²。

空港枢纽建筑通常采用带旁路的1+1并机冗余UPS，系统架构如图2-12所示。

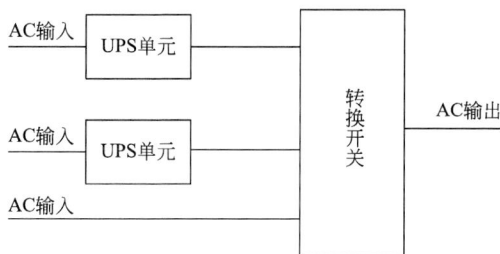

图2-12　带旁路的1+1并机冗余UPS系统架构图

自动直流开关柜（ADCS），适用于1+1并机冗余UPS系统架构。每台UPS都有自己独立的电池，系统正常运行时，每台UPS各承担一半的负载并提供相对应的后备时间保护，如图2-13所示。

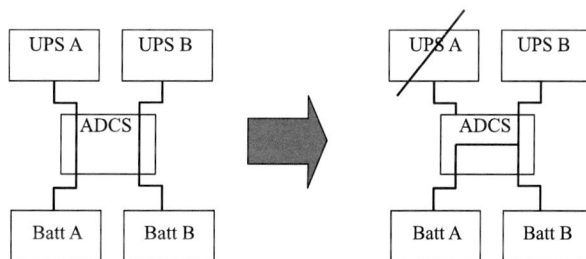

图2-13　自动直流开关柜（ADCS）工作原理图

不间断电源设备机器可分为高频机、工频机、模块化。

高频机过载能力较差且不适宜带感性、阻性负载。一般小型网络中使用的服务器和较为重要的高档PC机应选用。工频机为网络服务器、医疗设备、科研设备等精密仪器以及重要的机房集中供电和智能化楼宇的应急供电等，工频机性能稳定，可以实现最完善的电源保护。模块化的输入功率因数高、电流谐波小、抗干扰能力强、可靠性高、容量扩展性好、性价比高，维修方便，可热插拔。UPS工频机和高频机性能和应用比较，见表2-21。

UPS 工频机和高频机性能和应用比较表		表 2-21

序号	比较的指标	性能	
		高频 UPS	工频 UPS
1	过载能力	一般	较强
2	抗输入浪涌能力	一般	较强

序号	比较的指标	性能	
		高频 UPS	工频 UPS
3	输出抗冲击、短路能力	一般	较强
4	输入 PF 值	0.99	≥ 0.7
5	整机效率	85% ~ 92%	75% ~ 85%
6	功率密度	高	小
7	零地电压	高，相对较差	低，有高频分量相对较好
8	输出级元器件	多	少
9	功率器件容量	小	大
10	故障时器件损坏程度	高	低
11	可靠性	一般	好
12	可维护性	较复杂	简易
13	重量	轻	重
14	体积	小	大
15	与发电机适应力	较差	好
16	带载能力	对负载要求高，不适宜带感性负载和强冲击性负载	
17	动态性能	一般	良好
18	短路性能	欠佳	良好
19	抗干扰能力	欠佳	良好
20	输出波形	一般，输出含有直流成分	好
21	安全性	无隔离，一旦末级损坏，输出有几百伏直流高压串入的危险，负载安全性低	输入输出全隔离，负载无直流串入的危险，安全性高
22	环保	对电网产生污染小	对电网产生一定谐波污染
23	效率	整机效率高，节能	整机效率低，自身损耗大
24	输入范围	输入范围宽	一般
25	噪声	稍低	较大
26	价格	低	高
27	尺寸	相对较小且重量轻	稍大且笨重
28	适用场合	要节能，价格低，负载对直流电不敏感，无强感性负载，不能对电网产生污染等场合	负载与电源隔离，负载对直流电敏感，动态性能要好，带载能力要强的场合
29	综述	高频机是 UPS 的新型结构，高频机的整流是二极管不控整流 +IGBT 的高频直流升压环节。它的零地电压高，对电网产生的污染小，噪声较低，整机效率高，节能。对负载要求高，不适宜带感性负载和强冲击性负载，但体积小，重量轻，提高了电气性能	工频机是 UPS 的传统结构。工频机是可控整流，它的输出变压器必不可少，在输出侧必须有升压变压器作为电压的调整；它的带混合型负载能力强，抗冲击能力强，动态性能，短路性能，抗干扰能力均为良好，输出波形好，安全性高
		高频机由于逆变频率为 50kHz 不适合重要性负载，因为它有一定的射频干扰，计算机类负载对射频干扰较敏感	采用了 PFC（功率因素校正）技术的工频机有较强的抗干扰能力
		高频机带非线性负载能力较差，原因是其逆变频率对负载要求较为严格	工频机采用低频逆变，且变压器耦合输出，对负载要求不严格，能适应于一切非阻性负载（计算机就是非阻性负载）

序号	比较的指标	性能	
		高频 UPS	工频 UPS
29	综述	高频机体积小、重量轻，适合单个工作点的设备保护，对干扰不敏感的设备	工频机适合所有设备保护，无论是网点设备还是 IDC（数据中心），但工频机有体积大、重量大等缺点
		智能化、网络化，具有软件监控功能	

2.2.6 供配电系统和变压器可靠运行分析

1. 供配电系统可靠性

为确保大型机场航站楼的供配电系统的可靠运行，两台一组变压器，同时工作、互为备用；选用两台变压器时，其容量应满足在一台变压器故障或检修时，另一台仍能保持对全部用电负荷供电；即100%的负荷全备用。

2. 变压器最佳运行时负荷率

根据相关资料，SCB型干式电力变压器最佳负荷率β，如表2-22所示。

SCB 型干式电力变压器最佳负荷率 β   表 2-22

额定容量（kVA）	500	630	800	1000	1250	1600
空载损耗（W）	1850	2100	2400	2800	3350	3950
负载损耗（W）	4850	5650	7500	9200	11000	13300
损失比 α	2.62	2.69	3.13	3.20	3.28	3.37
最佳负荷率 β（%）	61.8	61.0	56.6	56.2	55.2	54.5

由此可见，综合考虑变压器自身运行时的电能损耗和最佳经济寿命，干式变压器的最佳负荷率为50%～60%。

3. 变压器短时过负荷运行能力

查阅相关资料，变压器短时过负荷运行能力，如表2-23所示。

电力变压器短时过负荷运行数据表   表 2-23

空气冷却干式变压器		自冷式油浸变压器	
过电流（%）	允许运行时间（min）	过电流（%）	允许运行时间（min）
20	60	30	120
30	45	45	80
40	32	60	45
50	18	75	20
60	5	100	10

由表2-23可见，即使过电流至120%，也仅仅允许运行60min时间。也就是说，两台一组变压器，其容量满足一台变压器故障或检修时，另一台仍能保持对全部用电负荷供电，即单台变压器负载率在120%时，给予变电站维护电工检修排查故障60min时间；很显然，1h的时间肯定是远远不够的。1h之

后，变压器因自保过载跳闸，扩大停电事故面。当然，这些数据是基于变压器自身没有配置强制全风冷系统。

对于大型机场航站楼来说，变压器自身应配置强制全风冷系统，并要求变压器负载率在120%、甚至130%时，仍可长时间运行；但是，此种状态下运行，对变压器寿命将产生不利影响，即经济寿命缩短。所以选择尽可能不让变压器长期过载工作之设计方案。

4. 不考虑100%的全备用时用电指标

为降低用电指标，理论上也有一个不考虑100%的负荷全备用的策略，即两台一组变压器工作模式，在选用这两台变压器时，其容量仅满足在一台变压器故障或检修时，另一台仍能保持对一级、二级用电负荷供电；此时，需切除三级负荷。

针对乌鲁木齐机场新建航站楼，全备用与非全备用的变压器容量对比，如表2-24所示。

全备用与非全备用的变压器容量对比表　　表2-24

位置	编号	全备用（kVA）	非全备用（kVA）	全备用单位功率密度（kVA/m²）	非全备用单位功率密度（kVA/m²）	非全备用/全备用占比
指廊	1# 变电站	6400	5080			
	2# 变电站	5700	4850			
	3# 变电站	4500	3900			
	7# 变电站	4000	2500			
	8# 变电站	4500	3680			
	9# 变电站	5000	4100			
	10# 变电站	8000	7600			
	11# 变电站	3200	2250			
主楼	4# 变电站	7200	7200			
	5# 变电站	16200	16200			
	6# 变电站	7200	7200			
小计		71900	64500	0.12663	0.11370	89.8%
备注		表中，非全备用一栏的数值不是单台变压器的累加				

从表2-24可知，非全备用时的变压器装置单位功率密度指标设计值为113VA/m²，这一数值比表2-11中的任何一个航站楼的指标均低；从这点说明，当前还很少有大型机场航站楼会采用非全备用模式进行供配电系统设计之先例；表面上变压器装置指标设计值降低10%，但是将降低供配电系统的可靠性。一是如前文所述，需要切除的三级负荷包括景观照明、融雪除冰设施、非公共区域空调以及飞机送空调等；二是切除负荷，影响部分区域使用，旅客体验感降低，满意度下降；三是切除负荷，势必增加操作程序，加大运营管理的难度；三是若误操作，则破坏了一级负荷和二级负荷的正常供电，无形中扩大了事故面。

从初次投资角度分析，但就变电站的设备配置费用而言，变压器总容量减少7340kVA；根据概预算设备单价，相应设备费减少865.6万元。

2.3 市政供电电源设计

空港枢纽建筑位于整个机场场区之内，场区一般设置一座专用机场用高压变电站。以呼和浩特新建机场为例，采用110kV电源供电。机场为一级负荷用户，需要两路独立电源供电，采用两路市电的供电方式，两路市电从机场周边不同电网引出。一路引自220kV盛乐变电站，全长29km，另一路引自220kV沙尔沁变电站，全长23km。110kV进线电缆进入机场围界后，采用管井埋地敷设方式。

2.3.1 机场中心站方案

根据机场近远期规划及负荷分布情况，在场区的东侧生产辅助区新建1座110/10kV独立式中心变电站，建筑面积约为4500m²，三层建筑，在配电间设有电缆走线夹层。站内设置110kV配电室、变压器室、10kV配电室、380V配电室、柴油发电机室、储油室、电力监控室、办公室、值班室、材料间、维修间、仓库、车库等用房，并配有110kV配电装置（GIS）、变压器、10kV配电柜、380V配电柜、柴油发电机、电力监控台等设备，另外，在中心变电站内根据要求相应地设置电视系统、电话系统、网络系统、消防系统、安防系统等。

根据负荷估算，并结合今后的发展需要，110kV中心变电站设置3台容量为50000kVA的$110 \pm 8 \times 1.25kV\%/10.5kV$双绕组有载调压变压器。本期按照70回出线考虑，远期可进行扩建。

110kV系统采用扩大内桥接线方式，10kV系统采用单母线分段接线方式。中心变电站与上级供电单位的交接点为站内110kV进线柜。两路110kV电源送至中心变电站，经110kV变配电系统变压至10kV，再通过10kV配电系统至各开闭站或变电站。

中心变电站运行原理，正常时，内桥上的两台断路器，一台处于分断状态，一台处于闭合状态，一路市电带一台变压器，另一路市电带剩下的两台变压器，三台变压器并列运行，各带1/3负荷；当一路市电故障时，内桥上的两台断路器，都处于闭合状态，由另一路市电带全部负荷；当一台变压器故障时，由剩下的两台变压器带全部负荷。中心变电站110kV一次接线原理图如图2-14所示。

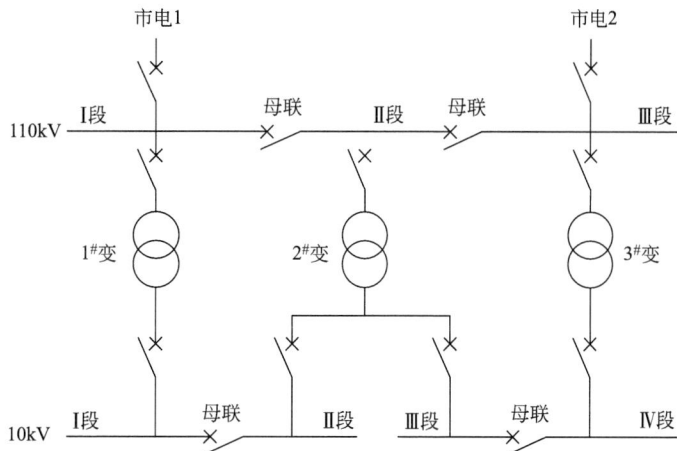

图2-14 中心变电站110kV一次接线原理图

2.3.2 机场区管网类型

供电管线敷设采用电缆隧道/电缆沟/排管及直埋相结合的方式进行。由 110kV 中心变电站引出的主干管路采用电缆隧道及综合管廊敷设，由开闭站引出的 10kV 电缆采用电缆沟/管井的敷设方式，由变电站引出的高低压电缆采用管井或直埋的敷设方式。场内10kV 供电电缆总长约为300km；380V/220V 供电电缆总长约为50km。

2.3.3 开关站计算负荷

根据开关站供电区域、范围和地块，按照负荷分级进行统计，并采用需要系数法进行负荷计算，负荷计算见表2-25。

开关站负荷计算统计表　　　　　　　　　　　　　　　　　　　　　　　　　　　　表 2-25

区域	地块	负荷计算					
		三级负荷（kW）	二级负荷（kW）	一级负荷（不含特别重要）（kW）	一级负荷中特别重要（kW）	计算负荷（kW）	变压器装机容量（kVA）
市政	污水	556.63	824.7	0	0	1011.34	2×800
		679.13	868.7	0	0	1096.43	2×800
	供水	111.2	391.5	0	0	377.93	2×500
		111.2	660	0	0	595.01	2×500
	固废	240	0	0	0	168	250
	地道	60	0	50	840	801.3	2×1000
		60	0	50	1249	1143.4	2×1000
	道路	0	230	0	0	230	250
		0	265	0	0	265	250
	综合管廊	1232.6	506	0	0	1232.9	4×400+2×500
	雨水泵站	32.6	0	861.3	50	798.435	2×1000
		32.6	0	861.3	50	798.435	2×1000
		32.6	0	1535	50	1590	2×2000
	出租车蓄车厂	2692	0	0	65	1752.2	2×1250
	航站区道路	0	250	0	0	225	315
	供电工程	350	150	0	20	520	2×400+14×30
航站区	敞开车库	4398	400	2080	415	2541	5200
	旅客过夜用房	9380	3720	2160	2320	5467	4×1250+4×1600
	航站楼	49404	11881	47772	14028	26406	50000
		0	0	21312	0	5185	2×8160
	换乘汇总新/制冷站	5980	21178	766	1112	8715	16832
飞行区	1# 主灯光站	0	0	0	725.7	790.86	2×1000
	飞行区 1# 开闭站	2480	1260	1302	0	3428	6400
	2# 主灯光站	0	0	0	832.05	832.05	2×1000
	飞行区 2# 开闭站	343	245	301	0	711	1880

044

空港枢纽建筑电气及智慧设计关键技术研究与实践

| 区域 | 地块 | 负荷计算 | | | | | |
		三级负荷（kW）	二级负荷（kW）	一级负荷（不含特别重要）（kW）	一级负荷中特别重要（kW）	计算负荷（kW）	变压器装机容量（kVA）
飞行区	飞行区机务维修变电站	2860	1859	760	0	3835	6320
	1# 次灯光站	0	0	0	920.15	920.15	2×1250
	飞行区 3# 开闭站	349	0	301	0	520	1510
	2# 次灯光站	0	0	0	895.95	895.95	2×1250
	飞行区 4# 开闭站	344	245	289	0	658	2160
	货运站坪箱变	0	0	4480	0	1612	2×1630
	机务站坪箱变	0	0	3869	0	1393	2×1630
东工作区	信息中心	603	50	195	1870	1477.98	2×1600
	机场业务大楼	3222.7	0	755.7	130	2684.17	2×2000
	员工宿舍	3670	240	0	0	1490	2×1600
	保障大楼	4312.5	214	78	0	3066.11	2×2000
	急症中心	0	695	59	0	482.7	2×400
	地服安检	1672.4	257	77	0	1377.12	2×1000
	驻场单位综合楼	3771	0	725	0	2578.9	2×1600
西工作区	机坪塔台			195.6	64	155.8	2×160
	货运站	0	1419.14	400	0	1808.93	2×1600
	货运小区充电桩箱变	1440	0	0	0	1454.71	3×800
	航食小区配餐楼	0	4448.51	580	0	3899.03	4×2000
	航食小区充电桩箱变	0	1710	0	0	1692.90	500+500+800
	机务维修变电站	0	2178	564	0	1893.87	2×1600
	机务维修小区充电桩箱变	0	1150	0	0	923.67	2x800
空管工程	塔台小区	232	596	468	296.5	931.5	2×1000
	空管工作小区	140	625	322	80	725	2×800
	常规气象观测小区	5	45	96	14	91.9	1×125
	南场监雷达站	10	1	0	105	93	2×125
	北场监雷达站	10	1	0	105	93	2×125
	风廊线雷达				14	14	
航油	机场油库	645	480	686	40	794.88	2×800
	航空加油站	312				364.32	
	航油办公楼					1000	2×630
天航	综合办公区					991	2×1250
	机务维修区					770	2×800
国航	国航基地					7970	4×1250+2×1600+2×630

区域	地块	负荷计算					
		三级负荷（kW）	二级负荷（kW）	一级负荷（不含特别重要）（kW）	一级负荷中特别重要（kW）	计算负荷（kW）	变压器装机容量（kVA）
国航	生产运行基地					1268	2×630
	航食					1951	2×1250
	机务维修					1599	2×1000

2.4 应急电源系统

当 2 路市电失电后，为保障重要负荷供电，以及维持机场的基本运行，设有柴油发电机组作为备用电源，对一级负荷中特别重要负荷及停电要求小于 0.5s 的重要负荷，还应设置 UPS/EPS 不间断电源。

在变电站内设有应急母线段，当 2 路市电故障时，由柴油发电机组供电。机组电源与正常电源之间必须采取防止并列运行的措施。

设置柴油发电机组的场所主要包括：航站楼、换乘中心、过夜用房、空管小区、塔台小区、导航站、助航灯光变电站、信息中心等场所。

2.4.1 应急电源选择

随着技术的不断发展，供电可靠性要求的不断提高，应急电源种类不断丰富。空港枢纽建筑中涉及的应急电源主要有柴油发电机组、EPS、UPS、消防应急照明集中电源、蓄电池，其中柴油发电机组又有低压400V、中压10kV的区别。

柴油发电机组一般用于消防动力设备的备用电源使用，也作为特别重要负荷的保障电源使用。EPS电源早前用于消防应急照明，在执行《消防应急照明和疏散指示系统技术标准》GB 51309-2018之后，采用集中电源作为消防应急照明的后备电源。UPS电源用于空港枢纽中民航弱电、边检、海关、安检、航显屏等信息系统，避免数据丢失。

2.4.2 应急负荷与备用负荷类别

对于空港枢纽建筑而言，应急负荷主要包括防排烟风机、正压风机、消防补风机、消火栓喷淋泵、消防水炮主泵、消防电梯、防火卷帘门、电动消防排烟窗、消防应急照明和疏散指示等。备用负荷是指一级及一级负荷中特别重要负荷，主要包括民航弱电、边检、海关、安检、航班显屏、主要公共场所照明、电梯、水泵等信息系统。

2.4.3 中低压柴油发电机组分析

按《全国民用建筑工程设计技术措施》中要求，低压干线的供电半径一般不宜超过250m。低压配电线路的电压降不应大于5%额定电压，其中主干线的电压降不宜大于2%，支干线的电压降不宜大于3%。

1. 高压发电机组供电方式

在高压侧倒换：市电停电后，启动高压发电机组投合到高压母线上供电，当市电恢复时，撤出发电机组将负载转换到市电供电，然后机组经冷却运行后自动停机。如在高压侧切换时尚需得到当地供电部门的允许。

在低压侧倒换：市电停电后，启动高压发电机组经过变压器后与市电在低压配电屏上倒换。当市电恢复时，撤出发电机组将负载转换到市电供电，然后机组经冷却运行后自动停机。

市电与高压发电机组在高压一次供电端倒换的供电方式，见图2-15。

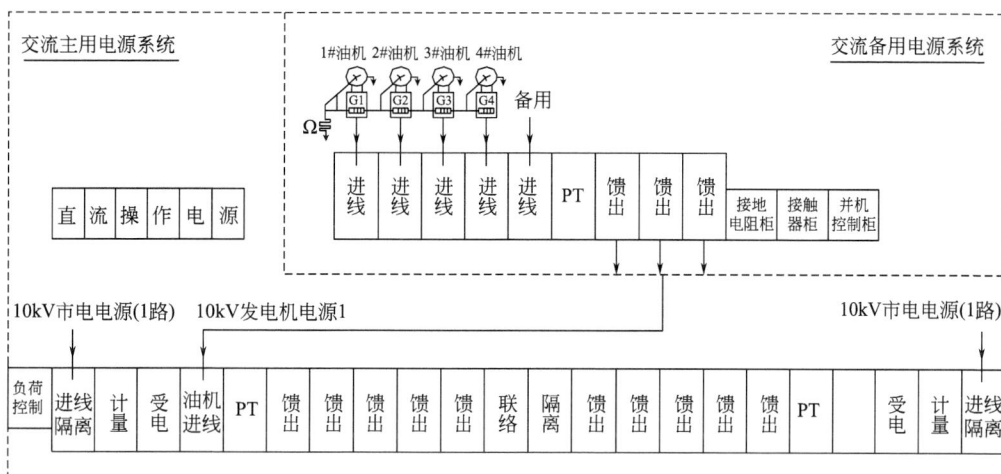

图2-15　市电与高压发电机组在高压一次供电端倒换供电图

市电与高压发电机组在高压二次供电端倒换的供电方式，见图2-16。

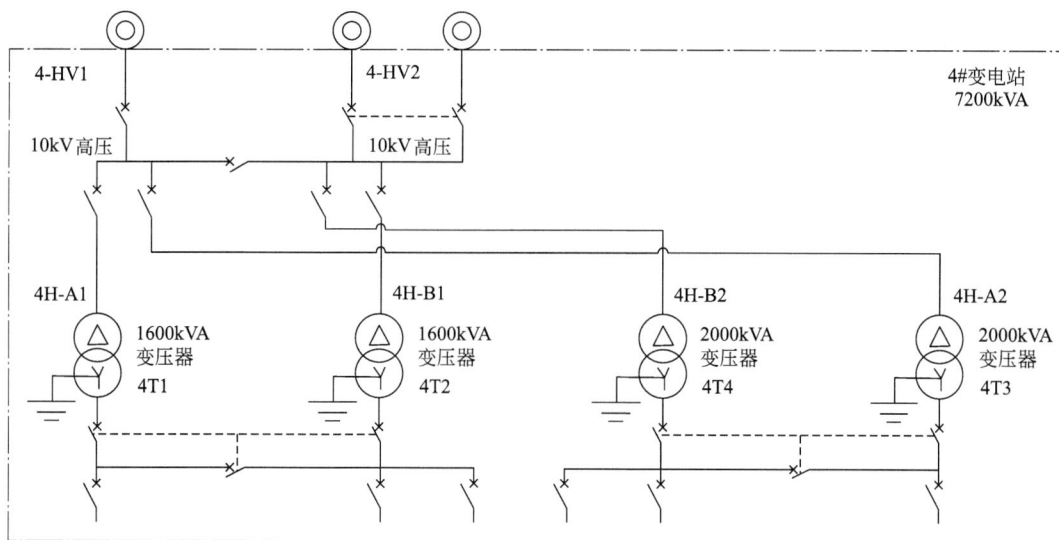

图2-16　市电与高压发电机组在高压二次供电端倒换供电图

市电与高压发电机组在低压侧倒换的供电方式，见图2-17。

2. 低压发电机组供电方式

低压发电机组400V与变压器低压侧之间，采用低压自切开关ATS进行自动切换，切换开关采用自投自复模式。

市电与低压发电机组在低压侧倒换的供电方式，见图2-18。

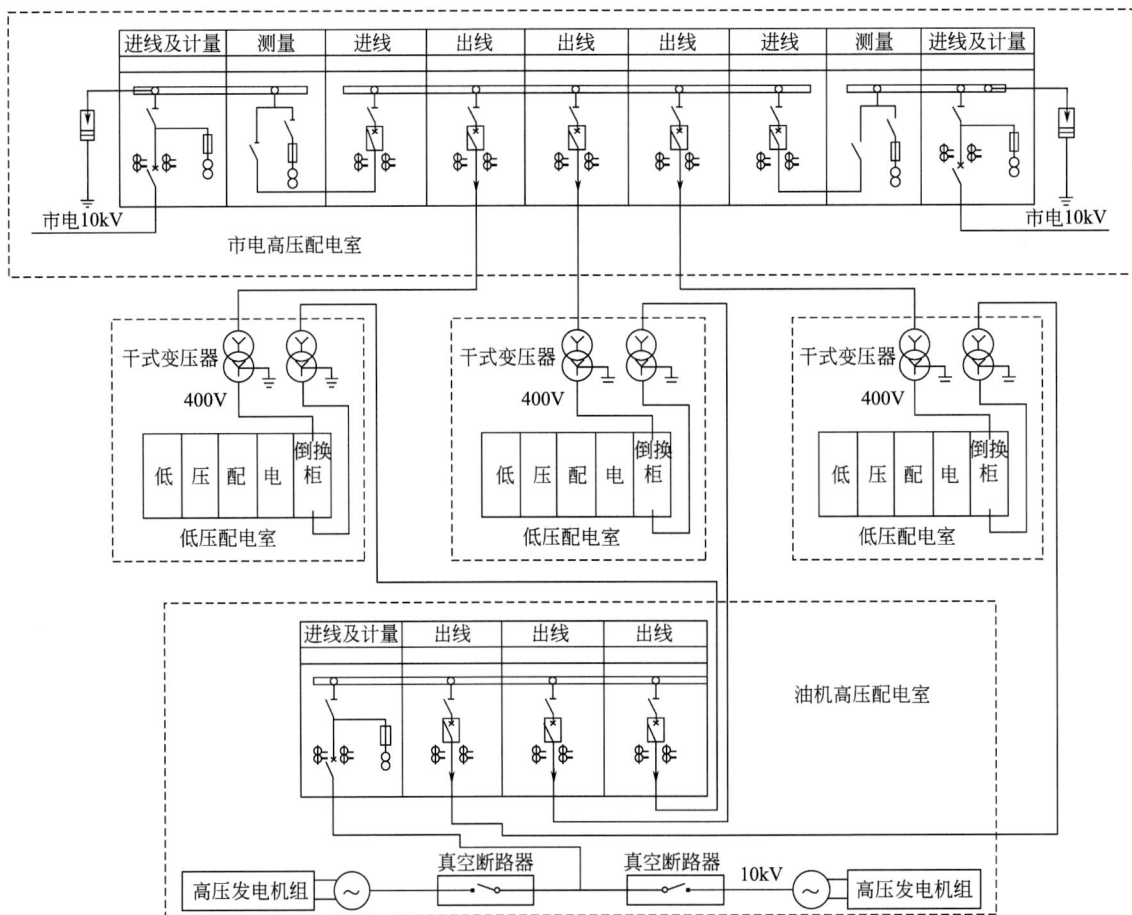

图2-17　市电与高压发电机组在低压侧倒换供电图

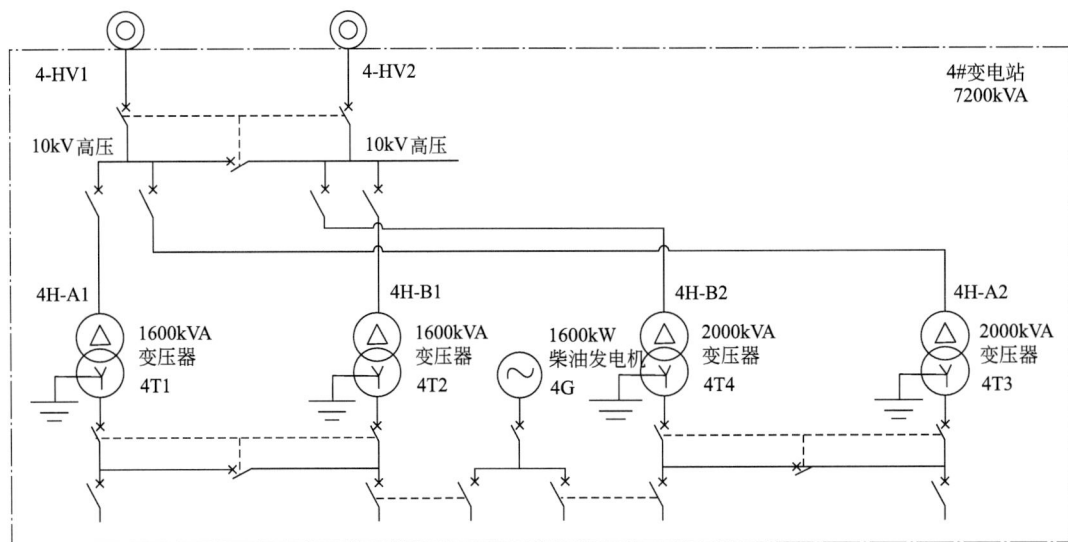

图2-18　市电与低压发电机组在低压侧倒换供电图

3. 高压柴油系统与低压油机系统比较

高压柴油发电机组与低压柴油发电机组各有特点，每个空港枢纽建筑应根据业主需求、高低压供配电系统形式和经济型等综合因素进行确认。高压油机与低压油机技术参数比较，见表2-26。

高压油机与低压油机技术参数比较表 表 2-26

序号	要点	高压油机	低压油机
1	切换时间	1min 以内	30s 以内
2	管理要求	需要重新选址另建，类似110kV 开关站、能源动力中心； 按照新建单体，需要报规划、设计以及投资造价费用来源	依附楼内变电站，一起建设，同时管理； 采用变电站自动化监控管理系统
3	当前现状	北京、上海等地区机场没有使用高压油机先例	各地大型机场使用低压油机居多
4	历史由来	深圳、广州等地区机场有高压油机案例，历史渊源是南方地区暴雨突发概率多，对地区电网影响相对偏大； 该地区习惯建设区域备用电源，例如在大片工业用电集中开发区域，建设高压油机机房，相当于建设了一个小型发电厂，能提供集中电源	国网经过多年的迅猛发展，形成一张大网，发生大面积停电的可能性较低； 各站自身独立故障的可能性较大； 有针对性地设置油机更能直接提供供电的可靠性
5	维护管理	高压柴油机组对管理人员资质要求高	低压柴油机组对管理人员资质与变电站管理人员一致
6	敷设路由	柴发机房距离用电点，即航站楼和交通中心较远，1.5km； 高压电缆用量大，而且两者之间需增加管廊或排管； 为确保油机电源能可靠供电，油机电缆不能与市电电源供电管廊共用，需要敷设专用路由	柴发机房深入用电点附近，且有柴发供电专用排，系统简单，可直接将电源可靠送至各个用电点
7	启动要求	高压柴发由于服务的范围大，机组启动运行直至带载，需要进行复杂的逻辑判断； 若因逻辑判断差错，将导致柴发无法正常供电，甚至与电网实现并网，影响上一级市电正常运行	低压柴发由于仅仅服务所依附的变电站，机组启动运行直至带载，逻辑判断简单，使用、简单高效、常规可靠的逻辑，可有效地确保柴发正常供电，且可避免与电网实现并网，不影响上一级市电正常运行
8	机房设置	一般地，土建机房与能源动力中心在一个地块建设； 机房面积预估 800m²	依附楼内变电站，每个柴发机房面积 10×90m²
9	投资造价	整个系统增加 10% 造价，但机组总容量比低压降低20% ~ 30%	单台柴发机组高压比低压价格高 40%
10	应用介绍	技术上都可行，结合每个项目业主需求加之国内常规案例情况，进行方案比选，选择最合适的油机方案	

2.4.4　应急电源系统设计

空港枢纽建筑中，柴油发电机组和UPS电源一般均需要同时使用到，两者在供配电系统的接入形式，如图2-19所示。

柴油发电机组在供电系统的前端，UPS在负荷端。发电机组是在两路市电均失电的情况才投入使用；UPS蓄电池一直在线运行，即使市电和发电机组均同时故障的情况下，其仍通过蓄电池发电会负荷进行带载供电，供电时间取决于机房的等级，在空港枢纽建筑中，单机供电时间20min。在1+1并机系统中，不考虑蓄电池共用情况，单机供电时间仍为20min，不是10min。

2.4.5　发电机带载负荷必要性研究

空港枢纽建筑的一级负荷中特别重要负荷，根据相关规范应由发电机带载。此外，业主会根据自身运行经验要求某些负荷设备，也由发电机供电。此时，设计人员应从技术角度对业主需求进行分析，对不应或难于接入发电机供电的负荷设备进行必要性研究。

以行李处理系统BHS为例。行李处理系统（BHS）宜包含始发行李处理系统、到达行李处理系

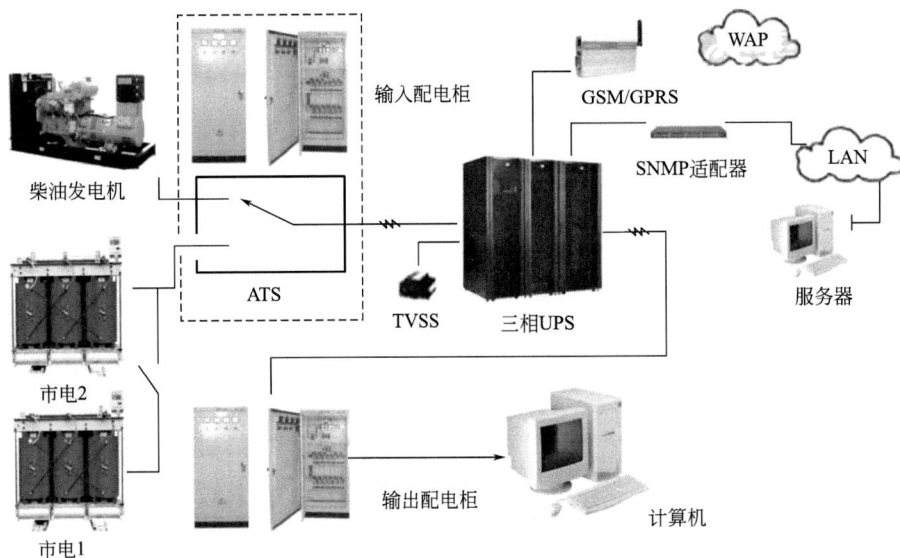

图 2-19 柴油发电机组和 UPS 电源在供配电系统接入方式图

统、中转行李处理系统、早到行李储存系统、大件行李系统、特殊行李处理系统、团体行李处理系统等。

行李处理系统是一套完整的系统。难于人为划出一部分行李传动带，单独作为一个子系统独立运行。机场功能流线设置中，每个值机岛均分配给各大航空公司。即使某个值机岛接入了柴油发电机带载，在应急情况下，此值机岛也很难分配给所有航空公司使用，也只能固定给某个平常使用的那一家航空公司使用，难以满足全部航空公司使用。

供配电系统的设计既要考虑可靠性也需兼顾经济性，不能因为几十年一遇的突发事故，而全部调整供电系统形式。

当航站楼的市电因故停电时，即使保障了部分行李传动带的运行，但是其他很多设备，仍因停电而无法使用，同样影响到旅客的正常进出港的速度。

配载室、行李查巡室、航站楼会商中心，常常会遗漏设计，主要是使用方提出滞后，其需求在空港枢纽土建施工中才提出，此时只有重新设计，并未对系统和造价带来影响。

2.5 电能质量

空港枢纽建筑中有大量变流设备、电力电子设备。谐波抑制策略研究需要分析非线性设备的影响，找出谐振点和谐振频率，以及计算因素，从而才能评估系统的电源质量问题。

理想的电能质量应该是一个连续的、电压和频率保持允许范围内，具有纯正正弦波曲线的良好电源。然而现实情况与用户所希望得到理想标准电源有着较大的差别，最明显的是电源完全中断，还有谐波畸变、产变、过电压、欠电压、电涌及电压骤降等现象。

2.5.1　谐波源设备

一般地，非线性配电设备和非线性用电负载导致配电系统中的谐波电流，而谐波电流流经配电系统的阻抗，又导致了谐波电压。系统谐波含量较高或可能发生并联电容器组的电容与系统电感间并联谐振时，并联电容器组应串接消谐电抗器。电抗器的调谐频率应低于电网中设备产生的最低谐波的频率。

2.5.2　谐波治理设备

电容器成为谐波电流的吸收回路，电容器过载；谐波引起电容器损耗增加的过热及寿命缩短；电容器与电源阻抗构成并联谐振电路，谐振造成谐波放大，电容电压提高，电容损坏。

变压器在谐波环境下运行，可采用K系数变压器；对于非K系数设计的变压器，宜考虑降容使用。

对于空港枢纽建筑配电系统的谐波治理设备，表现在以下几个方面：

（1）各级电力变压器采用DYn-11型，抑制三次谐波。

（2）按负荷性质分类供电，谐波源较大的回路采用专线供电，并加大中性线。

并联电容补偿应考虑谐波放大情况，串联适当的电抗能有效避免谐振的产生。以单相照明插座负荷为主的变压器，选用电抗值为14%左右，以抑制3次谐波为主。以三相负荷为主的变压器，选用电抗值为6%左右，以抑制5次谐波为主。

在靠近谐波源的配电回路干线上合理设置有源滤波或无源滤波装置。对风机、水泵类的电动机设备，带变频器控制器的控制箱等须自带谐波抑制装置。对UPS电源装置应配置有源滤波装置，EPS须自带谐波抑制装置。

2.5.3　谐波治理案例分析

以宁波栎社国际机场T2航站楼为例，本航站楼的变电站内采用电抗率为7%的电抗器，主要用于抑制五、七次及以上的谐波。

航站楼需要大量登机、办票和航班显示等大量重要设备，而且这些设备均属于谐波源。配电系统中具有大容量非线性负载，且变化较大。因此，在变电站低压侧设置有源滤波设备，其安装容量按照变压器容量的15%的经验值进行配置。

针对航站楼弱电信息机房内的用户端的精密设备、PLC、计算机系统、DCS通信设备和无线设备等，为了提高设备寿命，改善电能质量，在用户侧设置谐波保护器。谐波保护器可提供1～20MHz频率各种能量的谐波保护，自动消除用电设备产生的高次谐波、高频噪声、脉冲尖峰和电涌等干扰。谐波保护器在配电箱内的设置示意如图2-20所示。

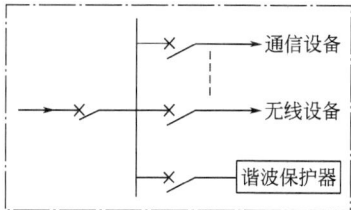

图2-20　配电箱内谐波保护器设置示意图

2.5.4　电压骤降

电压骤降也称电压暂降，是指供电的电压有效值的突然快速下降或几乎完全损失，然后又回升至正常值附近。

由供电电网上出现的电压骤降的现象平均每年会发生近10次。而空港枢纽建筑一旦发生电压骤降现象，对建筑内设施影响较大的要数对电压骤降非常敏感的电子信息系统、数据处理设施、行李处理系统以及自动扶梯、自动人行步道等。

电子信息系统、数据处理设施等的电源前端都配置了UPS装置，正是由于UPS装置的保护，才使这些设施免受了电压骤降的危害。行李处理系统以及自动扶梯、自动人行步道等由于供电侧，并无任何防电压骤降的措施，所以易遭受不同程度的影响。行李处理系统每天承担着自动卸货、分货、装货的作用，在整个机场运营中至关重要。

就空港枢纽建筑而言，要整体提升机场服务品质和水准，保证正常营运期间不受各种因素造成的电压骤降影响，确保行李处理系统、自动扶梯、人行步道等运输系统系统安全，保证日常客运流量安全有序；同时为了保障工作人员安全、提高效率和降低维护成本，避免由于货物运输故障而造成航班延误所导致的重大不良影响和高额成本，需要采取措施对电压骤降问题进行处理。

2.5.5　电压骤降治理案例分析

浦东机场T2航站楼内有三套行李分栋设备，先进的设备以及合理的流程能够保证95%航班的第一件行李提交时间不超过飞机停靠登机桥后20min。楼内还设有77部自动扶梯、49部自动人行步道。自动人行步道主要分布于：国际出发候机长廊、国家到达长廊、国内到达出发混流层区域。自动人行步道间隔距离平均为18m，密集的自动步道大大缩短了旅客实际步行路程，在1400多米的候机长廊内步行距离平均不超过100m，在各处还设有能搭载手推车的自动扶梯，方便带有大量行李的旅客。

自动扶梯、自动人行步道由于电压骤降的发生，出于安全上的因素会使得设备保护开关跳闸，造成自动扶梯、自动人行步道不可预测地突然停运，使自动扶梯、自动人行步道出现瞬间的强烈颠簸，极易造成旅客伤害。而且自动扶梯、自动人行步道分布非常分散，在一定的时间内，服务管理人员也并不知道它的停运，时间一长也会造成旅客的不满和投诉。一旦管理人员知道停运事故发生后，又需要工作人员到各个现场——重新启动，过程不仅耗时耗力、降低效率，而且增加了设备系统损耗，甚至直接影响到旅客的正常流动。

对于自动扶梯、自动人行步道，最具成本效益的方法是采购的设备具备必要的过渡一些较轻微电压骤降的能力；另外，还可利用有效的遥测报警系统，系统配备运行计数器、感应器、控制输入/输出功能模块，可全面监测和记录自动扶梯、自动人行步道的运行情况。若发生紧急情况，管理人员可在第一时间监测到故障的发生，并及时采取有效维护措施，同时还可为检修工程师提供足够的信息，协助快速清理故障。遥测报警系统还可与视频监控系统联动，实时监视自动扶梯、自动人行步道的情况。

自动行李处理系统控制离港和到港两部分系统设备，采用信息网、控制网和远程I/O链路三级控制结构。自动行李处理系统与机场信息系统以及离港控制系统进行实时数据交换，并把获得的航班信息、行李报文以及行李条码信息等数据进行处理。一旦发生电压骤降引起的故障，可能造成系统的某一环节故障停运，导致数据传递中断；而当故障恢复，系统重启后，需要对已扫描处理过的行李货物从系统上人工搬下后送至扫描处重新扫描、分配、更新数据，造成了人力物力的浪费，严重降低效率，影响运营，甚至导致行李损坏丢失、航班延误等严重事件发生。为完全避免这些故障的发生，可采取动态电压调节器DVR，可有效保护由于电压骤降、骤升引起的设备运行故障，提高效率，减少故障及维护成本，避免因行李系统故障而影响旅客误机、延机等事件的发生。

浦东T2航站楼三套行李处理系统每套实际运行负荷为900kVA左右，考虑到负荷情况的变动给予一定的余量，可按安装容量为1000kVA的DVR装置。

当然对于有效防止电压骤降，除了采用DVR装置外，也可采用不间断电源UPS装置提供稳频稳压输出，在市电异常时保持对负载的不间断稳定供电，但两者在初期投资、运行成本、维护等方面有差异。DVR装置和UPS装置的特别比较，见表2-27。

DVR 装置和 UPS 装置的技术参数比较表 表 2-27

比较项	DVR 装置	UPS 装置
结构	带电子逆变单元，无蓄电池，带旁路、电压、电流保护	带电子逆变单元，带蓄电池
运行效率	只补偿电压跌落部分，效率可达 98%	效率约为 90% ~ 93%
应用电压	一般为 35kV 及以下，适应性较广	一般为 220/380V
运行成本	非工作时处于休眠、待机状态，耗能低	完全在线式，耗能高
建设投资	成本较低，尤其大容量性价比非常高	成本较高
维护费用	基本不需要维护，维护成本低	需要维护，维护成本较高
单机补偿容量	补偿对象可以达到 30MVA，甚至更大	一般不超过 800kVA
环境适应性	正常工作温度可以到 40℃，适应性好	环境要求高，需要配空调等
外形尺寸	占地面积较小，大约只有 UPS 的 1/3	占地面积较大

第3章 配电设计及应用

空港枢纽建筑与一般建筑的电气配电设计内容相比，主要是增加了一些与机场工艺相关的配电及机场流程相关的配电。主要内容包括登机桥配电、行李处理系统配电、负压隔离室配电、弱电设备机房配电以及海关、边检设施及设备配电。

3.1 登机桥配电内容

登机桥是航站楼特有的建筑设施，同时也提高了航站楼的飞机靠桥率，提升航站楼服务水平的重要设施。

登机桥按登机口的设置可分为单桥、双桥以及可转换桥等；根据停靠飞机类型可分为C类登机桥、E类登机桥、F类登机桥等；按施工可分为成品采购登机桥及现场施工登机桥；

3.1.1 登机桥供电需求

登机桥的相关配电内容主要包括：飞机送空调用电、400Hz电源用电、机务用电、高杆灯用电、机位标记牌用电、泊位引导设备用电、登机桥活动端用电以及固定登机桥自身用电等。通常飞机送空调、400Hz电源、站坪机务、站坪高杆灯、机位标记牌、泊位引导设备等均由空侧设计单位负责，航站楼主体设计单位根据空侧设计单位的提资要求进行供电。

3.1.2 登机桥供电等级

登机桥用电设备根据《民用建筑电气设计标准》GB 51348-2019的用电负荷分级，泊位引导设备用电为一级负荷中特别重要负荷，由UPS供电；高杆灯用电、机务用电为一级负荷，飞机送空调用电、400Hz电源用电、登机桥活动端用电、固定登机桥自身用电按二级负荷供电。

3.1.3 登机桥配电设计

根据停靠飞机类型分为C类登机桥、E类登机桥、F类登机桥等。主要与飞机送空调用电、400Hz电源用电、登机桥活动端用电有关。

C类登机桥通常包括：一个C类飞机送空调，容量为136kW；一个400Hz电源，容量为90kVA；一个活动端电源，容量为30kW。

E类登机桥通常包括：两个E类飞机送空调，容量为203kW×2；两个400Hz电源，容量为90kVA×2；两个活动端电源，容量为30kW×2。

F类登机桥通常包括：两个F类飞机送空调，容量为275kW×2；四个400Hz电源，容量为

90kVA×4；三个活动端电源，容量为30kW×3。

飞机送空调及400Hz电源的需要系数可参考《交通建筑电气设计规范》JGJ 243-2011如表3-1所示。

飞机送空调及 400Hz 电源的需要系数		表 3-1
设备名称	每组台数	需用系数（Kx）
飞机送空调	5 台及以下	0.25 ~ 0.35
	6 ~ 10 台	0.15 ~ 0.25
	10 台及以上	0.1 ~ 0.15
400Hz 电源	5 台及以下	0.4 ~ 0.5
	6 ~ 10 台	0.3 ~ 0.4
	10 台及以上	0.2 ~ 0.3

至登机桥固定端的电缆路径可分为沿登机桥底敷设或埋地敷设两种形式，如何实施可根据项目情况进行合理选择。

根据中国民用航空局《打赢蓝天保卫战三年行动计划》目前新增的空侧大巴大量采用电动汽车，通常沿航站楼车道边或登机桥固定端设置空侧车辆充电桩；充电桩的设置需结合业主需求进行全场的统一规划。

3.1.4 案例分析

以上海浦东机场卫星厅为例，该项目建筑面积总计：62.1万m²；承担3800万人次/年候机和中转功能；含有98个登机桥，分别为：34个单桥、29个转换桥、19个剪刀桥、11个合并桥、5个扶梯桥。浦东机场卫星厅总体管线局部平面图如图3-1所示。

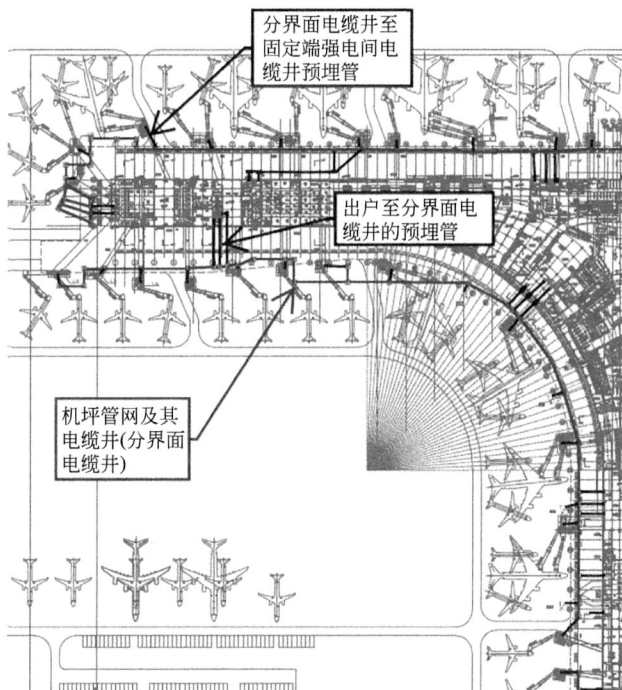

图 3-1　浦东机场卫星厅总体管线局部平面图

该项目至登机桥固定端的电缆路径采用埋地敷设的方式，为其供电的变电所及站坪配电间设置，原则上贴临室内外墙，并设有电缆夹层或电缆井。

航站楼主体设计单位与空侧设计单位的分界面电缆井为机坪管网电缆井，机坪管网电缆井与各机坪管网电缆井之间的预埋管由空侧设计单位设计。卫星厅出户至分界面电缆井的预埋管、分界面电缆井至固定端强电间电缆井预埋管由航站楼设计单位负责设计，并向空侧设计单位提资其需求。

浦东机场卫星厅总体管线剖面示意图如图3-2所示，浦东机场卫星厅登机桥用电及充电桩供电示意如图3-3所示，浦东机场卫星厅泊位引导供电平面图如图3-4所示。

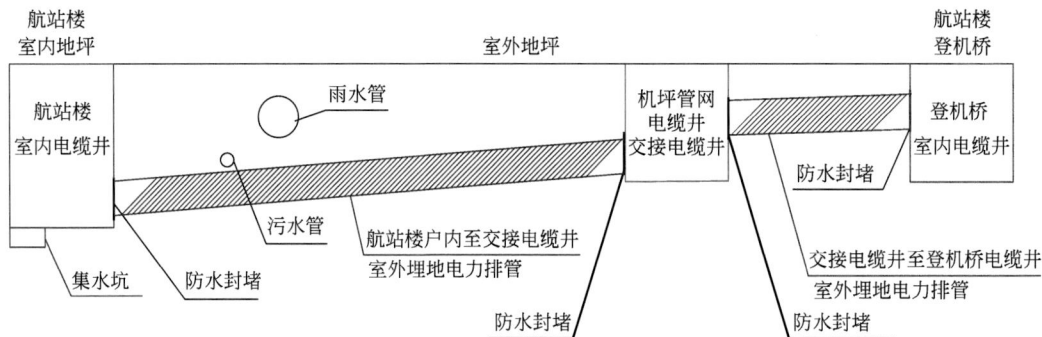

图3-2 浦东机场卫星厅总体管线剖面示意图

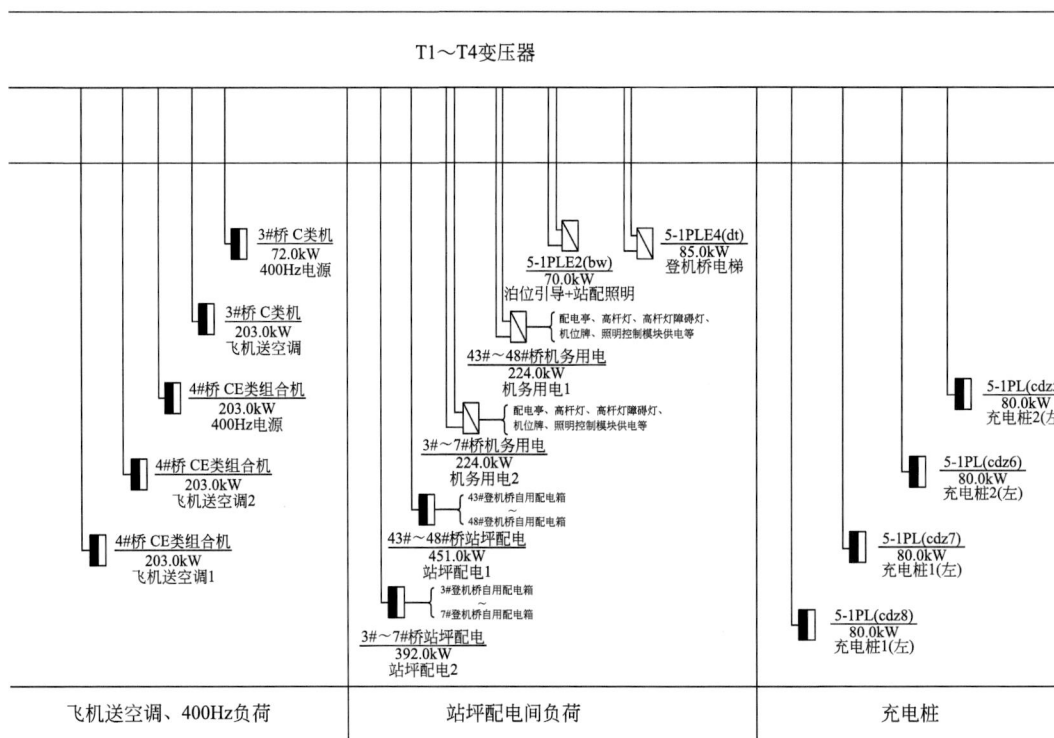

图3-3 浦东机场卫星厅登机桥用电及充电桩供电示意图

地面线槽 (200×36)

N1
N2
N3

暖通　KZ-8

ED3(6-2PMEA1)
ED3(6-2PMEA1-1)

至泊位引导 预留 2MT32
沿地面敷设至幕墙空腔内，
水平敷设至泊位

(a) 航站楼玻璃幕墙上安装

4080
⌀132管, 上引至标识牌

ED1(10-3PMEB14-1)

ED1(10-3PMEB1)

MT32×2

管线沿幕墙空腔引至下层吊顶后水平敷设
向下引至泊位引导

MT32管, 上引至标识牌

(b) 登机桥玻璃幕墙及顶部安装

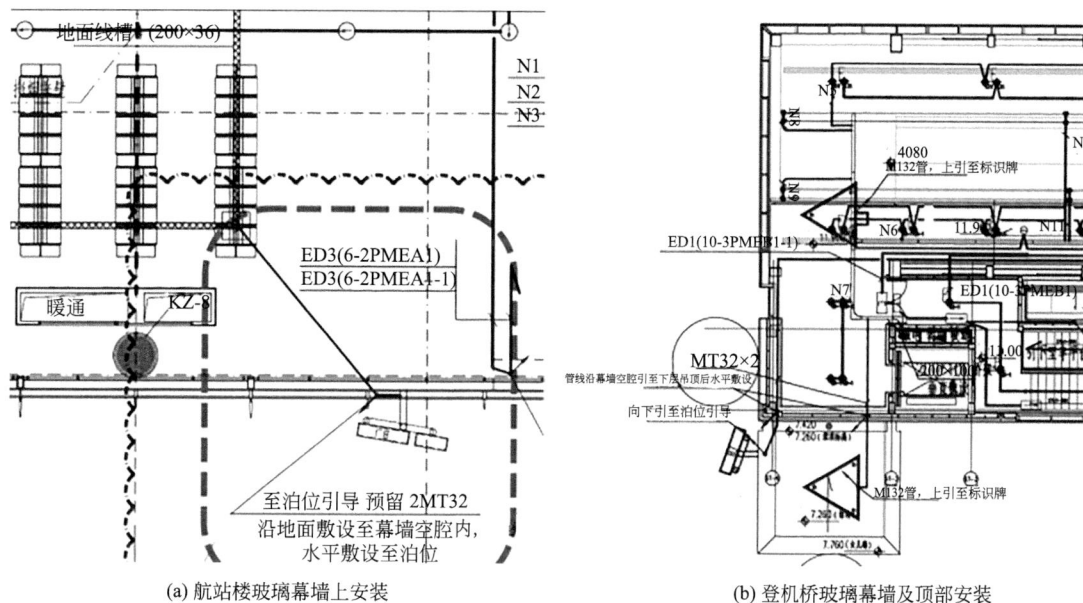

图 3-4　浦东机场卫星厅泊位引导供电平面图

3.2　行李处理系统配电

机场旅客托运行李处理系统（以下简称BHS系统）是机场航站楼的一个重要组成部分，它的主要功能是及时、准确和安全地处理旅客的托运行李。机场行李系统对于整个机场系统的正常运行具有重要的作用，如果行李系统出现故障，离港行李就不能按时运上飞机，会导致航班的延误，给航空公司、机场和旅客均带来损失。行李处理系统在设备的设计、制造和使用首要的考虑因素是以实现最大的安全性、可靠性、易于维护为目标，同时为适应用户将来可能的需求增长，系统的通用性及可扩展性也是十分重要的。行李自动处理系统一般要求能够适应每年365天，每日24h的连续运行。

3.2.1　行李处理系统的分类

BHS系统常用的自动分拣方式包括：

（1）皮带机输送线加分流器系统。带有分流器的皮带系统包括数条皮带机传输行李。行李的分拣是依靠在传送主线上安装分流器，将行李从传送主线上分拣到另一条皮带机上。分流装置包括：水平分流器及垂直分流器。带分流器的皮带技术普遍用于行李流量需求不太高的中小型系统之中。考虑到流量及冗余目的，此类系统通常由两条分拣线路组成。

（2）托盘分拣机系统。托盘分拣机系统广泛地应用于全球众多大中型机场，国内绝大多数大、中型机场的自动分拣系统都有采用。分拣机技术成熟，主要特点：全自动化分拣系统；分拣机速度可达2m/s；托盘分拣机技术成熟，应用案例众多，成本相对较低；分拣机安装投入使用后，改造困难；早到存储系统一般采用在线存储方式，单个行李的存取较为困难不利于大规模行李存储。

（3）独立小车系统。作为全自动化系统，高速小车系统被广泛地应用在全球众多大型国际机场中，尤其适合远距离输送，包括北京 T3 航站楼，首尔仁川国际机场，希思罗国际机场等。高速小车的特点：全自动化系统，无需任何人工干预；RFID跟踪，具备非常高的效率与准确性，其系统的追踪准确性可以达到99%；传输速度可达2~7m/s；可以更充分、更有效地利用早到存储系统；后期改造、扩建、连接多个航站楼和未来的系统集成方面有更大的空间和潜力；造价相对传统分拣机系统较高；路由线路复杂，对空间要求较高。

3.2.2 行李处理系统配电设计内容

行李系统一般均由专业设计单位专项设计。行李处理系统配电设计内容主要包括BHS系统及安检系统两部分：

（1）BHS系统配电设计内容主要包括：行李传输系统配电、BHS中央控制室配电、行李系统作业照明配电。

（2）安检系统配电设计内容主要包括：安检系统集中判读室配电、交运行李安检设备供电。

3.2.3 行李系统专项设计要求与设计界面

1. BHS系统

（1）由行李系统专项设计单位提资行李系统的供电点位、容量及需用系数。每个供电点应为双回路供电，将供电电缆或铜母线槽引至供电点处，并为行李系统集成商预留低压配电柜的安装及维护空间。通常大中型机场行李系统均采用专用变压器，设置独立的行李变电所。另外现在越来越多的新机场会提出行李系统应急负荷的需求，将一个办票岛的行李线路及一个行李提取转盘的行李线路纳入应急负荷供电范围，保障在极端情况下，可以最小化运行。

（2）BHS中央控制室，其设计标准按照《数据中心设计规范》GB 50174—2017中B级机房执行。在BHS中央控制室内设置一个供电点，由行李系统专项设计单位提资容量；该供电点应为双回路供电，将供电电缆引至供电点处并完成双路互投。之后设计包含UPS等由行李系统专项设计单位完成。

（3）行李系统机房的基础照明由主体设计单位负责。因机房内行李线路复杂，遮挡较多，行李系统补充照明由专项设计单位负责，供电从建筑照明配电箱引出，在行李房照明配电箱内为行李系统补充照明预留适当容量与回路。

2. 安检系统

（1）安检系统集中判读室，其设计标准按照《数据中心设计规范》GB 50174—2017中C级机房执行。

（2）安检系统集中判读室采用UPS集中供电，在安检系统集中判读室内设置一个供电点，由行李系统专项设计单位提资容量；该供电点应为双回路供电，将供电电缆引至供电点处并完成双路互投。之后设计包含UPS等均由行李系统专项设计单位完成。

（3）交运行李安检设备的供电统一设计，将UPS供电电源引至安检设备旁，具体供电插座面板形式由安检集成商提出。安检设备的供电需求由行李系统专项设计单位提资，主要包括：双视角双通道X射线安检机、双视角单通道X射线安检机、双视角大通道X光安检机、CT机等。

3.2.4 行李系统配电设计案例分析

以杭州萧山国际机场T4航站楼为例，该期建筑面积为61.3万m²；旅客吞吐量为3500万/年。行李处理系统为自动分拣系统，采用自动翻盘分拣机。交运行李安检系统对离港行李100%安检，采用柜台双通道安检机+小型CT机模式，集中判读、集中开包。早到存储系统采用在线式存储方式。分拣末端国内采用滑槽形式，国际采用转盘+滑槽组合形式。

根据行李系统设计单位提资，行李处理系统/交运行李安检系统在新建航站楼及交通中心内的土建、公用、供电、照明等，由华东院负责，IPPR配合。

1. 杭州萧山机场的行李处理系统BHS的用电设备等级，属于一级用电负荷

杭州萧山机场的行李处理系统的用电设备总安装容量（本期）约为4950kW；行李系统的电力用电负荷计算，采用需用系数法进行计算；同时使用系数为0.8；无功补偿后$COS\phi=0.85$；本期计算容量为4660kVA，最大用电容量为5825kVA。共设置两个行李变电所，每个变电所内设置两台2000kVA变压器；行李系统在行李房内设置四个行李配电室，由设计总包提供供电设备。行李系统对每个行李配电室的要求是：按双回路供电，每路AC380V±7%，50Hz±2%；设计总包提供两路2500A互为备用的铜母线槽引入行李低压配电柜总开关上端，该电源在行李配电室按双路电源进行了自动切换，切换时间小于或等于100ms。行李系统的用电从低压配电柜开关下端引出。

2. 行李系统中央控制室供电

按双回路供电，每路AC380V±7%，50Hz±2%，引入±0.0m的行李中央控制室内的低压配电箱总开关上端，每路电源的最大容量为130kVA。该电源在行李中央控制室的低压配电箱内进行末端切换。行李系统的用电从低压配电箱开关下端引出。

3. X光安全检查系统的供电

始发行李X光机、开包间小型CT机、中转行李X光安检机和到港X光安检机安全检查系统的供电，由建筑设计单位负责在供电系统中考虑，由航站楼UPS统一供电，总容量为600kVA；安检控制中心（集中判读室）面积225m²，用电容量为300kVA；其供电要求与行李系统中央控制室的供电要求相同。

4. 杭州萧山机场行李变电所、行李配电室平面分布图

杭州萧山机场行李变电所、行李配电室平面分布图如图3-5所示。

3.3 负压隔离室配电

负压隔离室设计依据主要包括：《口岸负压隔离留验设施建设及配置指南》SN/T 5296-2021、《传染病医院建筑设计规范》GB 50849-2014、《负压隔离病房建设配置基本要求》DB11/663-2009。

负压隔离室通常均为专项设计，主体设计单位仅预留总体接口。

3.3.1 负压隔离室供电等级

航站楼内负压隔离病区电气及智慧设计可以参照执行北京市地方标准《负压隔离病房建设配置基本要求》DB11/663-2009第8.5条：负压隔离病区应按一级负荷供电，且应设置备用电源；并符合《民用建筑电气设计标准》GB 51348-2019、《医疗建筑电气设计规范》JGJ 312-2013等现行标准、规范的规定；口岸负压隔离留验设施应按二级负荷供电，且宜设置备用电源。对航站楼的设计中还应充分考虑新冠疫情等重大疫情期间的防疫工作需要，随时保障疫情防控工作顺利开展。

3.3.2 与专项界面

（1）由负压隔离室专项设计单位提资供电点位、容量。主体设计单位负责将两路互为备用的供电电缆引至供电点。

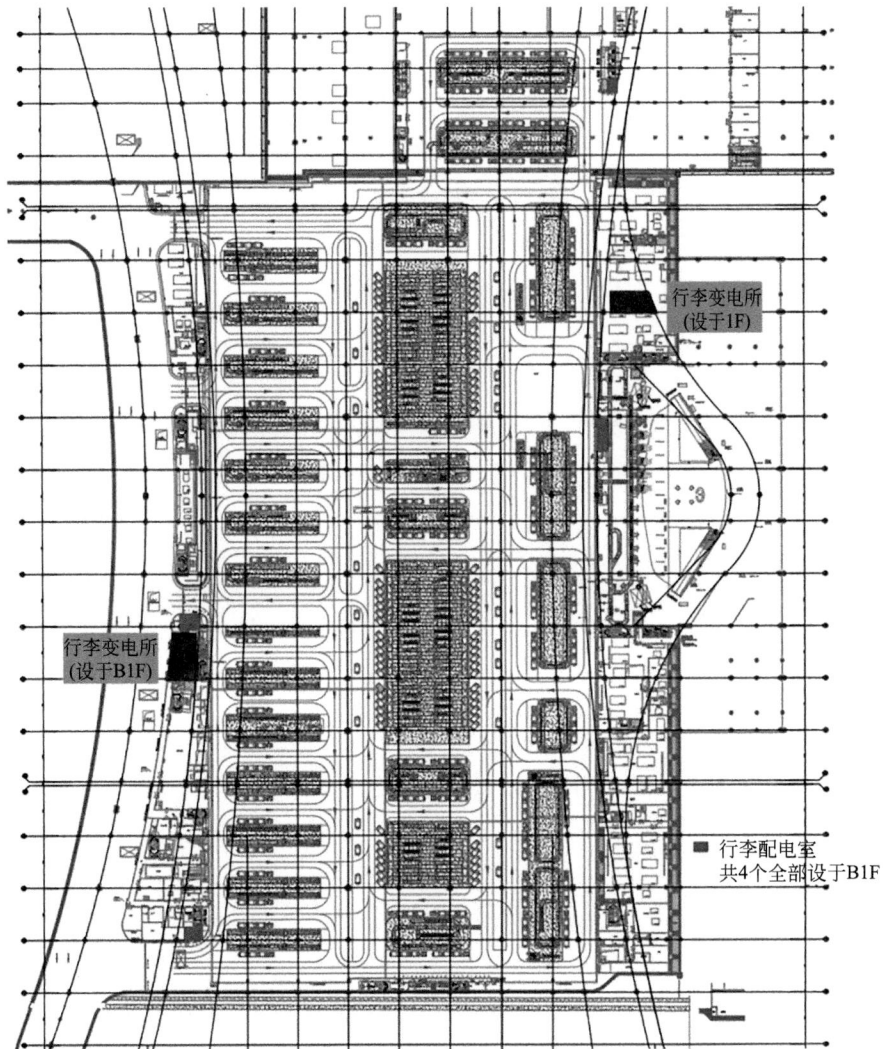

图 3-5　杭州萧山机场 T4 航站楼 –6.500 标高行李机房平面图

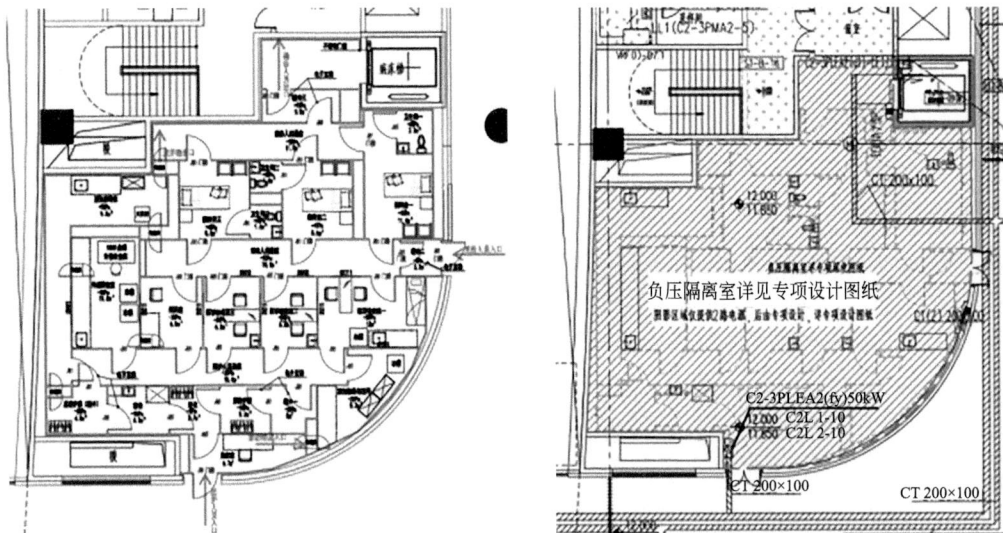

图 3-6　杭州萧山机场 T4 航站楼负压隔离病房布置图、电气一次设计范围示例

（2）一次消防由主体设计单位全部落实，末端点位还需在专设设计阶段根据装饰定位调整。

（3）电气预留1个接地等电位端子排在监控室内。

3.3.3 项目案例

杭州萧山机场T4航站楼负压隔离病房布置图、电气一次设计范围示例如图3-6所示。杭州萧山机场T4航站楼负压隔离病房专项设计内容示例如图3-7所示。

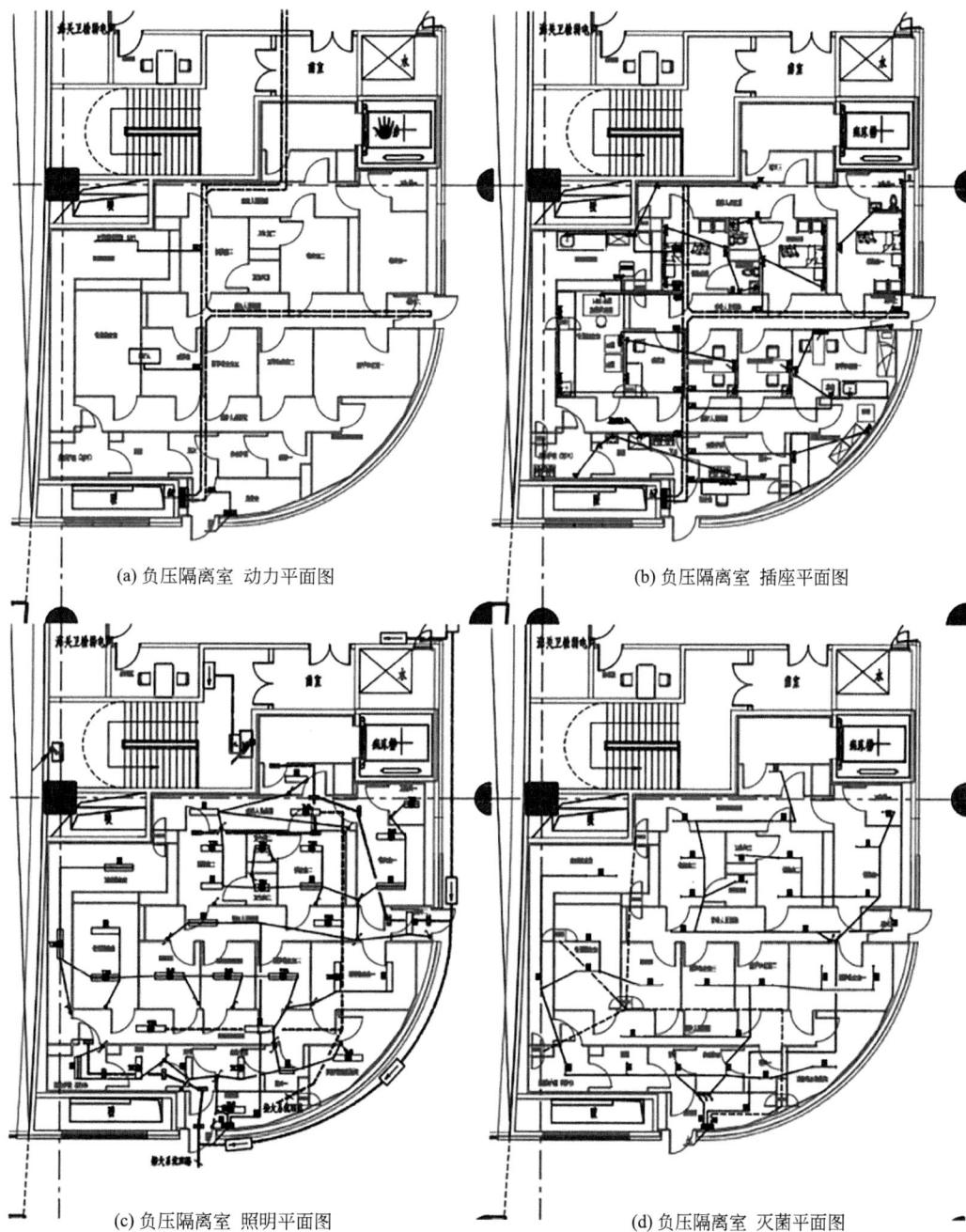

(a) 负压隔离室 动力平面图

(b) 负压隔离室 插座平面图

(c) 负压隔离室 照明平面图

(d) 负压隔离室 灭菌平面图

图3-7 杭州萧山机场T4航站楼负压隔离病房专项设计内容示例

3.4 弱电设备机房配电

航站楼内的弱电机房主要包括：联合设备机房PCR、航站楼运行控制中心TOC、机场运行控制中心AOC、汇聚机房DCR、弱电间SCR、安检\边检\海关机房等。

3.4.1 智能化机房供电等级

智能化机房的供电电源均按一级负荷中特别重要的负荷供电。除两路市电供电（满足一级负荷供电条件）外，还配置柴油发电机组提供备用电源，同时还提供不间断电源（UPS）装置；其中消防广播机柜按消防电源供电。

3.4.2 航站楼内智能化机房供电需求及设计

1. 联合设备机房PCR

（1）供电要求：

① 单独设置UPS机房。

② 机房四周墙上，每面有1～2组市电插座。

③ 照度500lx，显色指数不应小于80。

（2）接地要求：电气预留2组，各4个接地等电位端子排在机房内。

（3）项目案例：萧山机场T4航站楼PCR主机房配电平面图如图3-8所示。

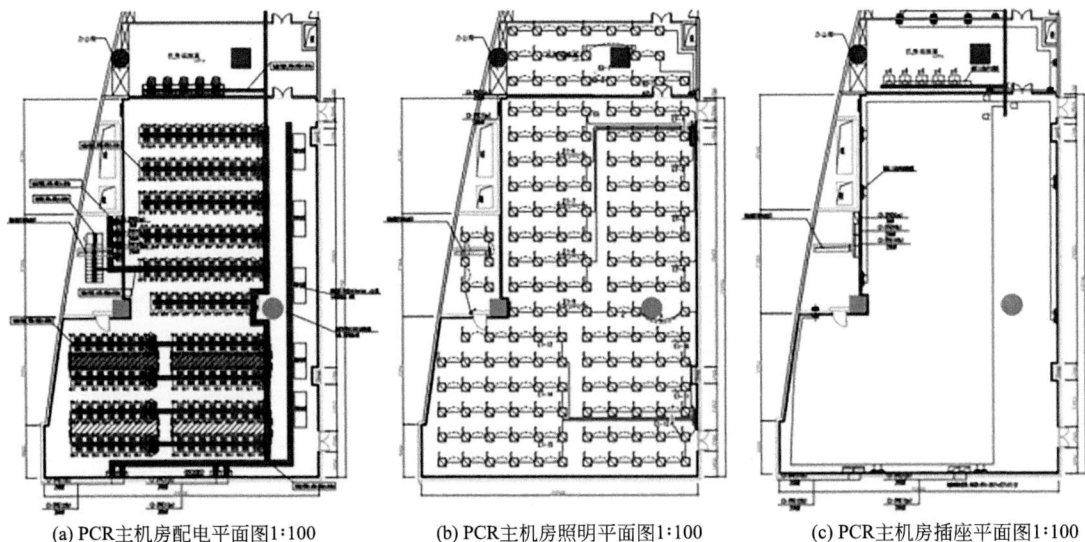

(a) PCR主机房配电平面图1:100　　(b) PCR主机房照明平面图1:100　　(c) PCR主机房插座平面图1:100

图3-8　杭州萧山机场T4航站楼PCR主机房配电平面图

2. 汇聚机房DCR

（1）供电要求：

① 两路UPS供电，约50个机柜，开关大小待定。

② 机房四周墙上，每面有1～2组市电插座。

③ 照度500lx，显色指数不宜小于80。

（2）接地要求：电气预留2组，各4个接地等电位端子排在机房内。

（3）项目案例：杭州萧山机场T4航站楼DCR机房配电平面图如图3-9所示。

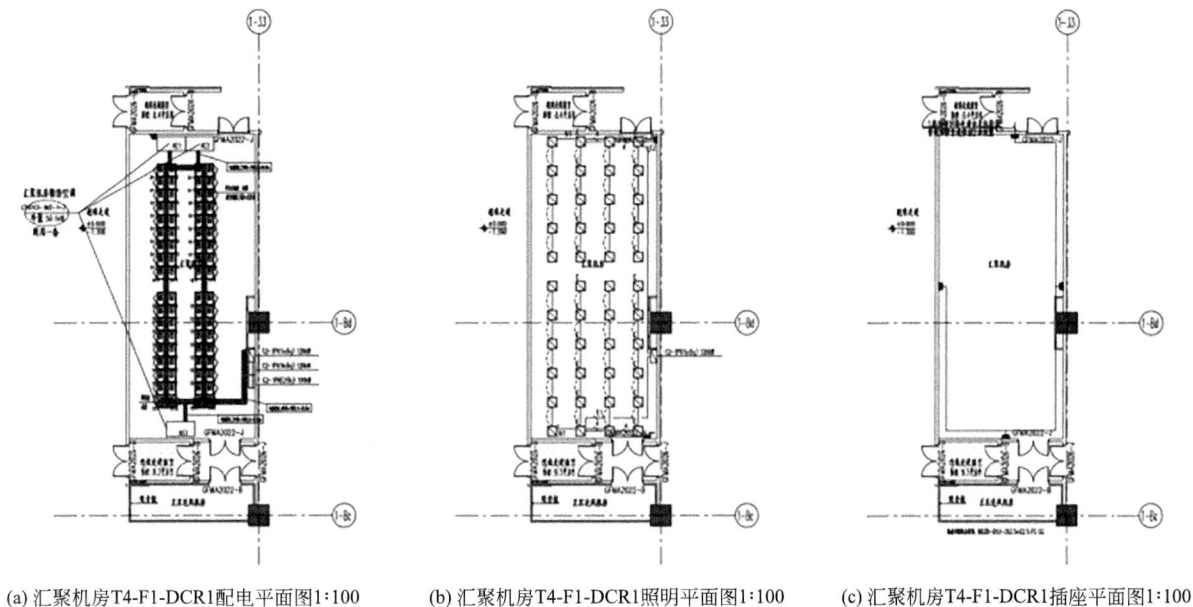

(a) 汇聚机房T4-F1-DCR1配电平面图1∶100 (b) 汇聚机房T4-F1-DCR1照明平面图1∶100 (c) 汇聚机房T4-F1-DCR1插座平面图1∶100

图3-9　杭州萧山机场T4航站楼DCR机房配电平面图

3. 弱电间SCR

（1）供电要求：

① 两路进线，一路UPS，一路市电；出线预留16个16A/1P开关。

② 机房四周墙上，每面有1~2组市电插座。

③ 照度300lx，显色指数不宜小于80。

（2）接地要求：按一点接地设计，主楼考虑在2个弱电间各设置3个接地等电位端子排在机房内，每个子廊及每段连廊各在1个弱电间各设置3个接地等电位端子排在机房内。

（3）项目案例：萧山机场T4航站楼SCR弱电间标准配电平面图如图3-10所示。

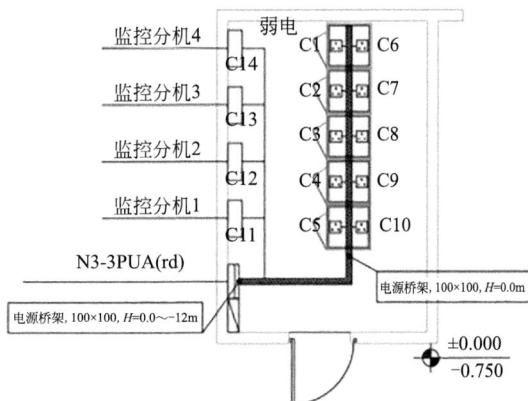

图3-10　杭州萧山机场T4航站楼SCR弱电间标准配电平面图

4. 飞行区进线间

（1）供电要求：

① 两路进线，一路UPS，一路市电；出线预留6个16A/1P开关。

② 机房四周墙上，每面有1～2组市电插座。

③ 照度300lx，显色指数不宜小于80。

（2）接地要求：电气预留1个接地等电位端子排在机房内。

（3）项目案例：萧山机场T4航站楼飞行区进线间配电平面图如图3-11所示。

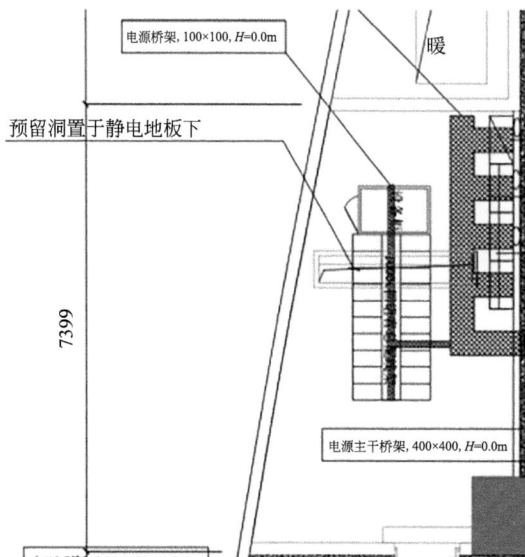

图 3-11　杭州萧山机场 T4 航站楼飞行区进线间配电平面图

5. 运营商机房

（1）供电要求：

① 两路市电进线，仅预留进线电缆，用电量：150kW（考虑5G）。

② 机房四周墙上，每面有1～2组市电插座。

③ 照度300lx，显色指数不宜小于80。

（2）接地要求：电气预留1组，各4个接地等电位端子排在机房内。

6. 运营商小间

（1）供电要求：

① 两路市电进线，仅预留进线电缆，用电量：10kW，后由运营商自行设计。

② 机房四周墙上，每面有1～2组市电插座。

③ 照度300lx，显色指数不宜小于80。

（2）接地要求：按一点接地设计，主楼考虑在2个运营商小间各设置3个接地等电位端子排在机房内，每个子廊及每段连廊各在1个运营商小间各设置3个接地等电位端子排在机房内，后由运营商自行设计。

7. 公安机房

（1）供电要求：

① 两路进线，一路UPS，一路市电；约6个机柜，出线预留9个16A/1P开关。

空港枢纽建筑电气及智慧设计关键技术研究与实践

② 机房四周墙上，每面有1～2组市电插座。

③ 照度500lx，显色指数不宜小于80。

（2）接地要求：电气预留2个接地等电位端子排在机房内。

（3）项目案例：杭州萧山机场T4航站楼公安机房配电平面图如图3-12所示。

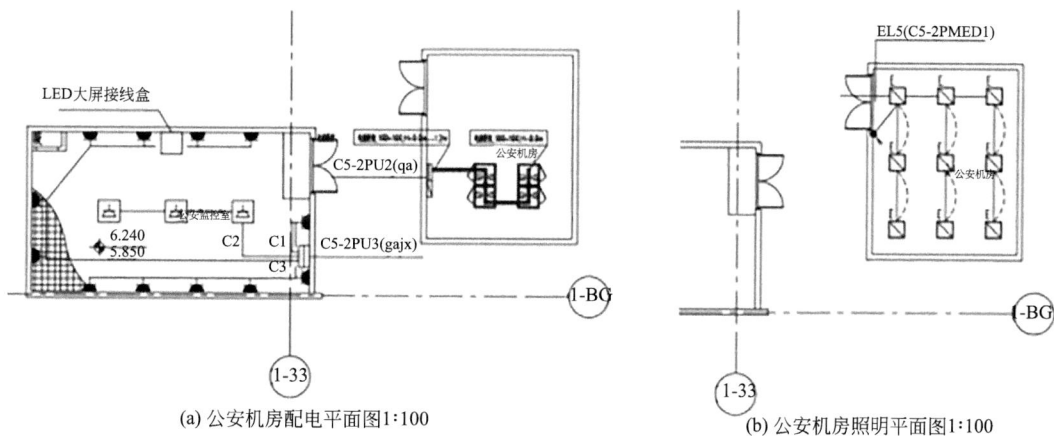

(a) 公安机房配电平面图1∶100

(b) 公安机房照明平面图1∶100

图 3-12　杭州萧山机场 T4 航站楼公安机房配电平面图

8. 公安监控室

（1）供电要求：

① 两路进线，一路UPS，一路市电。

② 墙上预留监控屏电源。

③ 4个柜台，每个柜台4个插座。

④ 机房四周墙上，每面有1～2组市电插座。

⑤ 照度500lx，显色指数不宜小于80。

（2）接地要求：电气预留2个接地等电位端子排在机房内。

（3）项目案例：杭州萧山机场T4航站楼公安监控室配电平面图如图3-13所示。

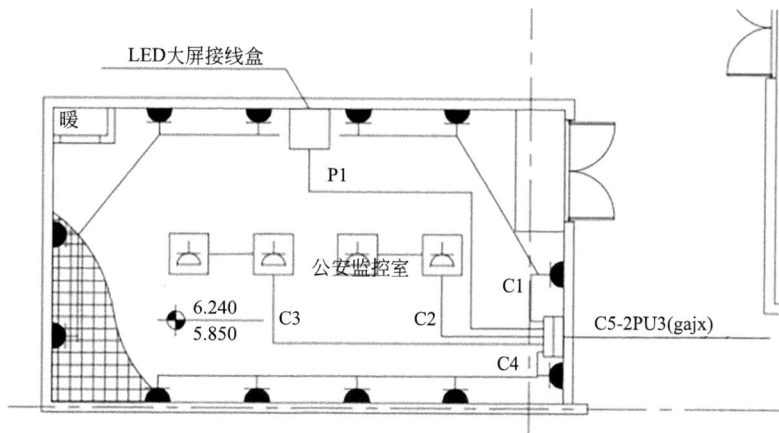

图 3-13　杭州萧山机场 T4 航站楼公安监控室配电平面图

9. 国安机房

（1）供电要求：

① 两路进线，一路UPS，一路市电。

② 机房四周墙上，每面有1～2组市电插座。

③ 照度500lx，显色指数不宜小于80。

（2）接地要求：电气预留2个接地等电位端子排在机房内。

（3）项目案例：杭州萧山机场T4航站楼国安机房配电平面图如图3-14所示。

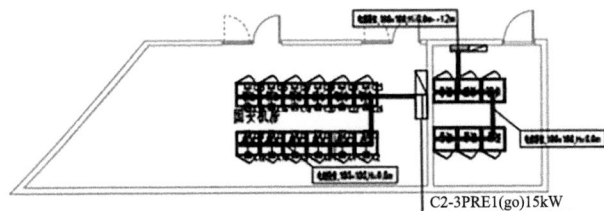

(a) 国安机房\落地签证机房配电平面图1:100

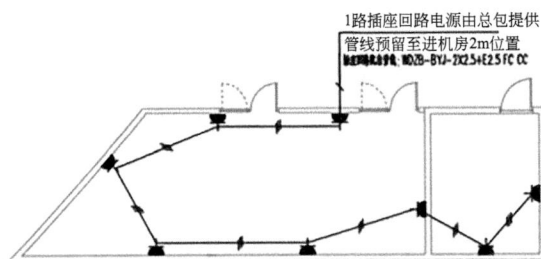

(b) 国安机房\落地签证机房插座平面图1:100

图3-14　杭州萧山机场T4航站楼国安机房配电平面图

3.5　海关、边检设施及设备配电

3.5.1　海关配电需求

（1）供电等级为一级负荷中特别重要负荷。由双重市电电源供电，柴油发电机组提供备用电源，同时还提供不间断电源（UPS）装置。单独设置UPS机房，UPS后备时间由弱电专业提资。

（2）海关主机房、海关监控室：两路UPS供电，末端双切。具体配电施工图提资。

（3）海关查验设备：一路UPS供电。

（4）海关智能化间：两路UPS供电，末端双切。

3.5.2　海关配电设计

1. 海关主机房、海关监控室

1）供电要求

① 单独设置UPS机房。

② 机房内四周墙上，每面有1～2组市电检修插座。

③ 照度500lx，显色指数不宜小于80。

2）接地要求

电气预留2组，各4个接地等电位端子排在机房内。

3）灭火形式

主机房采用气体灭火，监控室采用预作用系统。

2. 海关查验设备

两路UPS供电，末端双切。

3. 海关智能化间

同SCR配置。

4. 项目案例

杭州萧山机场T4航站楼海关查验区配电平面图如图3-15所示。

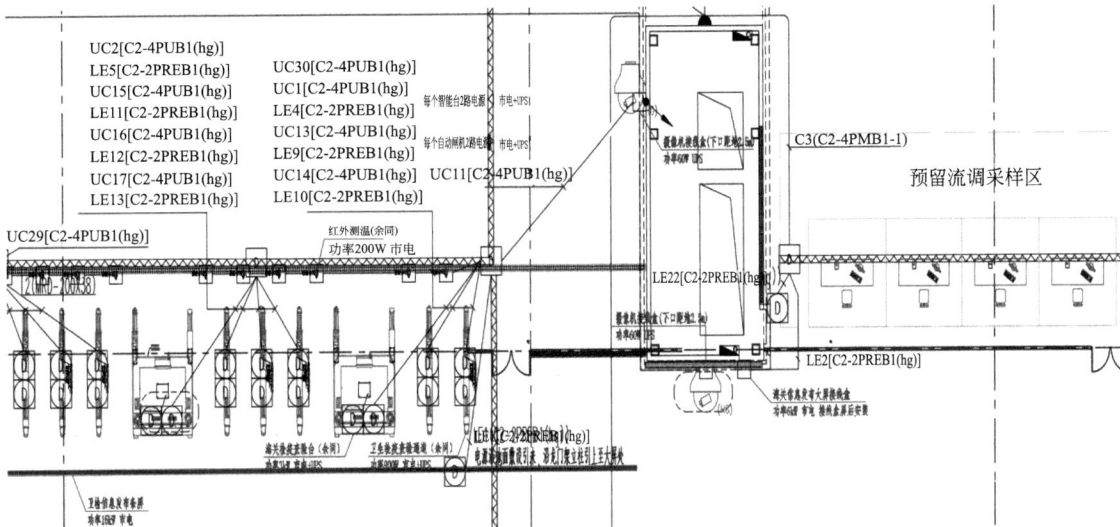

图3-15 杭州萧山机场T4航站楼海关查验区配电平面图

3.5.3 边检配电需求

（1）供电等级为一级负荷中特别重要负荷。由双重市电电源供电，柴油发电机组提供备用电源，同时还提供不间断电源UPS。单独设置UPS机房，UPS后备时间由智能化专业提资。

（2）边检主机房、边检指挥中心：两路UPS供电，末端双切。具体配电施工图提资。

（3）边检查验设备：两路UPS供电，每个设备提供A、B电源。

（4）边检智能化间：两路UPS供电，末端双切。

3.5.4 边检配电设计

1. 边检主机房、边检指挥中心

1）供电要求

① 单独设置UPS机房，机房内具体配电施工图提资；

② 机房内四周墙上，每面有1～2组市电检修插座。

③ 照度500lx，显色指数不宜小于80。

2）接地要求

电气预留2组，各4个接地等电位端子排在机房内。

3）灭火形式

主机房采用气体灭火，指挥中心采用预作用系统。

2. 边检查验设备

两路UPS供电，每个设备提供A、B电源。

3. 边检智能化间

同SCR配置。

4. 项目案例

杭州萧山机场T4航站楼边检查验区配电平面图如图3-16所示。

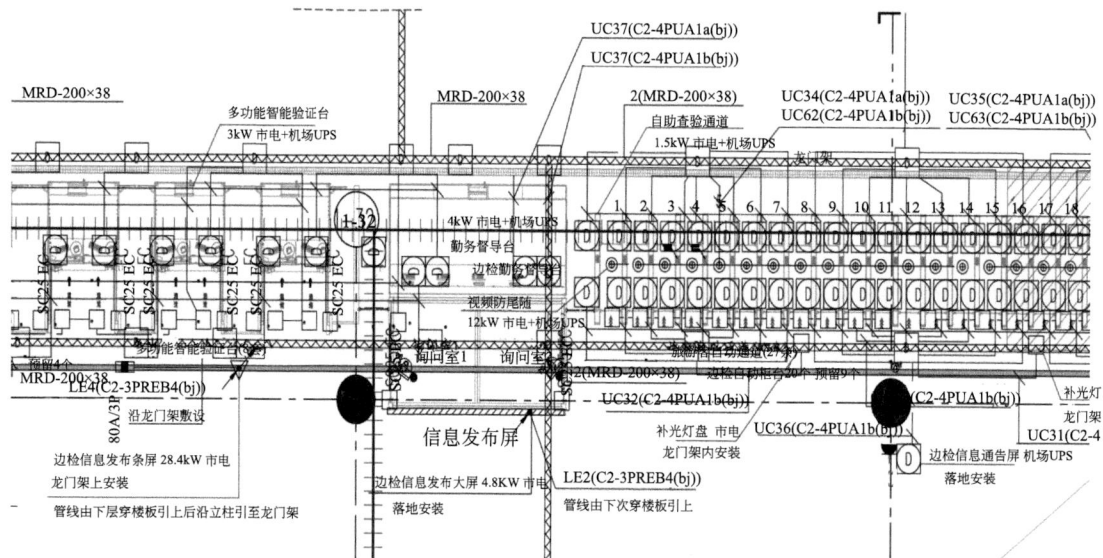

图3-16 杭州萧山机场T4航站楼边检查验区配电平面图

第4章　大空间照明设计

4.1　航站楼空间界定与行为

空港枢纽建筑是为交通运输服务的公共建筑，是公共交通运输结构中的交换点、城镇乃至国家的"大门"。航空港是民用航空机场和有关服务设施构成的整体。保证飞机安全起降的基地和空运旅客、货物的集散地。包括飞行区、客货运输服务区和机场维修区三个部分。

航站楼是航空港中的主要建筑物。其中为旅客服务的设施有：

（1）手续系统，包括签票柜台、行李托运台、检查处（安全、海关、出入境验证、卫生防疫等）。

（2）服务系统，包括厕所、电话亭、医务室、邮局、银行、理发室、出租汽车站、餐厅、酒吧、书报亭、迎送者活动空间等。

（3）飞机交换系统，包括登机口、登机休息室、自动步行廊道、运载车、登机桥、舷梯和有关服务空间。此外，还有航空公司营运、管理和政府有关部门的设施用房。

航站楼的布局方式：

（1）航站楼按其建筑物的布局可分为集中式和分散式两类。集中式航站楼是航站楼为一完整单元的建筑物。分散式航站楼是每个登机口成为一个小的建筑单元，供一架飞机停靠，旅客乘汽车可以直接到达飞机门前。建筑单元排列成一直线或弧线，组成航站楼整体。

（2）集中式航站楼按登机口布置方式又可分为前列式、廊道式、卫星式和综合式。

（3）前列式航站楼是沿航站楼前沿布置登机口和机位。

（4）廊道式航站楼是由航站楼的主楼朝停机坪的方向伸出一条或几条廊道，沿廊道的两侧布置机位，对正每一机位设登机口。芝加哥奥黑尔、伦敦希思罗、东京羽田等航空港的航站楼即属此种形式。

（5）卫星式航站楼是在主楼之外建一些登机厅，用廊道与主楼连通。登机厅周围布置机位，设相应的登机口。

（6）综合式航站楼是采用上述三种或其中两种形式而建造的航站楼。巴黎奥利航空港南航站楼即属此种形式。

航站楼照明旨在满足旅客办理值机、进行安检、候机、登机等活动的功能性照明。使用无直接眩光、反射眩光的灯具及清晰可见的标识营造舒适的光环境，通过灯光排布、色彩及亮度变化引导人行流线。使用灯光达到展现机场建筑特色及强化视觉认知提升旅客空间体验的目的以及提高机场工作人员进行工作的舒适程度。

航站楼照明中大空间照明扮演着尤为重要的角色。航站楼大空间建筑是指航站楼中空间和面积特别大的公共场所，是机场功能区域的重要空间。航站楼照明作为建筑中的一个重要组成部分其设计与实施的优劣又将直接影响整个建筑的效果。本文仅限航站楼大空间照明的指导。

4.2 航站楼空间照明意义与目的

4.2.1 实现功能要求
（1）满足《建筑照明设计标准》GB 50034—2013。
（2）满足《交通建筑电气设计规范》JGJ 243—2011。
（3）满足《民用运输机场服务质量》MH／T 5104—2013。
（4）色温、显色性。

4.2.2 提供舒适环境
（1）眩光控制。
（2）垂直照度。
（3）亮度的分布及对比度。
（4）标识的清晰可见、广告的亮度控制（亮度对比、直接眩光和反射眩光）。

4.2.3 强化视觉认知
（1）空间感：
① 对环境空间形状的认知；
② 灯具的造型和排布；
③ 照度、亮度分布；
④ 引入或模拟日光。
（2）定位感和方向感：对自身位置和方向的认知。
（3）秩序感：一致、连续、确定、逻辑。
（4）引导性：符合人的心理预期、诱导人的行动。

4.2.4 展示美观特色
（1）建筑特征。
（2）地域特色。
（3）整体性。
（4）灯具的排列。

4.2.5 调节心理情绪
交通建筑的情感需求：
（1）分别、重聚的场所。
（2）出差旅行前的紧张。
（3）对陌生和繁忙环境的不安。
（4）时差带来的疲劳和焦虑。

4.2.6 实现节能目的

（1）采光和遮阳。

（2）合理的照度。

（3）灯具的照明方式选型。

（4）照明控制节能。

4.2.7 便于安装维护

（1）灯具的安装方式。

（2）防护等级。

（3）维护的便利性。

4.3 航站楼空间照明要点

4.3.1 照明设计流程和整体思路

（1）明确设计目标。

（2）熟悉流线和分区。

（3）分析建筑和空间的特点。

（4）了解地域特点和使用状况。

（5）确定各区域的光环境需求。

4.3.2 光环境需求

（1）考虑因素（视觉功效、空间感受、灯具的安装和维护、节能和高效）。

（2）照明方式选型。

（3）照度指标和分布。

（4）亮度场景和对比。

（5）色温、色彩、动态。

4.3.3 可实现的方案

（1）计算模拟验证比较。

（2）灯具选型。

（3）安装方式。

（4）照明控制。

4.4 航站楼空间定位及照度、节能、色温需求

4.4.1 空间环境特点及照明要求

　　航空客运面向的旅客往往比较重视情节和良好的环境，所以安排了较多的服务空间和更加舒适

的候机环境，一个明显不同于地面交通客运的地方是旅客的行李必须集中运输，这就造成，在航空港内，要设置专用于托运行李和提取行李的场所，另外，航空港往往因旅客需要出入境而设置海关、检疫和边防检查等部门。

（1）大型空港的进出港、候机厅通常都设计成整体高大空间，因此顶棚应该设置必要的照明，形成明亮均匀的整体照明环境。

（2）大厅内设置的航班信息显示系统包括大屏幕显示和CRT显示两种。为此照明系统的设置要避免高亮度、光束直接照射到其表面上影响显示对比度，同时还要避免具有较大发光面的灯具在其表面上形成的反射眩光。

（3）办理包括登机在内的各项手续的柜台应设置重点照明。

（4）要求照明环境呈现安静、柔和、均匀的特点，尽量避免产生眩光、闪烁灯刺激性效果。

（5）大型空港内通常会设置各类商店和餐饮服务设施，其区域内照明指标应略高于大厅平均照明水平，以吸引旅客进行消费。

（6）安全检查、入境管理、卫生检疫和海关等场所的照明不仅要求明亮均匀，还应尽量避免产生阴影妨碍检查。

（7）因多层垂直动线的需求，空港内会布局一些中庭或垂直交通。在这部分区域，往往由于净高过大、灯具安装困难，需要考虑使用间接照明或在顶棚、垂直面上布置一定的效果照明。

（8）大型空港长时持续乃至24h连续运营要充分考虑照明系统节能运行，应有效地利用天然光以及采取延长光源灯具寿命的措施。

4.4.2 航站楼空间照度设计标准

交通建筑照明标准值如表4-1所示，公共和工业建筑通用房间或场所照明标准值如表4-2所示。

交通建筑照明标准值						表 4-1
房间或场所		参考平面及其高度	照度标准值（lx）	UGR	U0	Ra
售票台		台面	500*	—	—	80
问询处		0.75m 水平面	200	—	0.6	80
候车（机、船）室内	普通	地面	150	22	0.4	80
	高档	地面	200	22	0.6	80
贵宾室休息室		0.75m 水平面	300	22	0.6	80
中央大厅、售票大厅		地面	200	22	0.4	80
海关、护照检查		工作面	500	—	0.7	80
安全检查		地面	300	—	0.6	80
换票、行李托运		0.75m 水平面	300	19	0.6	80
行李认领、到达大厅、出发大厅		地面	200	22	0.4	80
通道、连接区、扶梯、换乘厅		地面	150	—	0.4	80
有棚站台		地面	75	—	0.6	60
无棚站台		地面	50	—	0.4	20
走廊、楼梯、平台、流动区域	普通	地面	75	25	0.4	60
	高档	地面	150	25	0.6	80

房间或场所		参考平面及其高度	照度标准值（lx）	UGR	U0	Ra
地铁站厅	普通	地面	100	25	0.6	80
	高档	地面	200	22	0.6	80
地铁进出站门厅	普通	地面	150	25	0.6	80
	高档	地面	200	22	0.6	80

注：*指混合照明。

公共和工业建筑通用房间或场所照明标准值　　　　　　　　　　　　　　表 4-2

房间或场所		参考平面及其高度	照度标准值（lx）	UGR	U0	Ra	备注
门厅	普通	地面	100	—	0.4	60	—
	高档	地面	200	—	0.6	80	—
走廊、流动区域、楼梯间	普通	地面	50	25	0.4	60	—
	高档	地面	100	25	0.6	80	—
自动扶梯		地面	150	—	0.6	60	—
厕所、盥洗室、浴室	普通	地面	75	—	0.4	60	—
	高档	地面	150	—	0.6	80	—
电梯前厅	普通	地面	100	—	0.4	60	—
	高档	地面	150	—	0.6	80	—
休息室		地面	100	22	0.4	80	—
更衣室		地面	100	22	0.4	80	—

4.4.3　航站楼空间照明节能标准

交通建筑照明功率密度限值如表4-3所示。

交通建筑照明功率密度限值　　　　　　　　　　　　　　表 4-3

房间或场所		照度标准值（lx）	照明功率密度限值（W／m²）	
			现行值	目标值
候车（机、船）室	普通	150	7.0	6.0
	高档	200	9.0	8.0
中央大厅、售票大厅		200	9.0	8.0
行李认领、到达大厅、出发大厅		200	9.0	8.0
地铁站厅	普通	100	5.0	4.5
	高档	200	9.0	8.0
地铁进出站门厅	普通	150	6.5	5.5
	高档	200	9.0	8.0

4.5 航站楼建筑室内照明设计

4.5.1 空间类型

对航站楼空间进行功能类型划分可划分为三类。

1. Ⅰ类空间

主要活动内容为旅客通行，功能场所有：

（1）候机区通道。

（2）到达廊。

（3）门斗。

（4）出发大厅通行空间。

（5）行李提取通行空间。

（6）迎宾厅通行空间。

2. Ⅱ类空间

主要活动内容为旅客通行及有工作人员精细作业空间，功能场所有：

（1）预安检区。

（2）出发大厅值机区。

（3）国内／国际安全区。

（4）国际出发／到达联检区。

（5）候机厅登机区。

（6）行李提取区。

（7）行李提取区出口（亲友等候）。

（8）中转厅各流程区域。

3. Ⅲ类空间

主要活动内容为旅客等待，功能场所有：

（1）候车区。

（2）近机位候机厅。

（3）远机位候机厅。

4.5.2 照明方式与手法

1. 照明方式和种类

目前国内外航站楼建筑大空间照明一般采用直接照明方式、间接照明方式、直接加间接的照明方式及天然采光。

1）直接照明

直接照明由对称排列在顶棚上的若干照明灯具组成，室内可获得较好的亮度分布和照度均匀度，所采用的光源功率较大，而且有较高的照明效率。这种照明方式耗电大，布灯形式较呆板。直接照明较为高效，使用直接照明时，需注意防眩，要对灯具的防眩作要求，建议增加防眩格栅。直接照明是航站楼最常用的照明方式以LED筒灯这种典型的主照明工具为例，由于其光效高，除光均匀，无眩光等特点，使得空间明亮舒适，营造出简洁大方的氛围，同时也强调来机场灯光对人的引导性。虹桥国际机场T2航站楼出发大厅如图4-1所示。

图 4-1　虹桥机场 T2 航站楼出发大厅

2）间接照明

间接照明也称为反射照明，是指灯具或光源不是直接把光线投向被照射物，而是通过墙壁，镜面或地板反射后的照明效果。间接照明的功能已不只是满足于单一的照明需要，而是一种多元化艺术化的照明。如果灯具安装位置恰当，投光角度合适，可达到只见光不见光源（即无眩光），光线均匀柔和的效果。当顶棚的反射率高时，灯具发出的光的利用率就高，电能的损失就小些。传统的机场可能更多地采用间接照明的方式，例如采用大功率的投光灯，通常是安装在顶棚的建筑结构上，通过顶棚的反射进行照明，虽然此种照明方式的舒适度更好，但其用光效率相比直接照明，则相对较低。浦东国际机场T2航站楼出发大厅如图4-2所示。

图 4-2　浦东机场 T2 航站楼出发大厅

3）直接与间接照明相结合

混合照明是在一定的工作区内由直接加间接的照明方式配合起作用，保证应有的视觉工作条件。良好的混合照明方式可以做到：增加工作区的照度，减少工作面上的阴影和光斑，在垂直面和倾斜面上获得较高的照度，减少照明设施总功率，节约能源。混合照明方式的缺点是视野内亮度分布不匀。航站楼照明可利用间接照明来表现建筑结构的形态特点与风格，用直接照明来补充以及完成功能性照明的需求。盐城南洋机场T2航站楼如图4-3所示。

图 4-3　盐城南洋机场 T2 航站楼

4）天然采光

天然采光是指设计门窗的大小和建筑的结构使建筑物内部得到适宜的光线。直接采光指采光窗户直接向外开设。一般而言，机场的能源消耗都很大，因此在做照明设计时，除了保证人造光的运用外，也要充分利用好自然光，保证室内环境更趋于自然，并可节约能耗。

2. 照明方式和照明指标

1）出港大厅

（1）照明方式：

① 大型空港的进出港通常都设计成整体高大空间，因此顶棚应该设置必要的照明。出港大厅通常面积较大。乘客要查看航班信息、办理登机手续、托运行李等。要求明亮均匀的照明环境。机场航站楼作为超大型的交通枢纽，不仅要注重乘客的视觉感受，更要确保机场各个区域内的每一幢建筑的标识全天候都具有最佳辨识度，以便更好地服务于人。

② 采用较大功率的照明设备直接投向具有一定反射比的顶棚，辅以部分壁装灯具或立柱灯具加强下部照明，形成以反射光为主的漫反射立体光环境，可以有效地提高照明均匀度和减小阴影面积。

③ 随着节能理念越来越强化，近年来全部采用反射照明的手法越来越少，取而代之的是直接照明和反射照明的结合运用。建议采用顶部设置的照明与侧壁设置的照明共同作用，形成多层次、立体化的空间照明效果。对于直接照明使用的灯具需要从美观和易于维护检修的角度，充分考虑灯具的排布和安装方式。照明设计需要同时权衡到照明功能性、美观性、舒适性等各方面的需求，同时最好能

有高效的节能效果。好的照明设计是在用对LED照明灯具、保证照度等因素的同时，还能以凸显机场特色。

④ 办理登机手续、托运行李等服务柜台设置重点照明。通常可采用发光面均匀柔和的LED线型灯设置在台面上方，其照度和显色性应满足国标要求。

⑤ 因为处于顶层，同时出于节能和空间体验的考虑，较多出港大厅布置有天窗自然采光，因此在进行照明设计的时候，需结合自然采光的分析，进行灯具排布、回路划分、控制系统设计。

（2）照明指标：

① 照度要求：需满足地面基础功能照明，地面平均照度标准为200lx（测试点：两灯间正下方位置）值机区工作面平均照度为300lx。

② 色温要求：出港大厅3500～5000K，值机区4000～5000K。

③ 显色性要求：Ra大于80；$R9$大于0。

④ 灯具安装高度：顶棚灯具约15～20m；立杆灯具约4～6m；反射灯具约8～15m；重点照明灯具约距离柜台工作面正上方约2～3m。

2）安检通道

（1）照明方式及设计要求：

① 安检通道的照明方式可选择直接照明，宜采用面光源灯具均匀布置在空间上方，建议选择LED平板灯或者LED发光膜灯具均匀布置在场所上方，以保证被照区域明亮均匀。漫射光线有利于消除阴影，方便检查。

② 柜台应设置重点照明，宜选用发光面均匀柔和无眩光的灯具，如LED线型灯。

③ 安检通道的直接照明应尽量选择面光源，选择反射照明则效率较低难以保证作业面的照度。

④ 顶棚高度不要过高，顶棚灯具布置应选用面光源，灯具间距不宜过大，灯具布置简洁有序，有逻辑性。

（2）照明指标：

① 照度要求：满足安检通道及安检作业面的功能照明，安检区作业面平均照度为300lx。

② 色温要求：安检通道4000K、5000K。

③ 显色性要求：Ra大于80；$R9$大于0。

④ 灯具安装高度：顶棚灯具约3～5m；重点照明灯具约距离柜台工作面正上方2～3m。

3）候机大厅

（1）照明方式及设计要求：

① 候机区域的重点在于人群的停留意义，照明手法需舒适，严格控制眩光，空间光氛围的组成需具有层次感，舒适，视觉效果节奏舒缓。

② 可采用中色温的光源通过反射照明形成宁静柔和的光环境，以缓解旅客的心情。若采用顶棚反射的照明方式。也应有部分光线投向顶棚，使其亮度与其他表面的平均亮度比值不低于1:5，以保证整体环境的亮度对比。

③ 在候机厅的休息区域（设置座椅的区域）宜设置供旅客阅读等视觉工作的照明，采用立柱式的二次反射照明系统，以便于控制眩光并与整体照明环境相协调。

④ 在候机厅的旅客行进区域需考虑照明的连续性，且平均照度可较休息区略高，以增强该区域的引导性。

⑤ 应控制旅客视线内灯具的表面亮度，并保证眩光限值满足国标要求。

⑥ 顶棚灯具布置可采用直接照明、间接照明、直接与间接结合的照明方式。在4.5m层高以下空间，照明主要考虑直接照明方式，采用直接照明为主，装饰照明和间接照明为辅；在高空间，即层高超过4.5m的区域，顶面有特殊造型的，可以考虑间接照明表现空间结构为主。

⑦ 在功能性区域增加直接照明需结合顶棚特点，与顶棚造型巧妙相结合，同时灯具布置应当简洁有序，有逻辑性。

（2）照明指标：

① 照度要求：满足候机区地面基础照明，地面平均照度为150～200lx。普通候机区地面平均照度标准为150lx、高档候机区地面平均照度标准为200lx。

② 色温要求：候机区3000～5000K（与机场整体风格相协调，同一个机场尽量采用相同色温）。

③ 显色性要求：Ra大于80；$R9$大于0。

④ 灯具安装高度：顶棚灯具约6～12m；立杆灯具约4～6m。

（3）参考案例：如图4-4～图4-7所示。

空港枢纽建筑电气及智慧设计关键技术研究与实践

图4-4 巴吞鲁日大都会机场

图4-5 kAunas机场航站楼

图 4-6　沈阳桃仙机场 T3 航站楼

图 4-7　奥斯陆机场

4）海关边检

（1）照明方式及设计要求：

① 开通国际航班的机场通常都是有入境管理，卫生检疫和海关检查。这些场所的照明方式和照明要求基于与安全检查通道相类似，一般采用面光源照明，尽可能消除阴影。空间高度较高的场所，可选用小功率LED投光灯。

② 必须要有足够的照度来支撑区域的功能性运作。

③ 灯具布置简洁有序有逻辑性。

（2）照明指标：

① 照度要求：满足海关通道及海关边检作业面的功能照明，边检区作业面平均照度为500lx。

② 色温要求：边检通道4000K、5000K。

③ 显色性要求：Ra大于80；R9大于0。

④ 灯具安装高度：顶棚灯具3～5m；重点照明灯具约距离柜台工作面正上方2～3m。

5）行李提取

（1）照明方式及设计要求：

① 一般采用直接照明方式，更有效的方式是将灯具按照行李回转台的形状安装在其正上方。

② 墙面照明和顶面照明可以结合结构和内装形式做照明手法处理。

③ 为了方便旅客快速识别行李，应选用显示性能好的光源。

（2）照明指标

① 照度要求：满足行李提取厅通道及行李提取传送带作业面的功能照明，行李提取厅地面平均照度为300lx。

② 色温要求：行李提取4000K、5000K。

③ 显色性要求：Ra大于80；$R9$大于0。

④ 灯具安装高度：顶棚灯具8～12m；重点照明灯具约距离工作面正上方6～10m。

（3）参考案例：如图4-8～图4-10所示。

空港枢纽建筑电气及智慧设计关键技术研究与实践

图4-8 挪威首都奥斯陆机场

图4-9 郑州新郑机场T2航站楼及GTC

图 4-10 昆明机场

6）进港接机大厅

（1）照明方式及设计要求：

在乘客离开后或穿过行李提取大厅后，便直接进入接机大厅，此时无论乘客还是接机的人都处在急于辨识面貌的过程中。因此，行李提取大厅出口处要采取以下措施：

① 此区域的照明目的在于使乘客快快通行，照明手法不宜太过复杂，应以间接、明亮、大方为主。

② 减小行李提取厅作为背景时的亮度对比。

③ 应注意限制出口方向的眩光。

（2）照明指标

① 照度要求：需满足地面基础功能照明，地面平均照度标准为200lx（测试点：两灯间的正下方位置）。

② 色温要求：进港接机大厅3500～5000K。

③ 显色性要求：Ra大于80；$R9$大于0。

④ 灯具安装高度：顶棚灯具约10～15m；立杆灯具约4～6m。

（3）参考案例：如图4-11～图4-13所示。

图 4-11 郑州新郑机场 T2 航站楼及 GTC

图 4-12　坦帕国际机场

空港枢纽建筑电气及智慧设计关键技术研究与实践

图 4-13　亚特兰大机场

4.6　航站楼空间光源与灯具的使用

4.6.1　光源与灯具选择

1. 光源选择原则

（1）高效原则：按照高效、长寿命原则选择光源。

（2）高显色原则：按照环境对显色性的要求选择光源。

（3）色温原则：按照光源色温、光色选择光源。

2. 灯具选择原则

（1）节能原则：大型航站楼照明采用高效光源和高效灯具对于节约能源、降低运营成本是至关重要的措施，应选用节能高效的光源，如LED光源。应对灯具光效作具体要求。

（2）可靠原则：由于航站楼每天运营时间超过18h，因此要求光源和灯具应具备较高的运行可靠性和较长的使用寿命，以降低维护运行的工作量和成本。

（3）安全原则：灯具要求坚固耐用，散热能力强并易于清洁维护，且灯具的IP等级应符合要求。

（4）功能原则：不同使用功能空间应安装不同种类的照明灯具，空间高度低于8m时，宜使用发光面积大、亮度低、光扩散性能好的灯具，如LED发光膜或LED平板灯。超过8m的空间宜选用效率高、防眩光的灯具，如LED筒灯或LED投光灯。

（5）方便原则：选择灯具要考虑更换方便。机场照明灯具用量大，检修维护工作量多，尽可能选寿命长的灯具，减轻维护更换灯具的工作量。高大空间上部安装的灯具应考虑必要的维护手段和措施，如设置维修马道或采用升降式灯具。

（6）简约原则：灯具造型应简单，尽量不选择过于复杂的造型，颜色尽量与被安装面一致，同一种空间的多种灯具应保持色彩协调或款式协调。

（7）用于应急照明的灯具应选用能快速点亮的光源。

3. 灯具选型技术参数表应包含的参数

照明灯具应关注参数：

1）电气参数

（1）系统功率。

（2）输入电压。

2）光源参数

（1）光源类型。

（2）色温/光色。

（3）显色指数（LED光源应特别说明$R9$参数）。

（4）光源寿命。

3）光学参数

（1）系统流明输出。

（2）配光曲线。

（3）光效。

（4）光束角。

（5）配光类型。

（6）色容差。

4）灯具参数

（1）整灯重量。

（2）灯具尺寸。

（3）灯体颜色。

（4）灯体材料。

（5）防护等级。

（6）工作环境温度。

（7）灯具外观参考。

（8）配件。

5）控制效果

控制方式。

4.6.2 灯具维护方式

航站楼建筑区别于常规民用建筑，通常建筑层高会相对较高，在灯具的设置上需要考虑到日后维护检修的需要，通常来说，在高大空间的灯具维护考量上有以下三类方式：

（1）在吊顶内设置马道，维护人员可通行至每盏灯具，灯具本身在安装处理上会配置限位卡扣、吊杆，方便检修维护，如图4-14所示。

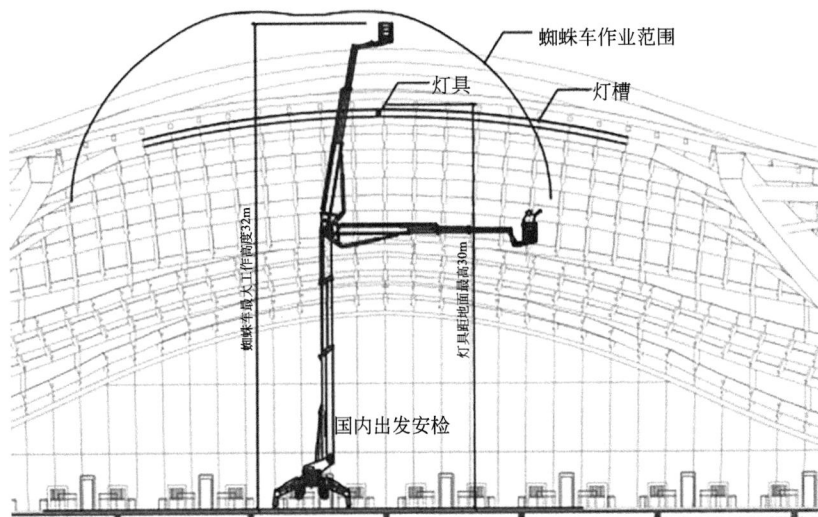

图 4-14　灯具设置

（2）在无法设置马道的高大空间内，可采取重型升降机械进行灯具维护，常规有蜘蛛车（灯具最大安装高度30m）及升降平台（灯具最大安装高度为16m）两种。一般机场航站楼应建议合理配置，如图4-15所示。

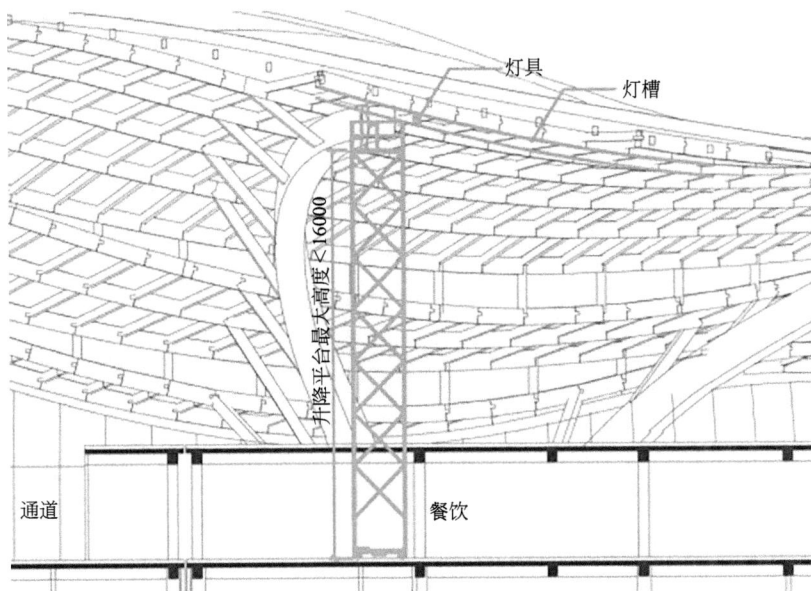

图 4-15　重型升降机

（3）灯具本身配置升降电机，通常用于灯具安装面与地面净高不超过15m的空间，如图4-16所示。

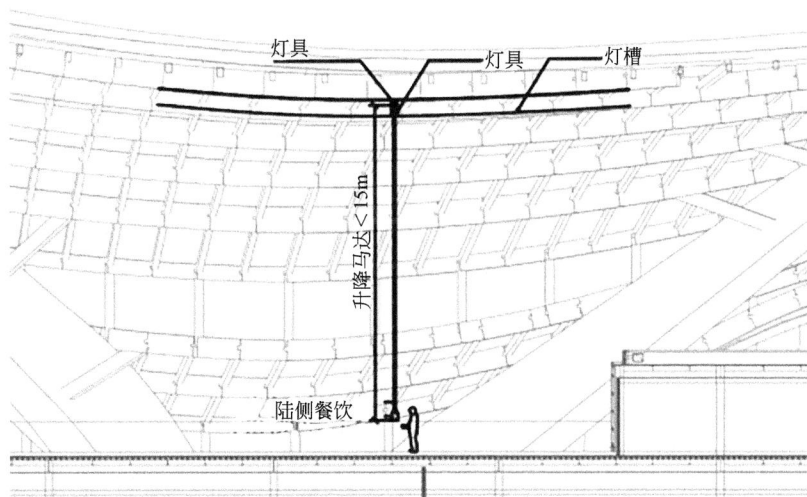

图 4-16　升降电机

4.7　航站楼照明控制策略及控制方式

4.7.1　照明控制的作用

（1）营造良好的室内外光环境。

（2）节约能源：使用者需要时才使用它，尽量减少不必要的开灯时间、开灯数量和过高的照度。

（3）延长了光源的寿命。

（4）提高了管理的科学性与高效性。

4.7.2　照明控制策略

在实际的照明中，由于外界自然光受天气以及时间的影响是不断变化的，仅采用外界自然光是不能达到良好的照明效果的。为了能够达到良好的照明效果，需要结合人工照明。国内外常见的几种智能照明控制策略如下所示：

1.　时间表控制策略

这种策略是指把不同时刻和灯具的亮度对应关系录入控制系统，灯具根据不同时间段来自动地进行相应的调整，从而实现室内照度的自动调节。但由于天气情况存在很大的不确定性，以及场所使用时间的不确定性，导致该控制策略的实用性和灵活性都很差，而且很难进行自适应调整。

2.　自然光适应控制策略

随着自然光提供照度的变化来调节人工照明。使白天从窗子射入的天然光和室内人工照明合理、舒适地协调起来，形成良好的照明环境。该策略很好地解决了时间表控制策略的不足。一般有两种形式：

1）照度平衡型昼间照明

照度平衡型昼间照明指的是白天天然光照射在室内窗户附近的区域处，这样窗户附近和房间深处的照度就有了很大的差距，为了平衡这种照度差距，一般都通过人工照明对照度不足的区域进行补偿，或者减少窗户附近区域的人工照明，使室内整体照度保持平衡。

2）亮度平衡型昼间照明

亮度平衡型昼间照明主要是指让室内人工照明的亮度与窗的亮度比例平衡。因为白天室内的窗户会非常亮，相比而言会让人感觉窗户附近的顶棚以及墙壁比较暗，并且会看见人的剪影，让人感觉室内比较阴暗，因此必须让室内整体亮度保持平衡。假设窗的亮度有所降低，人工照明照度也要随之下降。

3. 空间状况控制策略

这种策略是指根据空间使用情况控制照明系统。通常有人员占有空间状态、与相应事务联动等控制策略。人员占有空间状态策略，利用传感器监测一定范围内是否有用户来选择是否开启人工照明；与相关事务联动，比如航班联动，当相关照明需求产生时，开启相应照明系统。当监测到没有人员占用或相关事务结束，则在一定时延后关闭人工照明。

4. 按需调整控制策略

这种策略是根据室内不同区域，以及用户对光照度的要求不同，分别对不同区域内的灯具进行调节，从而满足不同用户对照度的需求。

5. 应急状态控制策略

这种策略是指根据消防应急需求制定的应急状态场景，对相应应急灯具进行调光。

4.7.3 照明控制方式

根据调光的精细程度可以分为静态开关控制、分阶调光控制、连续调光控制。

静态开关控制：根据照明控制策略的逻辑，对部分灯具进行开关控制。这种控制方式通常需要依据控制逻辑对灯具的回路进行设计。以自然光适应控制策略为例，当自然光提供的照度达到目标值时，关闭相应回路上的灯具。这种控制方式存在的问题是：当自然光水平在这个值上下不规则波动时将引起开关的频繁动作。为了避免这种麻烦，一般采取延时。

分阶调光控制：这种控制方式是针对照度需要，配合使用者的个人爱好，提供有不同效果照明场景，而不是只能以开关的方式控制照明。分阶式调光使用较多为0，1/2，1或者0，1/3.2/3，1两种。

连续调光控制：根据照明控制策略的逻辑，对灯具进行连续调光控制。以自然光适应控制策略为例，当自然光照度超过照度设定值时，将灯关掉。但是，自然光照度低于此值时，控制系统补充人工照明，以保持工作面照度值不变。

4.7.4 航站楼照明控制策略

针对机场航站楼的公共区域，由于空间体量大，通常需采用集中控制。而正常工作环境下，会根据空间的功能属性选用时间表控制配合人工控制策略、空间状况控制策略、自然光适应控制策略等。

对于常规空间，出于造价的考虑，会采用时间表控制策略。但由于天气情况存在很大的不确定性，导致该控制策略的实用性和灵活性都很差。因此，通常还需要和人工控制策略配合使用。

对于功能时变属性特别强的空间，会采用空间状况控制策略。例如夜间运营时，到达、登机或换乘等区域的照明系统，可以与航班联动，可以最大限度地节约能耗。

航站楼大空间通常会布置有大面积的玻璃幕墙或玻璃天窗，以获得充足的自然采光。自然光随时间、天气变化很大，自然光在室内产生的照度及其分布变化也非常剧烈。对于这些空间，可以采用自然光适应控制策略。一方面，出于节能的考虑，根据照度目标关闭或调节冗余的人工照明；另一方面，出于光环境舒适性的考虑，提供较稳定、平衡的照度或亮度分布。

4.7.5 虹桥T2航站楼安检区域调光策略分析

1. 调光系统现状分析

以虹桥T2航站楼安检区域为分析案例。该区域在西侧布置有天窗，在东侧停机坪方向是大面积的玻璃幕墙，如图4-17、图4-18所示。

图 4-17 虹桥机场 T2 航站楼安检区域现场照明

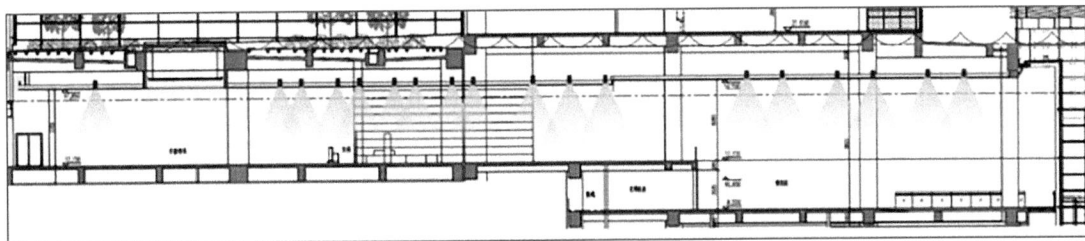

图 4-18 虹桥机场 T2 航站楼安检区域剖面图

该区域自然采光是室内光环境的重要影响因素，较适合采用自然光适应控制策略。目前，现场的调光系统也采用了该控制策略，并以部分回路静态开关控制为控制方式。这种控制方式存在当自然光水平在这个值上下不规则波动时将引起开关的频繁动作。为了避免这种麻烦，一般采取延时或设置照度不变阈值；通过分回路整体开关控制，会导致照度的时间和空间分布出现分阶效应（后文会具体论述），导致能耗冗余、光分布阶梯化，如图4-19所示，阴影区域为静态开关控制方式相较静态开关控制方式的照度冗余，并可以看出静态开关方式光分布的阶梯化。

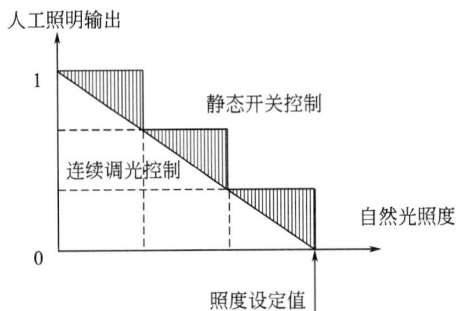

图 4-19 静态开关控制与连续调光控制对比示意图

因此，本研究接下来将以该空间自然光适应策略为基础，讨论静态开关控制方式和连续调光控制方式的差别和优劣。

但目前现场的照明控制系统仅依靠室外照度传感器采集的数据作为逻辑判断的依据，无法反映室内的照度情况和照度分布情况。

2. 全天候自然光室内照度分析

为了分析两种控制方式的光分布表现和能耗表现，需要首先研究分析全年全天候自然光的室内照度分布情况。本节将利用Ecotect和Radiance等自然光分析软件，模拟夏冬两季（夏至日、冬至日）晴天状态下全天7个时间点（6～18h，间隔2h）的室内照度分布情况。

因为整个大厅宽度方向上布局基本一致，因此以单个断面的模拟照度作为分析数据，例如图4-20为夏至日10h的情况。

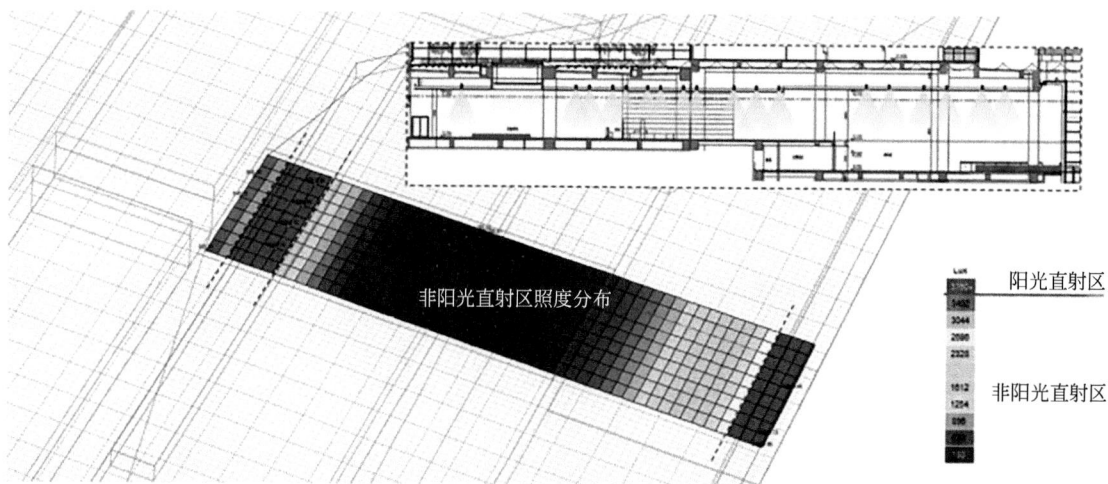

图 4-20　夏至日 10h 的情况

以下为夏冬两季（夏至日、冬至日）、两种天气（晴天、阴天）、全天七个时间点（6～18h，间隔2h）的室内照度分布情况，如图4-21、图4-22所示。

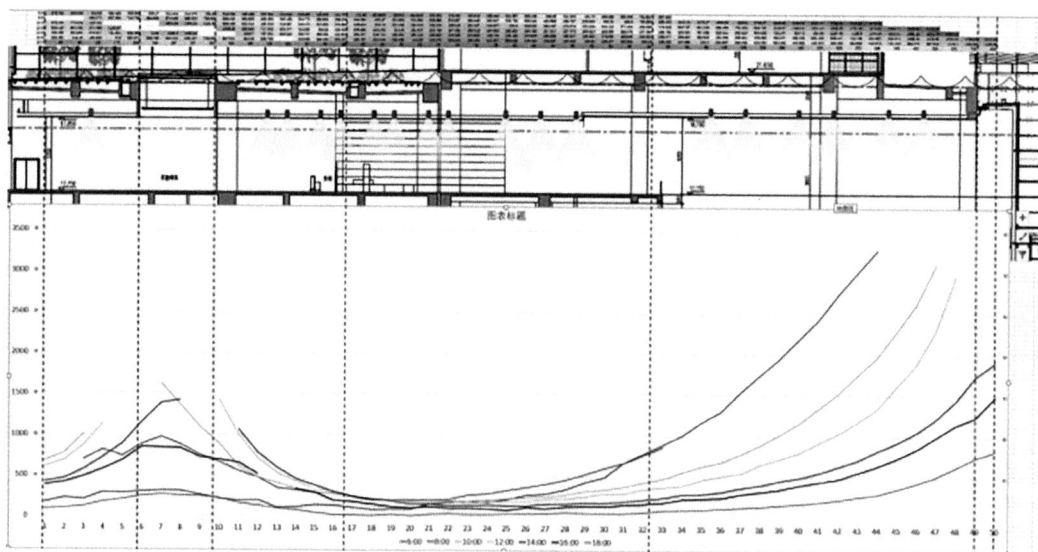

图 4-21　夏至日晴朗天气全天照度分布

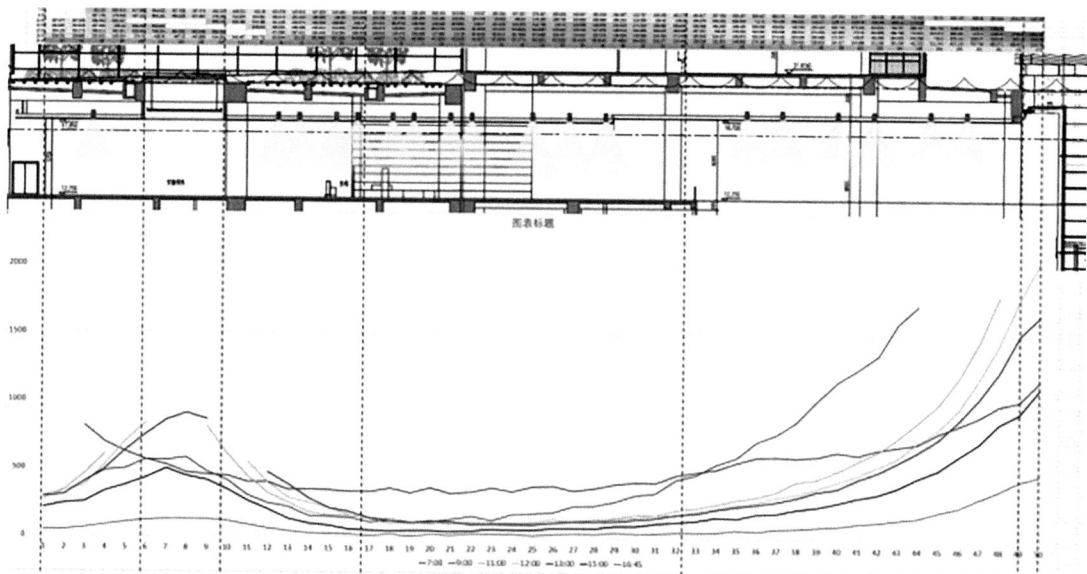

图 4-22　冬至日晴朗天气全天照度分布

从数据图表可以看出，天窗和玻璃幕墙附近区域全年全天的自然光室内照度分布变化比较大，且日光直射区域随时间变化；相对而言，中间区域的自然光比较稳定。目前，安检大厅基于自然光的回路开关方式也正是针对日光波动较大区域。

利用各时间点的自然光室内分布曲线，以各区域的照度标准值为目标，可以求得对各点位灯具的需求；针对不同的调光方式，便可以计算出各灯具的开关或调光百分率情况；再进一步，可以得到不同调光方式下的能耗情况。

3. 自然光适应控制策略下的控制方式比选

1）适于虹桥T2航站楼安检大厅的控制方式

不同控制方式的区别主要体现在控制逻辑上，导致的结果是调光精度的不同。

虹桥机场T2航站楼安检大厅在东西部的断面方向上分了3个控制区段（图4-23），绿色区域基于自然光进行整体开关控制，红色区域的灯具保持常亮。下文以该现状控制方式作为一种比较控制方案。

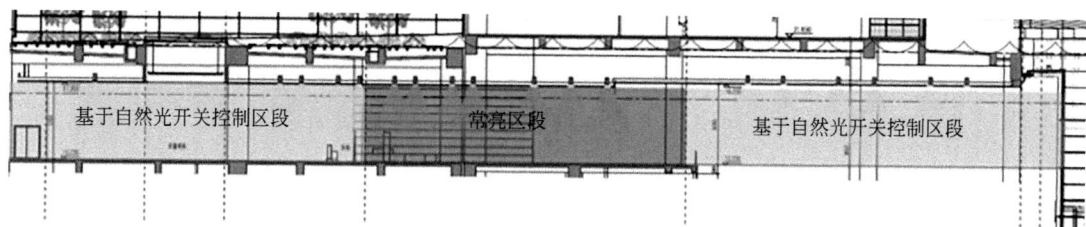

基于自然光开关控制区段　　常亮区段　　基于自然光开关控制区段

图 4-23　虹桥机场 T2 航站楼安检大厅控制方式现状：静态开关控制

为了达到更好的调光效果，在不需要调整强电回路的情况下，改造成本和施工难度较小的控制方式是在现有强电回路的基础上，增加0～10V控制模块，并通过信号线将各控制模块与总控联系。该控制方式能达到效果是3个控制区段能够进行0/10～10/10的整体连续调光（图4-24），调光精度将比静态开关控制的精度更高。下文将以该调光方式作为第二种对比控制方案。

再将调光精度进一步提高，在条件允许的情况下，可以重新铺设一套DALI协议的手拉手形式的弱电回路。该控制方式能达到的效果是每个灯具可以独立进行0～100%的连续调光（图4-25），调光精度相较前两种方案最高。下文将以该调光方式作为第三种对比控制方案。

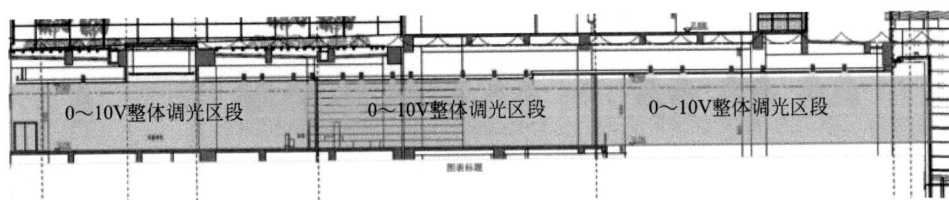

图4-24　虹桥机场T2航站楼安检大厅对比控制方式一：基于现有强电回路的0 ~ 10V区段控制

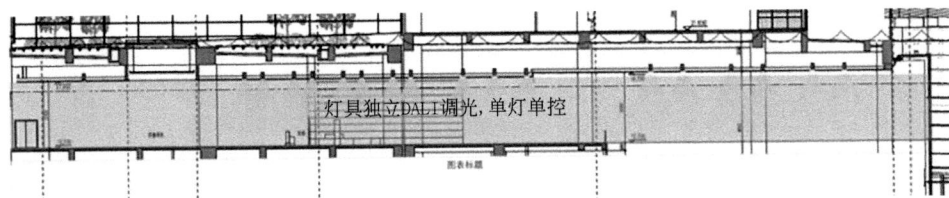

图4-25　虹桥机场T2航站楼安检大厅对比控制方式二：DALI 控制、单灯单控

2）基于目标照度的照明需求反算模型

如前文所述，为得到不同控制方式下的光照度分布和能耗情况，需要建立模型计算出基于目标光照度的照明需求反算模型。

首先，计算出人工照明系统每个灯具全功率下在空间里的光照度分布（图4-26）。图4-26中各彩色曲线为各灯具在安检厅断面上的照度分布曲线，各曲线加合后便得到整个照明系统在该断面上的整体照度分布曲线（曲线1），图4-26中分段曲线1为建筑照明设计标准对该空间的照度要求：安检大厅地面300lux、身份检查桌面500lux、候机区域150lux。

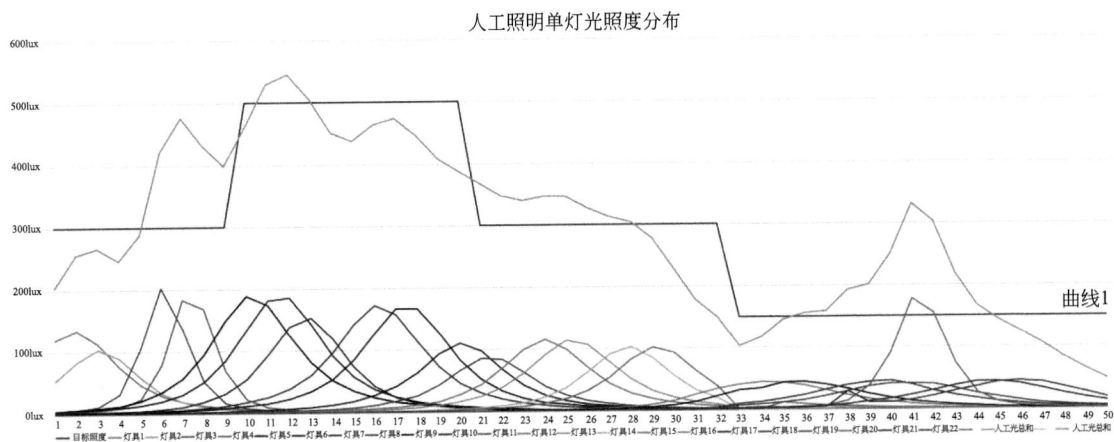

图4-26　人工照明系统光照度分布曲线

接下来，建立计算模型，基于自然光照度分布曲线、目标照度分段曲线、单灯照度分布曲线，计算出每个灯具的调光百分率。

以图4-27所示计算模型建立自适应程序模块，计算出任一自然光情况下的人工照明系统的需求情况。

单灯单控DALI调光、三区段0～10V调光、三区段开关控制，这三种调光算法均可以依靠这个模型。区别在于：单灯单控DALI调光，通过算法筛选出最大照度冗余的单灯点位，通过"调光-差算-筛选-调光"循环，计算出满足需求的灯具调光百分率组；三区段0～10V调光，将单灯单控算法的筛选模块和调光模块调整为灯具组团；三区段开关控制，则是在三区段0～10V调光模块的基础上，将调光模块调整为"0-1"切换。

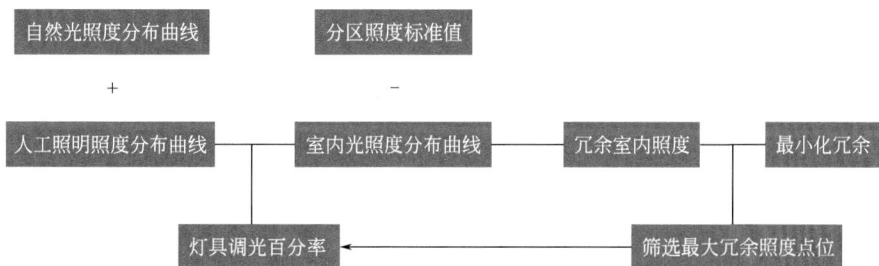

图 4-27　基于自然光的人工照明需求反算模型

图4-28～图4-30所示为夏至日下午6时晴朗天气下三种控制方式的人工照明需求分析结果示例。

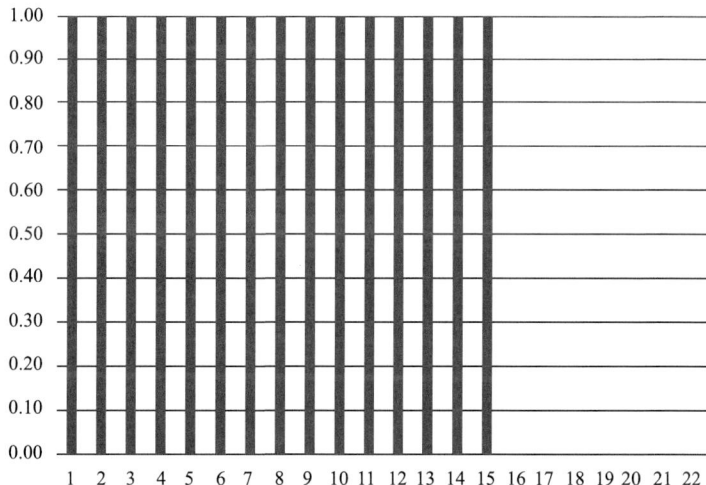

图 4-28　区段开关控制方式下灯具开关情况

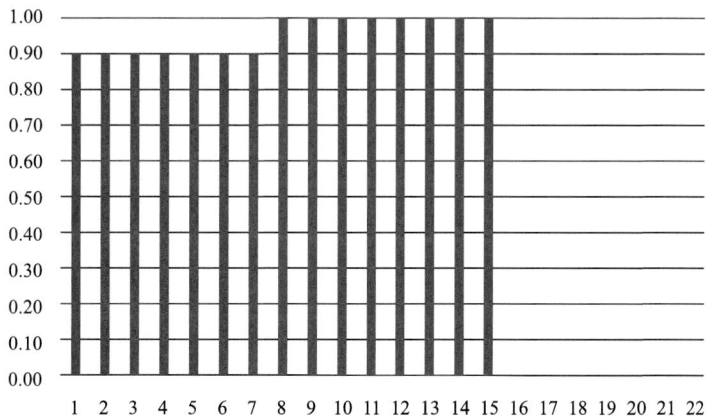

图 4-29　区段 0 ～ 10V 控制方式下灯具调光百分比

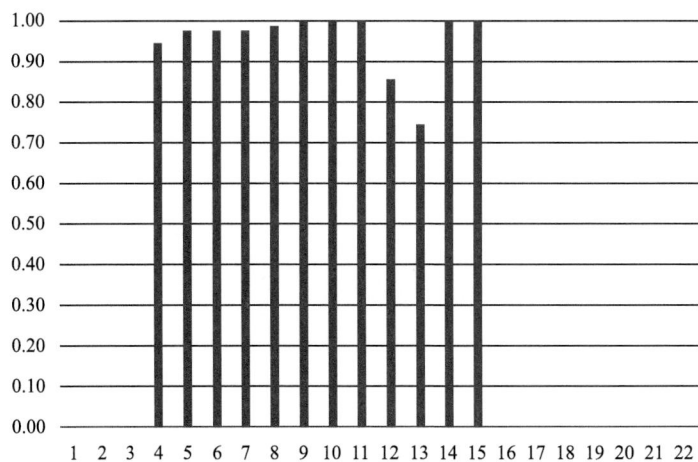

图 4-30　单灯单控 DALI 控制方式下灯具调光百分比

图4-31～图4-33为以上三种场景下，产生的室内照度分布曲线（人工照明配合自然光）。

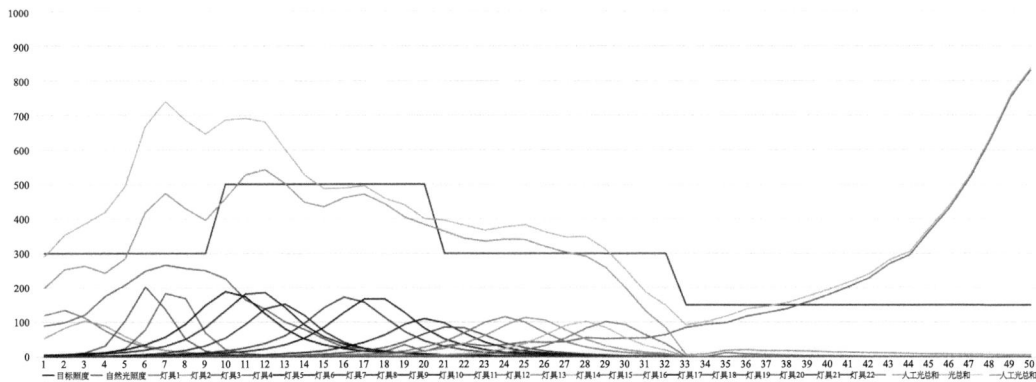

图 4-31　区段开关控制方式下室内照度分布曲线（人工照明 + 自然光）

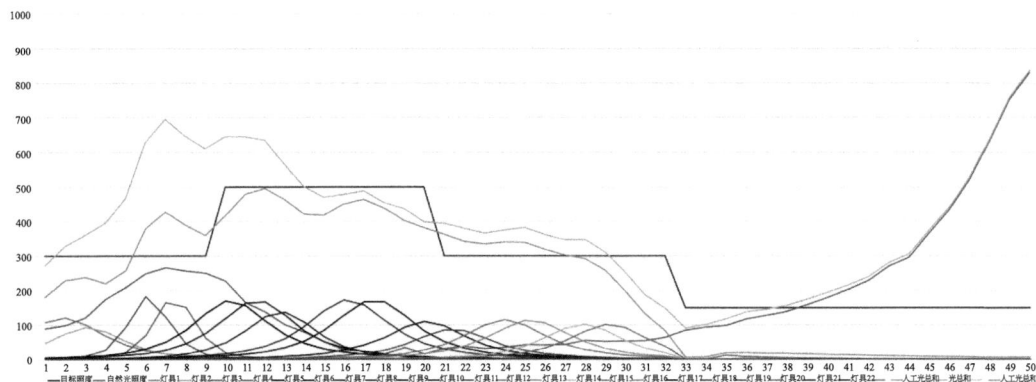

图 4-32　区段 0 ~ 10V 控制方式下室内照度分布曲线（人工照明 + 自然光）

3）基于照明需求反算模型的能耗预测

依靠前面论述的照明需求反算模型，计算了夏冬两季（夏至日、冬至日）晴天状态下全天七个时间点（6～18h，间隔2h）的灯具组调光百分率情况（图4-34）。

图表（纵轴 0~1000，横轴 1~50；图例：目标照度、自然光照度、灯具1、灯具2、灯具3、灯具4、灯具5、灯具6、灯具7、灯具8、灯具9、灯具10、灯具11、灯具12、灯具13、灯具14、灯具15、灯具16、灯具17、灯具18、灯具19、灯具20、灯具21、灯具22、人工光总和、光总和、人工光总和）

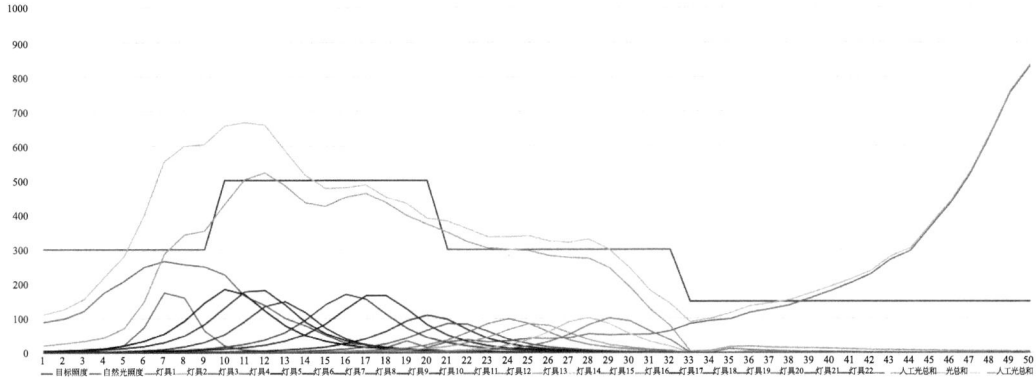

图 4-33　单灯单控 DALI 控制方式下室内照度分布曲线（人工照明＋自然光）

现状区段开关控制	灯具编号	灯具功率	夏至0500	夏至0800	夏至1000	夏至1200	夏至1400	夏至1600	夏至1800	冬至0700	冬至0900	冬至1100	冬至1200	冬至1300	冬至1500	冬至1645
	1	60	1.00	0.00	0.00	0.00	0.00	0.00	1.00	1.00	1.00	1.00	0.00	0.00	1.00	1.00
	2	60	1.00	0.00	0.00	0.00	0.00	0.00	1.00	1.00	1.00	1.00	0.00	0.00	1.00	1.00
	3	60	1.00	0.00	0.00	0.00	0.00	0.00	1.00	1.00	1.00	1.00	0.00	0.00	1.00	1.00
	4	60	1.00	0.00	0.00	0.00	0.00	0.00	1.00	1.00	1.00	1.00	0.00	0.00	1.00	1.00
	5	90	1.00	0.00	0.00	0.00	0.00	0.00	1.00	1.00	1.00	1.00	0.00	0.00	1.00	1.00
	6	90	1.00	0.00	0.00	0.00	0.00	0.00	1.00	1.00	1.00	1.00	0.00	0.00	1.00	1.00
	7	90	1.00	0.00	0.00	0.00	0.00	0.00	1.00	1.00	1.00	1.00	0.00	0.00	1.00	1.00
	8	90	1.00	1.00	1.00	1.00	1.00	1.00	1.00	0.00	1.00	1.00	1.00	1.00	1.00	1.00
	9	90	1.00	1.00	1.00	1.00	1.00	1.00	1.00	0.00	1.00	1.00	1.00	1.00	1.00	1.00
	10	60	1.00	1.00	1.00	1.00	1.00	1.00	1.00	0.00	1.00	1.00	1.00	1.00	1.00	1.00
	11	60	1.00	1.00	1.00	1.00	1.00	1.00	1.00	0.00	1.00	1.00	1.00	1.00	1.00	1.00
	12	60	1.00	1.00	1.00	1.00	1.00	1.00	1.00	0.00	1.00	1.00	1.00	1.00	1.00	1.00
	13	60	1.00	1.00	1.00	1.00	1.00	1.00	1.00	0.00	1.00	1.00	1.00	1.00	1.00	1.00
	14	60	1.00	1.00	1.00	1.00	1.00	1.00	1.00	0.00	1.00	1.00	1.00	1.00	1.00	1.00
	15	60	1.00	1.00	1.00	1.00	1.00	1.00	1.00	0.00	1.00	1.00	1.00	1.00	1.00	1.00
	16	60	0.00	0.00	0.00	0.00	0.00	0.00	0.00	0.00	0.00	0.00	0.00	0.00	0.00	0.00
	17	60	0.00	0.00	0.00	0.00	0.00	0.00	0.00	0.00	0.00	0.00	0.00	0.00	0.00	0.00
	18	60	0.00	0.00	0.00	0.00	0.00	0.00	0.00	0.00	0.00	0.00	0.00	0.00	0.00	0.00
	19	60	0.00	0.00	0.00	0.00	0.00	0.00	0.00	0.00	0.00	0.00	0.00	0.00	0.00	0.00
	20	60	0.00	0.00	0.00	0.00	0.00	0.00	0.00	0.00	0.00	0.00	0.00	0.00	0.00	0.00
	21	60	0.00	0.00	0.00	0.00	0.00	0.00	0.00	0.00	0.00	0.00	0.00	0.00	0.00	0.00
	22	60	0.00	0.00	0.00	0.00	0.00	0.00	0.00	0.00	0.00	0.00	0.00	0.00	0.00	0.00
区段0~10V调光	灯具编号	灯具功率	夏至0500	夏至0800	夏至1000	夏至1200	夏至1400	夏至1600	夏至1800	冬至0700	冬至0900	冬至1100	冬至1200	冬至1300	冬至1500	冬至1645
	1	60	0.90	0.10	0.50	0.00	0.20	0.00	1.00	0.40	0.90	0.70	0.00	0.00	0.90	1.00
	2	60	0.90	0.10	0.50	0.00	0.20	0.00	1.00	0.40	0.90	0.70	0.00	0.00	0.90	1.00
	3	60	0.90	0.10	0.50	0.00	0.20	0.00	1.00	0.40	0.90	0.70	0.00	0.00	0.90	1.00
	4	60	0.90	0.10	0.50	0.00	0.20	0.00	1.00	0.40	0.90	0.70	0.00	0.00	0.90	1.00
	5	90	0.90	0.10	0.50	0.00	0.20	0.00	1.00	0.40	0.90	0.70	0.00	0.00	0.90	1.00
	6	90	0.90	0.10	0.50	0.00	0.20	0.00	1.00	0.40	0.90	0.70	0.00	0.00	0.90	1.00
	7	90	0.90	0.10	0.50	0.00	0.20	0.00	1.00	0.40	0.90	0.70	0.00	0.00	0.90	1.00
	8	90	0.70	0.60	0.10	0.30	0.50	0.70	0.90	0.20	0.50	0.60	0.70	0.70	0.90	1.00
	9	90	0.70	0.60	0.10	0.30	0.50	0.70	0.90	0.20	0.50	0.60	0.70	0.70	0.90	1.00
	10	60	0.70	0.60	0.10	0.30	0.50	0.70	0.90	0.20	0.50	0.60	0.70	0.70	0.90	1.00
	11	60	0.70	0.60	0.10	0.30	0.50	0.70	0.90	0.20	0.50	0.60	0.70	0.70	0.90	1.00
	12	60	0.70	0.60	0.10	0.30	0.50	0.70	0.90	0.20	0.50	0.60	0.70	0.70	0.90	1.00
	13	60	0.70	0.60	0.10	0.30	0.50	0.70	0.90	0.20	0.50	0.60	0.70	0.70	0.90	1.00
	14	60	0.70	0.60	0.10	0.30	0.50	0.70	0.90	0.20	0.50	0.60	0.70	0.70	0.90	1.00
	15	60	0.70	0.60	0.10	0.30	0.50	0.70	0.90	0.20	0.50	0.60	0.70	0.70	0.90	1.00
	16	60	0.00	0.00	0.00	0.00	0.00	0.00	0.20	0.00	0.00	0.00	0.00	0.00	0.00	0.00
	17	60	0.00	0.00	0.00	0.00	0.00	0.00	0.20	0.00	0.00	0.00	0.00	0.00	0.00	0.00
	18	60	0.00	0.00	0.00	0.00	0.00	0.00	0.20	0.00	0.00	0.00	0.00	0.00	0.00	0.00
	19	60	0.00	0.00	0.00	0.00	0.00	0.00	0.20	0.00	0.00	0.00	0.00	0.00	0.00	0.00
	20	60	0.00	0.00	0.00	0.00	0.00	0.00	0.20	0.00	0.00	0.00	0.00	0.00	0.00	0.00
	21	60	0.00	0.00	0.00	0.00	0.00	0.00	0.20	0.00	0.00	0.00	0.00	0.00	0.00	0.00
	22	60	0.00	0.00	0.00	0.00	0.00	0.00	0.20	0.00	0.00	0.00	0.00	0.00	0.00	0.00
单灯DAL调光	灯具编号	灯具功率	夏至0500	夏至0800	夏至1000	夏至1200	夏至1400	夏至1600	夏至1800	冬至0700	冬至0900	冬至1100	冬至1200	冬至1300	冬至1500	冬至1645
	1	60	0.00	0.00	0.00	0.00	0.00	0.00	0.00	0.00	0.00	0.00	0.00	0.00	0.00	1.00
	2	60	0.00	0.00	0.00	0.00	0.00	0.00	0.00	0.00	0.00	0.00	0.00	0.00	0.00	1.00
	3	60	0.00	0.00	0.00	0.00	0.00	0.00	0.00	0.00	0.00	0.00	0.00	0.00	0.00	1.00
	4	60	0.00	0.00	0.00	0.00	0.99	0.00	0.00	0.00	0.00	0.00	0.00	0.00	0.00	1.00
	5	90	0.00	0.00	0.00	0.00	0.00	0.00	0.99	0.00	1.00	1.00	0.00	0.00	0.00	1.00
	6	90	0.99	0.00	0.00	0.00	0.00	0.00	0.99	0.00	0.00	0.00	0.00	0.00	1.00	1.00
	7	90	0.99	0.00	0.00	0.00	0.00	0.00	0.99	1.00	1.00	1.00	0.00	0.00	1.00	1.00
	8	90	0.99	0.00	0.00	0.99	0.00	0.00	0.99	0.00	1.00	1.00	1.00	1.00	1.00	1.00
	9	90	0.99	0.91	0.99	1.00	0.00	0.00	1.00	1.00	1.00	0.00	1.00	1.00	1.00	1.00
	10	60	0.99	0.00	0.99	0.91	1.00	1.00	1.00	0.00	1.00	0.00	1.00	1.00	1.00	1.00
	11	60	0.99	0.00	0.00	0.84	1.00	1.00	1.00	0.00	0.00	1.00	0.00	0.00	1.00	1.00
	12	60	0.00	0.00	0.00	0.00	0.00	0.85	0.85	0.00	0.00	1.00	1.00	1.00	1.00	1.00
	13	60	0.00	0.00	0.00	0.00	0.00	0.00	0.75	0.00	0.00	0.00	1.00	1.00	1.00	1.00
	14	60	0.00	0.00	0.00	0.00	1.00	1.00	1.00	0.00	0.00	1.00	1.00	1.00	1.00	1.00
	15	60	0.00	0.00	0.00	0.00	0.84	0.84	1.00	0.00	0.00	1.00	1.00	1.00	1.00	1.00
	16	60	0.00	0.00	0.00	0.00	0.00	0.00	0.00	0.00	0.00	0.00	0.00	0.00	1.00	0.00
	17	60	0.00	0.00	0.00	0.00	0.00	0.00	0.00	0.00	0.00	0.00	0.00	0.00	0.00	0.00
	18	60	0.00	0.00	0.00	0.00	0.00	0.00	0.00	0.00	0.00	0.00	0.00	0.00	0.00	0.00
	19	60	0.00	0.00	0.00	0.00	0.00	0.00	0.00	0.00	0.00	0.00	0.00	0.00	0.00	0.00
	20	60	0.00	0.00	0.00	0.00	0.00	0.00	0.00	0.00	0.00	0.00	0.00	0.00	0.00	0.00
	21	60	0.00	0.00	0.00	0.00	0.00	0.00	0.00	0.00	0.00	0.00	0.00	0.00	0.00	0.00
	22	60	0.00	0.00	0.00	0.00	0.00	0.00	0.00	0.00	0.00	0.00	0.00	0.00	0.00	0.00

图 4-34　三种控制方式下的灯具组调光百分率

由这些数据，可以估算是单日平均日间用电功率分别为：区段开关控制方式—756.4kW，区段0～10V控制方式—569.8kW，单灯单控DALI控制方式—448.1kW。如果照明系统不进行调光控制总功率为1470kW。

因此，区段开关控制节电率为48.5%，区段0～10V控制节电率为61.2%，单灯单控DALI控制节电率为69.5%。

4.8 航站楼广告及店铺光环境评估导则

4.8.1 引言

上海虹桥机场T2号航站楼位于闵行区申达一路1号，面积为36.26万m²。航站楼与交通中心一体化设计，采用自然采光节能技术。

依据《建筑照明设计标准》GB 50034-2013，机场到达大厅的照明技术指标如表4-4所示，其中对四类参数做了限制，分别是照度标准值E、统一眩光值UGR、照度均匀度U0、一般显色指数Ra。

照明设计指标					表 4-4
房间或场所	参考平面及其高度	照度标准值 E（lx）	UGR	$U0$	Ra
问询处	0.75m 水平面	200	—	0.60	80
行李认领 / 到达大厅 / 出发大厅	地面	200	22	0.40	80
通道 / 连接区 / 扶梯 / 换乘厅	地面	150	—	0.40	80
走廊 / 楼梯 / 平台 / 流动区域 普通	地面	150	22	0.40	80
走廊 / 楼梯 / 平台 / 流动区域 高档	地面	200	22	0.60	80

国际照明委员会（CIE）对显色性的定义是：与标准的参考光源相比较，一个光源对物体颜色外貌所产生的效果。换句话说，CRI是一个光源与标准光源（例如日光）相比较下在颜色辨认方面的一种测量方式。CRI是一种得到普遍认可的度量标准，也是目前评价与报告光源显色性的唯一途径。表4-5给出了各种光源的色温和显色指数。

各种光源的色温和显色指数		表 4-5
光源	色温	CRI 值
蜡烛	1700K	100
低压钠灯	1700K	−47
高压钠灯	2100K	25
家用白炽灯	2700K	95 ~ 97
卤钨灯	3200K	96 ~ 98
荧光灯	2700 ~ 6500K	55 ~ 90
金卤灯	4000 ~ 7000K	60 ~ 95
阳光	5000 ~ 6000K	100

色温*CCT*是通过对比它的色彩和理论的热黑体辐射体来确定的。热黑体辐射体与光源的色彩相匹配时的开尔文温度就是那个光源的色温，它直接和普朗克黑体辐射定律相联系。图4-35给出了不同色温灯具适用的场所及产生的效果。

3300K以下
温暖、舒适；适用于客厅、卧室、旅店，并能使红色更鲜艳。

3000~6000K
自然光色、愉快、舒适；适用于商店、医院、办公室、饭店、餐厅。

5300K以上
明亮，使人精力集中；适用于办公室、会议室、教室、阅览室。

图4-35 各种色温适用范围

视亮度评价指数主要考核广告与环境亮度的对比度，依据该评价指标，认为视亮度评价指数超过1即偏亮，低于-1则偏暗。

视亮度评价公式见式（4-1）。

$$B=-2.72+2.94\lg L_0-3.64\lg L_{BG} \quad\quad （4-1）$$

式中，L_0——目标物亮度，cd/m^2；

L_{BG}——环境亮度，cd/m^2；

B——视亮度评价指数。

视亮度评价指数如表4-6所示。

视亮度评价指数   表4-6

-2	-1	0	1	2
太暗	暗	刚好	亮	太亮

为上海虹桥机场T2航站楼到达大厅的广告灯箱及店铺光环境做现状分析评估，重点考核亮度*L*、视亮度评价指数、色温*CCT*、显色指数*CRI*等参数，制定广告及店铺光环境设计导则，提出优化改造方案。

4.8.2 现状分析

1. 广告亮度实测分析

机场到达大厅现场的广告灯箱是空间内发光面最大的发光体，具体分布如图4-36所示，使用光源参数见表4-7。

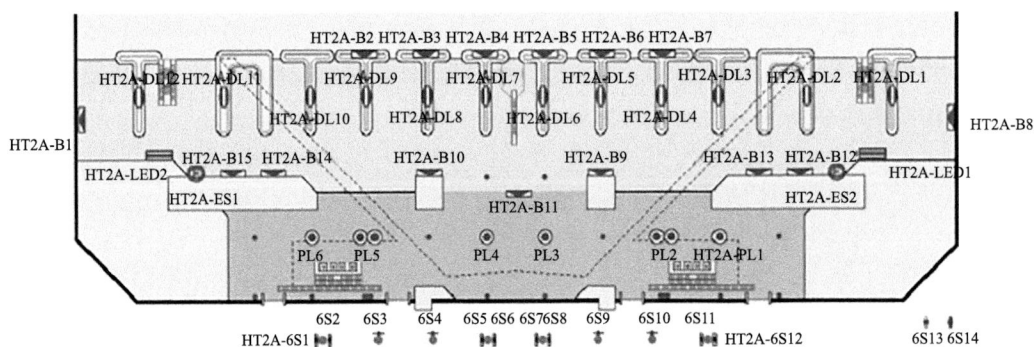

图 4-36　到达大厅广告分布平面图

点位	灯箱尺寸（长 × 高）	灯管		用电量
		型号	数量（支）	
HT2A-B1	9×3	T5　35W	48	1680
HT2A-B2	9×3	T5　35W	48	1680
HT2A-B3	9×3	T5　35W	48	1680
HT2A-B4	9×3	T5　35W	48	1680
HT2A-B5	9×3	T5　35W	48	1680
HT2A-B6	9×3	T5　35W	48	1680
HT2A-B7	9×3	T5　35W	48	1680
HT2A-B8	9×3	T5　35W	48	1680
HT2A-B12	12.08×3.38	LED 光源	60W/m^2	2450
HT2A-B13	12.08×3.38	LED 光源	60W/m^2	2450
HT2A-B14	12.08×3.38	LED 光源	60W/m^2	2450
HT2A-B15	12.08×3.38	LED 光源	60W/m^2	2450
HT2A-DL1	1.27×3	T8　30W	12	360
		T5　21W	8	168
		T5　28W	4	112
HT2A-DL2	1.27×3	T8　30W	12	360
		T5　21W	8	168
		T5　28W	4	112
HT2A-DL3	1.27×3	T8　30W	12	360
		T5　21W	8	168
		T5　28W	4	112
HT2A-DL4	1.27×3	T8　30W	12	360
		T5　21W	8	168
		T5　28W	4	112
HT2A-DL5	1.27×3	T8　30W	12	360

到达大厅广告光源参数表　　　　　　　　　　　　　　　　　表 4-7

点位	灯箱尺寸（长×高）	灯管		用电量
		型号	数量（支）	
HT2A-DL5	1.27×3	T5 21W	8	168
		T5 28W	4	112
HT2A-DL6	1.27×3	T8 30W	12	360
		T5 21W	8	168
		T5 28W	4	112
HT2A-DL7	1.27×3	T8 30W	12	360
		T5 21W	8	168
		T5 28W	4	112
HT2A-DL8	1.27×3	T8 30W	12	360
		T5 21W	8	168
		T5 28W	4	112
HT2A-DL9	1.27×3	T8 30W	12	360
		T5 21W	8	168
		T5 28W	4	112
HT2A-DL10	1.27×3	T8 30W	12	360
		T5 21W	8	168
		T5 28W	4	112
HT2A-DL11	1.27×3	T8 30W	12	360
		T5 21W	8	168
		T5 28W	4	112
HT2A-DL12	1.27×3	T8 30W	12	360
		T5 21W	8	168
		T5 28W	4	112

广告光源多采用荧光灯管和LED光源，单块灯箱的面积在10～50m^{2}不等，可以以20m^{2}为界，将广告分为大型广告和小型广告，如图4-37、图4-38所示。

现场广告灯箱在立体模型中还原位置如图4-39所示，空间各部分亮度实测值见表4-8。从中可以看到，大多数广告亮度的平均值都维持在了300～350nit之间。

广告亮度实测值								表4-8
	灯带	地板	顶棚	立柱	玻璃体	电子信息牌	电子指示牌	广告牌
亮度（nit）	160～550	6～20	6～8	4～8	9～16	3～20	290～500	300～350

对于大幅广告（≥20m^2），平均亮度不应超过300nit。

对于小幅广告（<20m^2），需考虑广告与环境亮度的对比度，可依据"视亮度评价指数"来评价，如图4-40所示。

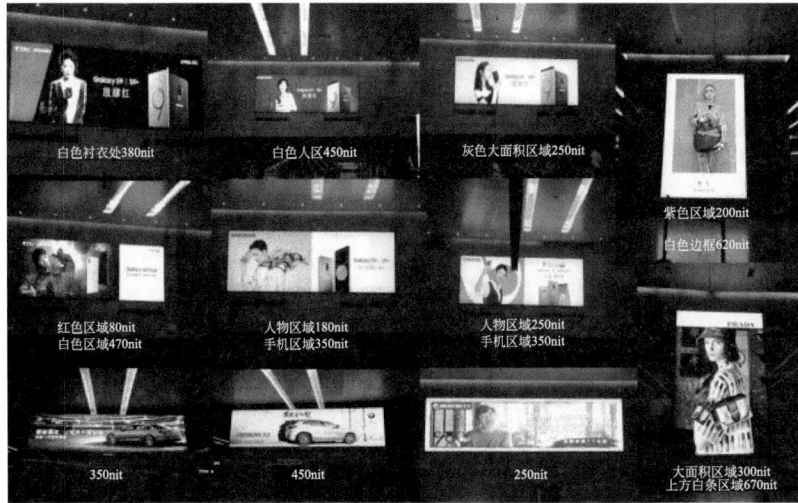

图 4-37　大型广告亮度实测（≥ 20m²）

空港枢纽建筑电气及智慧设计关键技术研究与实践

图 4-38　小型广告、指示牌亮度实测（<20m²）

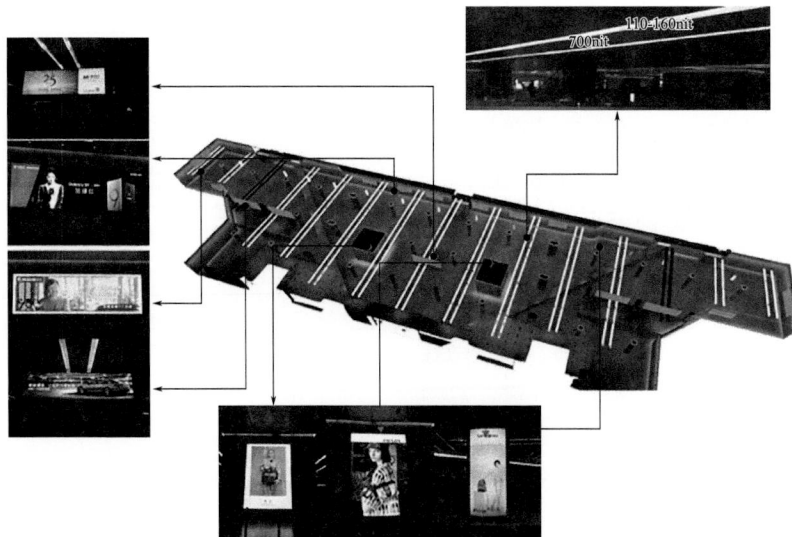

图 4-39　广告亮度实测分析图

图 4-40　小幅广告视亮度评价分析

两处小幅广告灯箱都比较刺眼，其中尤为明显的是服务台处的广告灯箱。此灯箱导致了该处的工作人员严重背光。

2. 商铺光环境评估

目前各店铺桌面照度均较适宜，但KFC和HOPE KAWEH的店铺内部灯具类型及其布局对大厅整体空间视觉舒适性有一定的影响。如图4-41所示，店铺内布置有自发光装饰灯具。灯具零星布置，较为凌乱；另一方面，自发光灯具眩光较严重，比较刺眼。

图 4-41　商铺光环境评估图

3. 空间色温实测分析

注：由于商家都有自身的品牌理念和设计思路，不适合用照度来规范他们的灯光效果。故着重考察餐饮区域的色温，并以此为标准，对商家提出建议要求。

由图4-42可见，到达区域空间内的主要色温为3700~4000K，禁区外餐饮区色温为2500~3000K，标识广告的色温最高，为6500K，标识广告出现部分色光。

目前，行李提取大厅外的餐饮区域采用的色温，能保证自身的用餐环境良好，也不会与大厅的色温相差过大而造成突兀的视觉效果。

	HOPE KAWEH	和府捞面	星巴克	Vital tea	肯德基
色温	3276K	3000K	2567K	3099K	3072K

图 4-42　空间色温实测分析

4.8.3　设计导则

广告设计导则包括广告亮度和光源参数。广告示例如图4-43所示。

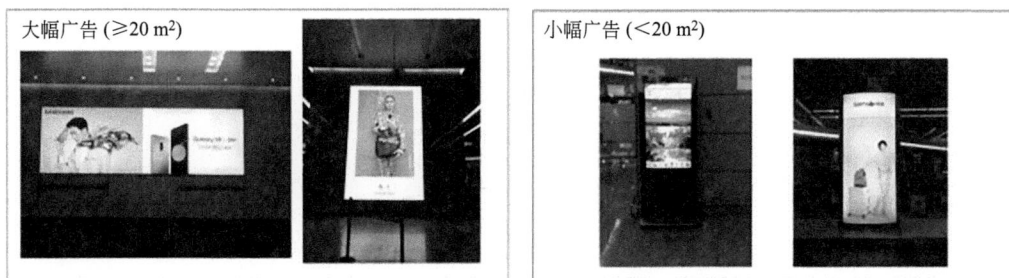

图 4-43　广告示例

到达大厅照明提升完成后，大幅广告平均亮度不应超过300cd/m²，广告内亮度均匀度（平均亮度/最大亮度）不应小于1/10。小幅广告亮度约为220cd/m²。在已知环境亮度或环境照度的情况下，小幅广告推荐亮度可参照表4-9。对于表列举数据以外的其他数值，可进行插值计算。

广告推荐亮度值					表 4-9
环境亮度（cd/m²）	反算环境照度（lx）浅色材料反射率0.7	反算环境照度（lx）深色材料反射率0.3	推荐亮度（cd/m²）	上限亮度（cd/m²）	下限亮度（cd/m²）
2	9	20.9	20.00	43.83	9.13
5	22.4	52.4	62.47	136.90	28.51
10	44.9	104.7	147.87	324.04	67.48
15	67.3	157.1	244.77	536.39	111.70

广告光源分为内透光源（灯箱内部）和泛光光源（广告外部）。内透光源建议色温与德高提供一致，建议色温CCT 6500K，显色指数CRI>90，最低不低于80。泛光光源色温应与到达大厅整体色温一致，不造成突兀的视觉效果。建议色温CCT 4000K，显色指数CRI>90，最低不低于80。

4.8.4 店铺设计导则

店铺设计包括店铺招牌和店内光环境设计。

店招在尺寸上与小幅广告相当，因此其亮度与光源参数均可认为与小幅广告相同。店招亮度可参照表4-9设置。内透光源建议色温CCT 6500K，显色指数CRI>90，最低不低于80。泛光光源建议色温CCT 4000K，显色指数CRI>90，最低不低于80。

店铺内环境的考量因素主要是基于店铺光环境与整体光环境协调、店铺光环境舒适的考虑。店铺推荐使用直接或间接下照灯具。不推荐使用零星布置的自发光灯具。若一定要使用，应形成一定规模、序列，且亮度满足视亮度评价方程给出的推荐指标。店铺建议整体色温CCT 3000K，使用灯具显色指数CRI>90，最低不低于80。店铺建议照度与空间整体照度的比值建议不小于1/3，不大于3/1。

4.8.5 优化方案

根据实测数据，目前大多数大幅广告的平均亮度为300nit左右，对比环境亮度7～8nit的情况下，视亮度评价指数为1.58，偏亮。

在到达大厅整体照明提升后，墙面亮度（即背景亮度）会得到显著提升，预计至少提升到15nit，此时，大幅广告平均300nit的亮度可以说是较合适的，对应的视亮度平均指数为0.25。即使是较亮450nit的广告，视亮度评价也是0.78，是不会刺眼的。

所以可以说，目前大幅广告亮度可以不做调整，等到达大厅照明提升完成后，其对比就会趋于一个能接受的范围。

目前小幅广告的平均亮度差异很大，从60nit到500nit不等，对比环境亮度7～8nit的情况下，视亮度评价指数为−0.58～2.11，对应情况为合适和太亮。

在到达大厅整体照明提升后，墙背景亮度预计至少提升到15nit，此时，现有的小幅广告已经符合人体视效。但考虑到人与小幅广告距离更近，更易受到环境因素的干扰，且小幅广告多处于照明相对暗区，认为较低的亮度250nit是更加合适的选择，对应的视亮度平均指数为0.02。

总而言之，目前已有的小幅广告亮度大多可以不做调整，但新进的小幅广告，建议使亮度降低到250nit左右，使整体环境更加柔和。

4.8.6 KFC区域优化方案

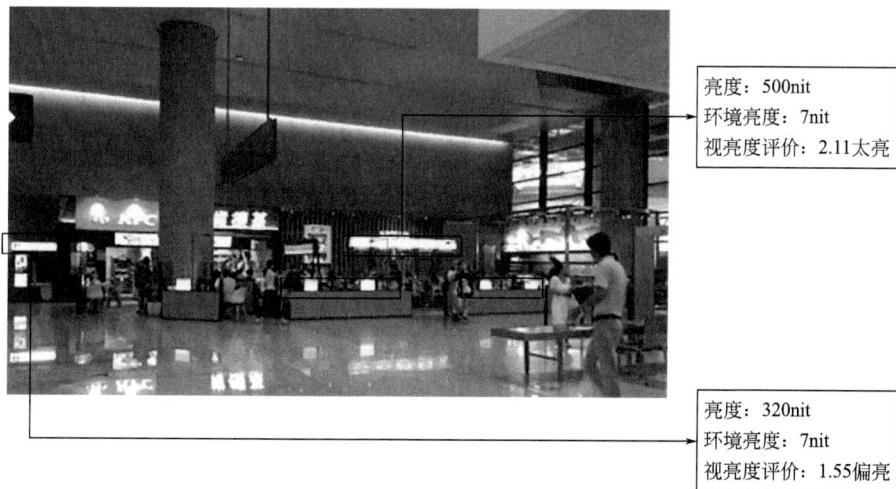

亮度：500nit
环境亮度：7nit
视亮度评价：2.11太亮

亮度：320nit
环境亮度：7nit
视亮度评价：1.55偏亮

图 4-44 KFC 区域照明现状

去除凌乱多余的空间发光体，有助于整体光环境的和谐。

亮度：200nit
环境亮度：10nit
视亮度评价：0.38合适

图4-45　KFC区域照明优化方案示意

由图4-44和图4-45可见，目前KFC区域的店招亮度最高达到500nit，对比环境亮度7nit的情况下，视亮度评价指数为2.11，太亮。稍低一些的亮度也达到320nit，对比环境亮度7nit的情况下，视亮度评价指数为1.55，偏亮。

优化方案考虑去除凌乱多余的空间发光体，有助于整体光环境的和谐。而到达大厅整体照明提升后，环境亮度预计可以提升到10nit，店招平均亮度降至200nit，对应的视亮度评价指数为0.38，是合适的。

1. 服务台区域优化方案示意

亮度：400nit
环境亮度：7nit
视亮度评价：1.83偏亮

图4-46　服务台区域照明现状

由图4-46和图4-47可见，目前服务台区域的广告亮度为400nit，对比环境亮度7nit的情况下，视亮度评价指数为1.83，偏亮。

优化方案考虑将广告平均亮度降低至220nit，而到达大厅整体照明提升后，环境亮度预计可以提升到10 nit，对应的视亮度评价指数为0.50，是合适的。

2. 二层餐饮区域优化方案示意

由图4-48和图4-49可见，目前服务台区域的广告亮度为600nit，对比环境亮度10nit的情况下，视亮度评价指数为1.79，偏亮。

亮度：220nit
环境亮度：10nit
视亮度评价：0.50合适

图4-47　服务台区域照明优化方案示意

亮度：600nit
环境亮度：10nit
视亮度评价：1.79偏亮

去除凌乱多余的空间发
光体，整体光环境会更
加和谐。

图4-48　二层餐饮区域照明现状

图4-49　二层餐饮区域照明优化方案示意

优化方案考虑去除凌乱多余的空间发光体，整体光环境会更加和谐。

4.8.7　柱子广告示例

由图4-50所示流程图可见，设计一个柱子的平均亮度，需要用到亮度计或者照度计，至少要有一种，再根据表4-9推荐亮度值，插值计算得到柱子推荐亮度及上下限亮度值。

导则使用流程示意：

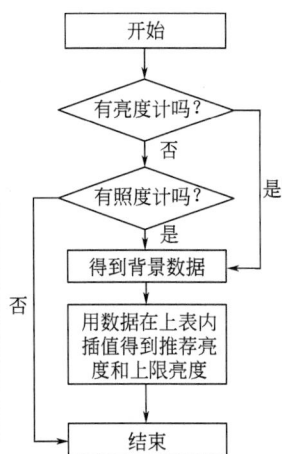

图4-50 柱子广告导则使用流程示意

1.用亮度计测得柱子亮度为4cd/m²。
2.代入表中，4cd/m²在2和5之间，可以插值得到推荐亮度49.98cd/m²，上限亮度105.92cd/m²。

1.用照度计测得柱子照度为35lux。
2.代入表中，因柱子为黑色，属于深色材料，故35lux在20.9和52.4之间，可以插值得到推荐亮度41.73cd/m²，上限亮度91.44cd/m²。

空港枢纽建筑电气及智慧设计关键技术研究与实践

第5章 电气防灾系统

航站楼的消防设计要点：

（1）航站楼应结合消防管理信息化、智能化、网络化，在航站楼内设置消防物联网系统；

（2）航站楼作为一般的民用建筑应具备的常规消防系统，消防报警及联动控制系统，漏电火灾监控系统、余压监控系统、应急疏散系统等；

（3）航站楼具有高大空间，气流组织复杂，消防灭火难度高。

5.1 消防物联网系统

物联网是新一代信息技术的重要组成部分，也是"信息化"时代的重要发展阶段。物联网就是物物相连的互联网。物联网通过智能感知、识别技术与普适计算等通信感知技术，实现对物体的智能化管理。从技术层面理解它，是指物体的信息通过智能感应装置，经过传输网络，到达指定的信息处理中心，最终实现物与物、人与物、人与人之间的自动化信息交互与处理的智能网络。

5.1.1 系统建设必要性

建设消防物联网，有利于加强建筑消防设施的可靠性，加强建筑消防设施的监督管理和系统监测的技术能力，对消防设施运用进行全过程的质量控制，提高建筑消防设施和消防系统的维护、保养水平以及消防设施的完好率。

空港枢纽建筑作为一个城市甚至国家最重要的门户，地区重要的公共建筑，设置消防物联网系统，并纳入城市消防物联网远程监控系统，强化对其消防设施运行管理情况的动态检测。

5.1.2 系统建设内容

1）物联网在原有消防设施的基础上做加法，不降低原有消防设施技术的标准。物联网系统作为一个信息感知系统，主要遵循以下两点原则：

（1）物联网系统只监测，不控制。

（2）物联网系统取信号遵循"消防控制室信号优先原则"。

2）监测范围覆盖以下系统：

（1）火灾自动报警及联动控制系统。

（2）专业火灾探测系统：

图像型火灾探测系统；

激光对射感烟探测系统；

吸气式感烟火灾探测系统；

分布式光纤线型感温火灾探测系统；

可燃气体探测系统。

（3）消防水系统：

室内外消火栓系统；

自动喷水灭火系统；

大空间智能水炮灭火系统；

高压细水雾灭火系统。

（4）防排烟系统和采用送风管道的通风空调系统：

机械加压送风系统；

机械排烟系统和电控排烟口；

智能压差系统；

通风空调管道中的防火阀等防火分隔部件。

（5）辅助监测系统：

电气火灾监控系统和消防电源监控系统。

（6）故障电弧监控系统：

消火栓及消防控制柜状态监控系统；

自动末端试水装置监测系统；

防火门监测系统。

（7）消防物联网系统的软件功能应用需要对接的相关系统中心控制设备：

安防视频监控系统；

门禁系统。

消防物联网系统架构如图5-1所示。

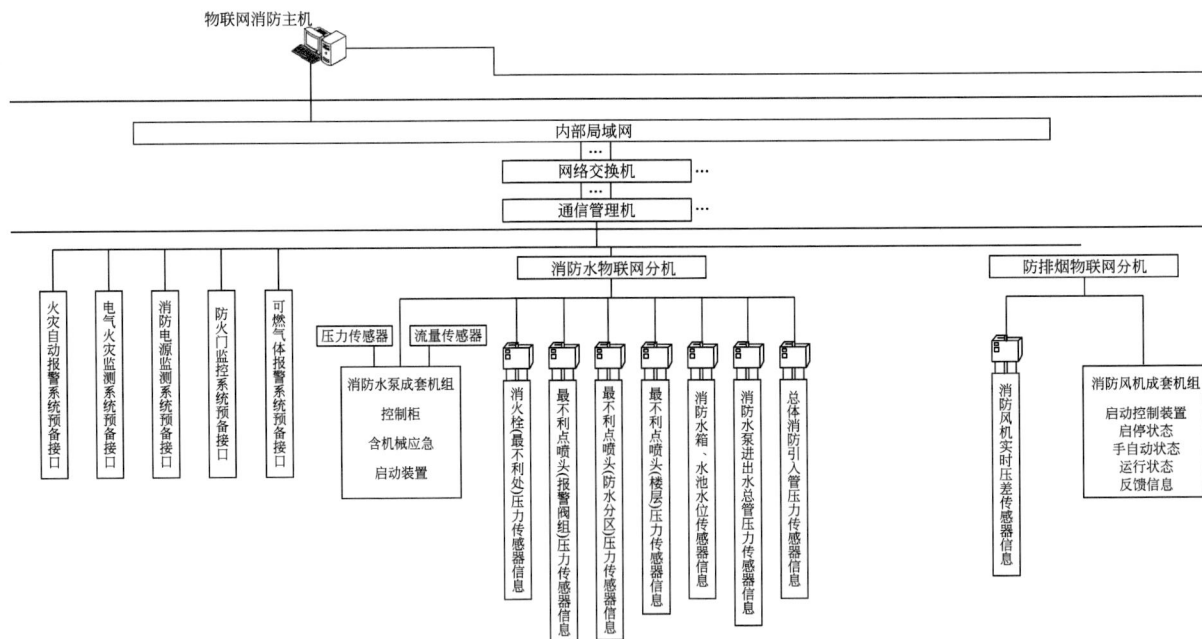

图5-1 消防物联网系统架构图

5.1.3 系统建设需求

监测端至消防物联网数据中心的信息传输要求。

（1）采取有线传输方式的部分：消防物联网监控中心应与消防控制室合用或相邻建设并有独立对外的安全出口。在此条件下，在火灾自动报警系统、大空间探测报警系统（包含吸气式感烟火灾探测系统、图像型火灾探测系统、激光对射感烟探测系统）、分布式光纤线型感温火灾探测系统、可燃气体探测系统、消防电源监控系统、消防控制柜监控系统、大空间智能水炮灭火系统、自动消防水炮系统、高压细水雾系统、防火门监控系统、智能压差系统、防排烟风测量系统、安防视频监控系统、门禁系统等中心控制设备处安装相应的数据传输设备（用户信息传输装置、物联网网关等），以网线/光纤等有线方式将信息或数据上传至消防物联网数据中心。

（2）宜采用无线传输方式的部分：消火栓监控系统、故障电弧监控系统和电气火灾监控系统的末端监测设备，布置分散，点多面广，宜采用LoRa等无线通信技术，将物联网实时监测数据经由LoRa通信基站汇集后发送至消防物联网数据中心。

5.1.4 系统数据要点

消防物联网实时监测数据，主要包括消防数据交换应用中心、消防电气系统监测，消防给水系统监测，防排烟系统监测及其他系统监测等。

1）必要和核心数据，主要内容如下：

火灾报警控制器的火警、故障、监管、联动、屏蔽等相应信息，以及对应的点位和状态。

监测消防水泵控制柜、消防双电源末端自动切换模式未处于自动状态的信息；消防双电源控制柜采集4个状态，主电、备电、主电运行、备电运行；消防水泵控制柜采集6个状态，主泵自动非自动、备泵自动非自动、主泵启动停止、备泵启动停止、主泵故障指示、备泵故障指示。

室内消火栓的所有消火栓按钮的报警信息，试验消火栓处设置装有压力传感器的自动试水装置，对消防泵进水总管（真空压力表）压力进行实时监测，并在压力异常时进行报警，对系统内的压力开关的实时压力、流量开关的实时流量能够实时监测并显示，并能在异常时进行报警。

对自动喷水灭火系统的水流指示器、信号阀、报警阀、压力开关的正常工作状态和动作状态实时检测，并对每台湿式报警阀最不利喷头处设置装有压力传感器的自动试水装置进行检测，对消防泵进水总管（真空压力表）的压力进行实时监测，并在压力异常时进行报警，对系统内的压力开关的实时压力、流量开关的实时流量能够实时监测并显示，并能在异常时进行报警。

消防给水机组应具备工频和低频自动巡检功能，稳压泵组的实时压力能够实时监测并显示，并能在异常时进行报警。检测消防水泵的启、停状态和故障状态；消防水泵设备最末级双电源切换箱内的主备电源状态进行实时状态的监测，并应对其异常断电进行报警；能实时监测消防水泵控制装置的手自动状态、故障位置状态，并在置于"手动"状态时进行报警。

检测消防水泵的吸水管阀门、出水管阀门、屋顶水箱的出水管阀门未处于完全开启状态信息；能实时监测消防水箱（含中间水箱、传输水箱）、消防水池的液位信息，并在异常时进行报警。

监测其他气体、细水雾等灭火系统的信号。

监测防烟排烟风机的手动、自动工作状态，防烟排烟风机电源的工作状态，风机、电动防火阀、电动排烟防火阀、常闭送风口、排烟阀（口）、加压送风旁通阀、自动排烟窗、电控挡烟垂壁的正常工作状态、动作状态；对消防排烟风机设备最末级双电源切换箱内的主备电源状态进行实时状态的监测，并应对其异常断电进行报警；能实时监测消防风机控制装置的手自动状态、故障位置状态，并在置于"手动"状态时进行报警。

监测防火卷帘控制器、防火门控制器的工作状态和故障状态，卷帘门的工作状态。

监测消防电梯的停用和故障状态；消防电梯设备最末级双电源切换箱内的主备电源状态进行实时状态的监测，并应对其异常断电进行报警。

应能对终端各传感器的状态进行监测，并应在异常时进行报警。

2）地理信息（GIS）数据，主要内容如下：

以工程规划总图、建筑平面图、各消防系统平面布置图等施工图为主要数据源，以影像数据为必要补充，并经必要的实地测绘、校核、生产、配准的地理信息图层。

建筑信息模型（BIM）数据，主要内容如下：

构件级模型精细度的BIM模型；最小模型单元细化至构成消防各子系统的设备、部件和管线。

设备和管线名称、特征（型号、系统、质量、输送介质、连接方式）、尺寸（长、宽、高、公称直径、内外径、壁厚）、标高、材料（品种、规格、颜色）、数量（个数、长度、面积、体积）、功能（用途、使用范围）、安装位置（放置在哪个房间或楼层或区域）、供货商、生产商（品牌、产地）、采购时间、采购价格、设备保修期、使用年限等。

5.1.5 系统平台功能

消防数据交换应用中心在管理层中接受和调用各消防设施物联网系统的业主应用平台或系统运行平台的信息，对消防数据进行集中分析和应用的管理平台。消防设施物联网服务的信息运行中心，具有一定分析、处理和存储数据的能力。相关的信息装置有物联网用户信息装置、水系统信息装置、风系统信息装置、消防风机信息监测装置、消防泵信息监测装置、消防泵流量和压力监测装置、末端试水监测装置等，如图5-2所示。

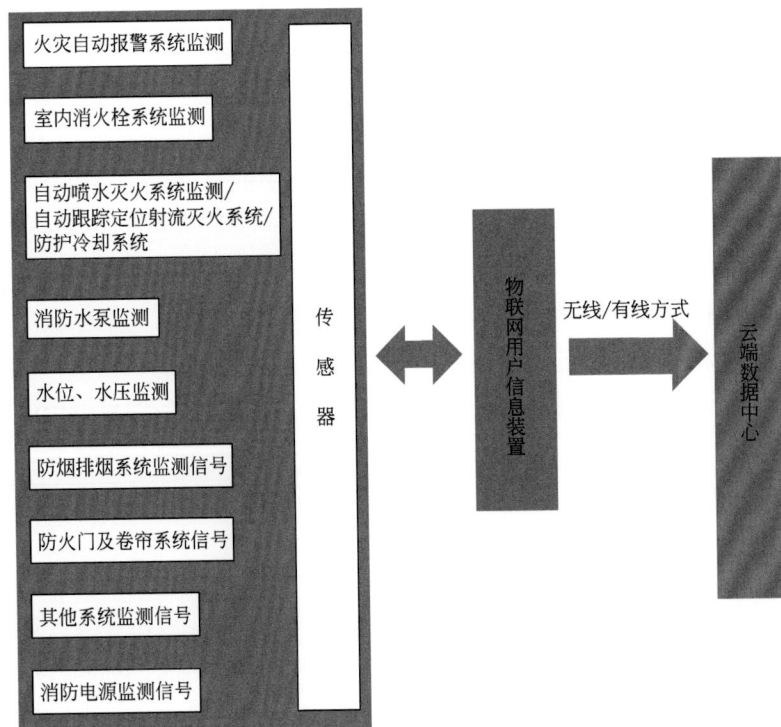

图5-2 消防物联网系统示意图

1）设备应用功能如下：

（1）设备资产户籍化和运维管理：进行业务设计和制定框架性技术实现方案，采集各类消防系统的信息，建立消防系统以及所属的设备、部件户籍化档案；实现对主要设备、部件在初始安装、排障维修、报废替换过程中的全生命周期管理的跟踪记录。

（2）消防安全日常管理：进行业务设计和制定框架性技术实现方案，实现对消防控制室人员值班履职、消防安保人员定期定点巡查、消防设施维保维修管理等功能。

（3）消防物联网实时监控：进行业务设计和制定框架性技术实现方案，确保实现以下功能：

① 消防各系统的故障、屏蔽、异常状态的实时提示、空间定位，并能对接相应的业务模块。

② 火情实时监测和应急处置：

火情的监测提示、真假判定、空间定位、人为介入等功能设计，火情监测与火灾应急处置工作如何对接以便发挥其信息先导和实时指导作用。

火情数据如何管理、清洗、归档。

（4）多系统数据整合应用：实现消防系统与视频监控系统系统功能的联合应用，实现安消联动，提升消防整体防控能力。

2）数据分析功能如下：

（1）基于空间数据、建筑和设备信息、物联网实时监测数据、业务流数据，面对以上功能应用，提供数据查询、分析功能，以工具或服务形式穿插到具体功能应用中。

（2）多模数据分析等深度应用设计。

消防物联网系统功能如图5-3所示。

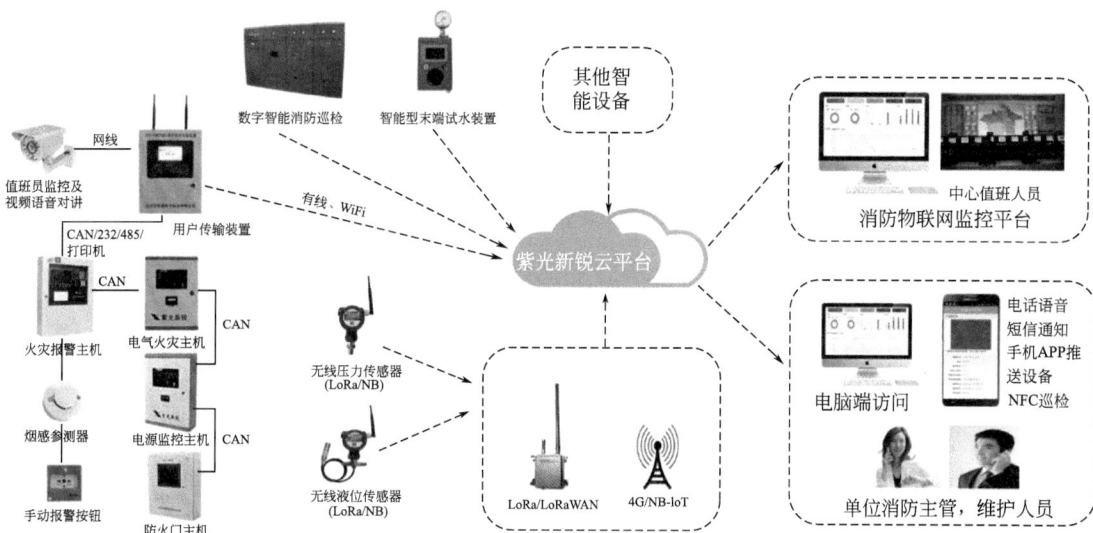

图5-3 消防物联网系统功能图

5.2 防火门监控系统

建筑门窗是火灾蔓延的主要途径，防火门、防火卷帘是应用于建筑内作为防火墙和防火分区的防火分隔物，它具有一定的阻火、耐火功能，可将大火控制在预定的范围内，以达到有效地阻止火势蔓延的目的；同时又是人员安全疏散，消防人员扑救的通道。

5.2.1 系统监控类别

防火门监控系统实现联动控制，需要区别疏散通道上的常开型和常闭型两类防火门。

常闭型防火门有人通过后，闭门器将门关闭不需要联动；常开型防火门平时开启。常开防火门所在防火分区内的两只独立的火灾探测器或一只火灾探测器与一只手动火灾报警按钮的报警信号，作为常开防火门关闭的联动触发信号，联动触发信号应由火灾报警控制器或消防联动控制器发出，并应由防火门监控器联动控制防火门关闭。

疏散通道上各防火门的开启、关闭及故障状态信号，包括闭门器故障、门被卡后未完全关闭等信号应反馈至防火门监控器。

5.2.2 系统组网形式

防火门监控系统中的防火门监控主机设置在主楼的总消防控制室，中继器设置在消防分控制室，监控分机可设置在电气竖井或楼层配电间等处。

防火门监控系统主机与消防报警系统联网，并上传相关信息。消防报警系统工作站可以接收相关状态信息。

防火门监控系统主机应自带无线通信模组，满足本项目物联网消防系统的要求，可远程实时查看相关信息。

防火门监控系统组网，如图5-4所示。

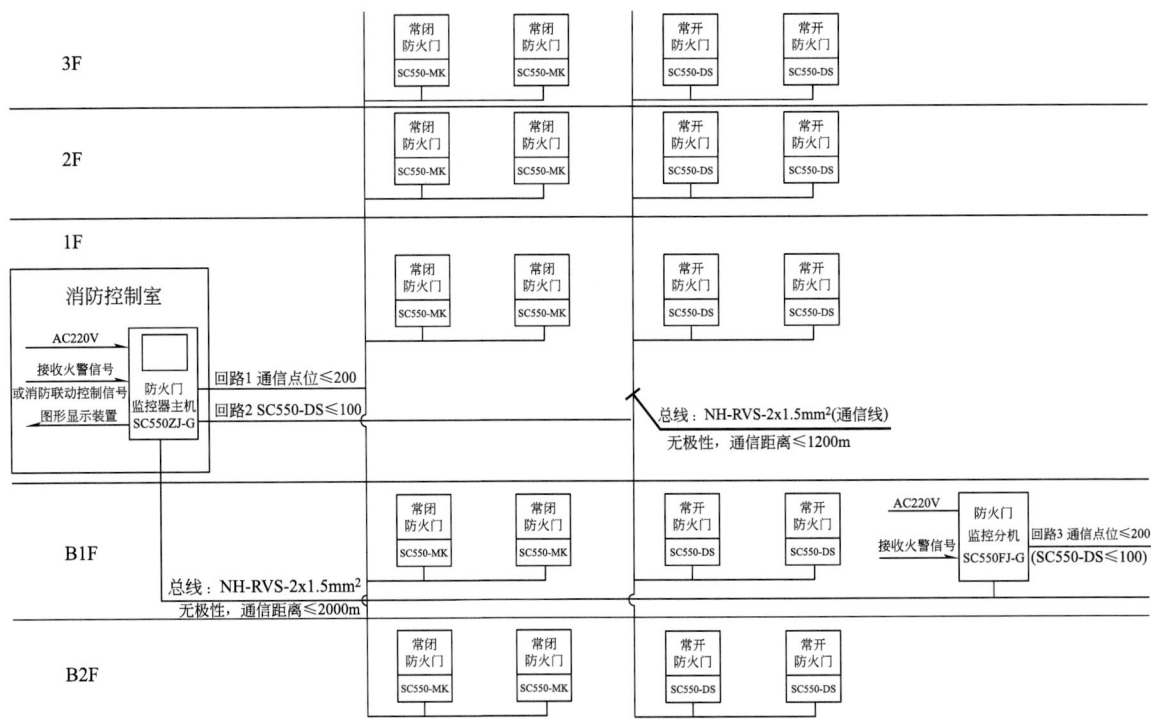

图5-4 防火门监控系统组网图

5.2.3 主要设备参数

1. 防火门监控器

采用不小于5寸液晶显示屏。采用类似Excel表格的图形界面，简单方便，提高调试效率。采用面板按键方式进行现场编程，操作灵活方便。

监控器能监测显示连接的主电源和备用电源状态；

监控器单机可带4条总线回路，单回路最大可带128个监控模块，单机容量最大512点，支持多级级联模式，系统最大容量8192点。监控器为连接的所有探测器总线供电DC24V。

监控器与监控模块、终端执行件采用二总线技术连接，总线支持通信和供电，线缆无极性，支持任意分支拓扑连接、抗干扰能力强、布线方便；通信上行支持二总线/RS485方式。

监控器采用嵌入式软件设计，中文信息显示报警/故障信息，支持数据上传功能（至少可选二总线或RS485接口其中一种）。

火警信号输入可通过监控器的4通道可编程开关量输入，也可通过总线上的火警输入模块输入，一台监控器最多支持64个防火分区火警输入；同时可通过监控器自带上行RS485通信口进行数据交互。

监控器自带无线通信模块，可直接将数据上传至物联网消防云平台，无须增加额外的硬件。

2. 防火门监控模块

无极性信号二总线通信供电，方便施工布线，避免接线错误。实时监控防火门状态和故障反馈。为防火门闭门器提供DC24V电源，并接受反馈信号，可远程控制顺序关闭防火门。

应具有自检功能，发生故障时发出声光报警，并上传至防火门监控器主机或监控分机。具有远程通信功能，可将自身工作状态反馈至防火门监控器主机或监控分机。

与防火门监控器主机之间采用二总线通信。

3. 中继器

中继器主要用于扩展二总线的通信距离和总线供电能力，并能隔离总线故障。支持总线供电、无极性、任意拓扑等技术特点。内置主电（AC220V）备电（24V/7.0AH）双电源供电，当主电源供电异常时，备电继续保持总线通信和供电，不占用总线设备容量，同时能通过总线将中继器的状态信息上传给控制器，消防系统的可靠运行。中继器面板上有发光二极管，能及时显示中继器当前的状态。

4. 防火门闭门器

内部集成关门信号和开门到位信号，支持断电闭门、手动闭门、手动复位功能，火警时，断电自行关门，双门可设定顺序关门。

可通过防火门监控模块接入防火门监控器，实现远程控制和本地控制常开式防火门的关闭，并将门的状态反馈给防火门监控器。

5. 防火门电磁门吸

关门方式：平时，手动按键释放关门；火警时，断电自行关门。适用门类型：常开门。通过二总线方式接入防火门监控系统，实现远程控制和本地控制常开式防火门的关闭，并将门的状态反馈给防火门监控器。

5.3 电气火灾监控系统

电气火灾监控系统能在发生电气故障，产生一定电气火灾隐患的条件下发出报警，提醒专业人员排除电气火灾的发生，因此具有很强的电气防火预警的应用功能。通过合理设置电气火灾监控系统，可以有效探测供电线路及供电设备故障，以便及时处理，避免电气火灾的发生。

电气火灾监控系统是当被保护线路中的被探测参数超过报警设定值时，能发出报警信号、控制信号并能指示报警部位的系统，它由电气火灾监控设备、电气火灾监控探测器组成。

5.3.1 监控点位原则

漏电一般是指供电线路中相间或相地间绝缘不够，或电气设备中的相与电气设备外壳间绝缘不够，而产生的放电电流。局部漏电电流的逐渐增加，最终造成故障电弧引燃周围的可燃物，继而引发火灾。因此在供电线路中设置剩余电流式电气火灾探测器可以有效监控供电线路泄漏电流值的变化，在泄漏电流达到一定阈值后作出报警响应；在供电线路中设置故障电弧式电气火灾探测器可以有效监控保护线路的故障电弧的发生，从而最终消除这类电气故障造成的电气火灾隐患。

在发生过电流、接触不良等渐变型电气故障时，会导致电缆接头、接线端子等部位温度的升高，当温度升高到一定程度即可能引燃周围的可燃物，从而引发电气火灾。在电缆接头、端子等薄弱部位设置测温式电气火灾监控探测器可以有效监测这些部位的温度变化，在温度达到一定阈值时作出报警响应，从而消除这类电气故障带来的电气火灾隐患。

5.3.2 监控参数要点

1. 电气火灾监控主机

监控主机为连接的所有探测器总线供电 DC24V。监控主机与探测器采用二总线技术连接，总线支持通信和供电，线缆无极性，支持任意分支拓扑连接、抗干扰能力强、布线方便；通信上行支持 RS485/ 二总线方式。

监控设备主机支持总线通信级联，总线上分机可与监控模块可混接，最大可扩展16分机，最多支持8192回路电气火灾监控，系统扩展容量方便，按需配置监控分机连接到主机任意总线即可；监控主机应自带无线通信模块，可直接将主机相关数据上传至物联网消防云平台，无须增加额外的硬件。

主机显示屏上应能实时显示剩余电流值、各相线温度值、故障电弧状态。当有报警信号输入时主机上应能自动显示故障点的位置信息及故障点属性，同时发出声光报警信号（声压强度大于70db）。主机上应具备远程复位、远程消声监控功能。主机上可对探测器进行远程参数设定及修改。

2. 电气火灾探测器

对计算电流300A及以下时，宜在变电所低压配电室或总配电室集中测量；300A以上时，宜在楼层配电箱进线开关下端口测量。因此剩余电流式电气火灾探测器、测温式电气火灾探测器和电弧故障探测器的测量范围不宜过小，电流量程应不小于63A。

采用多回路剩余电流式电气火灾监控探测器。应具备探测器能同时接入不少于8路剩余电流和4路线缆/柜内温度，最多可同时接入12路剩余电流。

探测器带液晶面板显示，能够在现场实时显示剩余电流数值、线缆温度数值，面板嵌入式安装。

探测器应配置声光报警功能，声压级在探测器正前方 1m 处应大于70dB且小于115dB，光信号应在正前方 3m 处、光照度不超过500lx的环境条件下清晰可见，报警声信号应能手动消除，当再有其他报警信号输入时，报警声信号应能再启动。

探测器应配置与主机的通信指示灯，以观察监控器与主机的通信状态。探测器自身应具有现场参数设定及修改功能，为防止误操作修改时必须设置权限密码。

漏电电流报警设定值：20～1000mA可调；温度报警设定值：55～140℃。探测器与主机采用二总线通信。

5.3.3 系统组网架构

网络通信方式通常可分3层。

现场监控探测层：由剩余电流式电气火灾探测器对相关用电回路进行实时监控。

通信传输层：系统主机应采用二总线方式链接各探测器。

监控管理层：总控中心的系统主机采用二总线方式与分控中心主机进行级联连接，通过主机监控整个系统的运行状态。并可通过主机自带的无线通信模块将设备信息上传至物联网消防平台。

系统响应时间指标：当探测器采用有线方式与主机连接时，任何一个探测器从发出信号至主机显示屏显示的响应时间应≤1s。

电气火灾监控系统组网如图5-5所示。

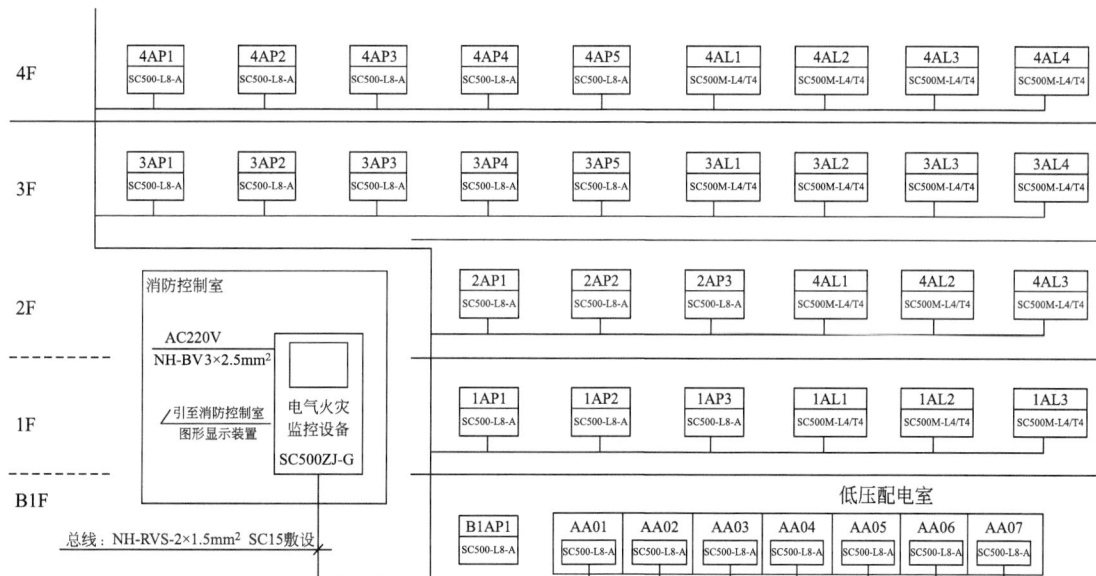

图 5-5 电气火灾监控系统组网图

5.3.4 故障电弧功能

高度大于12m的空间场所，电气线路应设置电气火灾监控探测器，照明线路上应设置具有探测故障电弧功能的电气火灾监控探测器。

故障电弧式电气火灾监控探测器设置在某段配电箱出线段，用于探测线路及用电设备由于接触不良、线间放电而引发火灾的探测。

故障电弧式电气火灾监控探测器主要用于末端探测，线路末端是负责变化最大的部分，也是电气火灾发生最多的部分，因此应属于最重点的防护部位。但由于其特性是切断电源式的保护，所以适合于断电后不会产生损失和危害的场所。

1. 故障电弧探测主机

报警方式：声、光报警，显示报警地址及故障类型；显示功能：全中文LCD图形显示及LED指示。

2. 故障电弧探测器，产品功能要求

应具有远程人工控制功能、应具有精准辨别正常电弧和故障电弧功能、应具有低阶谐波检测功能、应具有声光报警功能、应支持消防脱扣功能。

电流保护：额定值AC63A及以下，过电流保护。

5.4　消防设备电源监控系统

随着消防设备自动化的普及，越来越多的电子消防设备应用到空港枢纽建筑之中。消防设备的工作状态直接关系到建筑的消防安全，而消防设备能否正常工作又取决于为其供电的电源状态。近年来，因消防设备电源失控造成消防设备失灵，致使火灾蔓延的事情屡有发生。因此，对消防设备供电电源进行实时监测，进而提升消防设备的可靠性，是一个值得高度重视的问题。

系统主要由消防电源监控主机、电压/电流信号传感器及消防控制室图形显示装置组成。

5.4.1　监控位置要求

消防设备电源监控系统可监测各消防设备的供电电源和备用电源工作状态和欠压报警信息。实时监控消防设备电源回路开关状态，电源的电压、电流等重要参数。

5.4.2　监控技术参数

1. 消防设备电源监控主机

监控主机能监测显示连接的消防设备主电源和备用电源状态；监控主机为连接的所有探测器总线供电 DC24V。监控主机与探测器采用二总线技术连接，总线支持通信和供电，线缆无极性，支持任意分支拓扑连接、抗干扰能力强、布线方便；通信上行支持RS485/二总线方式。

监控设备主机支持总线通信级联，总线上分机可与监控模块可混接，最大可扩展16分机，支持8192回路。消防电源监控系统扩展容量方便，按需配置监控分机连接到主机任意总线即可。

监控主机应自带无线通信模块，可直接将主机相关数据上传至物联网消防云平台，无须增加额外的硬件。

被监控的消防设备电源发生故障时能发出声光报警信号，支持消音和手动/自动复位；支持报警和故障记录功能，可手动查询；监控主机能显示被监控消防设备电源的电压电流值和电源报警信息。

2. 电压/电流信号传感器

采用卡轨式安装结构，就地安装在配电箱或配电柜中消防设备供电电源附件，对消防设备的电源工作状态进行全天候不间断监控。可监测主、备电源的电压电流值；过压、欠压、缺相故障，中断供电故障等。发生故障后，传感器可根据设定值进行控制输出。

5.4.3　系统组网类型

单机最大4回路，每回路128点，通信距离500m。采用CAN总线联网。通信距离2000m，联网后回路总数不大于64路。

消防设备电源监控系统组网如图5-6所示。

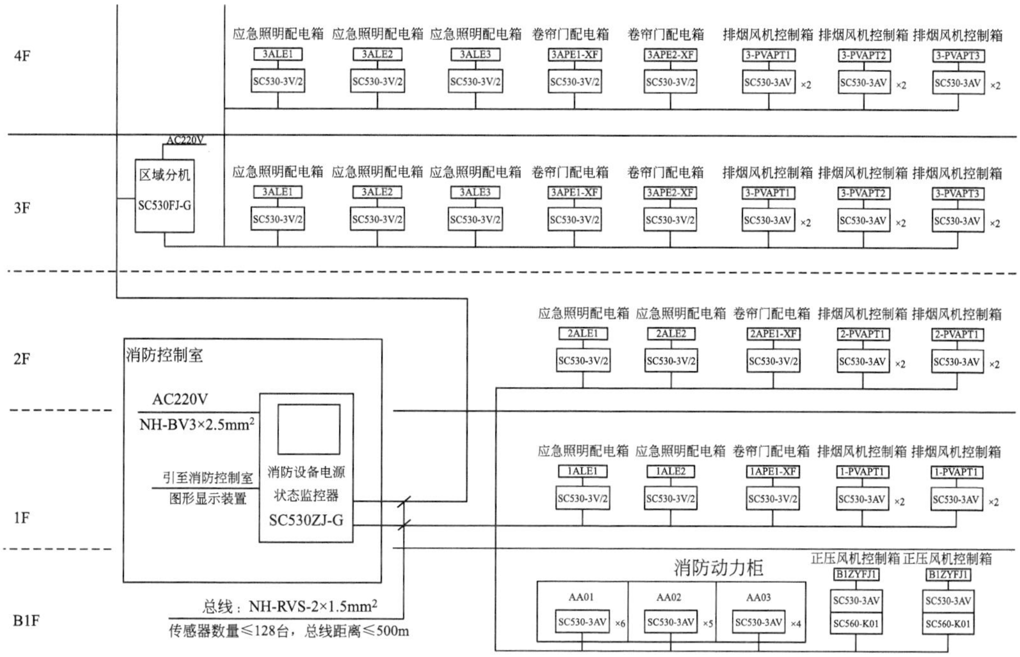

图 5-6　消防设备电源监控系统组网图

5.5　余压监控系统

建筑发生火灾时，防烟楼梯间、避难走道及其前室，是人员撤离的生命通道和消防人员进行扑救的通行走道，必须确保其防烟性能要求。从防烟角度讲，机械加压送风系统的余压过低不利于防烟，因此余压越高越好。但由于疏散门的方向是朝疏散方向开启，而加压送风方向与疏散方向恰好相反。若余压过高则会导致楼梯间和前室、前室和走道之间疏散门两侧压差过大导致门无法正常开启的情况，影响人员疏散和消防人员施救。显然，加压送风系统的设计，首先应建立在安全疏散的基础上。

目前加压送风系统本身，没有能力判断加压区是否保持一定压力，或加压区泄漏过大，压力达不到标准，起不到防烟作用，或因压力过大而造成疏散门堵塞，而如何能及时探测加压区状况，以调整加压送风量，使楼梯间和前室保持相对稳定的余压是一个关键问题。因此设置余压监控系统，是保证加压送风系统在火灾中完美使用的必然选择。

5.5.1　监控参数要点

机械加压送风量应满足走廊至楼梯间的压力呈递增分布，余压值应符合下来要求：前室、封闭避难层（间）与走道之间的压差25～30Pa；楼梯间与走道之间的压差应为40～50Pa；当系统余压值超过最大允许压力差时应采取泄压措施。

余压控制器的设置位置及数量，应遵照机械加压送风机的设置原则，每台加压送风机的配电箱内应设置余压控制器。

余压探测器的设置原则：防烟楼梯间的前室或合用前室，应每层前室设一台余压探测器；应在楼梯间高度约1/3和2/3处各设置一台余压探测器；余压探测器应设置在高压区，距顶面0.2～0.5m壁挂安装。

余压探测器平面示意如图5-7所示。

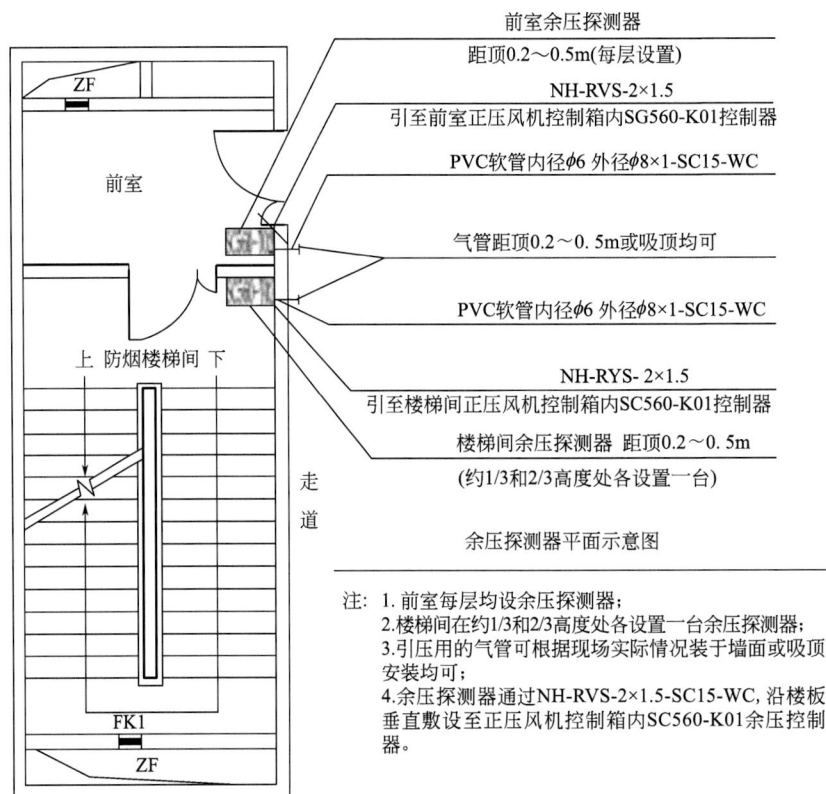

图 5-7　余压探测器平面示意图

5.5.2　系统主要设备

1. 余压控制器

采用现场总线通信技术，通过CAN或485接口与压力传感器联接，具有报警、记录、调节风机泄压阀开启角度。支持干接点输出火灾报警系统信号；支持控制器与上位管理平台间的组网通信功能。实时采集显示智能压力探测器传输过来的数据量，过压时声、光报警信号。

显示方式：LCD全中文触摸屏显示，手动、自动状态指示。

余压控制器控制示意如图5-8所示。

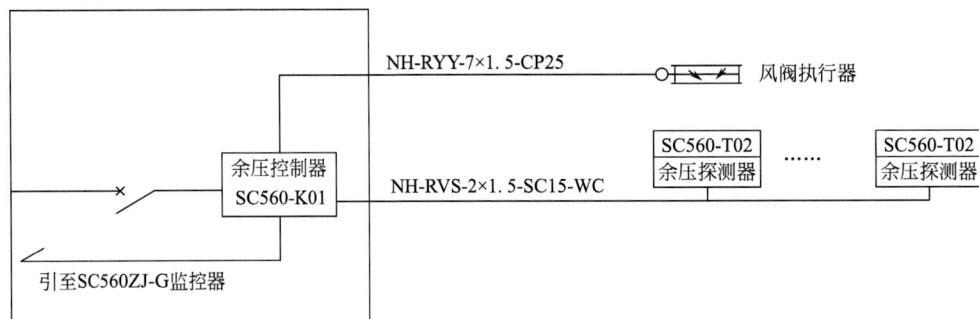

图 5-8　余压控制器控制示意图

2. 压力探测器

压力探测器采用不穿软管的压强探测器，以避免因探测软管导致的防火、防烟分隔墙体的埋管穿越，及因采样探测软管弯折、堵塞及漏气导致的压差探测错误。可实时监控室内大气压即时传输给智能余压控制器。

显示方式：LCD全中文显示，采用现场总线通信技术，通过CAN或485接口与智能余压控制器联接，可以时刻监控现场的运行情况，及时发现报警信息。

3. 监控主机

监控容量为智能压差控制器最大容纳1000个，10寸监控触屏，声光报警可对智能压差控制器中的参数进行远程设置、控制。

5.5.3 监控系统组网

余压控制器之间采用消防二总线通信及供电，500m内并联连接管理128台余压探测器。余压控制器通过通信接口并联接入加压风机控制箱内的消防设备电源监控系统总线，将系统工作状态实时上传至消防控制室。

余压监控系统组网示意，如图5-9所示。

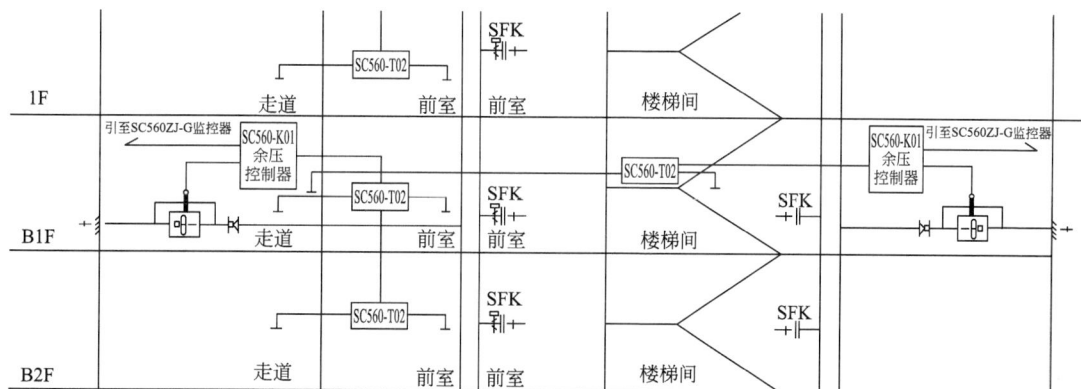

图5-9 余压监控系统组网示意图

5.6 智能疏散及应急照明系统

由于航站楼建筑体量大，人员众多且流动性非常大，一旦发生火灾，快速引导人员疏散逃生将非常关键，因此快速安全地将人员疏散至安全区域极其重要。

消防应急照明和疏散指示系统是辅助人员安全疏散的建筑消防系统之一，该系统由消防应急灯具、消防应急标志灯具、应急照明配电箱、应急照明集中电源及相关装置构成，其主要功能是在火灾供必要的照度及正确的疏散指示信息，基于此功能，该系统可分为备用照明及疏散照明。备用照明要设置在消防状态下仍需要值守和继续工作的场所，疏散指示标志灯和疏散通道照明需要设置在确保人员安全疏散的出口和通道区域。

考虑到供电可靠性、后期运维成本，航站楼建筑消防应急照明和疏散指示系统应采用集中电源集中控制型系统，以下内容均按照集中电源集中控制型系统进行考虑。

5.6.1 消防应急照明灯具持续工作时间确定

考虑到在非火灾状态下，系统主电源断电后，集中电源连锁控制其配接的非持续型照明灯的光源应急点亮、持续型灯具的光源由节电点亮模式转入应急点亮模式，灯具持续应急点亮时间为0.5h；同时考虑规范要求的在火灾状态时灯具应急启动后，在蓄电池电源供电时的持续工作时间应不应小于1.0h。

综上，集中电源的蓄电池组达到使用寿命周期后标称的剩余容量应保证放电时间满足1.0h。

5.6.2 消防应急照明灯具选择

消防应急灯具按电源电压等级分类，可以分为A类灯具及B类灯具；A型消防应急灯具是指主电源和蓄电池电源额定工作电压均不大于DC36V的消防应急灯具，B型消防应急灯具指主电源或蓄电池电源额定电压大于DC36V或AC36V的消防应急灯具。

为防止电击事故，距地面8m及以下的灯具应选择A型灯具。航站楼的出发大厅、候机大厅等空间高度通常较高，对于这些大于8m的场所，为满足地面疏散照度要求，选择工作电压及功率较高的B型消防灯具。

备用照明灯具设置于顶棚或墙面上，备用照明可与正常照明灯具合用一套灯具，发生火灾时保持正常照度。在机房或消防控制中心等场所设置的备用照明，当电源满足负荷分级要求时，不应采用蓄电池组供电。

5.6.3 消防应急照明的照度

通常机场的消防审批均需通过消防专项评审，对于疏散照明地面水平最低照度值的要求会相对规范有所提高，可以参考表5-1中的照度值进行设计。

照度值参考	表5-1
设置部位或者场所	地面水平最低照度（lux）
楼梯间、前室或合用前室	10
避难走道	10
疏散走道	5
配电室、消防控制室、消防水泵房、自备发电机房	1

消防控制室、消防水泵房、自备发电机房、配电室、防排烟机房以及发生火灾时仍需正常工作的消防设备房应设置备用照明，其作业面的最低照度不应低于正常照明的照度。

5.6.4 标志灯设置原则

标志灯应设在醒目位置，应保证人员在疏散路径的任何位置、在人员密集场所的任何位置都能看到标志灯。

（1）出口指示灯需设置在以下位置：

在敞开楼梯间、封闭楼梯间、防烟楼梯间、防烟楼梯间前室入口、室外疏散楼梯出口、直通室外疏散门（如航站楼高架入口、登机口等）的上方；

避难走道防烟前室、避难走道入口的上方；

建筑面积大于400m²的商业、贵宾室等人员密集场所疏散门的上方。

（2）方向标志灯的设置应符合下列规定：

设置在走道、楼梯两侧距地面、梯面高度1m以下的墙面、柱面上；

当安全出口或疏散门在疏散走道侧边时，应在疏散走道上方增设指向安全出口或疏散门的方向标志灯；方向标志灯的标志面与疏散方向垂直时，灯具的设置间距不应大于20m；方向标志灯的标志面与疏散方向平行时，灯具的设置间距不应大于10m。

在疏散走道和主要疏散路径的地面上增设能保持视觉连续的灯光疏散指示标志，间距不大于3m。

（3）楼梯间每层应设置指示该楼层标志灯和方向标志灯。

（4）人员密集场所的疏散出口、安全出口附近应增设多信息复合标志灯具。

5.6.5 消防应急照明配电系统以及控制

配电室、自备发电机房、消防水泵房、消防控制室等场所在建筑发生火灾时需要继续保持正常工作，消防电梯及其前室、辅助疏散电梯及其前室、疏散楼梯间及其前室、避难层（间）是火灾时供消防救援和人员疏散使用的重要设施，故这两类场所的应急照明和灯光疏散指示标志，要采用独立的供配电回路，以提高供电安全和可靠性。楼梯间的竖向配电系统统一由设置在首层的集中电源提供；集中电源额定输出功率不应大于5kW；设置在电缆竖井中的集中电源额定输出功率不应大于1kW。集中电源的输出回路不应超过8路。

配电室、消防控制室、消防水泵房、自备发电机房等发生火灾时仍需工作、值守的区域设置备用照明的供电电源可取自该场所内消防用电设施的供电装置的电源侧。

消防应急照明和疏散指示系统控制方式：当确认火灾发生时，由火灾报警控制器或火灾报警控制器（联动型）的火灾报警输出型号作为系统自动应急启动的触发信号。应急照明控制器接收到火灾报警控制器的火灾报警输出信号后，控制所有非持续照明灯的光源应急点亮，持续型灯具的光源由节点点亮模式转入应急点亮模式。

5.7 火灾自动报警系统

对于空港枢纽建筑来说，在火灾早期发现并及时报警、火灾发生后消防设备联动控制尽快灭火是非常重要的。在火灾初期阶段将其扑灭，同时也赢得宝贵的人员安全疏散时间。所以空港枢纽建筑内的消防电梯、防烟排烟风机、正压送风机、消防水泵以及防灾设计应急照明等消防设备的安全可靠运行是建筑火灾防控的根本保证。

5.7.1 系统形式的选择和设计要求

空港枢纽建筑应采用集中报警控制系统或者控制中心系统；民用建筑内由于管理需求，设置多个消防控制室时，宜选择靠近消防水泵房的消防控制室作为主消防控制室，其余为分消防控制室。分消防控制室应负责本区域火灾报警、疏散照明、消防应急广播和声光警报装置、防排烟系统、防火卷帘、消火栓泵、喷淋消防泵等联动控制和转输泵的连锁控制。主消防控制室与分消防控制室的集中报警控制器应组成对等式网络。主消防控制室应能自动或手动控制分消防控制室所辖消防设备。设备运行状态及报警信息除在各分消防控制室的图形显示装置上显示外，尚应在主消防控制室图形显示装置上显示。超高层建筑设置的转输水泵，应由设置在避难层的转输水箱上的液位控制器控制，转输水泵的控制应自成系统，均由主消防控制室控制。各转输水箱上的液位、转输泵的运行信号应在主消防控制室显示。

消防控制室内设置的消防设备应包括火灾报警控制器、消防联动控制器、消防控制室图形显示装置、消防专用电话总机、消防应急广播控制装置、消防应急照明和疏散指示系统控制装置、消防电源监控器等设备或具有相应功能的组合设备。消防控制室内设置的消防控制室图形显示装置应能显示建筑物内设置的全部消防系统及相关设备的动态信息和消防安全管理信息，并应接入城市消防远程监控系统；消防控制室应设有用于火灾报警的外线电话。

消防控制室设置位置需同时满足国家规范和当地规范的要求；消防控制室宜设置在建筑物首层或地下一层，宜选择在便于通向室外的部位。

从系统故障风险分担角度考虑，超高建筑的消防报警系统应用环形结构；报警或者联动总线、集中报警控制器与区域报警控制器之间为环形接线；采用环形接线提高了系统可靠性，如环形接线发生一点故障，不会影响系统工作。环形通信方式与树形通信方式优缺点比较如表5-2所示。

环形通信方式与树形通信方式优缺点比较		表5-2
控制系统形式	环形	树形
可靠性	高	低
成本	高	低
适用范围	适用于规模较大、对可靠性要求较高的建筑物	规模较小、单层面积小的建筑物

5.7.2 消防联动控制

消防联动控制器应能按设定的控制逻辑向各相关的受控设备发出联动控制信号，并接受相关设备的联动反馈信号。消防联动控制器的电压控制输出应采用直流24V，其电源容量应满足受控消防设备同时启动且维持工作的控制容量要求。各受控设备接口的特性参数应与消防联动控制器发出的联动控制信号相匹配。消防水泵、防烟和排烟风机的控制设备，除应采用联动控制方式外，还应在消防控制室设置手动直接控制装置。需要火灾自动报警系统联动控制的消防设备，其联动触发信号应采用两个独立的报警触发装置报警信号的"与"逻辑组合。

（1）由于空港枢纽建筑的灭火系统会采用传输系统，因此灭火设施的联动控制设计应按照给水排水专业的控制要求为准，并应满足《民用建筑电气设计标准》GB 51348-2019、《火灾自动报警系统设计规范》GB 50116-2013、《民用机场航站楼设计防火规范》GB 51236-2017的相关规定；通过消防联动控制实现给水排水专业的设计要求。

（2）防烟、排烟设施的联动控制设计应按照暖通专业的控制要求为准，并满足《民用建筑电气设计标准》GB 51348-2019和《火灾自动报警系统设计规范》GB 50116-2013的相关规定。

（3）火灾自动报警系统与安全技术防范系统的联动，当火灾确认后，应自动打开疏散通道上由门禁系统控制的门，并应自动开启门厅的电动旋转门和打开庭院的电动大门；应自动打开收费汽车库的电动栅杆；宜开启相关层安全技术防范系统的摄像机监视火灾现场。

（4）火灾确认后，应能在消防控制室切断火灾区域及相关区域的非消防电源；火灾发生后，除建筑中参与疏散人员的电梯外，其他客梯应依次停于首层或电梯转换层，并切断电源。电梯运行状态信息和停于首层或转换层的反馈信号，应传送给消防控制室显示，轿厢内应设置能直接与消防控制室通话的专用电话。

（5）当确认火灾后，由发生火灾的报警区域开始，通过集中控制型消防应急照明和疏散指示系统顺序启动全楼疏散通道的消防应急照明和疏散指示系统，系统全部投入应急状态的启动时间不应大于5s。

（6）确认火灾后启动建筑内的所有火灾声光警报器，应同时向全楼进行广播。

5.7.3 大型航站楼消防报警联动设计关注点

大型航站楼的消防审批均需通过消防专项评审。通常为了防止初期火灾导致运营出现混乱，大型机场航站楼拟采用分阶段疏散策略，仅在发生极端失控事件时通知整个航站楼内的人员一起疏散。

机场航站楼可以分为公共区（包括指廊和主楼）和非公共区（例如行李空间、管廊、设备机房、成片的后勤办公、车库等）。非公共区与公共区及相邻的其他非公共区之间均已采用防火墙和防火卷帘隔开；公共区中，指廊相对独立于主楼，采用防火墙和防火卷帘与主楼隔开，主楼的公共区各层则连通为一个防火分区，面积巨大，因此，可根据需要对主楼的公共区再进行进一步分成不同区域，以真正发挥分阶段疏散策略的作用。

根据上述分区，分阶段疏散策略如下：

（1）当非公共区发生火灾时，着火防火分区人员进行疏散；

（2）指廊发生火灾时，通知该指廊防火分区的所有层；

（3）当主楼发生火灾时，仅通知本层着火疏散分区及相邻主楼疏散分区以及与着火疏散分区通过洞口连通的上部楼层疏散分区。

航站楼各区域等均设置了自动灭火系统，在大多数情况下，自动灭火系统均应能有效控制或扑灭火灾，上述分阶段疏散策略既能保证着火相关区域内的人员安全，又能降低对航站楼运营的影响。但在以下两种情况下，应同时启动航站楼内的所有火灾警报器及消防广播：

（1）火灾有蔓延和扩大的趋势，此时，考虑到火灾扩大后有可能造成严重的后果，应通知航站楼内所有人员进行疏散。

（2）喷淋或其他自动灭火系统启动30min仍未能扑灭火灾时。由于建筑内大多数分隔墙的设计耐火极限为1h，自动水灭火系统的设计喷水时间一般也为1h，如30min内火灾还未扑灭，则可能对建筑后续控制火灾风险的能力有了很大的削弱。此时，也建议通知航站楼内所有人员进行疏散。

简而言之，借鉴国内外大型机场航站楼建筑的设计经验，杭州萧山国际机场航站楼内火灾初期采用分阶段人员疏散，同时也应具有全楼同时疏散的能力以应对突发的极端失控事件，自始至终保障人员的安全。

机场航站楼内的火灾警报及消防广播的联动控制设计应与上述的疏散策略保持一致，以保证在不同阶段通知必要的人员进行疏散。航站楼内的火灾警报和消防广播联动策略总结如下图所示，火灾警报和消防广播联动策略具体如图5-10所示。

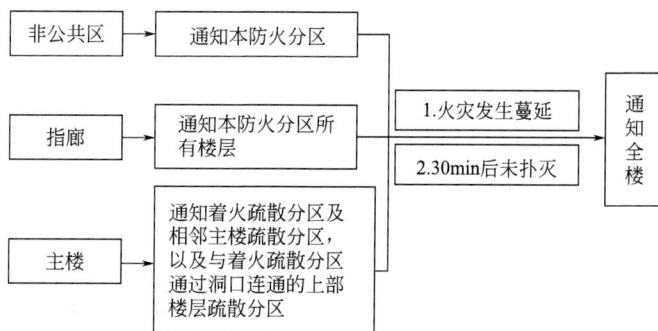

图 5-10 火灾警报和消防广播联动策略

5.8 防雷及监控系统

5.8.1 防雷及防护措施

建筑物的防雷体系分为外部防雷和内部防雷，外部防雷主要是防止直击雷，通过引导和控制直接来自雷闪的雷电能量的通行路径从而泄放雷电能量。直击雷包括顶击雷和侧击雷两种情况，《民用建筑电气设计标准》GB 51348-2019（以下简称：《民标》）中指出当建筑物高度大于45m、小于250m时，应采取防侧击雷措施。防侧击雷措施主要归纳为：

（1）建筑物内钢结构或钢筋混凝土的钢筋应相互连接；

（2）应利用钢柱或钢筋混凝土柱子内钢筋作为防雷装置引下线，结构圈梁中的钢筋应每三层连成闭合回路，并应同防雷装置引下线连接；

（3）应将45m及以上外墙上的栏杆、门窗等较大金属物直接或通过预埋件与防雷装置连接；

（4）对于水平突出外墙的物体，当滚球半径球体从屋顶周边接闪带向外地面垂直下降接触到突出外墙的物体时，应采取防雷措施与避雷带焊接连通；

（5）60m及以上外墙各表面上的尖物、墙角、边缘、设备以及显著突出的物体，与避雷带焊接连通。

内部防雷则应采取防闪电电涌侵入、防反击的措施。

5.8.2 建筑防雷装置

防雷装置主要由接闪器、引下线及防雷装置组成，接闪器可由：①独立接闪杆；②架空接闪线或架空接闪网；③直接装设在建筑物上的接闪杆、接闪带或接闪网中的一种或多种方式组成。接闪器的布置如表5-3所示。

接闪器的布置		表5-3
建筑物防雷类别	滚球半径 h_r（m）	接闪网格尺寸（m）
第一类防雷建筑物	30	≤5×5 或 6×4
第二类防雷建筑物	45	≤10×10 或≤12×8
第三类防雷建筑物	60	≤20×20 或≤24×16

引下线是连接接闪器和防雷接地装置的金属导体，其作用是构建雷电流向大地释放的通道，宜采用热镀锌圆钢或扁钢，宜优先采用圆钢。建筑物的钢梁、钢柱、消防梯等金属构件，以及幕墙的金属柱宜作为引下线，但其各部件之间均应连成电气贯通，可采用铜锌合金焊、熔焊、卷边压接、缝接、螺钉或螺栓连接。在电磁兼容要求高的建筑物中，还可以采用同轴屏蔽电缆作为引下线。

此外，利用建筑物钢筋混凝土中的钢筋作为防雷引下线时，应符合下列要求：

（1）钢筋直径为16mm及以上时，应利用两根钢筋（绑扎或焊接）作为一组引下线；

（2）钢筋直径为10mm及以上时，应利用四根钢筋（绑扎或焊接）作为一组引下线；

（3）上部应与接闪器焊接，下部在室外地坪下0.8～1m处焊接出一根直径为12mm或40mm×4mm镀锌导体；

（4）当防雷系统采取等电位联接措施时，应将引入建筑物内金属设备管道及金属建筑构件等连接成等电位体。

（5）玻璃幕墙和屋面可按《建筑物防雷设计规范》GB 50057—2010第4.5.7条第2款处理：不处在接闪器保护范围内的非导电性屋顶物体，当它没有突出由接闪器形成的平面0.5m以上时，可不要求附加增设接闪器的保护措施。

防雷接地装置防雷系统与大地的交界面，可以使雷电流更有效率地向大地中泄放，并降低这一过程中所产生的次生危害的严重程度。埋于土壤中的人工接垂直地体宜采用热镀锌角钢、钢管或圆钢；埋于土壤中的人工水平接地体宜采用热镀锌扁钢或圆钢。

5.8.3　防雷击电磁脉冲

空港枢纽建筑的电子信息系统雷电防护等级可按信息系统的重要性和使用性质确定。大中型机场为A级；小型机场为B级。

5.8.4　电涌保护器的选、配合及监测

电子信息设备电源系统电涌保护器通流容量推荐值如表5-4所示。

电子信息设备电源系统电涌保护器通流容量推荐值				表 5-4
雷电防护等级	总配电箱		分配电箱	设备机房配电箱和需要特殊保护的电子信息设备端口
	LPZ0 与 LPZ1 边界		LPZ1 与 LPZ2 边界	后续防护区的边界
	10/350μs I 类试验 I_{imp}（kA）	8/20μs II 类试验 I_n（kA）	8/20μs II 类试验 I_n（kA）	1.2/50μs 和 8/20μs III 类试验 I_n（kA）
A	≥20	≥80	≥40	≥5
B	≥15	≥60	≥30	≥5

SPD在线长时间运行，在雷电冲击和自然老化的作用下，其性能将逐渐下降甚至失效。如不能及时预防或排除失效的SPD，将对配电系统带来严重影响。因此，对于SPD运行状态及其安装环境的雷电冲击情况和寿命评估也是一项极其重要的工作，当前SPD安装地点分散，难于统一监测其运行及寿命。为了避免或减轻雷电灾害损失，加强雷电的监测及其防护成为了首要的任务。

智能SPD在线监控系统集雷电浪涌监测、寿命预测、远程监控、漏电流超限告警、故障报警和事件记录等功能于一体的图形化管理监测系统，利用全新微处理器结合通信协议，收集并汇总整个系统中运行的SPD状况，通过远程监控系统，使SPD的管理和维护具有更高的实时性和便捷性。主要功能包括：

（1）SPD泄放电流幅值记录（可记录SPD泄放雷电流的时间和幅值大小）。

（2）SPD寿命评估报警（自动评估SPD寿命，以百分比显示）。

（3）可设置SPD寿命报警下限（以百分比显示）。

（4）漏电流超限告警（设置SPD漏电流值，低于老化临界点时报警）。

（5）SPD专用后备保护开关状态监控SPD失效报警。

（6）现场数据实时采集发送。

（7）图表化管理，可生成统计报表。

智能SPD在线监控系统组成包括：SPD终端采集设备、组网通信设备、监控中心设备和SPD寿命智能监控管理软件等。终端采集设备与SPD串联安装，使其泄放电流通过采集设备的感应线圈。设备带有光耦遥信接口，用于连接SPD的失效状态输出。带有通信接口用于组网传输，面板上以集成LED显示器件，可直接观察所连接SPD的评估剩余寿命。组网通信，终端采集设备带有RS485总线接口，在节点不多的情况下可直接通过星形结构组网。如节点较多，结构较复杂，可通过RS485总线集线器合理布局连接，最终通过RS232转接器把RS485信号转换成网络信号，再通过网线或光纤，接入终端电脑。监控管理中心设备，通过相应的监测软件对整个系统进行全面图形化的智能监测。可根据现场的终端配置情况，详细设置监控软件，使其对应安装位置，在SPD出现失效或其他状况时，可方便定位查询。

智能SPD在线监控系统采用三层架构，SPD终端采集设备层、网络通信层、用户管理层。SPD终端采集设备层是连接于网络中数据采集元件，它们是构建该系统必要的基本组成元素。肩负着采集数据的重任，读取现场配电箱各种实时数据。网络通信层主要是由串口服务器、接口转换器件及总线网络等组成。该层是数据信息交换的桥梁。SPD元件通过屏蔽双绞线（WDZ-RYJSP2×1.0规格屏蔽线缆）将数据传输至串口服务器，串口服务器将数据转换至TCP/IP协议，经网线将数据传输至监控主机，用于数据展示。用户管理层是针对配电管理人员，该层直接面向用户。该层也是系统的最上层分，主要是由智能SPD在线监控系统软件和必要的硬件设备如计算机、打印机、UPS等。其中软件部分具有良好的人机交互界面，通过数据传输协议读取前置机采集的现场各类数据信息，自动经过计算处理，以图形、数显、声音等方式反映现场的运行状况，主要包括各配电柜内的SPD的工作状态均能在后台监控主机上显示，显示配电箱中每个SPD及后备保护开关运行情况、SPD漏电流记录、SPD寿命评估、雷击大小和次数等。可设置SPD报警下限、漏电流超告警修理等数据。系统报警功能，发现异常报警显示，SPD失效报警、雷击数据记录等功能。

第6章　能源管理及控制

　　能源管理及控制系统是能源管理科学化、信息化、规范化的重要举措，在提高能源管理效率的同时，是能源、环境和经济可持续发展的内在要求。

　　本章从机场智慧能源管理系统、楼宇监控系统、电力监控系统、电气综合监控系统以及能耗监控系统五个方面重点介绍了机场能源管理及控制的必要性、实施方式以及存在的问题。

6.1　智慧能源管理系统

6.1.1　综述

　　机场智慧能源管理系统，采用先进的信息化、智能化技术对机场能源系统的供能和用能进行多种能源匹配、智慧调控，以提升机场能源系统运行的安全水平、控制水平和管理水平，降低机场能源系统运行成本的管理系统。智慧能源管理系统，面向机场水、电、气、冷/热等能源系统的全过程，采用先进感知技术、信息技术和智能技术，全面采集能源系统的信息，自动优化能源的需求与供应，实现安全、高效、绿色、智慧运行的机场能源供给与应用的系统。系统总体架构如图6-1所示。

　　1. 智慧能源管理系统设置的必要性

　　1）管理模式的需要

　　机场能源管理部门通常被定义为能源保障部门，管理目标集中在能源供应和保障层面，核心是保安全、保稳定，对于能源成本则关注相对较少，能源管理模式也较为粗放和传统，能源调配往往以经验性决策为主，缺少数据和信息支持。

　　2）四型机场的需求

　　机场智慧能源管理系统应以实现"四型机场"为研究目标，智慧能源管理系统应能满足"四型机场"机场建设的要求。

　　在"平安"方面，通过实时监控设备运行参数、自动诊断能源系统状况，降低不安全事件发生的可能性，提高机场能源系统安全运行水平。

　　在"绿色"方面，提高机场能源系统节能水平，以满足需求为主的多能优化匹配，降低能源系统整体耗能水平。

　　在"智慧"方面，建设高度数据化、信息化、智能化的能源管控平台，形成高效的协同系统，提高机场能源智慧管理与控制水平。

　　在"人文"方面，以人为本，实时感应用能环境参数变化，智能调配，提高能源应用品质，创造出舒适的出行环境。

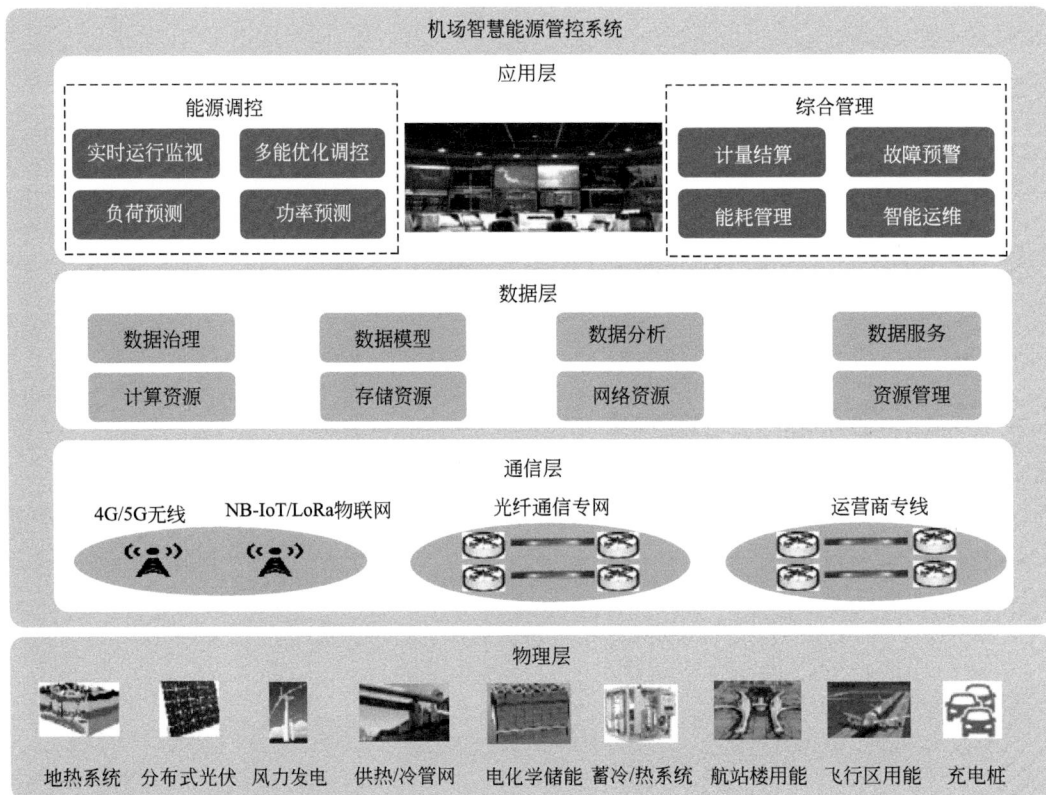

机场智慧能源管控系统

应用层

能源调控
| 实时运行监视 | 多能优化调控 |
| 负荷预测 | 功率预测 |

综合管理
| 计量结算 | 故障预警 |
| 能耗管理 | 智能运维 |

数据层
| 数据治理 | 数据模型 | 数据分析 | 数据服务 |
| 计算资源 | 存储资源 | 网络资源 | 资源管理 |

通信层

4G/5G无线　　NB-IoT/LoRa物联网　　光纤通信专网　　运营商专线

物理层

地热系统　分布式光伏　风力发电　供热/冷管网　电化学储能　蓄冷/热系统　航站楼用能　飞行区用能　充电桩

图6-1　机场智慧能源管理系统总体架构

3）机电系统协同运行的需要

大型机场普遍存在不同种类能源分类管理、不同区域能源分区管理、新旧能源系统难以整合等问题。由于没有形成协同高效的系统，导致机场在平衡能源供给与使用需求、不同能源综合调度、不同区域分级管理等方面缺乏统一、高效的管控。航站楼的节能运行，需要电力系统、空调系统、水系统以及旅客航班系统等多项系统的协同运行，由于数据不能互通，为了运行方便，往往只采用人为的设定固定的调度模式来控制变化的机场各项负荷，缺乏调度的灵活性。

2. 智慧能源管理系统网络架构

机场智慧能源系统的范围包括机场范围内各供能系统和用能区域，主要包括能源中心、航站楼、飞行区、交通中心、信息中心、货运区、工作区办公楼等用能区域，如图6-2所示。

机场智慧能源系统的用能监测主要包括各供能/用能监控系统、智慧能源管控平台以及相应的安全一体化功能。智慧能源管理系统的组成及总体架构如图6-3所示，智慧能源管理系统的网络架构如图6-4所示。

6.1.2　设计要点分析

为提高自动化水平，进而逐步实现数据化、信息化、智慧化。首先要确定管理目标，智慧能源的建设路径可采用以下方式：首先，制定数据采集和信息交互标准，利用自动计量、检测等设备实现数据的电子化，利用现代化通信手段实现信息的交互，使能源系统的运行更加安全、高效；其次，通过建立一体化信息平台，实现业务流程的对接、优化和改进，以及对数据、信息的汇总、分析，为管理人员决策提供支持。能源管理的最高层级是智慧化，将信息平台升级为智能平台，通过先进技术实现

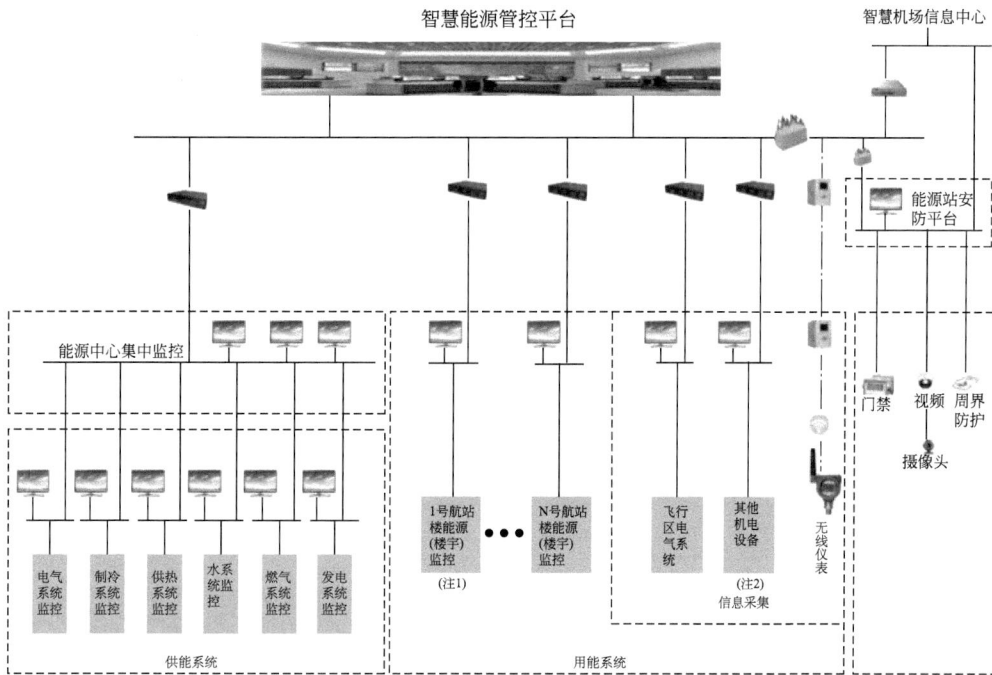

图6-2 智慧能源管理系统网络架构

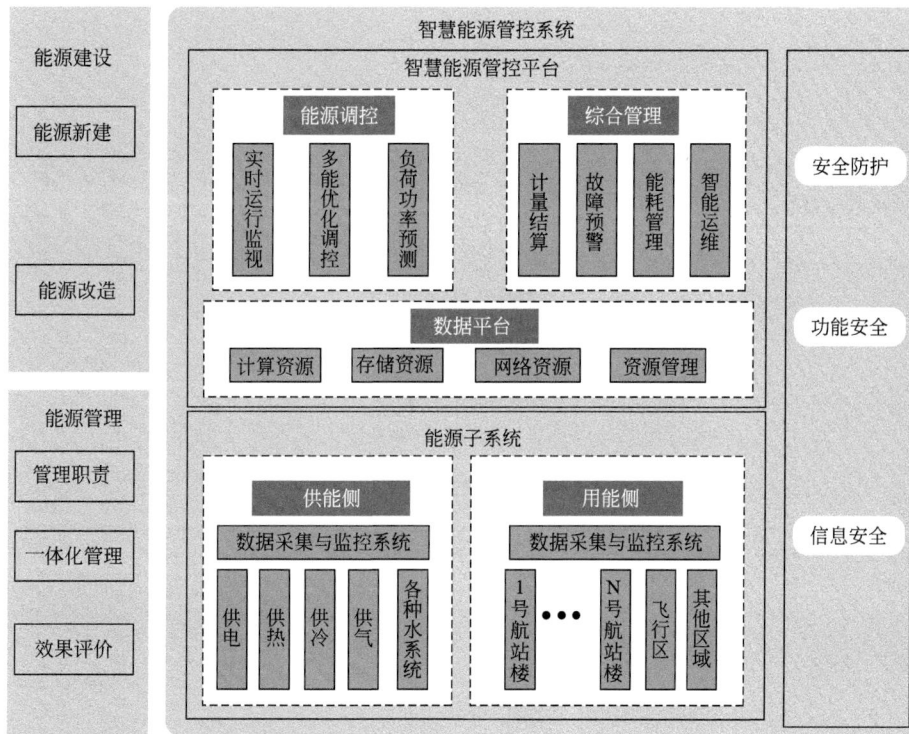

图6-3 机场智慧能源管理系统总体架构

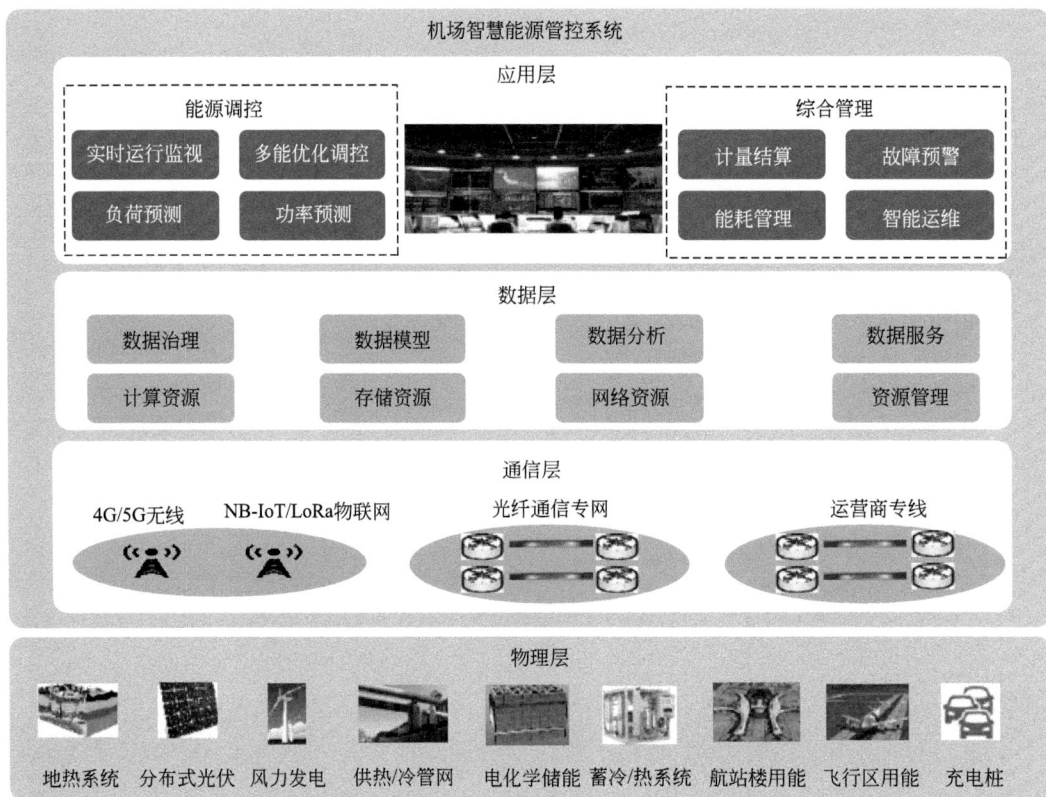

图 6-4　智慧能源管理系统的网络架构

自动调控、故障预警、辅助决策等功能。需要机场能源保障部、设计院以及系统厂商共同协作完成。

1. 运营管理组织体系分析

作为最终能源的使用方，机场各能源保障部对本机场的能源使用、调配以及管理最为熟悉。智慧能源管理系统实施前期，机场能源保障部应组织对本部门各个科室（如电力保障科、水务保障科、热能保障科以及航站楼保障科）的能源管控需求以及能源管控方式进行调研，掌握各个科室在当前能源管理模式下遇到的问题及诉求。可重点从主要管理职责、设备设施、人员配置、管理流程及界面等方面深入调研。

2. 运营需求分析

前期设计阶段，需配合机场能源保障部梳理各能源保障部门能源管理需求，结合系统厂商的系统架构需求，在设计阶段通过加装相应机电装置（如传感器、阀门、计量表计等）达到能源保障部的管理需求。

3. 系统深化

智慧能源管控系统的厂商应根据机场能源保障部门的能源管控需求，完成系统的平台搭建，包括能源数据的采集、用能分析、能源预测、报表展示以及智慧决策等功能。

6.1.3　案例应用分析

1. 项目概况

以图6-5所示上海浦东机场为例，作为华东第一大枢纽机场，上海浦东机场拥有T1航站楼（面积约

34.8万m²）、T2航站楼（面积约48.55万m²）以及卫星厅（面积约62.2万m²），卫星厅与主楼共同承担浦东国际机场8000万人次/年的旅客吞吐量。

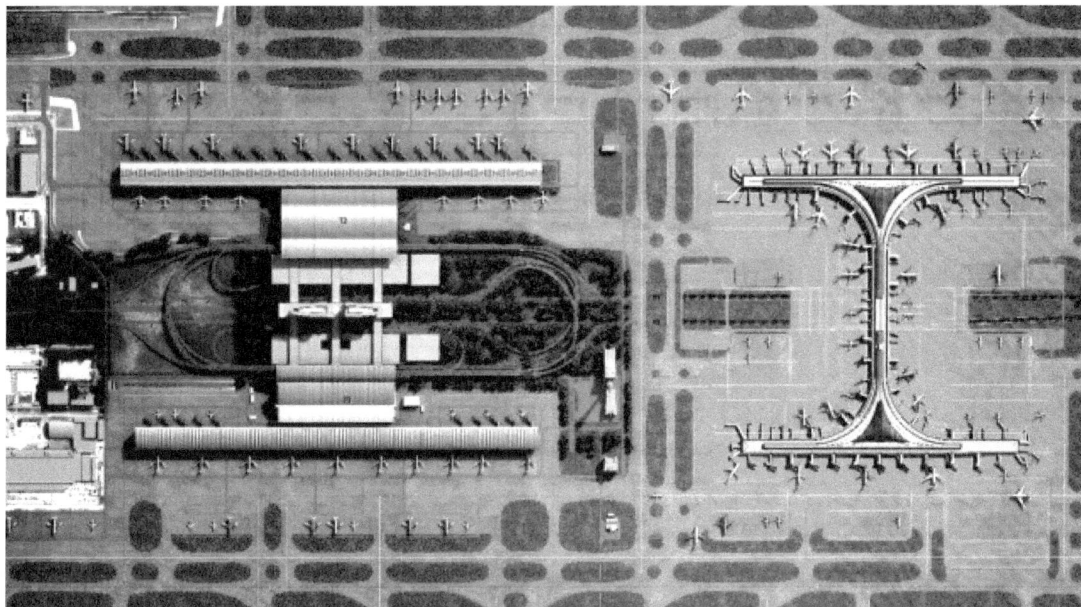

图6-5 上海浦东机场

依据《民用机场智慧能源管理系统建设指南》MH/T 5043-2019建设要求，为提高机场能源系统运行管理与控制水平，机场能源系统节能建设、信息化建设促进机场节能减排和持续发展，积极响应民航局对机场节能减排的要求，首批建设机场智慧能源管理系统。

2. 建设需求

1）资源分析

分析机场所在地能源情况，包括能耗统计、系统设备能效排序以及能效指标等。

2）需求预测

以气象数据、历史用能数据、航班信息、旅客信息等数据为基础，提前预测用能负荷。

3）诊断策略

依据资源分析，诊断设备、系统问题；依据用能预测并结合机场发展规划，确定供能策略。

4）设备更新

通过资源分析，诊断策略，筛选低效用能设备和系统，指导设备更新及项目申报。

5）运行方式

根据负荷预测结果，结合供能成本、设备能效，进行运行策略分析、供需联动、达到降低能源成本、提高设备运行效率的目标。

3. 功能核心

1）信息集成

以浦东机场为例，目前智慧能源管理系统对接16个子系统，分散在各子系统的数据进行汇总、梳理、分类、评价和展示，建立标准数据库，打破数据孤岛，如图6-6所示。

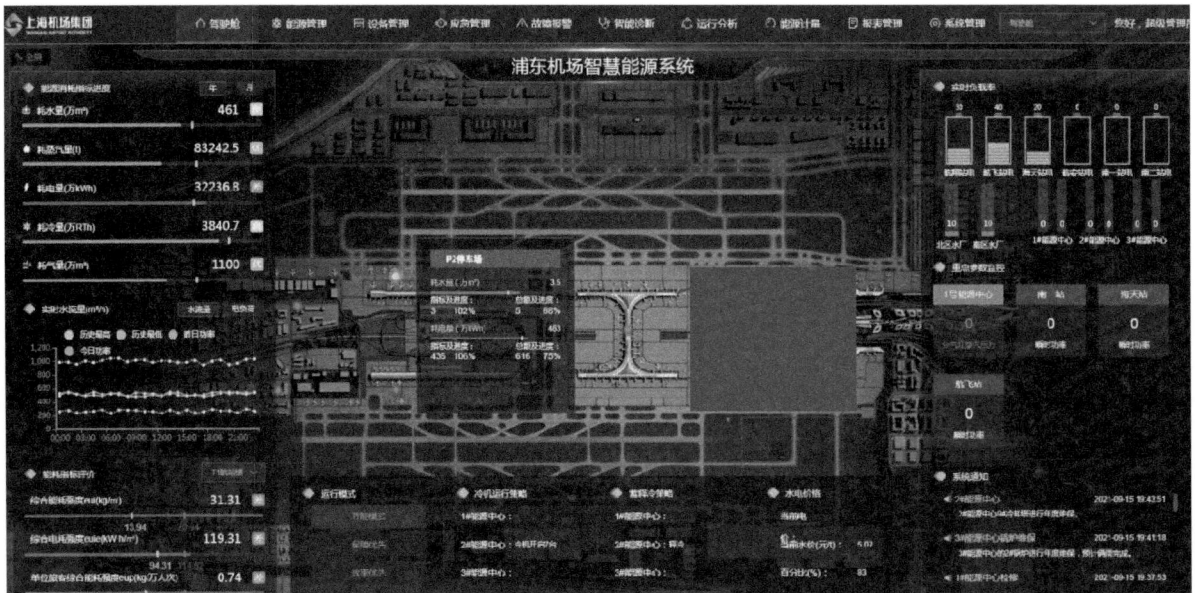

图 6-6　上海浦东机场智慧能源管理系统

2）能源指标体系

建立不同能源种类、分时、分区指标，采用机器学习方式，以历史数据作为指标，设置能耗考核指标（优：小于指标90%；良：指标值的90%～100%；差：超过指标值），对超标严重项提前预警，如图6-7所示。

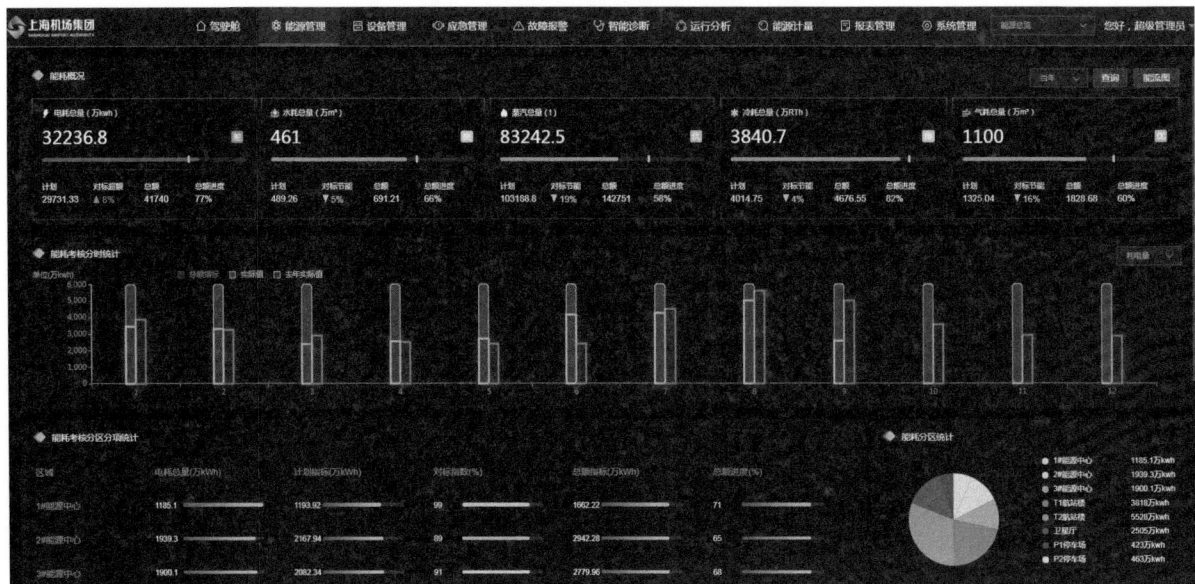

图 6-7　能耗考核

3）设备管理

针对制冷机组、燃气锅炉、高压变频水泵以及变压器等重要设备，建立设备台账，监测主要运行参数，定期进行检修以保证设备处于良好的运行状态，如图6-8所示。

空港枢纽建筑电气及智慧设计关键技术研究与实践

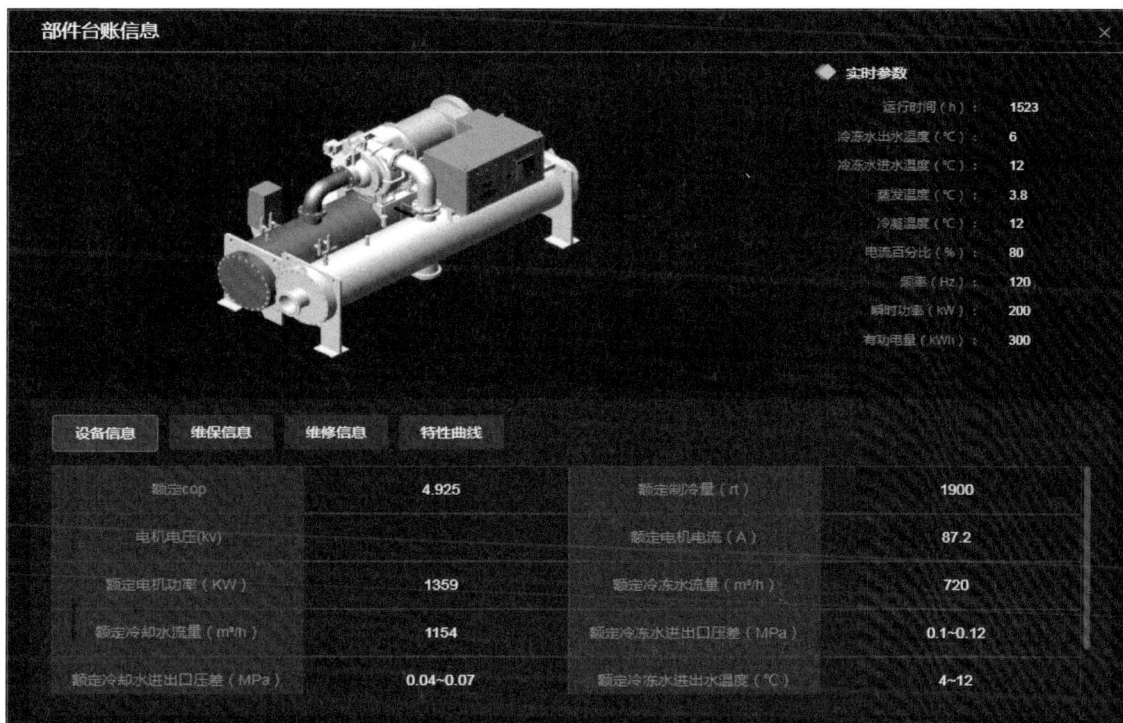

图 6-8　制冷机组状态监测

4）移动APP

可通过手机移动端随时访问智慧能源管理系统，实时掌握生产信息，通过消息推送实现移动端与平台端的高效协同（应急交互），如图6-9所示。

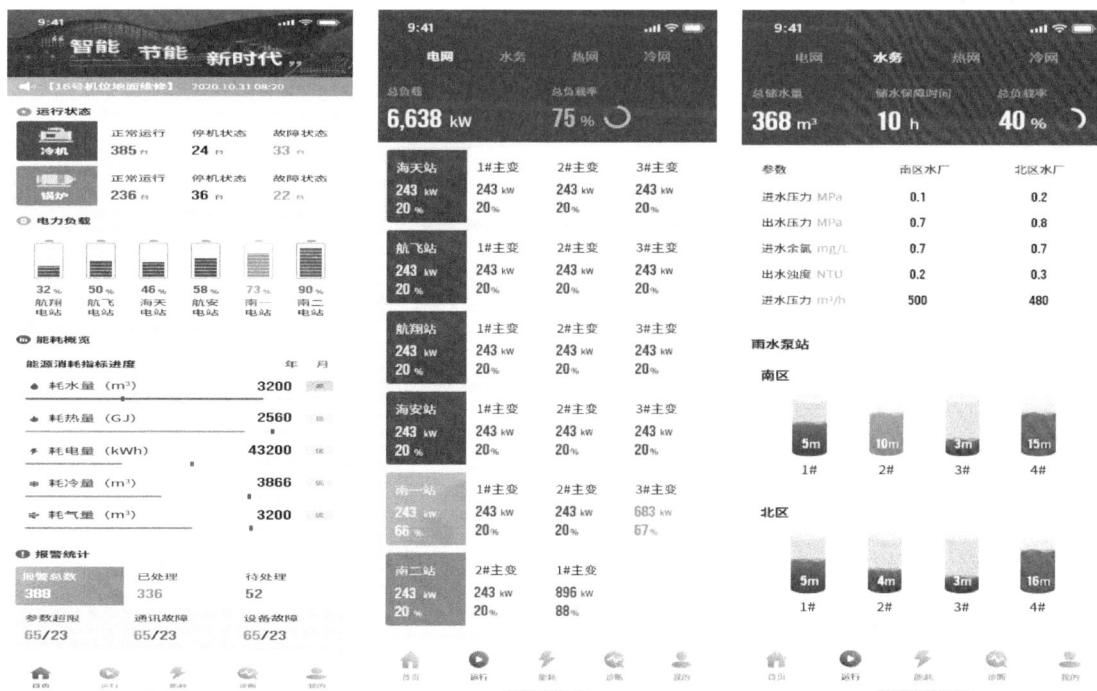

图 6-9　移动 APP 数据界面

5）故障报警

通过设定参数阈值，阈值设置灵活，当超过该阈值则发出报警，并给出报警处置建议，提升运行保障能力，如图6-10所示。

图6-10　报警界面（红色）

6）应急管理

提前设置应急预案，出现紧急状态，快速发布应急预案，自动生成应急事件的流程，同时通过Web和APP进行协同交互，如图6-11所示。

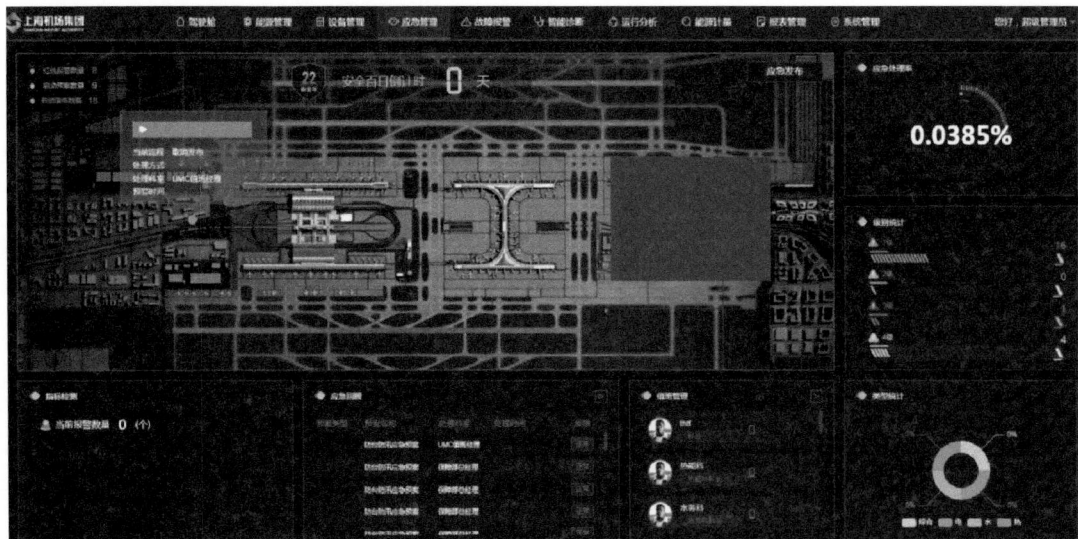

图6-11　应急预案发布

7）节能诊断

采用国标或者国际标准制定能效指标，从能源中心-系统级-设备级三级锁定节能环节，给出节能诊断报告和节能措施，如图6-12所示。

空港枢纽建筑电气及智慧设计关键技术研究与实践

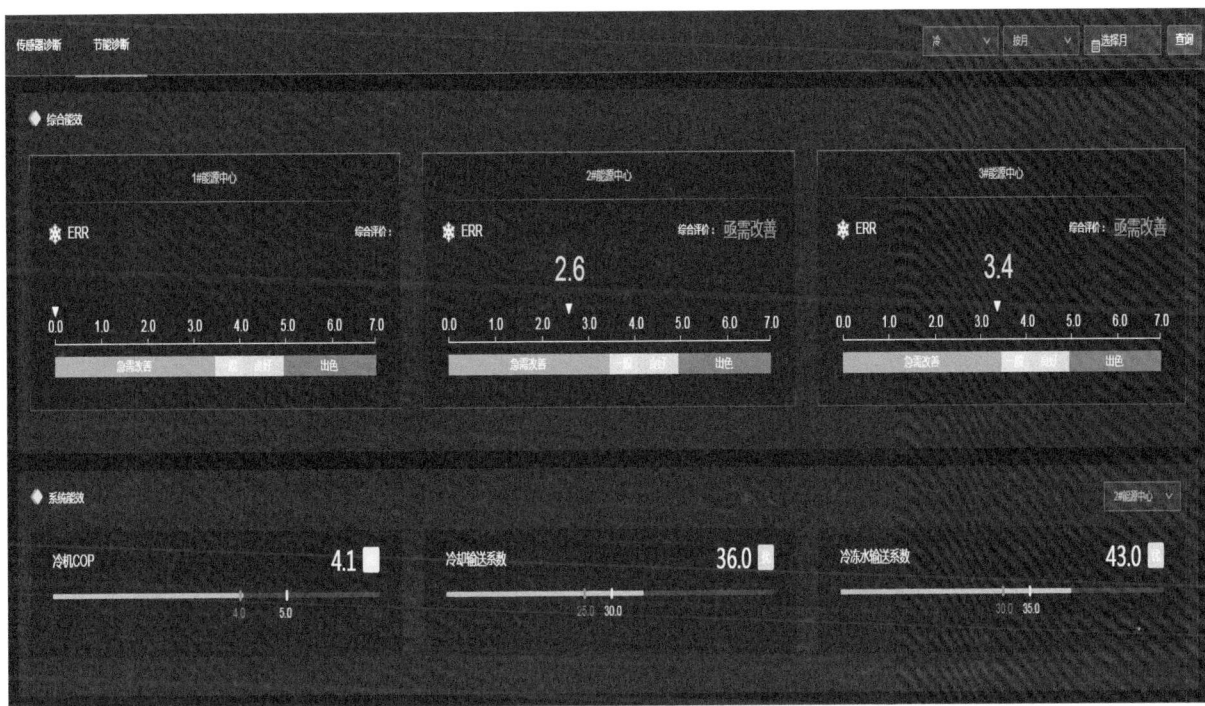

図 6-12 节能诊断

8）节能运行策略

建立航班动态与空调机组启停时间的联动控制，对空调箱提前或延后开启时间优化、对人员行进路线的空调箱启停进行室内温度的约束、水阀开度进行优化，如图6-13所示。

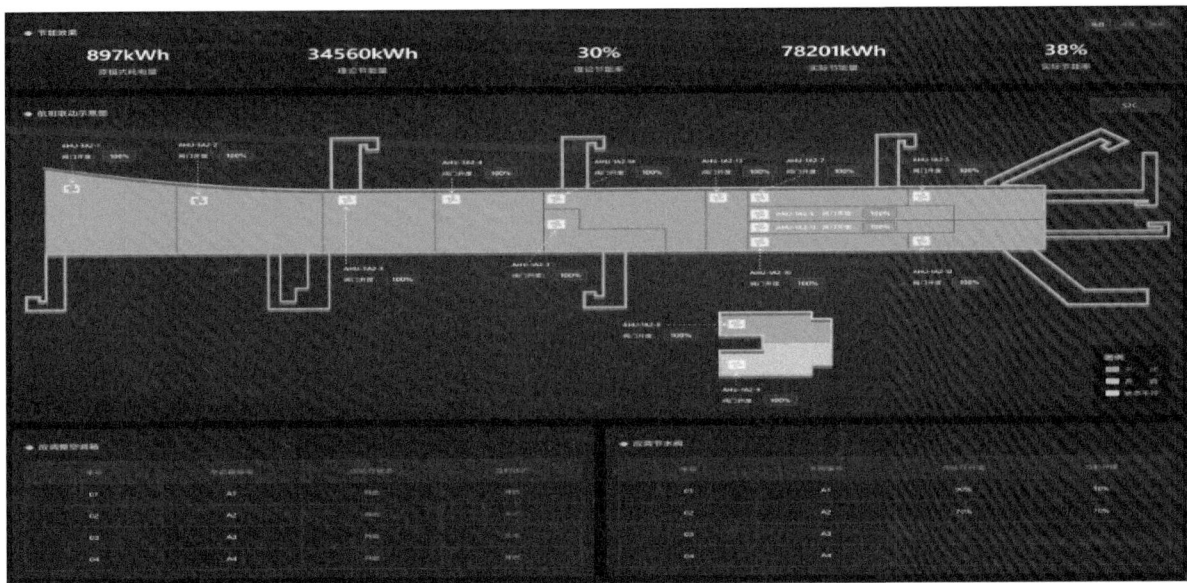

图 6-13　航班联动控制策略

建立峰谷电价、负荷预测与蓄冷模式的联动模式，通过历史数据、气象数据以及航班信息，建立负荷预测模型，结合峰谷电价，制定水蓄冷以及蓄释冷量的节能优化模式，如图6-14、图6-15所示。

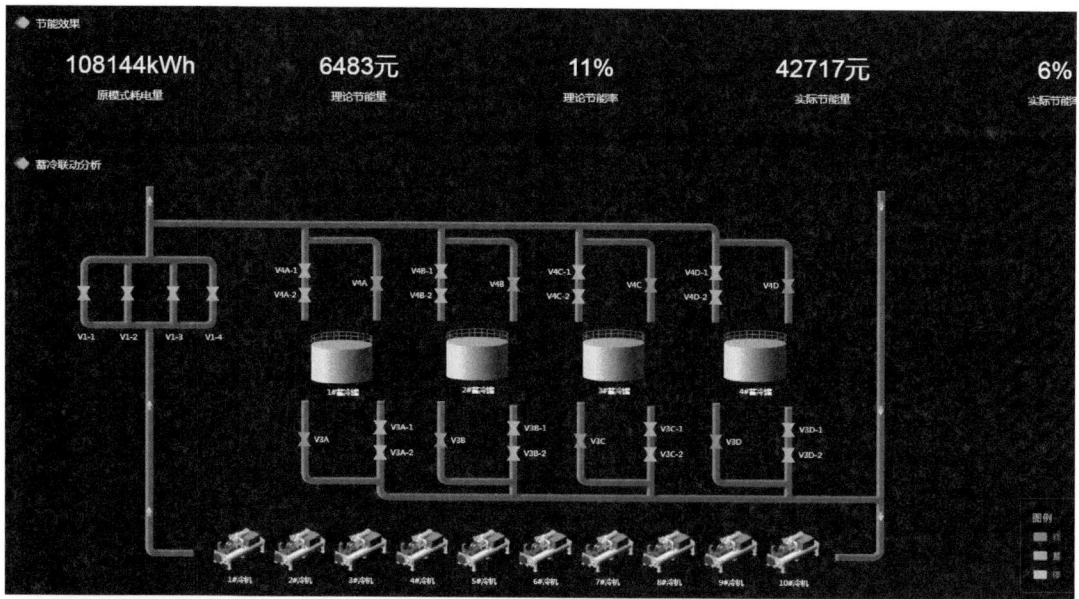

图 6-14　水蓄冷控制组态图

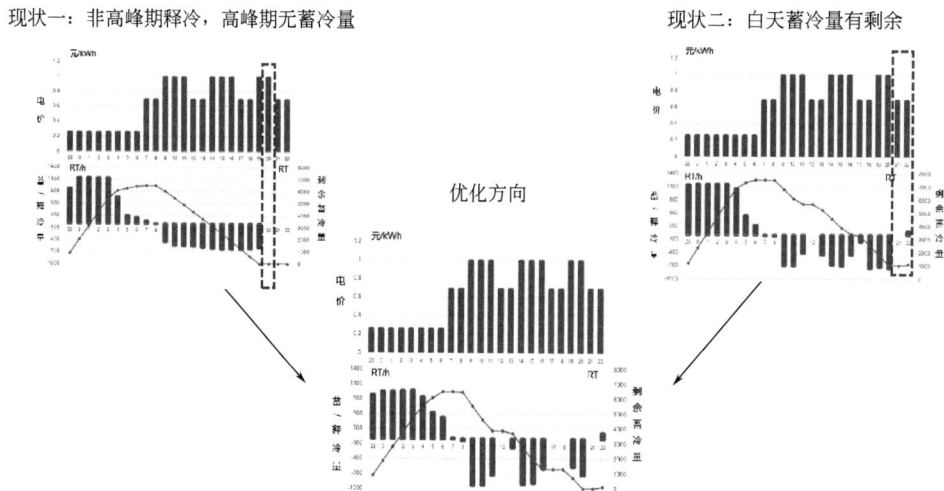

图 6-15　水蓄冷优化控制策略

4. 系统特点

1）独立性

系统网络独立，系统采用独立的局域网形式，与外网隔离，保证系统数据最大限度地不受外界入侵。访问端口独立，增加外部访问端口不影响现场系统运行。

2）拓展性

针对系统后期可能会调整的内容版块，程序中预留出可编辑入口：能流结构调整、应急预案等附件添加、首页展示模块选择、新增系统配置等。

3）融合性

系统采用OPC、BACnet、Modbus、TCP/IP等开放的通信协议，可与机场大平台进行对接。

通过融汇能耗信息、运行等信息进行交叉分析，提供诊断及优化方案。

6.1.4　系统总结

智慧能源管理系统在项目实施过程中，主要关注以下几点：

方案设计阶段，解读业主招标文件，结合指南文件，明确是否设置该系统。

扩初设计阶段，初步设计图纸需要明确该系统的系统架构以及必要的说明，材料表中应体现该系统，避免概算漏算。调研机场相关能源部门的需求及预想的管理模式，充分发挥智慧能源管理系统的价值，降低设备维护和人员成本。

施工图设计阶段，设计院应综合给水排水、暖通以及动力专业，根据系统能源监测及联动控制需求，设置必要的传感装置及执行装置以达到联动控制的目的。

招标阶段，配合业主对该系统进行必要的说明，技术规格书中重点强调各子系统的通信协议应为开放协议，明确协议转换模块的开发以及数据对接形式，保证各子系统数据能完整及时地上传至智慧能源管理系统。

6.2　楼宇监控系统

6.2.1　综述

楼宇监控系统（Building Automation System，BAS），通过对前端多种类型传感器（温度传感器、压力传感器、流量传感器等）的信号采集、传输以及汇总，通过预设好的控制逻辑，对楼内多种机电设备进行集中管理和监控，使建筑在满足舒适、安全的前提下，实现全面节能。固定的控制逻辑功能代替日常运行维护的工作，大大减少维护人员日常工作量的同时，提高了设备运行的可靠性，其系统组成如图6-16所示。

1. 楼宇监控系统设置的必要性

1）管理模式的需要

随着航站楼建筑规模的不断增加、机电系统功能、类型以及信息化的不断提高，完善的机场运行模式对于管理人员的技能以及人数都提出了更高的要求，楼宇监控系统，通过对航站楼电力系统、空调系统、给水排水系统、航班信息系统、电梯群控系统、CCTV系统、消防系统、安保系统以及停车场管理系统等各种设备实施综合自动化监控与管理，为业主和用户提供安全、舒适、便捷高效的工作与生活环境，并使整个系统和其中的各种设备处在最佳的工作状态，从而保证系统运行的经济性和管理的现代化、信息化和智能化。

2）节能降耗的需要

楼宇监控系统通过设置既定的运营模式，实现不同机电系统间的协同联动控制，实现节能降耗的目的。如航班系统上传航班到达/离岗信息，空调系统提前开启或延时关闭候机区域的空调系统，智能照明系统提前开启或延时关闭该区域的照明系统；电梯群控系统提前将电梯运行至旅客到达区域并可通过CCTV系统远程查看该区域人流以及机电设备的运行状态，在达到旅客安全、舒适的旅程环境的同时，降低系统的能耗。

2. 楼宇监控系统现状分析

通过对国内外多数大型机场调研，BAS主要存在以下几点问题：

1）传输数据可靠性差

调研中发现，当前多数BAS采集到数据可靠性较差，主要表现在以下几个方面：

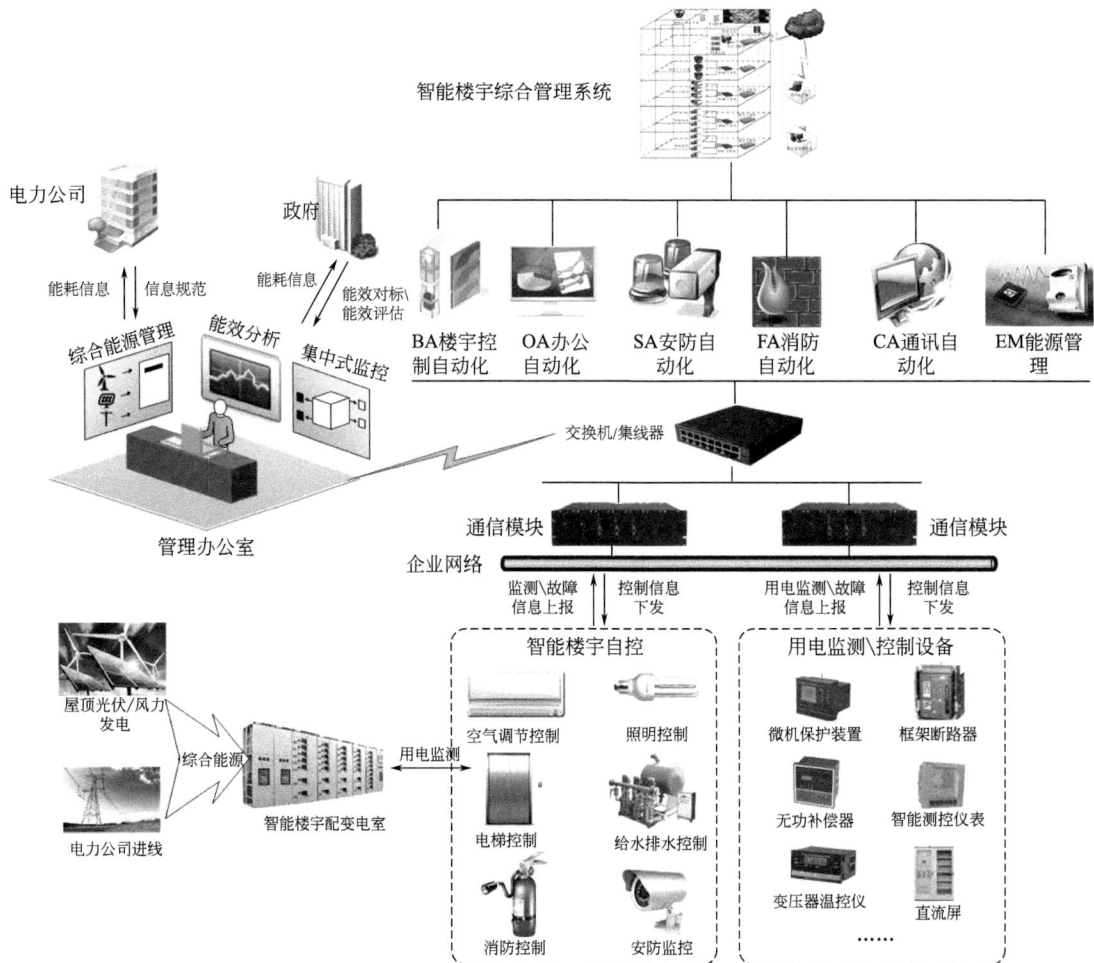

图6-16 楼宇监控系统框图

（1）数据实时性差。准确的能耗数据是实现系统节能优化、能耗评估以及系统优化的基础，然而当前楼宇监控BAS数据实时性较差，系统采集到的数据会滞后5～30min不等，导致同一时间点数据完整性差。

（2）数据可靠性差。调研中发现楼宇监控BAS系统采集到的数据存在误差，一方面原因是前端传感器故障，另一方面原因是系统数据传输过程中数据丢失严重。

2）系统联动性较差

楼宇监控系统是多系统的集成，各系统间的联动是该系统实现建筑节能的基础，但在实际运用中，各机电系统往往由不同的厂商完成。系统彼此间数据格式不同、通信协议不同以及技术信息保密等因素，各机电系统的运行状态信息、能耗信息均分散在不同系统中，无法实现应用层的数据共享，严重阻碍不同系统间的联动调节。

以照明系统为例，公共区域照明应结合航班信息联动控制，特别是在夜间航班较少的时间段，公区照明应根据航班到达区域控制。通过调研，当前多数控制还是由塔台发出航班停靠信息，人为控制相应区域照明系统。

BA控制室中存在多台不同系统主机，即使在监控大屏中的数据展示也仅仅是多个系统的拼接，没有实现实质性的系统集成。

6.2.2 设计要点分析

1. 接入系统类型分析

设计前期，设计师需要充分与业主方进行沟通，明确接入BA系统的类型以及BA系统和FA系统的信号互通权限。充分解析航班信息，联动航站楼的机电设备的启停。计算航站楼内所需要的能耗，给能源中心提供开启、生产以及输送能耗的依据。建立数据模型，分析每个时间段的工况，拟合成处理规律，通过安装现场IAQ传感器，在突发情况下提供良好的空气品质，保证人文关怀。现场安装环境温度湿度传感器，在极端天气情况下给旅客提供舒适的环境。建立运行规则，提供整个系统性的FDD机制（问题处理诊断机制），减少问题处理时间，更准确判断问题所在。

2. 设备监控点位分析

以暖通专业空气处理机组为例：

1）四管制热回收空气处理机组

自控原理图（变频加湿型）监控点位如图6-17所示，其中点位表说明如表6-1所示。

四管制热回收空气处理机组监控点位　　　　　　　　　　　　　表 6-1

代号	说明	信号
A	空调季新风调节风阀调节/反馈	AO×1　AI×1
B	过渡季新风调节风阀调节/反馈	AO×1　AI×1
C	排风风阀开关/反馈	DO×2　DI×2
D	新风初效过滤网压差信号	DI×1
E	旁通阀调节/反馈	AO×1　AI×1

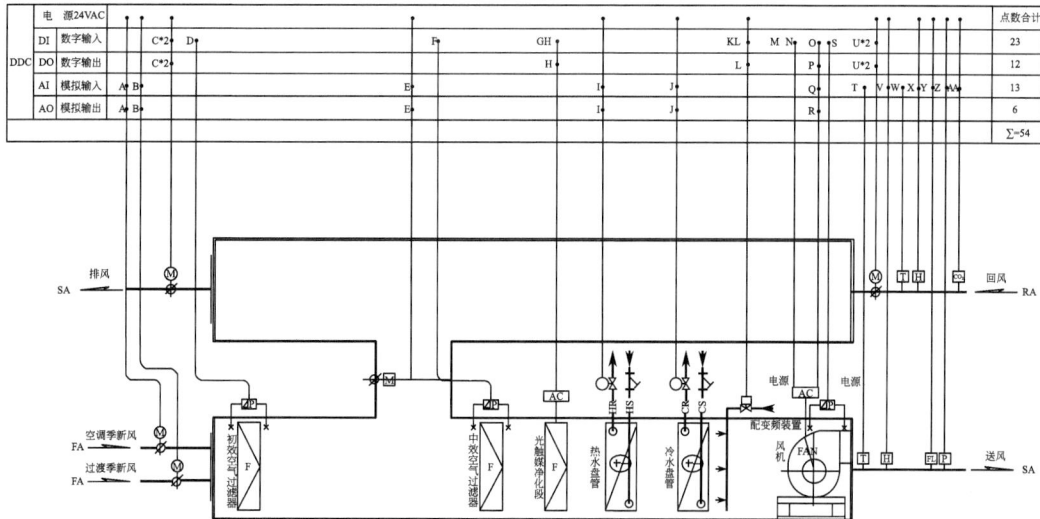

图 6-17　四管制热回收空气处理机组自控原理图（变频加湿型）

2）系统控制要求

（1）控制对象：电动调节水阀、风机启停、新风调节风阀、回风调节风阀、排风开关风阀。

（2）检测内容：送风及回风温湿度、初效及中效过滤器堵塞信号、风机状态、故障及手/自动状态。

（3）控制方法：根据系统送风及回风温度控制冷、制热盘管电动调节阀开度。根据实际运行情况手动或自动调节变频器频率，降低风机能耗；按照预先排定的工作程序表启停机组。

（4）联锁运行：新风、回风调节风阀、调节水阀与风机启停联动。排风风阀与排风机连锁开闭。新风最小工况时，排风机关闭。全新风工况时，新风阀全开，回风阀关闭，同时排风机与排风阀连锁开启。

（5）保护要求：空气过滤器两侧压差超过设定值时自动报警；风机运行发生故障时自动报警并停机。

3. 机房选址及面积分析

机房平面布局方面：考虑到运行及维护的便捷性，机房布局是建议将BA控制箱与消防安保控制室贴临布置。由于机场为不同的部门管理，因此不建议将BA控制室与消防安保控制室合并。

机房垂直布局方面：BA控制室不应设在厕所、浴室、厨房或其他经常积水场所的正下方处，也不宜设在与上述场所相贴邻的地方，当贴临时，相邻的隔墙应做无渗漏、无结露的防水处理。

机房面积方面：BA控制室根据机场方管理需求，可采用图6-18布局方式，面积为120～150m²。根据建筑面积及管理需求，判断是否设置BA分控室，分控室系统接入及管理权限应和业主协商后确定。

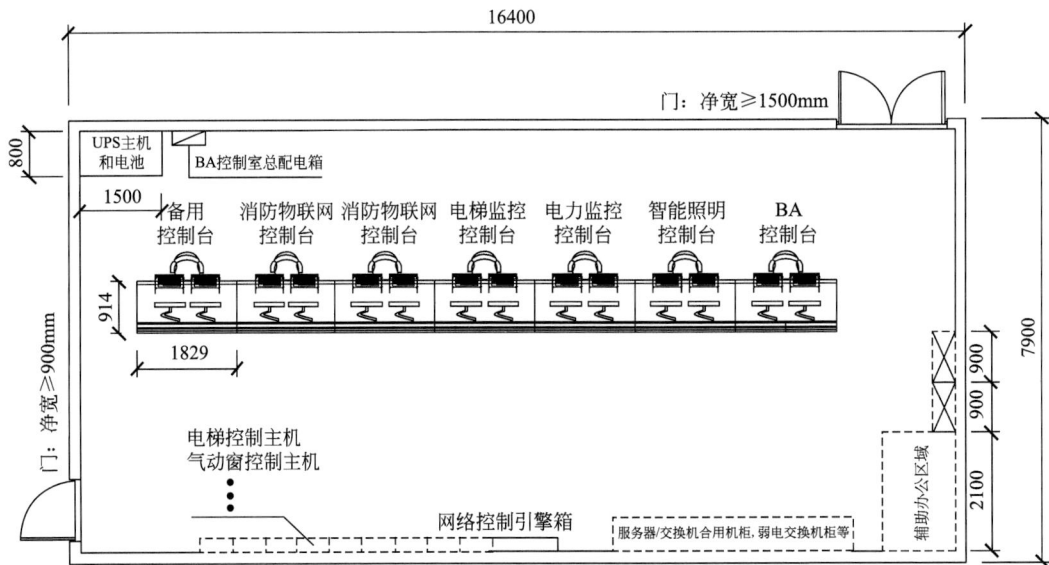

图6-18　BA控制室布局示意图

网络架构方面：当前楼宇监控BAS系统主要采用三层网络架构，即感知层、网络层以及应用层，如图6-19所示。当仅设置一处BA控制室时，建议采用该三层网络架构。当设置BA分控室时，分控室采用三层网络架构，各分控室间连成环网，增加网络的可靠性。多个分控室中设置一个总控室，各分控室间信息互通但不可实施控制，分控室间可通过总控室完成对不同分控间控制，总控室可对各分控室实施控制。

6.2.3　案例应用分析

以上海某枢纽机场为例，通过前期与机场能源保障部相关管理部门的沟通，根据建设规模，设置智慧能源管理系统并将楼宇自控系统接入其中，运维人员集中在UMC（市政管理中心）实现对机场整理的运维管理。

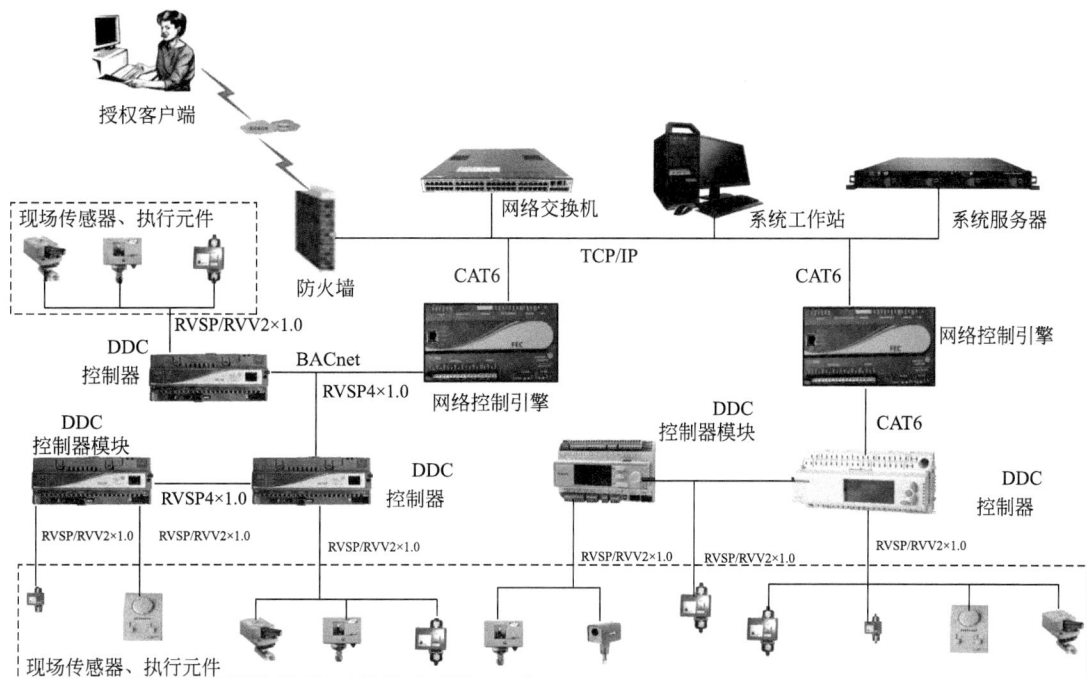

图 6-19 楼宇监控系统网络示意图

1. 机房设置

考虑到本期航站楼建设规模以及运营管理需求，设置5个BA控制室（一主四分），实现集中管理，分散控制；BA控制室上传数据至智能化专网（弱电系统网络）数据上传至智慧能源管理系统集中管理。

航站楼BA主控室作为二级控制中心，当上级数据传输出现故障时，保证航站楼的可靠运行，系统架构如图6-20所示。

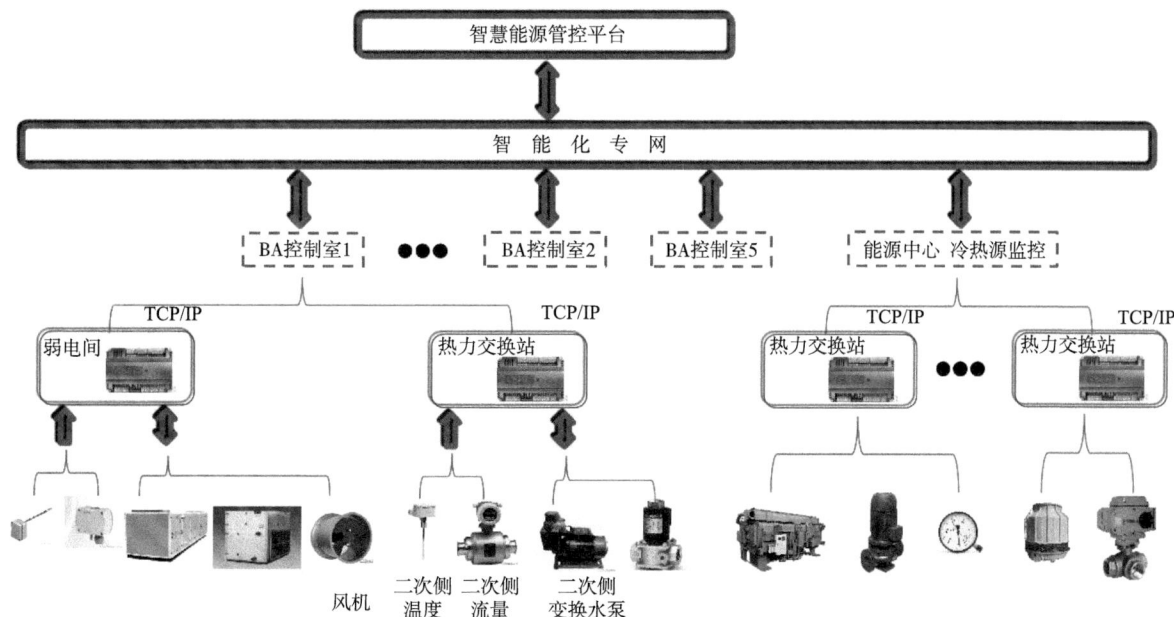

图 6-20 楼宇监控系统网络架构

依照管理需求，BA控制室贴临消防控制室，BA控制室内设置能耗管理系统服务器、电气火灾监控系统终端显示装置（机场运维需求）、消防电源监控系统终端显示装置（机场运维需求）、消防应急照明和疏散指示系统终端显示装置（机场运维需求）以及根据上海市工程建设规范《民用建筑电气防火设计规程》DG/TJ 08-2048-2016设置电气综合监控系统终端显示装置。

2. 系统交互

根据该机场运维管理模式，在楼宇监控系统常规的系统接入方面，主要加入以下几点系统：

航班信息系统：通过获取航班信息，以实现航班信息和相关机电系统的联动控制；

CCTV系统：获取现场旅客以及机电系统的实施视频画面；

机房门禁系统：掌握主要变电所、空调机房、水泵房、消控室等重要机电机房的门禁和人员入侵状态；

排油烟系统：获取油烟排放量，判断是否达到相关环保要求。

6.2.4 系统总结

楼宇监控系统在项目实施过程中，主要关注以下几点：

方案设计阶段，解读业主招标文件，明确该系统与其他系统间的交互。

扩初设计阶段，初步设计图纸需要明确该系统的系统架构以及必要的说明，材料表中应体现该系统，避免概算漏算。明确机场能源中心冷热源系统与楼宇监控系统的接入形式。

施工图设计阶段，设计院出BA监控设备原理图以及BA点表，明确与电梯群控系统、能耗监控系统、智能照明系统、航班联动系统以及太阳能热水、光伏发电等系统数据通信方式，明确需要接入子系统的协议转换由哪家分包单位完成。

6.3 电力监控系统

变电站综合自动化系统是利用先进的计算机技术、现代电子技术、通信技术和信息处理技术等实现对变电站二次设备（包括继电保护、控制、测量、信号、故障录波、自动装置及远动装置等）的功能进行重新组合、优化设计，对变电站全部设备的运行情况执行监视、测量、控制和协调的一种综合性的自动化系统，系统机构如图6-21所示，对于提高变电站安全稳定运行水平、降低运行维护成本、提高经济效益、向用户提供高质量电能供应至关重要。

电力监控系统自上而下共分三层，分别为管理层、通信层和设备层。

（1）管理层主要设备为系统服务器、工作站客户端及软件部分。

（2）通信层采用机场机电网网络，变电站内通信管理机接入站内工业以太网交换机，通过站内以太网交换机接至弱电机房，机电网将所有数据传送至电力监控中心。

（3）设备层指在基础节点内的主要硬件设备：

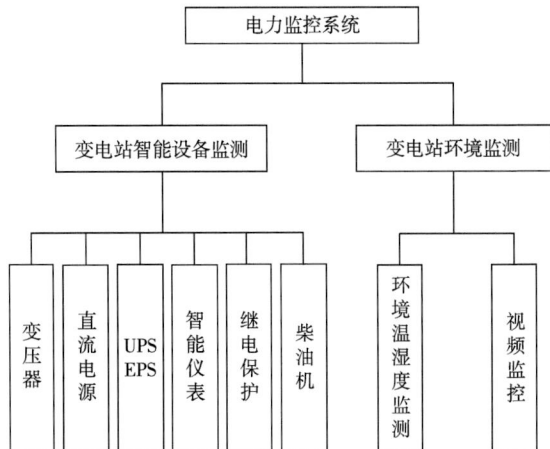

图6-21 电力监控系统框架图

包含现场控制单元、高压微机保护、低压电力仪表、变压器、温湿度传感器、水浸传感器、视频监控摄像头等，设备层主要完成对一次设备和变配电房环境的实时数据采集以及对变配电房安全防范的实时监控。

电力监控中心示意图如图6-22所示。

图6-22　电力监控中心示意图

6.3.1　综述

1. 电力监控系统设置的必要性

1）电力稳定可靠，打造"平安机场"

稳定、可靠的电力供应是机场安全、可靠、有序运行的重中之重，电力监控系统通过对主要电气回路参数的监控及平台智能运算及时发现电气回路中潜在故障，有效提高电力调度管理的现代化水平，使管理人员和维护人员能及时掌握电力系统的运行状态，提高快速处理事故的能力，保证生产和生活的安全可靠供用电。

2）智慧高效，服务"智慧机场"

针对机场运维特点，定制调管分析、辅助决策、调度员培训等高级应用模块，增加大数据分析、GIS（地理信息系统）等功能方向，通过可视化系统，为管理者提供直观的数据展示，服务于机场的运行管理。

3）低耗高效，实现"绿色机场"

调度中心与其他系统信息共享、减少重复投资，增强电力系统的高效管理，杜绝电力资源的浪费。

4）服务为本，打造"人文机场"

以管理运行人员为核心，创建合理、高效、人性化的操作模式，操作界面可根据登陆人员权限不同进行定制。增强拟人化的人机交互系统，使整体环境与机场的人文氛围相协调。

2. 电力监控系统现状分析

1）数据实时性差

航站楼建筑，往往设有多个变电所，每个变电所设置电力监控系统的站级监控单元，集成本站显示界面，采用定制化的运行系统，提供本变电站图形化监视和运维功能。各变电所站级监控单元彼此连接成环网，通过网络环网交换机将数据上传至电力监控主机。电力监控主机一般设置在专用的电力监控室内。通过对业主实地调研发现，当前电力监控系统采集数据明显存在滞后以及数据丢失现象，归其原因主要是电力监控系统需要传输多个视频数据和各主要回路的电气参数（如电压、电流、功率因数等），严重影响了网络传输速度，后期设计中建议对该系统单独敷设光纤。变电所视频监控如图6-23所示。

图6-23　变电所视频监控

2）摄像机系统远程监控效果不佳

电力监控系统视频图像数据采集所使用的摄像机主要还是用于视频监视以及事故发生后的录像回放，可对变压器、配电柜以及开关状态等进行远程查看，摄像机缺乏自动巡检、图像识别以及故障诊断报警等功能。

传统模拟摄像机需要铺设视频线、电源线和控制线，在变电站这样的特殊环境中，各种传输线会受到变电站的交变电场引起的电源或磁场的干扰，从而使监控系统受到干扰。

3）系统存储实时数据困难

监控系统由于受建设时期计算机技术的制约，存储空间均较小，无法将更多的实时数据存为历史数据，更不能达到更高层次的分析和应用。而变电站的生产需要大量生产历史数据，通过对历史数据的分析利用，将大大地提高变电站的优化水平。而系统监控点位的存储容量的扩充都较为复杂，传统监控系统工程使用DVR作为视频存储的设备。随着监控系统在电力生产的广泛应用，重复操作每一台DVR，且构成DVR系统功能简单已经不能满足电力系统的监控需求。在实时数据、历史数据的基础上，实现机组性能计算、效率计算、耗差分析、故障诊断、状态检修、优化运行以及运行绩效考核等功能。此时实时数据的保存、分析和应用显得越来越重要。

空港枢纽建筑电气及智慧设计关键技术研究与实践

4）各系统功能单一，使用维护复杂

变电站等电力系统要求监控功能复杂，要同时实现遥视功能、安全监控功能、环境监测系统和报警功能。环境监测部分主要采用标准的传感器技术，对实际需要检测的高压室和主控室等场所的温湿度、照度、烟感度等方面进行实时监控。而动力设备的监测是相对较复杂的系统，因为在该系统中牵涉的设备较多，提供设备的厂家也较多，因此所要监控的动力设备的协议以及控制方式相对复杂。

当前实现电力系统对环境监控、安全监控、报警、设备监控这样复杂的监控是分别采用监控、检测、报警等多种设备来满足不同功能要求，然而对整个变电系统通信设备的统一管理和实时监控却变得使用、维护复杂，各个设备功能都需要多人管理维护，故障排除也较困难。

3. 电力监控系统构成及功能介绍

1）系统构成

电力远程监控系统主要由调度中心、电站监控中心、通信平台、电站远程测控终端、计量测量（智能电量仪）（三相电压互感器、三相电流互感器、交流接触器、主动红外入侵探测器、温湿度传感器等）设备组成。

2）系统功能

电力监控系统，在满足实时监控、实时趋势曲线展示、实时告警、事件查询、历史曲线、报表显示以及权限控制的基础上，系统提供商可实现以下功能：

（1）故障录波功能。发生故障时，系统可按照一定的采样频率采集故障点前后的一段时间的各种电气量的变化情况，支持直流分量、基波、谐波、占比分析等，通过对这些电气量的分析、比较，判断保护是否正确动作，提高电力系统安全运行水平。故障录波分析软件兼容 COMTRADE91/99 标准，可以对相应的故障文件进行正确的读取、分析；可以对故障数据进行图形化展示；支持选择打印、打印所有曲线、选择部分曲线、打印预览、打印设置等。

（2）谐波检测。通过谐波检测仪表采集谐波数据及波形，通过曲线图的方式实时展示出具有谐波分量的电压或电流在一个周波波形，如图6-24所示。支持线路三相电流、电压的谐波曲线展示；支持 A/B/C 相有效值、A/B/C相总谐波畸变率、A/B/C 相峰值系数、A/B/C 相谐波含有率等谐波数据的展示。

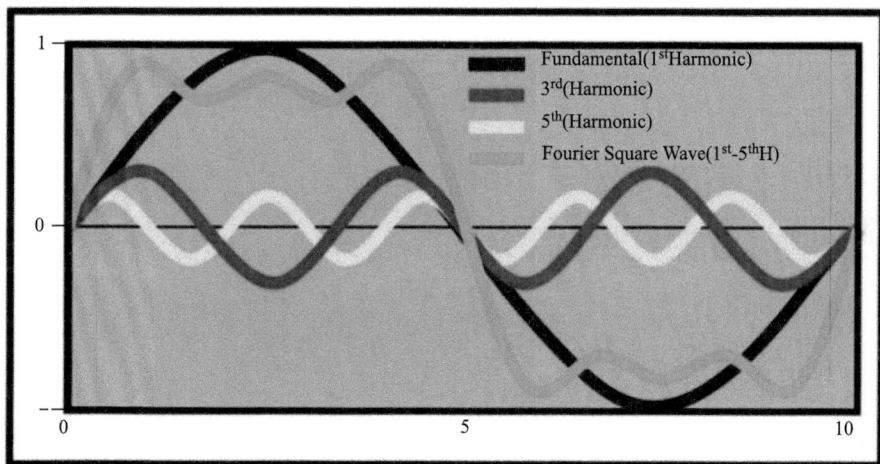

图6-24 电力谐波检测

3）负荷预测

基于历史电能数据，结合机场运营特点，采用人工智能算法实现对未来一天、一周以及一年的能耗预测，为各项电力调度提供数据支撑。

4）智能辅助监控系统

电力监控系统集成环境监测系统、通信系统、安防系统、消防系统以及巡检系统，实现对该变电站的全面监控，及时发现并排除故障，如图6-25所示。

图6-25　智能辅助监控系统

环境监测系统：实时记录现场各种环境量值，主要包括温度、湿度以、漏水检测以及SF6监测，通过数据分析，判断现场环境情况，远程控制风机、空调的开启。

智能门禁子系统：刷卡开门，联动视频，存储信息，实现远程开关门和远方许可操作，联动报警实现开关门进行布撤防。

5）3D展示（图6-26、图6-27）

电力监控系统的UI以3D的方式展示各变电站位置、站与站之间的进出线关系、站内各种设备的实时状态和数据。各种传感器、摄像机的位置，通过点击可以调阅传感器的当前数据、摄像机的当前视频。在出现故障和报警时，能在UI上高亮显示。

图 6-26　变电站位置 3D 显示

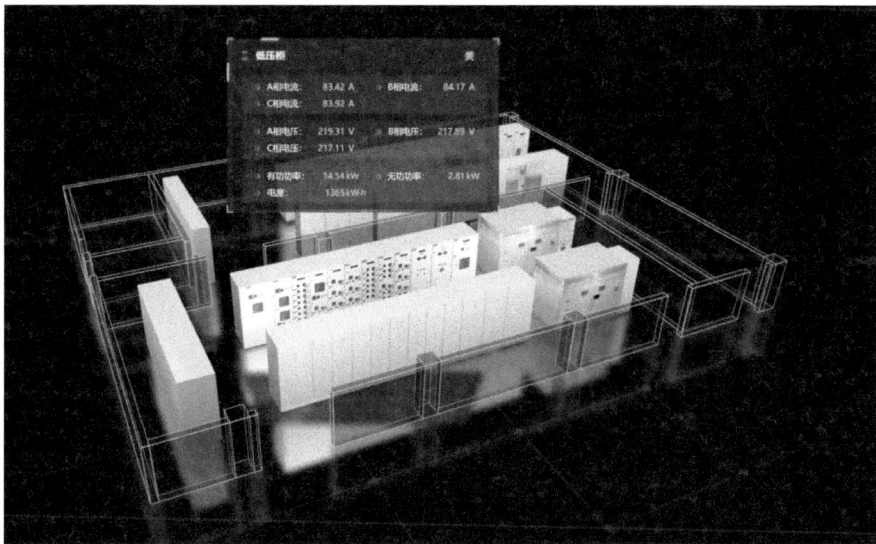

图 6-27　变电站内设备 3D 显示

145

第 6 章　能源管理及控制

6.3.2　设计要点分析

1. 业主运行方式调研

设计前期，需要对业主运营方式做深入调研，主要包括运营人员以及运行需求。以上海某航站楼扩建项目为例，本项目前期规划3座35kV变电站，采用交叉供电方式，对下级24座10kV变电站供电。经对机场供电部门的前期调研，当前供电科负责整座机场共7座35kV变电站、158座10kV变电站以及3座能源中心，现有正式员工12人，包括中层3人，技术员9人。技术主要负责电力系统相关设备设施的运行管理工作，运营经理负责供电日常运行及工作管理、变电站电力系统运行情况、培训及突发情况处理；劳务工19人，分为场区低压班6人，负责场区低压设备设施的日常管理，包括安检门岗、公安配电箱、广告配电箱及相关电缆维修等，飞行区低压班9人，负责飞行区高杆灯、机务配电箱、活动用房等维护维修及用电管理等工作。高压监管班4人，负责委托单位管辖的变电站进行日常不定期抽查，对部分施工项目协助配合以及相关档案资料归档、人员车辆证件的办理等工作；委托单位190人，分别负责各航站楼及卫星厅的日常巡视工作，包括日常的巡检、运行维护、缺陷管理等变电站管理内容。

本期3座35kV变电站以及24座10kV变电站按照无人值守变电所要求设置智能开关，实现对变电所信息的五遥控制：

遥信：各电压等级的开关的位置信号、变压器内部故障综合信号、保护及自动装置的动作信号、通信设备运行状况信号等。

遥测：各电压等级的有功功率，无功功率，电流，电压，配电变压器温度，频率，功率因数、电度量等。

遥控：远程分合10kV断路器、380kV进线及分段柜断路器，及其他具备条件的断路器。集成软件五防功能模块，实现遥控与相关开关状态、模拟量的联动闭锁。

遥调：远程模拟量调节。主要有：二次设备参数、定制修改等。集成软件五防功能模块，实现遥调与相关开关状态、模拟量的联动闭锁。

遥视：远程采集各开关柜、电力设备的实时影像音频，并能在图形界面以矩阵或者弹窗显示并播放音频。

结合3座35kV变电站设置3个电力监控室，负责该区域电力调度。三座电力监控室采用环网控制方式，实施信息互通。

2. 变电站智能开关需求调研

调研业主对变电所智能型开关的需求，结合具体运行流程，减少不必要的智能型开关，降低工程造价。以上海某大型国际机场三期航站楼扩建项目为例，业主原计划对于低压柜400A以上的断路器采用智能型断路器，此项需求远超过前期的概算，考虑到变电所除低压柜进线开关及低压母线联络开关外，其他一般均处于闭合状态，开关操作相对较少，不必使用智能型开关，因此决定仅将低压柜进线开关及低压母线母联开关采用智能型开关。

3. 机房供电方式

按照《交通建筑电气设计规范》JGJ 243—2011电力监控机房配电箱应为一级负荷，常采用一路市电和一路应急电源（一般为柴油发电机组）末端双切供电方式，设备自带不间断电源UPS，电源切换时间及供电时间需满足相关规定。但实际设计过程中，往往也有不同的供电方式，设计前期，需对该供电方式调研。以合肥某大型国际机场为例，该项目业主明确规定电力监控控制室配电箱应采用UPS电源供电，以满足供电的可靠性。

6.3.3 案例应用分析

1. 项目概况

上海浦东机场卫星厅是目前世界上单体最大的卫星厅，位于浦东机场T1、T2两座航站楼的南侧，其主要建筑功能为现有T1、T2航站楼候机功能的延伸，旅客在T1、T2航站楼内办票后，乘坐捷运系统至本项目内候机。本项目总建筑面积为621122m²，总建筑高度为39.5m，东西方向由S1、S2二大功能区组成，如图6-28所示。

图6-28 浦东机场卫星厅效果图

2. 系统架构分析

上海浦东机场卫星厅根据建筑形态，共设置10座10kV开关站及变电所，分别从上级两座独立电源的35kV变电站各自引出8路10kV进线，设置S1和S2两个监控中心，系统结构如图6-29所示。

监控管理内容包括：10kV中压配电系统、低压配电系统、变压器、直流电源装置、UPS、EPS、

ATSE、自备应急柴油发电机等，如图6-30所示。后台系统由后台机（工控微机）及其附属硬件设备（打印机、显示器、音箱等）和软件组成。后台系统管理机置于变电所值班室内，各保护、测控装置就地安装在开关柜上。

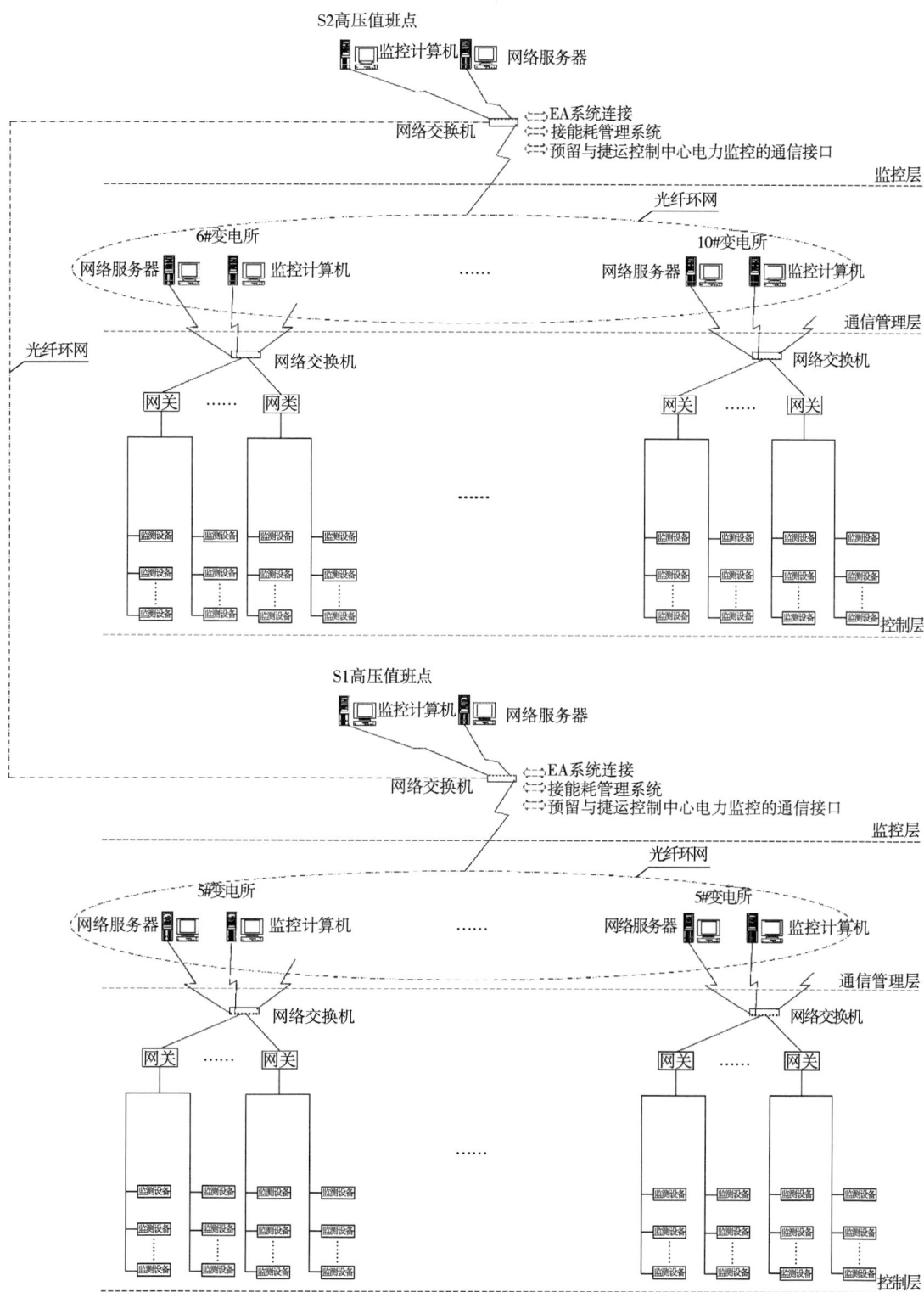

图6-29 浦东机场卫星厅电力监控系统结构图

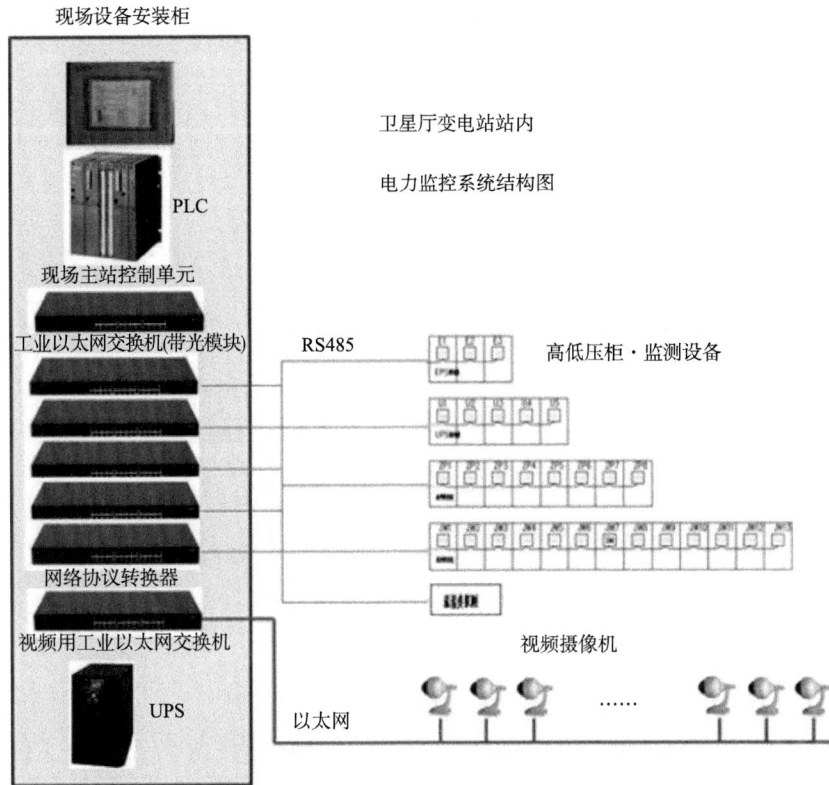

图6-30 浦东机场卫星厅站控单元结构图

3. 监控功能分析

1）UI界面

采用逐层深入的形式，从全景索引、变电所电力监控（10kV一次接线图、低压系统图、直流屏）直至楼层配电间，如图6-31～图6-33所示。

图6-31 电力监控索引图

图 6-32 发电机监控系统图

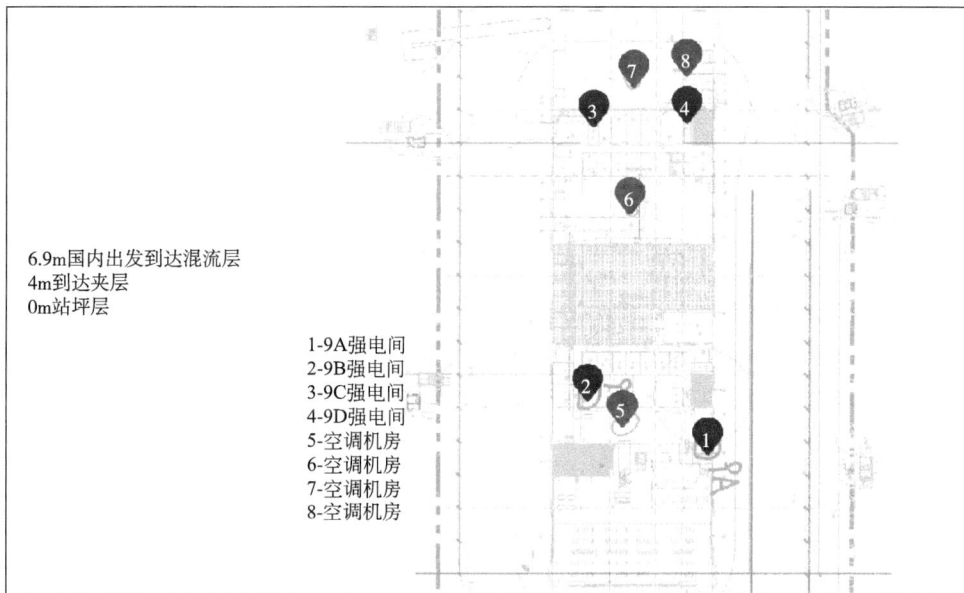

6.9m国内出发到达混流层
4m到达夹层
0m站坪层

1-9A强电间
2-9B强电间
3-9C强电间
4-9D强电间
5-空调机房
6-空调机房
7-空调机房
8-空调机房

图 6-33 机房索引图

2）视频联动报警

采用导轨式摄像机如图6-34所示，导轨设置于配电柜间，视频监控高压柜、变压器以及低压柜。开关柜的断路器位置信号变化时，实时推出当前面对此开关柜的摄像头画面，及时查看开关柜现场操作是否到位。

图6-34 电力监控索引图

3）主要信息采集

（1）10kV开关柜信息

- 相电压（V_a、V_b、V_c）
- 线电压（V_{ab}、V_{bc}、V_{ca}）
- 电流（I_a、I_b、I_c、I_o）
- 有功功率（kWa、kWb、kWc）
- 有功功率（kW总）
- 无功功率（kVARa、kVARb、kVARc）
- 无功功率（kVAr总）
- 视在功率（kVAa、kVAb、kVAc）
- 视在功率（kVA总）
- 有功电度（kWH）（累积值）
- 无功电度（kVARH）（累积值）
- 功率因数
- 功率

- 断路器状态输入ON
- 断路器状态输入OFF
- 手车状态工作位置
- 接地刀合闸位置
- 储能位置
- 远方/就地
- 断路器保护跳闸动作（过流、速断、零序等）
- 过电压/低电压报警
- 过电流报警
- 过负荷报警

（2）变压器信息

- 变压器三相绕组的温度值
- 相电压（V_a、V_b、V_c）
- 线电压（V_{ab}、V_{bc}、V_{ca}）

- 电流（I_a、I_b、I_c、I_o）
- 超温报警信号
- 超温跳闸信号

（3）低压开关柜信息

- 三相线电压
- 三相相电压
- 三相电流
- 频率
- 有功总电度

- 开关状态
- 故障状态（通信中断）

- 有功功率
- 无功功率
- 视在功率
- 功率因数

（4）柴油发电机信息
- 柴油发电机组启动失败　复位失败
- 低油压　低速　过速
- 发电机低电压　高电压
- 发电机低频率　高频率
- 发电机过电流
- 发电机逆功率
- 三相电压
- 三相电流
- 频率
- 转速
- 有功功率
- 无功功率
- 润滑油压力
- 冷却液温度
- 电池电压

（5）直流屏信息
- 合母电压　母线电压
- 母线电流
- 充电电流　放电电流
- 负母对地电压　正母对地电压
- 交流1路三相线电压
- 交流2路三相线电压
- 电池电压
- 交流1路工作　交流2路工作
- 交流1路过压　交流1路欠压
- 交流2路过压　交流2路欠压
- 交流失电
- 母线过压　母线欠压
- 电池组过压　电池组欠压
- 单体电池异常
- 绝缘不良
- 充电模块异常　供电模块异常
- 电池电压

6.3.4　系统总结

电力监控系统在项目实施过程中，主要关注以下几点：

方案设计阶段，解读业主招标文件，明确是否设置该系统。

扩初设计阶段，如果在方案阶段已明确设置该系统，初步设计图纸需要明确该系统的系统架构以及必要的说明，材料表中应体现该系统，避免概算漏算。是否采用按照"无人值守"方式设计；是否采用智能开关以及智能配电系统。

施工图设计阶段，设计院应充分与业主相关部门进行沟通，明确业主需求。如视频监控采用导轨式还是固定式以及管理人员对视频监控的需求，仅仅是需要视频监控变电所环境还是需要准确识别到配电柜断路器的状态。

6.4 电气综合监控系统

电气综合监控系统将消防电源监控系统、电气火灾监控系统、电力监控系统以及能耗监测系统融为一体，结合"互联网+"的发展，深度优化各独立系统的功能，在保持各系统特点的基础上简化系统结构，使其具有很好的可扩展性。

根据《民用建筑电气防火设计规程》DG/TJ 08-2048—2016中"6.1.1电气综合监控系统应由现场信息采集装置、通信网络和监控主机组成，并具有电气火灾监测、消防电设备源监、电力监控、能耗监测功能，宜具有浪涌保护监测功能"。系统图如图6-35所示。

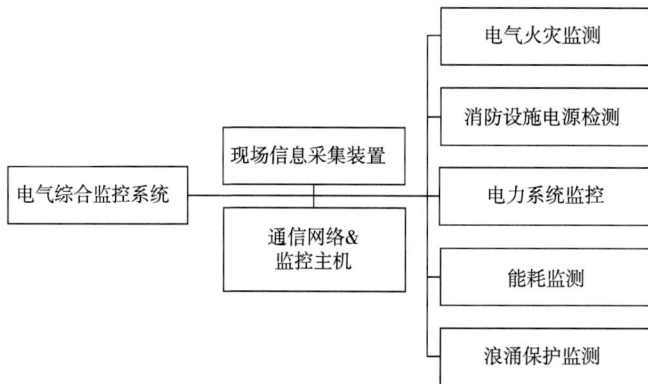

图 6-35　电气综合监控系统

6.4.1 综述

1. 电气综合监控系统设置的必要性

随着现在机场规模的不断增大，机电系统的种类以及复杂性也在急剧增长，不同系统间的联动以及数据互通的需求越来越高，通信数据的种类和数据量发生了本质的改变。当前在项目实施工程中，不同的机电系统往往由不同的分包商完成，采集数据的频率、精度、数据类型、数据结构以及通信方式都不同，严重阻碍了不同系统间的数据共享。

电气综合监控系统，将不同电气系统的协议以及数据类型进行融合，建立标准的数据库，可实现以下功能：

（1）跨系统的数据共享，打通了不同电气系统间的壁垒；

（2）综合不同电气系统采集的电气参数，建立电气数据模型，通过智能算法实现对电气故障的提前预警。

2. 电气综合监控系统发展现状

当前电气综合监控系统仅在上海市工程建设规范《民用建筑电气防火设计规程》DG/TJ 08-2048—2016中提出，对于上海市之外的项目没有强制性要求，但是从具体项目调研中发现，当前国内新建航站楼项目均设置系统。

该系统集成电气火灾监控系统、消防电源监控系统、电力监控系统以及能耗监测系统，简化供配电系统附属设备安装，综合利用个辅助系统数据，提高供配电系统的安全可靠性，降低设备能耗。

当前上海市多数大型项目在设计阶段已设置该系统，但建成项目相对较少，今后需对建成项目后续在使用过程中认真分析其设置及管理模式，不断完善该系统。

3. 电气综合监控系统功能介绍

电气综合监控系统在不改变各系统功能以及特点的基础之上简化了系统结构，既符合现有标准规范对系统的要求，又节约了成本，提高了效率。该系统采用分层分布式结构，分为三层架构：监控探测层、网络通信层、监控管理层，如图6-36所示。

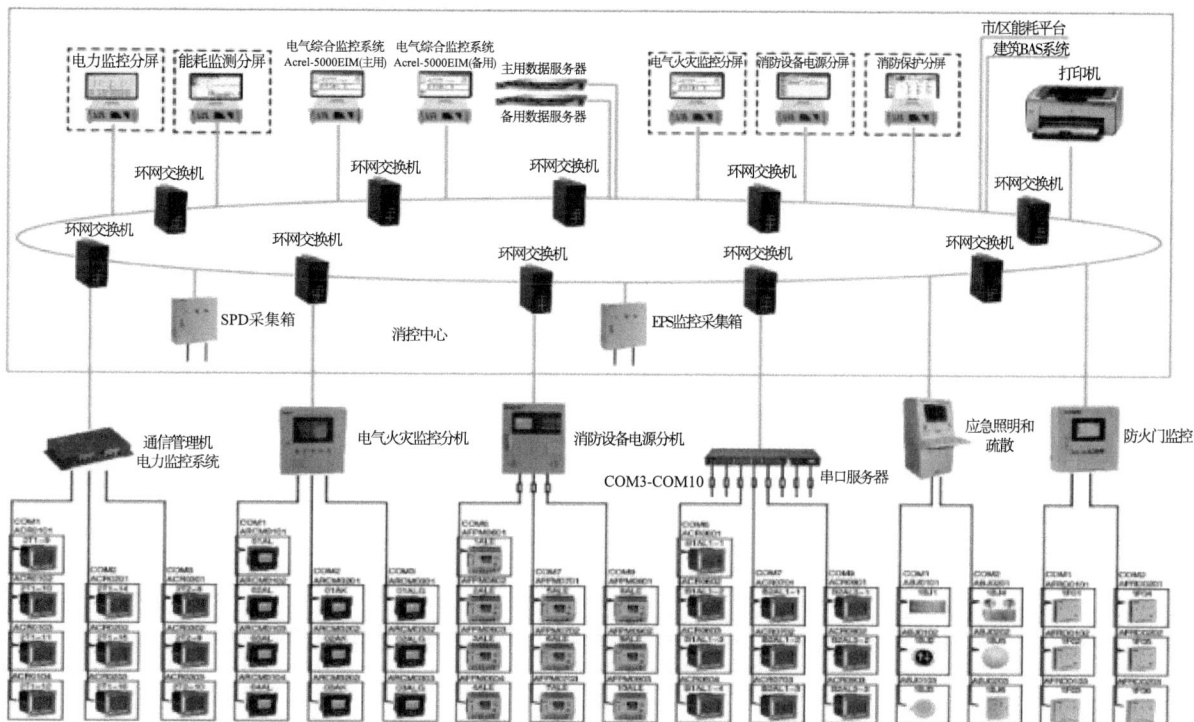

图6-36 电气综合监控系统网络架构图

监控探测层采用可通信的采集装置，采集远端各设备的参数信息，并通过通信模块将这块信息传送给主机，监控探测层通过应用等现场总线技术实现现场数据的上传。

网络通信层是监控探测层与监控管理层设备实现数据交换的桥梁，是通信设备和通信线路的总称，包括以太网关、网络交换机、协议转换器以及路由用的通信线缆等，根据每个项目的实际情况，及现场设备的数目，选择相应的总线及网络结构，配置相应的通信设备。

监控管理层由服务器、监控主机、监控组态软件、等组成。监控主机采用高性能的工控机，结合各种监控组态软件实现电气综合监控系统的监控和管理功能。

6.4.2 设计要点分析

1. 业主需求分析

该系统目前仅在上海市工程建设规范《民用建筑电气防火设计规程》DG/TJ 08-2048—2016中提出，对于上海市之外地区的项目没有明确的要求，因此在设计前期需要与业主进行沟通，明确是否设置该系统。

2. 相关系统接入及信息互通

对比《消防设施物联网系统技术标准》DG/TJ 08-2251—2018和《民用建筑电气防火设计规程》DG/TJ 08-2048—2016，两个系统中有部分系统是重复的，如电气火灾监控系统和消防电源监控系统；对比电气综合监控系统和BAS楼宇监控系统，也有部分系统是重复的。因此在设计前期，设计师需要根据业主的实际需求，在满足规范的基础上，协商系统间信息互通的规则。以上海某大型国际机场四期航站楼扩建项目为例，前期与业主消防部门协商，将电气综合监控系统主机设置在消防控制室内，其中与消防相关的系统，如消防电源监控和电气火灾监控系统，仅将信号接入电气综合监控系统，以上两个系统的控制权限设置在电气火灾报警系统或消防物联网系统，电气综合监控系统不具备控制功能。

6.4.3 案例应用分析

1. 项目概况

以图6-37所示合肥新桥国际机场T2航站楼为例，新建T2航站楼建筑面积约35万m²。T2航站楼采用"双港湾+双L"的建筑构型，主楼面宽约400m、进深约180m。综合交通换乘中心（GTC）及相关配套设施约为17.8万m²、机场信息中心约2万m²、旅客过夜用房3万m²，总建筑面积约为60万m²。该项目位于安徽省合肥市，按照国家和合肥地区规范，没有对该系统强制性要求，经过与业主沟通后，从方便运维管理的角度，业主建议设置电气综合监控系统。

图6-37　合肥新桥国际机场T2航站楼效果图

2. 系统架构分析

由于国家和合肥地区规范没有电气综合监控系统的设置要求，因此参考《民用建筑电气防火设计规程》DG/TJ 08-2048—2016，集成电气火灾监测系统、消防电源监测系统、电力监控系统、能耗监测系统以及浪涌保护监测系统。系统原理图如图6-38所示。

6.4.4 系统总结

电气综合监控系统在项目实施过程中，主要关注以下几点：

方案设计阶段，解读业主招标文件，对于上海市项目，根据《民用建筑电气防火设计规程》DG/TJ

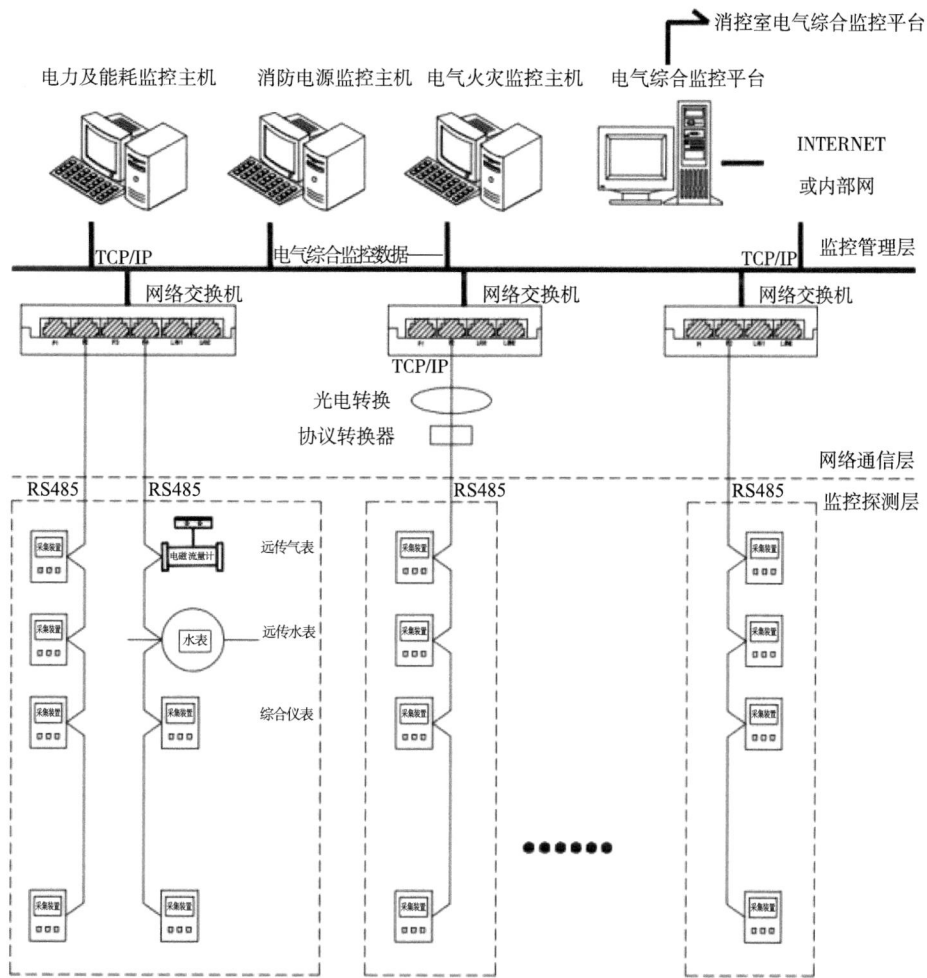

图 6-38 电气综合监控系统原理图

08-2048—2016判断是否设置该系统，对于上海市之外的项目，应结合当地设计标准以及业主需求，考虑是否设置该系统。

扩初设计阶段，如果在方案阶段已明确设置该系统，初步设计图纸需要明确该系统的系统架构以及必要的说明，材料表中应体现该系统，避免概算漏算。

施工图设计阶段，设计院可以仅出该系统的框架图，由中标单位进行深化，该系统及相关子系统的技术规格书中应明确系统间的通信协议，确保各子系统能将数据准确上传。

6.5 能耗监控系统

能耗监控系统是为耗电量、耗水量、耗气量（天然气量或者煤气量）、集中供热耗热量、集中供冷耗冷量与等数据进行监控，通过在建筑物内安装各类能耗计量装置，采用远程传输等手段及时采集能耗数据，实现重点建筑能耗的在线监测和动态分析功能。

6.5.1 综述

1. 能耗监控系统设置的必要性

1）国家政策要求

2017年9月国家发展改革委联合国家质检总局共同印发关于印发《重点用能单位能耗在线监测系统推广建设工作方案的通知》（发改环资〔2017〕1711号）要求各地方加快建设重点用能单位能耗在线监测系统，健全能源计量体系，加强能源消费总量和强度"双控"形势分析和预测预警，推动完成"双控"目标任务。

2019年4月国家发展改革委、市场监管总局《关于加快推进重点用能单位能耗在线监测系统建设的通知》（发改办环资〔2019〕424号）要求确保2020年底前，完成各地区全部重点用能单位的接入端系统建设，并实现数据每日上传。

2）企业管理需求

机场属于用能大户，能耗监控系统无论是对于机场日常的用能管理还是整体的用能规划否至关重要。

（1）机场日常管理需求：

① 找到无关的用能单元，消除能耗漏洞。

② 发现未随作息调整运行策略的管理漏洞。

③ 捕捉由设备故障而造成的能耗突变，避免更大损失。

④ 监控供需匹配，防止"过大"或"过小"。

⑤ 为节能诊断提供基础数据支撑。

⑥ 合理化计算投资回报率。

⑦ 评价节能改造成效的有效手段。

⑧ 用数据说话的核算节能量标尺。

（2）宏观应能规划决策依据：

机场能源管理系统可以为管理层领导的建筑节能工作提供重要决策依据，多种指标分析工具，帮助领导层了解业务收入变化、气温气象变化与设备系统管理之前的关系；能源费用的组成形式，用能的薄弱环节；重要的能耗变动和拐点特征等。

3）四型机场建设需求

四型机场建设，在"绿色"方面，要求提高机场能源系统节能水平，以满足需求为主的多能优化匹配，降低能源系统整体耗能水平。

各种节能措施以及决策的依据是当前的用能情况以及对未来用能规划指标，因此机场全面、准确的能耗数据对于四型机场的建设至关重要。

2. 能耗监控系统现状分析

通过调研国内大型机场能耗监控系统现状，总结如下：

1）多数建筑没有能耗分项计量系统

调研中发现，当前多数建筑未设置能耗监控系统，部分建筑在后期改造过程中增加了该系统，但也仅针对该改造部分，原机电系统能耗部门进行分项计量或者说只能进行粗犷的总的能耗计量。

以上海市某大型国际机场为例，其航站楼一期建成于1998年，占地面积约11万m²，总高度约40m，总建筑面积28万m²，航站楼由主楼、连接廊道和候机长廊组成。2013年为满足远期规划要求，对航站楼进行了流程改造。流程改造新建总建筑面积6.77万m²，改建总建筑面4.83万m²，总建筑面积

11.6万m²。一期航站楼因当时技术受限，未设置能耗监控系统，后期改造部分设置了该系统，由于对一期机电系统若增加该系统，会严重影响机场的正常运行且工程期限长，因为未对一期机电系统进行更新改造。

2）分项计量等级粗略

当前多数项目能耗分项计量点位设置主要依据《国家机关办公建筑和大型公共建筑能耗监测系统-分项能耗数据采集技术导则》以及《民用机场能源资源计量器具配备规范》MH/T 5113—2016能耗分项、分类框架设计，其电力计量网络如图6-39所示。

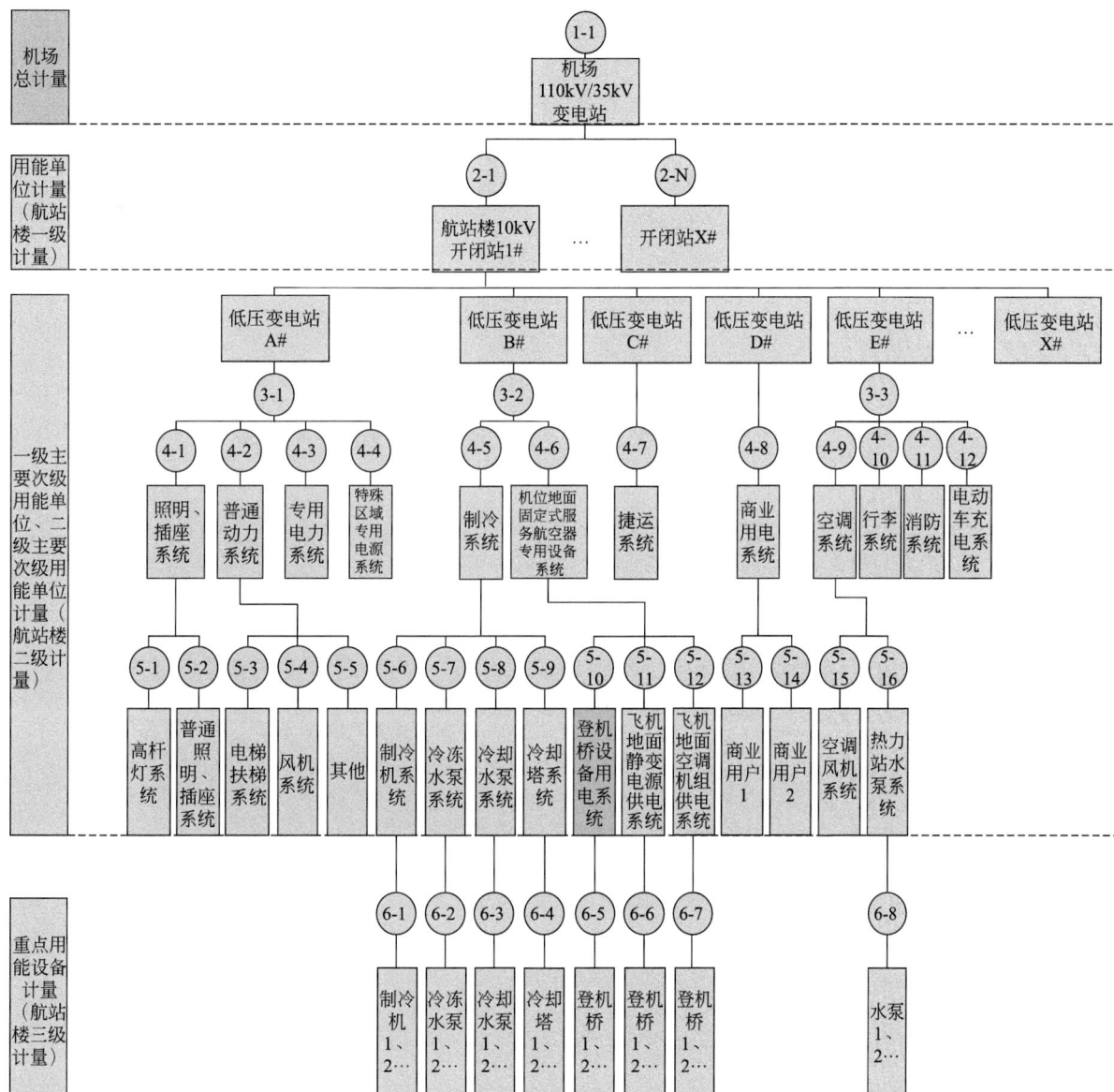

图6-39 航站楼能耗计量网络图

实际调研中发现，多数机场并没有完整的数据分项计量，对于航站楼内的10/0.4kV变电所，多数机场仅有10kV进线电能数据，甚至没有各低压柜出线电能数据，水耗以及冷热源也仅设置于主要干管处。

3）能耗信息缺失严重

调研中发现，当前能耗数据丢失较为严重，数据传输过程中部分数据丢失，初步判断为仪表故障，后期可更换仪表后，再次观察数据的可靠性。

4）能耗仅展示未做原因分析

当前多数能耗数据的后台展示，非专业人员只能看到当前、日、月以及年能耗数值，系统缺乏通过人工智能等算法给出管理人员的节能措施。管理人员当前仅把该措施作为参考，出于安全可靠考虑，未进行相应的操作，节能效果不明显。

3. 能耗监控系统构成及功能介绍

系统具备能耗数据实时采集和通信、远程传输、自动分类统计、数据分析、指标比对、图表显示、报表管理、数据储存、数据上传等功能外，还需具备以下功能：

1）系统总揽功能

虚拟地图界面，全面、实时查看能源管理平台管理范围内各建筑物的总能耗、碳排放量及各分类能耗（电量、耗水量、燃气量、集中供热耗热量、集中供冷冷量、煤、可再生能源等）数据；实时了解各分类能耗数据的日环比、周环比、月环比情况；实时查看管理范围内建筑物所在地天气情况及趋势、空气的洁净度。实现了实时掌握整个系统的基本情况以及耗能情况。能耗展示界面如图6-40所示。

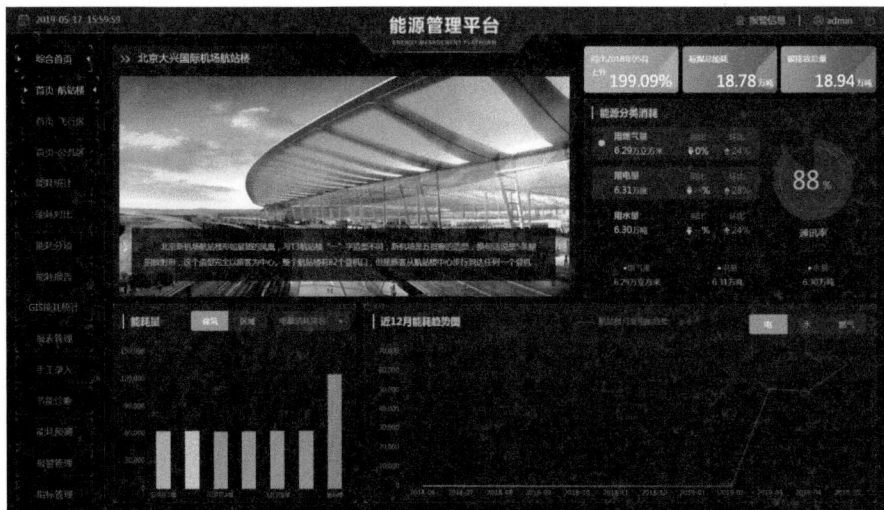

图6-40 能耗展示界面

2）峰值分析功能

系统具备识别功能以及峰值组成分析功能，通过时间段的选择可以快速查峰值出现时间段，包括峰值信息、最大值、最小值以及出现时间段；并对单个用能单元或多个用能单元可选时间范围内的峰值出现情况进行统计和分析，并对其子级用能节点和末端用能节点的占比进行钻取分析，便于用户快速分析峰值出现的原因及构成；峰值统计可根据选定的对象及时间，实现对每日功率分布散点图、每日功率分布柱状图、时段峰值统计、峰值相同时间次数排名等信息的统计；峰值分析可根据选定的对象及时间，计算平均功率走势，并可查看选定对象下级节点功率占比及末端节点TOP功率占比。峰值分析如图6-41所示。

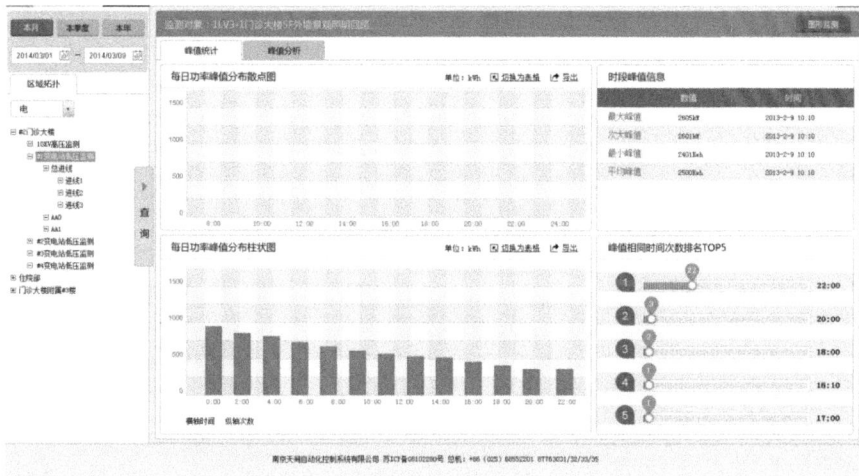

图 6-41 峰值分析

3）能耗分析及能流图

系统支持对区域内电、水能耗数据的相关分析，实现对全机场能源产生端到能源消耗末端的能源综合一体化管理。同时支持选择日期、区域进行相应的能耗分析，了解选择对象的能耗实时状况，包括选取时间段出现的能耗最大值、最小值、均值；可选择柱状图、折线图或者表格形式等进行呈现；能耗分解饼图区域可根据选择对象来进行自动分解，实现对区域对象业态对象能耗的分析。能耗分析依托于能耗模型，能耗模型可以根据用户的自定义配置来实现，用户根据需要可以扩展电、水、气、冷、热、蒸汽等能耗模型。通过能流图，管理者可直观看到各类能源的流向及流量，及时发现能源流动异常和能量损失。能耗分析如图6-42所示。能流图如图6-43所示。

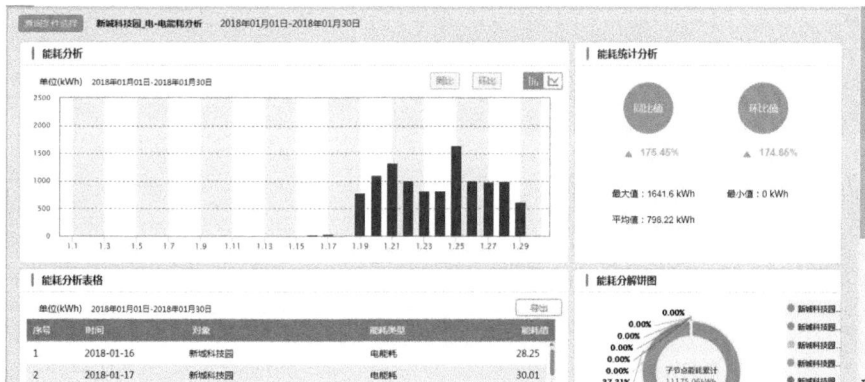

图 6-42 能耗分析

4）能耗对比

可根据选择日期、区域进行相应的能耗对比，支持不同用户同一时间段的能耗对比和同一用户不同时间段的能耗对比两种形式，同时支持表格形式进行呈现，包括选择对象的总能耗、最大值、最小值、平均值的能耗对比结果呈现。实现对区域对象、业态对象能耗的对比（对比最多支持20个节点或者时间段）。能耗对比依托于能耗模型，能耗模型可以根据用户的自定义配置来实现，用户根据需要可以扩展电、水、气等能耗模型；同时支持能耗转化为标准煤的值、二氧化碳的排放量、转化为人民币的值；支持页面图表和数据的导出。

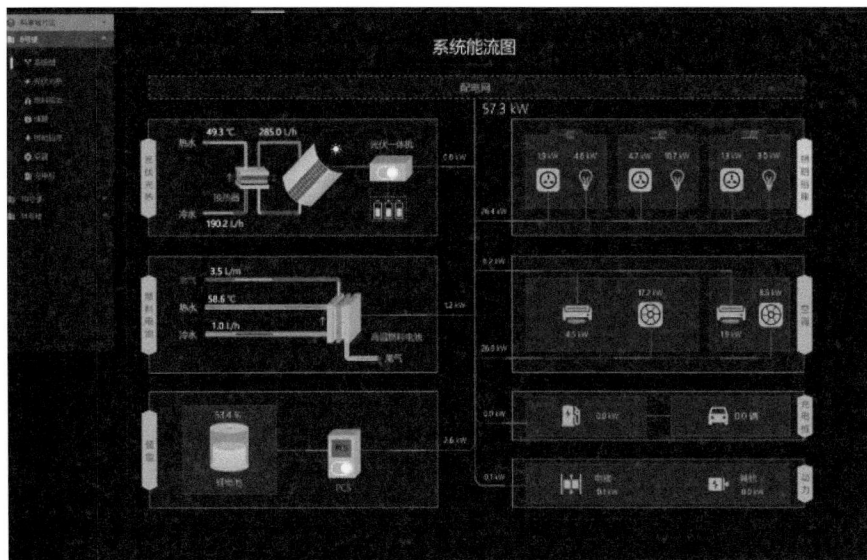

图 6-43　能流图

空港枢纽建筑电气及智慧设计关键技术研究与实践

5）能耗排名

可根据选择日期、区域进行相应的能耗排名，可选择升序或者降序，同时支持表格形式进行呈现；能耗分解饼图区域可根据选择对象来进行自动分解；实现区域对象/业态对象的能耗排名，支持递增排名和递减排名，能耗模型可以根据用户的自定义配置来实现，用户根据需要可以扩展电、水、气等能耗模型；同时支持能耗转化为标准煤的值、二氧化碳的排放量、转化为人民币的值；支持页面数据的导出功能。能耗排名如图6-44所示。

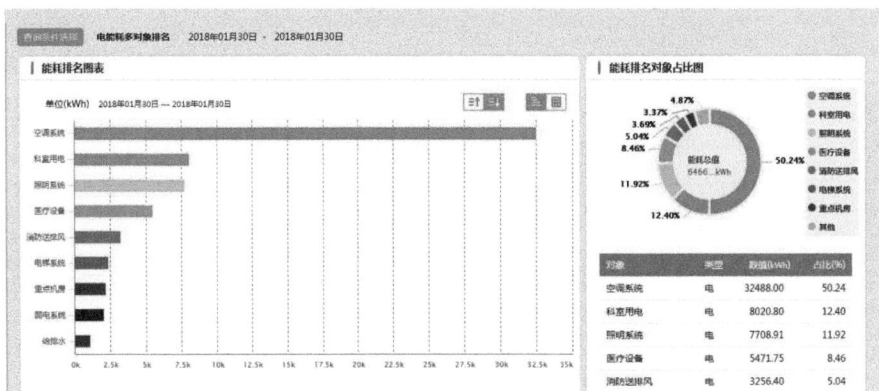

图 6-44　能耗排名

6）能耗预测

系统通过采集室外光照度、温湿度等实时气象数据，并根据预测的下一时刻天气数据，结合历史用能情况，可对航站楼的下一小时、次日的冷热负荷进行预测。

6.5.2　设计要点分析

1. 用户需求分析

设计初期，应对业主方对能耗计量的要求深入调研，包括计量的能耗种类、能耗区域划分以及能耗分项等，重点可从可依照《民用机场能源资源计量器具配备规范》MH/T 5113—2016、《民用机场航站楼能效评价指南》MH/T 5112—2016以及业主运营需求，梳理各类计量表计的设置需求。如某机场能耗分项计量如图6-45所示。

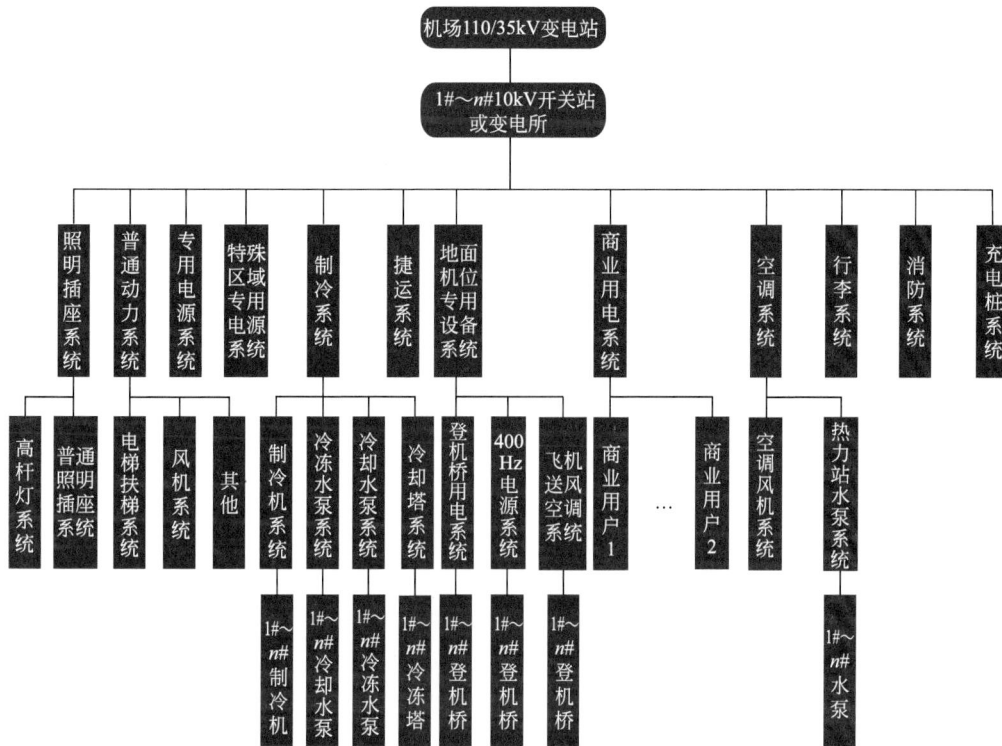

图 6-45　航站楼能耗计量网络图

2. 分项分级计量

依照《民用机场能源资源计量器具配备规范》MH/T 5113—2016对能耗分级计量的要求，配合使用方的管理需求，在相应的配电箱设置多功能电表。对于给水排水、暖通专业在相应干管以及支管处设置水表和冷热计量表。表6-2为某机场能耗分项计量需求。其中"特殊电耗"可进一步拆分达到管理需求。

某机场能耗分项计量需求		表6-2
分项名称	一级子项	二级子项
水	生活用水	生活总表、消防总表、商业、厨房餐饮、绿化用水、空调补水、热交换机房、中水
电	照明插座	室内照明插座、公共区域照明和应急照明、室外景观照明
	空调系统	热交换机房、空调末端
	动力系统	电梯、自动扶梯、水泵
	特殊电耗	弱电机房、柴油机房、厨房餐厅、商业
燃油	柴油	柴油机
空调		集中供热、集中供冷
可再生能源		太阳能热水系统、光伏发电

3. 软件功能完善

设计院在前期应充分了解使用方的管理需求，结合现有能耗监控系统功能，作为使用方与厂商之间的桥梁，将使用方的诉求完整的传达给厂商，优化系统功能，达到使用方的运营便捷。

6.5.3 案例应用分析

以杭州萧山机场为例，新建T4航站楼集国内旅客、国际旅客需求为一体，包含出发、到达、中转、经停等各类旅客功能流程的综合航站楼。本期航站楼项目地上建筑面积约为61.12万m²，总建筑高度约为44.55m，航站楼由主楼及北侧三指廊和南北水平长廊组成。航站楼地下二层、地上四层、局部六层，自上而下分别是站坪塔台、商业夹层、出发值机办票及国际出发候机层、国际到达层、国内混流和行李提取层、站坪层、两层地下设备层，如图6-46所示。

图6-46 杭州萧山机场T4航站楼效果图

1. 系统设计原则

前期通过与机场方面进行沟通，确定以下设计原则：

（1）各变电所站内配置通信管理机，实现站内能耗数据的采集与传输。

（2）通过通信管理机（配置光电转换装置）将站内数据从光纤通道上送航站楼能耗管理系统，通过预留的第三方系统接口，上传至IBMS（智能楼宇控制系统）系统。

（3）系统由能源计量中心、通信网络、现场传输设备、现场能源计量仪表四部分组成。能源计量中心由上位机主机、服务器、数据库软件、能源计量平台软件组成。上行通信网络选用杭州萧山国际机场新建光纤网络，为每台集中器敷设通信网络，分配固定 IP 地址，集中器自配以太网模块，机房建设网络交换机等，各级网络建立专用数据通路。下行通信主要是通信管理机或者集中器与表计（水表、电表、气表）之间的通信，采用 RS485/Modbus、Mbus 总线通信方式，远程抄表系统由监控主站、交换机、通信管理机（集中器）、表计组成，现场计仪表有水表、电表、气表。

（4）能耗监控系统采用变电所就地采集上送、能耗管理中心集中管理的运行模式，并预留与其他第三方系统的接口。

（5）针对商业、餐饮、厨房、航空公司、驻场单位等对外出租的场所，设置远程抄表系统；系统采用预付费模式，并通过云端对数据通过手机APP进行读取、支付等操作。

2. 系统架构及功能分析

1）系统架构

能耗监控系统服务器设置于6.0m航站楼现场控制室，现场在弱电间内设置通信管理主机，通过现场机电网交换机，采用有线连接的形式，将能耗数据采集并上传至能耗监控系统主机，能耗监控系统通过TCP/IP形式将能耗数据发送至电力监控系统、BA系统以及能源管理平台，系统架构如图6-47所示。

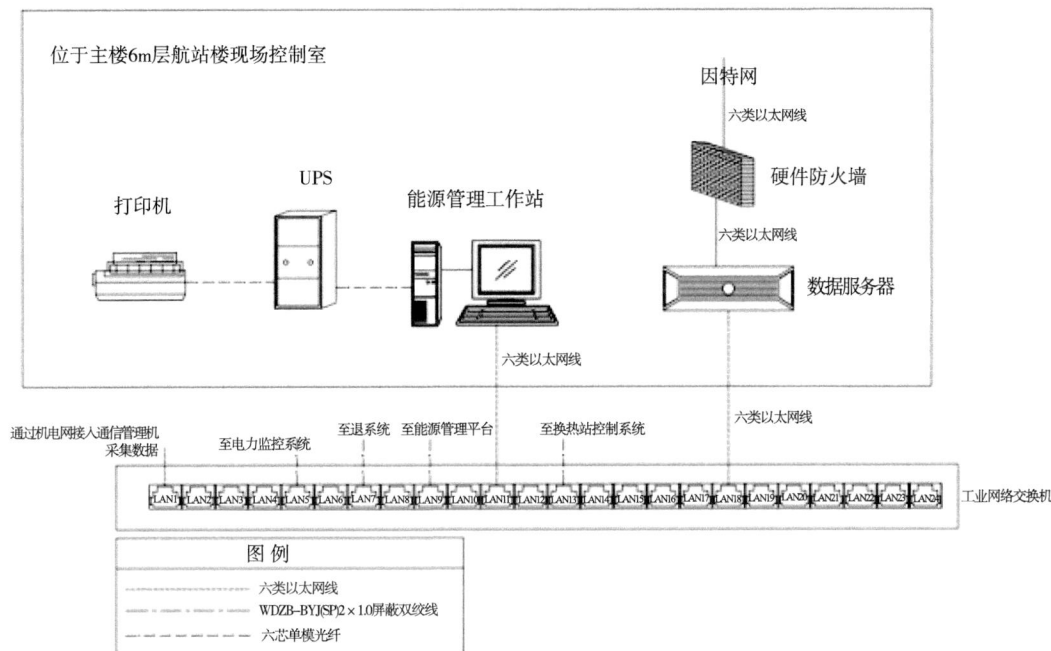

图6-47　能耗监控系统框架图

2）系统功能

（1）数据管理：数据采集和存储、数据分项计量、历史数据导入和导出；

（2）数据分析及处理：能耗统计、能耗分析、能耗评估、能耗报警、预测功能；

（3）信息发布：图形化界面、Web浏览；

（4）系统维护与管理：系统的备份与恢复、系统维护、信息安全、病毒防护。

3）能耗分项计量

计量范围：主楼、南指廊以及北指廊；

计量分项：配电箱电量计量至三级配电箱，信号线沿管井采用手拉手方式将各配电箱智能电表连接，如图6-46所示。耗水量计量根据水专业提资，设置在每层干管处，如图6-47所示。

6.5.4　系统总结

能耗监控系统在项目实施过程中，主要关注以下几点：

方案设计阶段，解读业主招标文件，结合国家及当地关于能耗计量相关要求，结合业主对能耗计量的需求，明确是否设置该系统。

扩初设计阶段，初步设计图纸需要明确该系统的系统架构以及必要的说明，材料表中应体现该系统，避免概算漏算。

施工图设计阶段，智能电表点位设置，电气专业应明确能耗监控至哪一级配电箱；智能水表，应根据水专业的提资文件，设置智能水表并明确该水表的费用纳入水专业还是电专业；冷/热量计量表具，应根据暖通专业提资计量点位，设置冷/热量计量表具。所有计量表具应明确数据传输方式及传输协议，方便业主招标。表具设置位置应充分考虑后期业主的维护，不应装设在难以检修的区域（图6-48、图6-49）。

空港枢纽建筑电气及智慧设计关键技术研究与实践

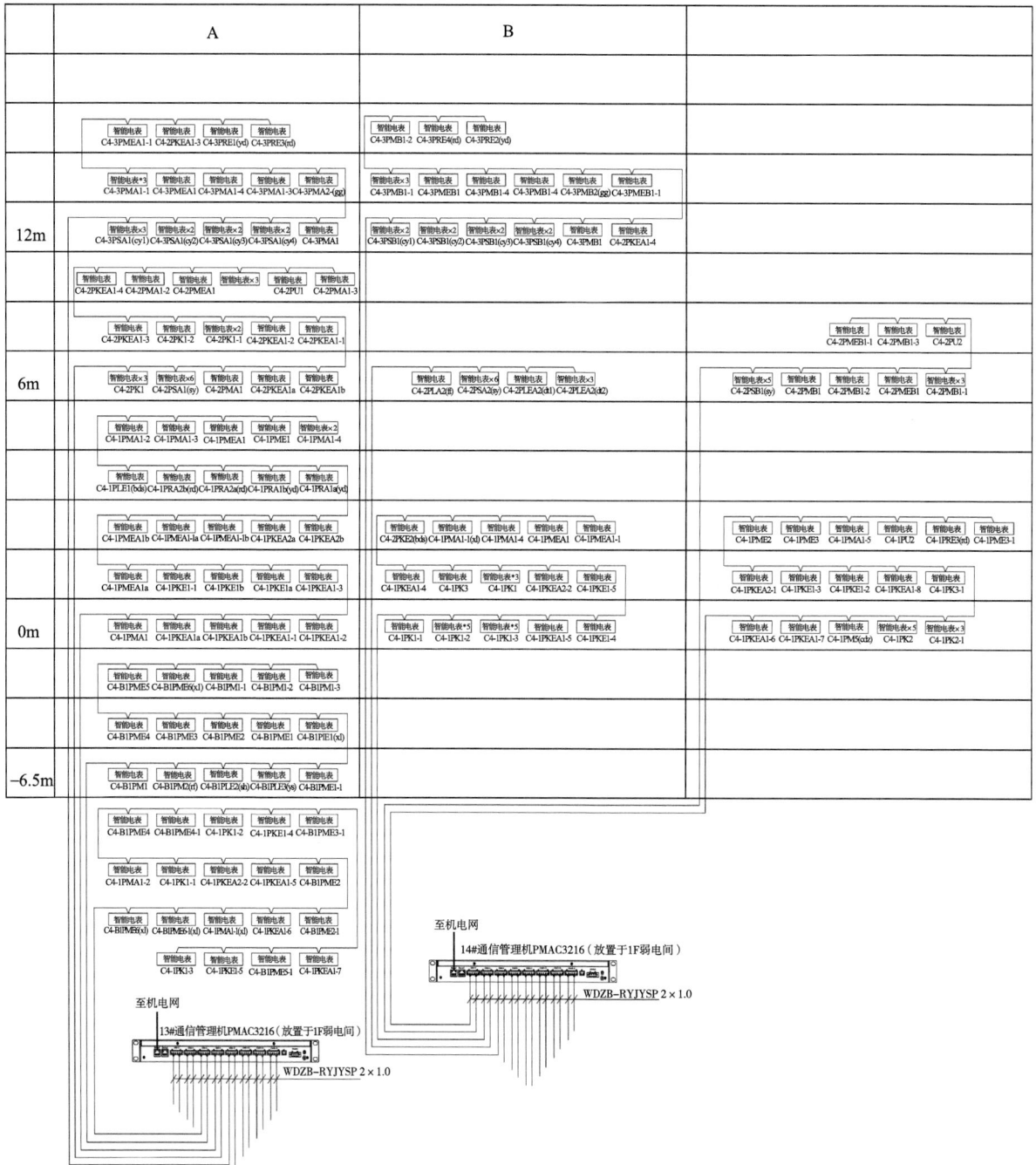

图6-48　C4#变电所能耗监控系统图

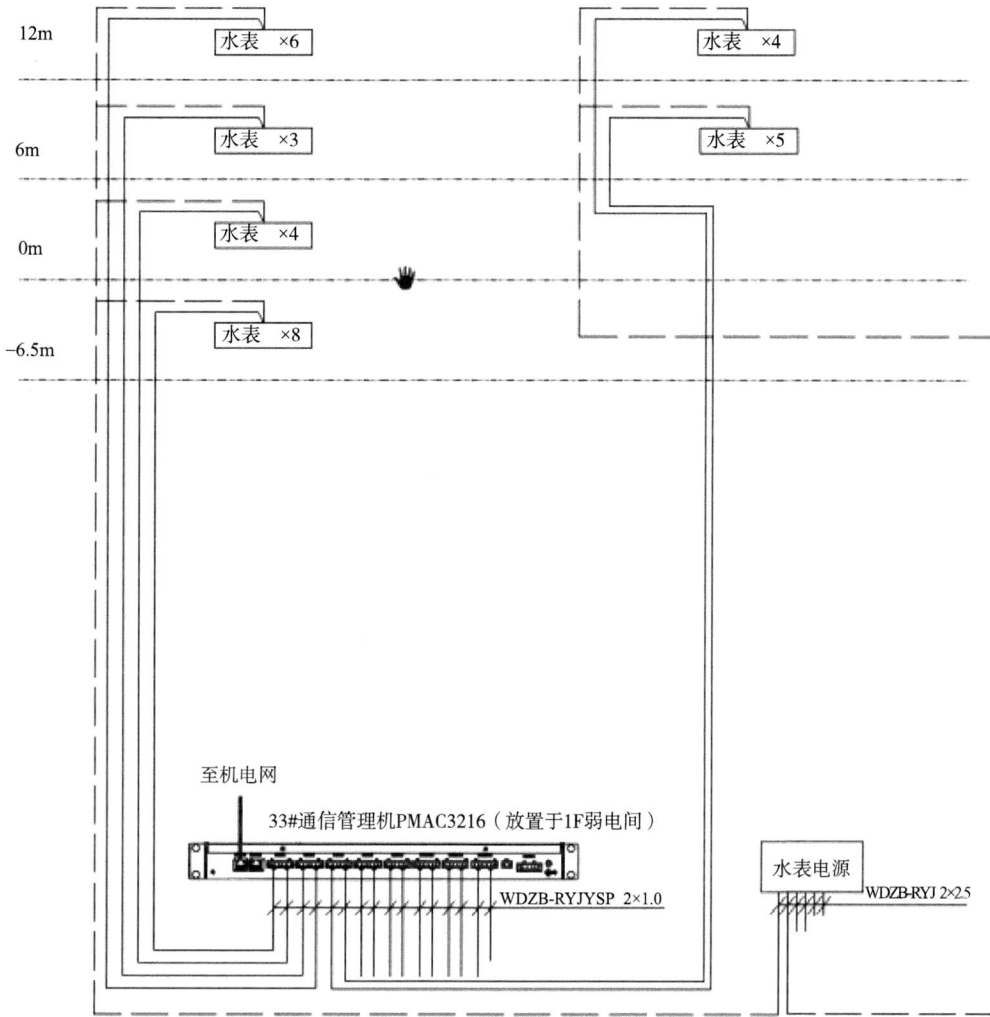

图 6-49 C4# 变电所能耗监控系统图（二）

第7章　空港枢纽建筑智慧设计要点

7.1　空港枢纽建筑智慧设计框架

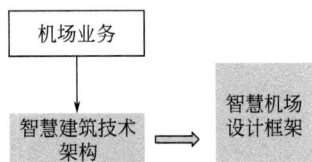

图 7-1　研究思路

空港枢纽建筑智慧设计的关键要点之一是搭建合理的设计框架，应涵盖机场智能化系统的软硬件建设，以建设内容为落脚点、兼顾机场业务运行和管理的体现。首先分析机场业务角度的信息化框架模型，然后以智慧建筑技术架构为基础，结合机场弱电智能化系统建设内容，推导出模块化的智慧机场建设内容框架，如图7-1所示。

7.1.1　机场业务信息化框架

机场业务信息化框架（图7-2）分为基础设施层、数字平台层、业务管理层、生产运行层、用户体验层五个层面，它以机场业务为核心，围绕业务展现平台及系统建设逻辑，其中基础设施层包含云基础设施、网络系统、地理信息系统、物联网、高精度定位系统、综合布线系统、数据机房、指挥中心、各弱电子系统等；用户体验层包含了PC、云终端、移动终端、自助服务终端等服务交互界面；而生产运行层、业务管理层、数字平台层则体现了信息化建设逻辑层面的核心建设需求，包括机场主要

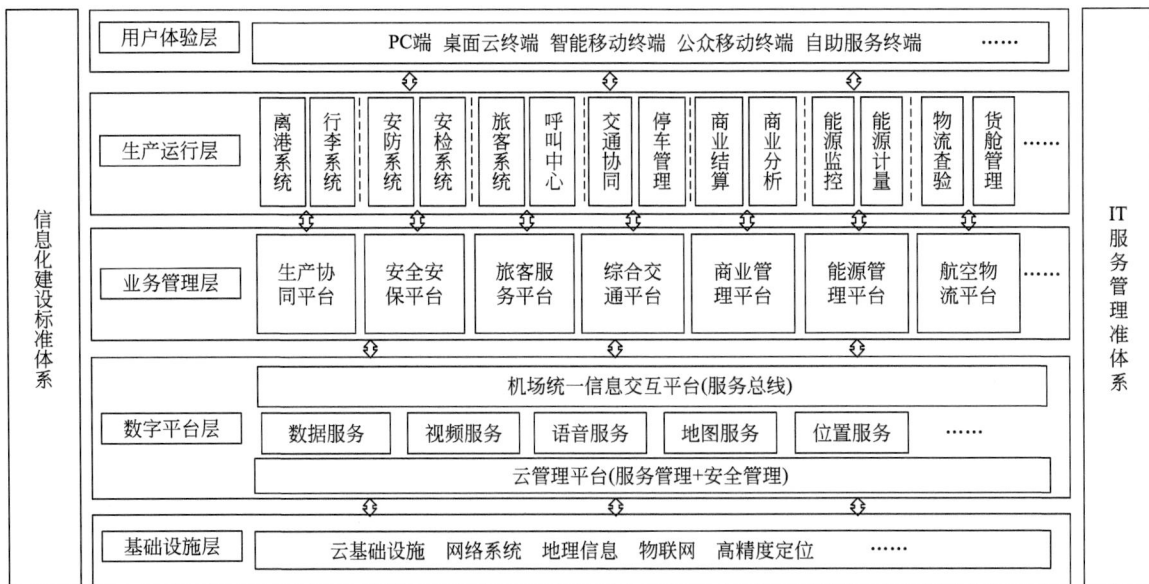

图 7-2　机场业务信息化框架示例

生产运行模块（如离港、行李、安防安检、旅客服务与呼叫中心、交通协同、商业管理、能源管控、物流货运等）、机场主要业务管理平台（如生产协同平台、安全安保平台、旅客服务平台、综合交通平台、商业管理平台、能源管理平台、航空物流平台等）、机场主要数字平台（如服务总线、数据/视频/语音/地图/位置等服务、云管理等）。

7.1.2　智慧建筑技术架构

智慧机场由以航站楼为主的若干智慧建筑组成，《智慧建筑设计标准》T/ASC 19—2021中要求，智慧建筑应根据不同建筑的供能需求、基础条件和应用方式做结构化模块设计，实现智慧场景组合的架构形式。智慧建筑典型架构如图7-3所示。

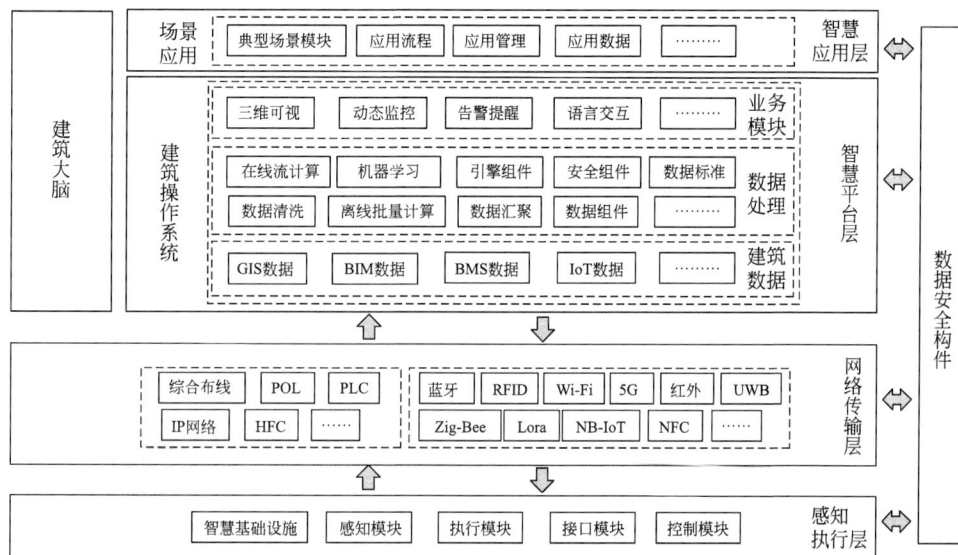

图 7-3　智慧建筑技术框架

智慧建筑的技术架构应着眼于长期规划，根据建筑功能、使用、管理和维护需求配置平台层和应用层，具备兼容性和扩展性，并适应创新应用开发。架构组成为：感知执行层、网络传输层、指挥平台层和智慧应用层等。

7.1.3　空港枢纽建筑设计框架

空港枢纽建筑设计框架如图7-4所示。

将机场业务需求注入智慧建筑技术架构，依然分为应用层、平台层、网络传输层、感知执行层。智慧机场的智慧应用场景，在不同机场的划分方式大同小异，通常称为"主题策划"，每个主题内涉及若干个智能化弱电信息子系统。

7.2　空港枢纽建筑建设主题策划

空港枢纽建筑之所以采用划分主题的方式进行建设，主要因为智慧系统繁多，需要分类管理，而主题的划分最优方式是结合业务，从机场自身管理特点着手，让智慧系统的服务对象（使用单位）根

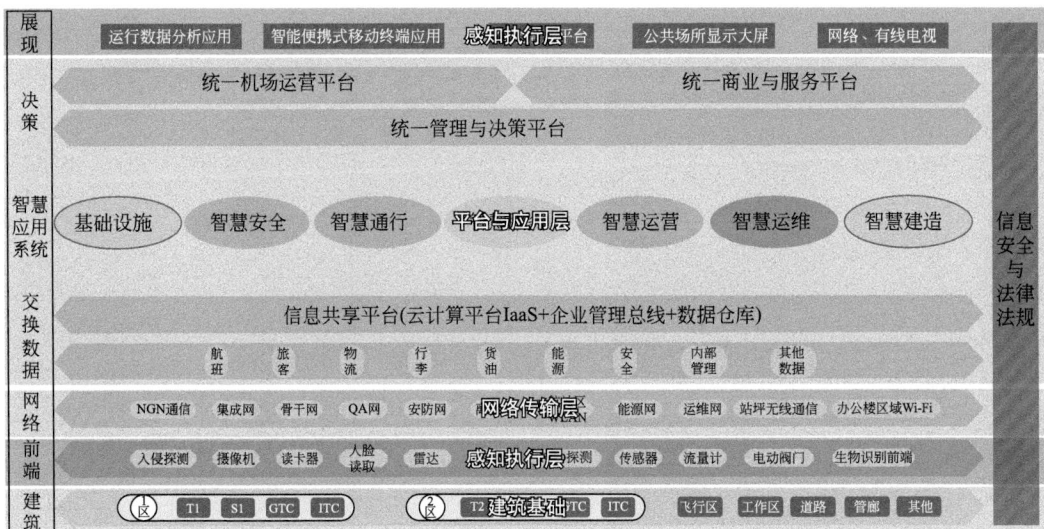

图 7-4 空港枢纽建筑设计框架示例

据自己对应的主题参与到建设中来，这样对设计的落地、需求的明确、建成后的交接均有积极作用。同时，主题划分、平台的搭建与机场管理理念的结合尤为重要。各机场的智慧机场建设主题划分大体相同又不尽相同，大体相同是由机场业务的确定性、目标一致性决定的；而不尽相同是由各机场之间管理差异决定的。在设计中，应将机场业务与技术发展相结合进行智慧机场主题划分，在需求调研中不断优化，使之与机场管理方式尽可能贴近。空港枢纽建筑设计框架示例如图7-5所示。

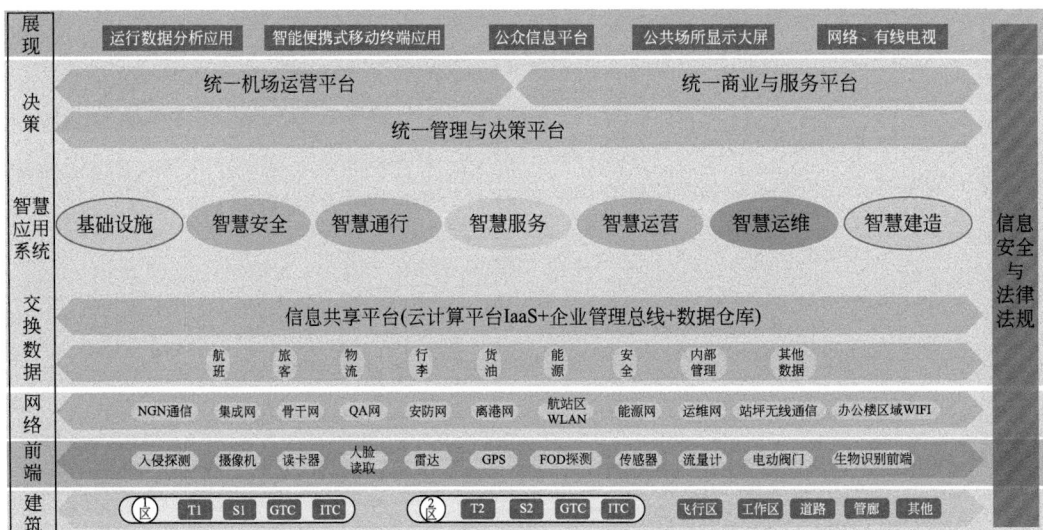

图 7-5 空港枢纽建筑设计框架示例

通常根据空港枢纽建筑建设需求，可以将信息弱电系统分为"智慧基础设施""智慧安全""智慧通行""智慧服务""智慧运管""智慧运维"六大类，另加"智慧建造"建设过程管理类系统。

1. 智慧基础设施

为机场智能化信息弱电系统提供物理承载、信息传输的基础设施，主要包括机房工程、运控中心、网络系统、无源光网络、综合布线、综合桥架管线、电梯五方通话、机场LTE/5G建设、机场物联网建设等。基础设施的重要性不言而喻，它是智慧机场的基石，决定了机场智慧系统未来发展的可能性。

2. 智慧安全

智慧机场建设是"四型机场"的技术支撑，其中的"智慧安全"实际就是"平安机场"的技防部分。利用AI图像分析技术、大数据、高性能存储技术等技术措施为平安机场赋能成为智慧机场建设的普遍做法。智慧安全主题主要包含智慧安全管理平台、智慧应急指挥系统、视频监控系统、门禁系统、隐蔽报警系统、智慧安检、围界安防、安检信息管理系统、智能安检设备、应急救援管理系统等。

3. 智慧通行

机场属于交通建筑，对通行权限的管理、通行效率的提升、通行情况的记录自然成为机场重点管理内容。智慧通行包含人和车的通行管理，涉及系统有综合交通管理平台、综合交通信息显示系统、出租车蓄车场调度系统、智慧车库、自助流程、无纸化通关、无感通关、一脸通行等。以往智慧通行涉及内容散落在智慧安全、智慧基础设施等主题类型中，从未来机场功能性日益突出的发展来看，将通行类管理系统统一策划、协同设计将成为趋势。

4. 智慧服务

机场作为公共建筑的服务属性，决定了智慧机场建设需要将服务类系统统筹规划，从而达到服务有预案、过程有执行、事后有回溯，全方位服务旅客，并为提升服务能力及服务效率提供有力保障。运行与旅客服务协同平台、服务执行测量系统、旅客关怀平台、贵宾管理系统、广播系统、数字电视系统、智慧导引与综合信息发布、卫生间智能监控系统、行李跟踪系统、时钟系统、智慧航班信息显示、航站楼巡查巡检系统、医疗急救信息管理系统、环境监测系统等。

5. 智慧运管

智慧运管着眼于机场生产运行与管理，涵盖机场运营主要业务系统，是机场作为功能性建筑设施的核心落脚点，包含智慧IOC、数字孪生、数据处理（IT自动化运维系统、机场云平台运营管理系统、IaaS/PaaS/DaaS、数据仓库、机场智能仓库、机场综合运行视图、机场企业服务总线）、地理信息系统、离港系统、航班生产运行系统、协同运行指挥平台、飞行区道面管理系统、地服管理系统、机坪车辆管理系统、自动泊位引导系统、登机桥管理系统、除冰系统、跑道外来物监测系统、转报系统、航空结算收费系统、货运管理（货运物流管理平台、货站管理系统、货代管理系统）、全景监控系统、商业综合管理系统、商业POS系统等。

6. 智慧运维

机场智慧运维主要立足于建筑设备自动化控制、资产管理等，包含建筑智能化集成IBMS、建筑设备自动化系统BAS、能源管理系统、机房动力与环境管理系统、资产管理系统等。

7. 智慧建造

机场建设周期长、施工场地大、工作面多、参与人员多、工期/质量/安全管理要求高。利用智能化手段提升工地管理水平，达到"智慧建造"，是目前大型机场建设对施工单位的普遍要求，也是大型施工单位自主技术创新的热点方向。由于"智慧建造"不属于机场建设方直接投资和管控内容，所以并不列入智慧机场建设"六大主题"，但由于其重要性使得它成为重要研究课题。智慧建造通常包括BIM建造管理、项目全生命周期管理、工序与资源管理系统、建设过程资料档案系统、智慧工地监控（建筑过程可视化系统）、周界安防管理系统、防疫监测系统、安全着装管理系统、升降机人员安全预警系统、工地无感考勤、车辆冲洗监测等。

7.3　运管中心规划

7.3.1　运营模式

"运管中心"是对机场内各运营管理监控指挥中心的统称，其英文缩写以"OC"结尾，所以也常称为各类"OC"。

目前，很多机场采用传统的以指挥中心为核心的三级调度模式，即以在指挥中心的指挥下，多个业务部门配合的生产运作模式。在此类运营模式机场的设计中，按照AOC/TOC/SOC/OMC多个OC分区管理的管理模式进行系统建设，实现"统一指挥、区域管理、专业支撑"。从目前国内外机场运行控制模式的发展来看，以"统一指挥、区域管理、专业支撑"为理念的多功能中心运行控制模式普遍被各大机场采用。

与此同时，国内外机场也在此基础上寻找进一步提升机场总体运行控制效率的方法和措施。这些措施的核心是对各功能中心的业务能力进行整合，形成虚拟的或实际的综合运行控制中心（"大OC"），提高各功能中心及外联单位之间的协同能力，信息整合和共享能力以及业务联动能力。

7.3.2　机场运行管理中心AOC

新建AOC常位于ITC大楼内或与ITC毗邻，作为机场最高运行指挥机构，统一管理整个机场关键性的业务、应急事件以及各个功能中心之间的协调和指挥。AOC预留机坪塔台席位、联检单位席位、航空公司席位、地服公司席位、货运公司席位、公安席位、空管席位、安检席位、消防护卫席位。功能定位为"信息交互中心、枢纽运控中心、应急指挥中心、媒体运作中心"，未来根据需要可构筑成为集团公司生产运行总控制中心，最终实现"对外统一接口、对内统一指挥、分区独立运作，团队会商决策"的工作模式。

AOC主要职能包括：

（1）全面负责机场当日生产和安全管理，确保机场有效运行；

（2）负责与航空公司沟通，处理航空公司特殊服务请求，负责与空管的沟通、协调；

（3）机场航班计划/动态信息的统一控制管理发布；

（4）分配机场资源（机位/桥位）；

（5）CCTV查看航站楼重点区域，及空侧重点区域的监视等；

（6）监控机位、桥位的分配、使用占用情况，监控所有空侧活动，包括滑行道、跑道、围界和所有空侧相关建筑；

（7）由训练有素的人员对公众打进的紧急电话进行处理；

（8）AOC管辖的业务范围内的询问帮助台；

（9）重大及突发事件的处理以及灾难、紧急事故的应急救援；

（10）机场业务统计；

（11）机坪塔台运行指挥；

（12）机场对外信息发布。

7.3.3 航站楼运行管理中心TOC

TOC是机场航站区运行的区域管理者，是航站楼内日常运营、安全生产和服务保障核心机构，是整个航站楼现场运行的指挥中心。TOC定位于整个航站区的日常管理主体和指挥中心，是航空公司客运的保障和支持中心，是驻楼单位和旅客遇到困难时的协调和指导中心，TOC对整个航站区的日常运营和航站区内各驻楼单位进行统一管理。

TOC主要职能包括：

（1）航站楼运行协调；

（2）与指挥中心的日常运行协调；

（3）航站楼内各生产运行、服务保障单位协调；

（4）水、电、气、空调等的协调管理；

（5）航站楼生产调度：值机管理、登机管理、航班控制、配载平衡、行李管理、廊桥停靠；

（6）航站楼资源管理：楼内资源的分配管理（值机柜台、行李装卸转盘、行李提取转盘/出口的分配与调整），以及航站楼内绿化、保洁；发挥航站楼资源的最大功效；

（7）航站楼服务管理：航站楼内广播、航显、现场问询、引导、手推车等的服务质量监督管理，接受和处理航站楼顾客投诉；

（8）航站楼物业管理：代表机场履行物业管理外包的相关工作，航站楼内办公用房、售票和值机柜台等资源的租赁管理，航站楼内物业设施的管理，包括制定物业实施的管理标准、维修计划，并进行检查、跟踪、考核和监督实施；

（9）航站楼的安全管理：航站楼内包括航站楼运控室日常运行的安全管理与协调，包括防火监督管理、内部治安管理等；

（10）航站楼内设备监控管理：负责航站楼内航显、离港、行李、登机桥、捷运、楼宇、消防和监控系统等各类系统设备的运行监控与保修管理；

（11）航站楼环境卫生管理，包括形象管理，标识标牌系统、清洁绿化等；

（12）航站楼应急救援管理：制定航站楼应急救援、疏散方案，出现紧急情况时组织相关单位实施应急救援工作；

（13）航站楼中转服务管理：空空中转，国际转国内、国际转国际、国内转国际、国内转国内等航班中转服务衔接管理；空地中转，地面交通换乘中转服务衔接管理。中转旅客过夜、餐饮、交通、旅游管理。

7.3.4 外场管理中心OMC

OMC定位于负责机场市政交通的场外市政设施管理。主要负责对机场管辖范围内的水务、供电、地道、管廊等外场设施的生产运行、设备维修和用户服务等实施统一的指挥、调度和监管。

OMC主要职能包括：

（1）地道的综合监控和管理；

（2）管廊的综合监控和管理；

（3）出租车场站的远程监控和管理；

（4）各雨、废水泵站的远程监控和管理；

（5）给水泵站的远程监控和管理；

（6）飞行区安全管理

（7）110kV主变电所、开闭站、10kV变电所的集中电力远程监控和管理；

（8）OMC管理大楼中心大屏、机房、电源室等。

7.3.5　安全运行管理中心SOC

SOC是全场安全防范的控制中心，其定位为全场区的安全监控与防范中心，负责全场区范围的安全保卫工作。

SOC的主要职能包括：

（1）航站楼、隔离区、机坪、货运、要客（贵宾）等控制区的安全护卫；

（2）进出机场控制区人员、车辆等安全检查；

（3）机坪交通管理、航空器监护、航站楼空防等；

（4）消防监控、消防救援保障；

（5）机场控制区证件、机场消防管理、治安、户口协管和内保安全管理等工作；

7.3.6　其他管理中心

1. 系统运行监控室主要职能

系统运行监控室为机场信息弱电维护人员提供一个全方位的针对机场信息弱电系统的运行维护管理场所。在系统运行监控室内提供相关的管理手段和设备（运维系统），能主动发现运行中的问题并及时响应各部门的故障申报。

2. 测试中心主要职能

测试中心主要为机场建设过程中及转场运行后，信息弱电系统上线前进行系统集成调试、系统测试、接口测试等测试场所，提升系统上线的可靠性。

7.3.7　运管中心层级

基于AOC/TOC/SOC/OMC多中心管理模式的信息系统建设架构采用分层级、分模块的SOA松耦合方式，支持"统一指挥、区域管理、专业支撑"的运营模式，如图7-6所示。

值得注意的是，近年来"大运控"的理念在部分机场得以应用，将各"OC"在物理空间上整合在一起，功能分区依然明确，这种方式能够提高应急状况下的指挥效率。但对日常运行指挥水平提出了较高的要求。

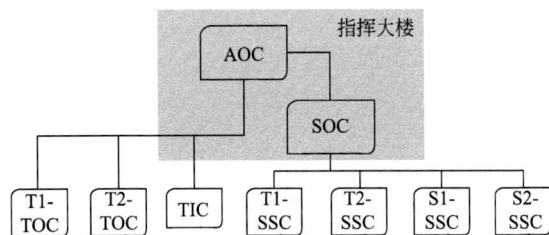

图7-6　多中心运行管理层级示例

7.4　机房规划

"机房规划"指的是空港枢纽建筑的各级弱电机房的规划，属于重要的信息基础设施，它们承载了各类智能化系统的设备，提供了符合相应标准、规范的机房环境。根据机房重要程度及机场使用需求确定机房等级。

按照类别划分，空港枢纽建筑内的弱电机房分为机场用机房、运营商机房、驻场单位机房；按照层级划分，空港枢纽建筑弱电机房分为核心设备主机房（又称联合设备机房、PCR）、汇聚层机房（DCR）、弱电小间（SCR）。

机场数据中心通常设置在信息中心大楼（ITC）内，通常与航站楼PCR成为双活的灾备机房，在多航站楼、多ITC的机场还可以形成更加可靠的灾备拓扑关系。机场主要弱电机房层级关系如图7-7所示。

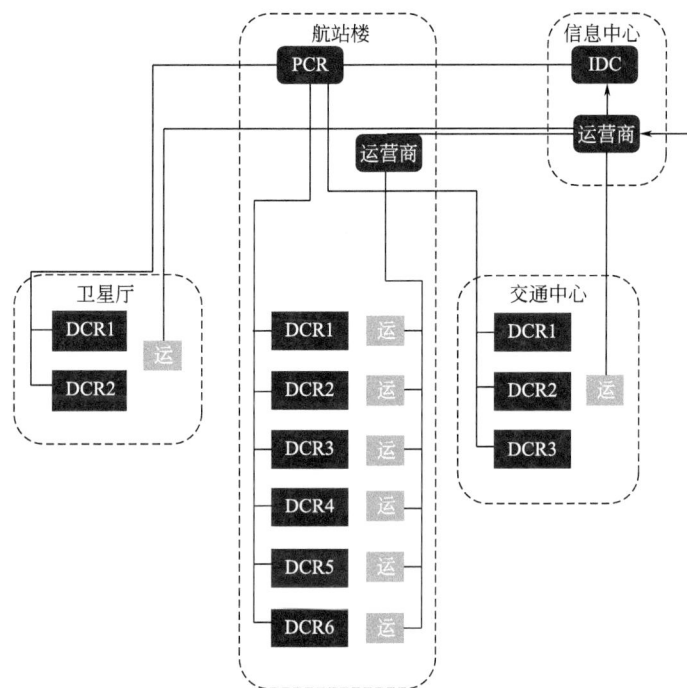

图7-7　机场主要弱电机房层级关系示意

7.4.1　信息中心机房规划

信息中心ITC的机房规划分为各类机房以及配套区域，配套包含了供电、监控室、测试中心、培训中心、管理、值班、业务用房等，主要机房及支持用房如表7-1所示（面积数据以某大型国际机场的ITC为例）。

主要机房及支持用房			表7-1
序号	名称	面积（m²）	区域
1	数据中心机房	400×4	机房
2	无线数字通信机房	150	机房
3	离港节点机房	100	机房
4	航信离港机房	200	机房
5	运营商机房（三家）	100×3	机房
6	UPS	600	配套
7	MDF	160	配套
8	进线间	20×2	配套

序号	名称	面积（m²）	区域
9	测试中心	200	配套
10	IT 运维监控中心	200	配套
11	培训中心	200	配套

配套用房面积计算方法：

以上表中某大型国际机场面积为例，假设信息中心工作人员数量为150人，根据主机房面积估算，其他相关区域的建议配置（根据《数据中心设计规范》GB 50174—2017机房面积和支持区面积配比）如下：

已知主机房（包括上表第1～5项）面积共2350m²；配套区面积可为2.5倍主机房面积=2.5×2350m²=5875m²；办公室面积按6m²/人标准计算，如共150人，则需要6×150=900m²；行政管理区的面积根据业主部门设置需求另行增加。

7.4.2 航站楼机房规划

航站楼是智慧机场的主要建筑，在机场各类建筑中拥有数量最多的弱电机房。应根据需求调研、机场规模、建设系统数量、基础网络规划等情况，在航站楼设置如表7-2所示机房（面积数据以某50万m²的航站楼为例）。

机房数据			表 7-2
房间名称	面积（m²）	说明	建议位置
PCR（航站楼主机房 - 联合设备机房）	500	航站楼内弱电主要后台设备安装、综合布线光纤主干连接、网络核心设备布置	陆侧
		PCR 配套（值班室、休息室、会议室等）	陆侧
DCR（航站楼汇聚机房）	100	航站楼内弱电汇聚机房网络汇聚设备布置，广播、安防、信息等设备部署	空 / 陆侧
SCR（主力间）	25	航站楼弱电接入设备间，接入全部弱电系统	空 / 陆侧按覆盖需求
SCR（补盲间）	5 ～ 10	航站楼弱电接入设备间，仅接入对覆盖距离有要求系统	空 / 陆测按覆盖需求
SCR（办票岛弱电间）	20	办票岛专用	办票岛岛尾
SCR（登机桥弱电间）	3 ～ 5	登机桥专用	登机桥固定端桥墩
进线间	20	配线间，来自老航站楼、GTC、ITC 或外场进线	地下室 / 管廊
TCR（电信间）	5 ～ 10	运营商 5G、F5G 设备布放	按运营商覆盖需求设置

1. 弱电小间的科学命名方法

航站楼内的弱电间动辄一两百间，分散在各层平面上，因此对弱电间的编号除了应具有数量统计作用，还应具有定位功能，以便查找。

弱电间编号可以按SCR-*-*三段式命名，第一段SCR即为弱电小间的意思，第二段由字母或者字母加数字组成，字母表示在平面图上的区位编号或特殊部位编号、数字表示楼层，第三段为自然数编号。在弱电小间命名方法示例如图7-8所示。

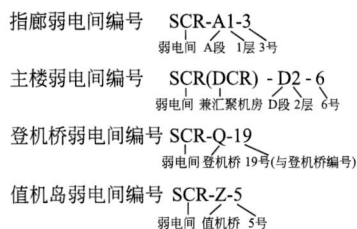

指廊弱电间编号　SCR-A1-3
　　　　　　　　弱电间 A段 1层 3号

主楼弱电间编号　SCR(DCR) - D2 - 6
　　　　　　　　弱电间 兼汇聚机房 D段 2层 6号

登机桥弱电间编号 SCR-Q-19
　　　　　　　　弱电间 登机桥 19号（与登机桥编号）

值机岛弱电间编号 SCR-Z-5
　　　　　　　　弱电间 值机岛 5号

图 7-8　命名方法示例

在多航站楼/卫星厅的项目中，可在最前面再增加一个位段 "如T1、T2……/S1、S2……"等，以便加以区分。

2. 汇聚机房下辖弱电小间的规划

空港枢纽建筑网络系统均为三层以上网络，由于平面距离跨度较大，需在平面中均布汇聚机房DCR。如图7-9示例中，在航站楼一层平面中均布5个DCR，由于二、三层主楼位置弱电间较多，在二层补充1个DCR。

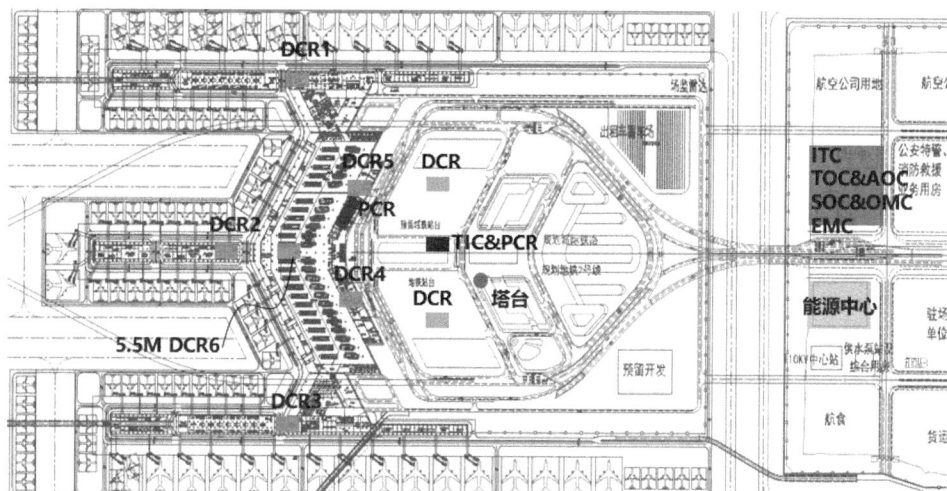

图7-9 空港枢纽建筑网络机房分布示例

汇聚机房的设置策略决定了其所管辖的弱电小间，这种管辖关系的安排决定了后续各自系统拓扑结构以及航站楼的"神经系统"——网络系统的规划，因此在按照规范要求的覆盖距离在平面中设置好弱电小间后，梳理汇聚机房管辖弱电小间关系尤为重要，以某多指廊航站楼为例具体梳理方法如表7-3所示。

汇聚机房的设置　　　　　　　　　　　　　　　　　　　　　　　　　　　　　　表7-3

区域	标高	汇聚机房	楼内弱电小间	登机桥弱电间
北（C）指廊	五层	DCR-1 房间编号 DCR-C1-5		
	四层		SCR-C4-1 ~ 2	
	三层		SCR-C3-1 ~ 9	
	二层		SCR-C2-1 ~ 12	
	一层		SCR-C1-1 ~ 12	SCR-Q-48 ~ 67
中（B）指廊	五层	DCR-2 房间编号 DCR-B1-3		
	四层			
	三层			
	二层		SCR-B2-1 ~ 5	
	一层		SCR-B1-1 ~ 4	SCR-Q-26 ~ 44
南（A）指廊	五层	DCR-3 房间编号 DCR-A1-5		
	四层		SCR-A4-1	
	三层		SCR-A3-1 ~ 2	

区域	标高	汇聚机房	楼内弱电小间	登机桥弱电间
南（A）指廊	二层	DCR-3 房间编号 DCR-A1-5	SCR-A2-1 ~ 14	
	一层		SCR-A1-1 ~ 12	SCR-Q-1 ~ 22
主楼北段	五层	DCR-5 房间编号 DCR（PCR）		
	四层			
	三层			
	二层		SCR-D2-11 ~ 16	
	一层		SCR-D1-9 ~ 12	SCR-Q-45 ~ 47
主楼中段	五层	DCR-6 房间编号 DCR-D2-8		
	四层			
	三层		SCR-D3-1，SCR-Z-1 ~ 8	
	二层		SCR-D2-2，3，5 ~ 7，9，10	
	一层		SCR-D1-5 ~ 8	
主楼南段	五层	DCR-4 房间编号 DCR-D1-4		
	四层			
	三层			
	二层		SCR-D2-1，4	
	一层		SCR-D1-1 ~ 3	SCR-Q-23 ~ 25

7.4.3 交通中心机房

交通中心的系统通常作为航站楼系统的延伸，所以交通中心的机房设置原则、编号方式与航站楼相同，且交通中心的"主机房"仅相当于航站楼的汇聚机房层级。

7.5 网络规划

网络系统根据机场业务划分为机场骨干网、数据中心网和终端接入网。

1. 机场骨干网

机场骨干网应设置若干个骨干节点，可以在数据中心、原航站区（机场改扩建项目）、航站楼主机房PCR、货运区主机房等重点区域的高级别机房内设置骨干节点，主要承担智慧机场网络的核心交换功能。

机场骨干网为星形与环网相结合的架构，通过160GE以上光纤链路将机场数据中心骨干节点、航站区骨干节点、货运区骨干节点等所有骨干网络节点连接起来，并在此链路上通过Segmenr Routing（段路由）或"SDN+Overlay"技术为机场的生产、GIS、旅客、物流、能源、商业等各业务类信息系统提供安全的通信链路，也通过Segmenr Routing（段路由）或"SDN+Overlay"技术为商户、航空公司、驻场单位提供安全的通信链路。

2. 数据中心网

数据中心网分为运行区、外联区和离港服务器区三部分。运行区为机场各类服务器资源和存储资源提供接入端口。外联区为机场网络提供Internet出口和机场酒店、航空公司等外部单位的接入。离港服务器区为机场离港控制系统提供服务器和存储资源，同时实现机场与离港广域网的互联。

数据中心运行区为机场各类服务器资源和存储资源提供接入端口。运行区网络分为部署在机场信息中心（ITC）大楼的机场数据中心机房内A域节点的虚拟资源池和实体机运行区，以及部署在航站楼主机房（PCR）内B域节点的虚拟资源池和实体机运行区。A域节点和B域节点的网络为两层架构，分为数据中心核心交换机和服务器接入交换机。

数据中心外联区通过VPN、防病毒网关、IPS、防火墙、带宽管理设备，为机场的生产、管理业务构建一条通信链路，在该链路中的防火墙上创建机场的DMZ区，部署ESB-O服务器VM、Webservice服务器VM、外部系统接口服务器VM、旅客信息服务代理服务器VM、文件服务器VM、视频流媒体转发服务器VM、音频流媒体转发服务器VM、病毒库更新服务器VM，使机场各业务类的系统通过代理服务器对外提供各类数据和服务。这条链路通过路由器、通信链路均衡负载设备接入机场统一的Internet出口，实现Internet访问，以及异地办公、公众移动终端、民航酒店的数据交互等功能。另构建一条通信链路，通过上网行为管理、防病毒网关、IPS、防火墙、带宽管理设备、负载均衡设备，接入机场统一的Internet出口，为旅客提供专用的Internet上网业务。

数据中心离港服务器区的离港节点机房服务器交换机通过万兆光纤链路分别与A和B域节点的数据中心核心交换机互联，实现数据交互。与此同时，离港系统服务器和磁盘阵列与离港服务器交换连接，独享离港系统的存储系统。离港节点机房服务器交换机通过IPS、防火墙与离港广域网相连，该链路实现机场离港系统与中航信、SITA主机的通信。

3. 终端接入网

终端接入网为航站区、飞行区、公共区和物流区等各种业务类信息系统提供网络通信平台。终端接入网的规划与机场管理有相当大的关系，各机场规划数量各不相同。通常可以规划为6个独立的物理网络，包括生产业务网、安防业务网、互联网接入网、综合业务接入网、离港业务网和机电业务（设备接入）网。

机场终端接入网除机电业务网以外为三层架构，分别为核心层、汇聚层和接入层，根据不同的业务类型分为生产业务网、综合业务网、离港业务网、安防业务网和互联网接入网。其中生产业务终端接入网通过划分VLAN的方式为协同运行指挥、航班生产运行管理、航显系统、安检信息、应急预案管理、空侧巡检维护管理系统、公共广播系统等生产类业务的信息系统提供网络通信平台。

综合业务终端接入网通过划分VPN的方式为旅客、服务、交通、能源、环境、等非生产类业务的信息系统以及航空公司、商户、驻场单位的信息系统提供网络通信平台，如图7-10所示。离港业务网为离港控制系统提供专用的网络通信平台。安防业务网为安全安防主题类系统提供专用的网络通信平台。机电业务网为航站楼机电网、行李网和安检网等其他专业网络提供专用的网络汇聚点。互联网接入网络按机场需求配置，例如支持Wi-Fi6（802.11ax），无线AP支持自动发现、批量部署，减少部署与运维的工作量，采用POE供电方式，方便安装实施，支持无线AP之间的漫游，无线连接与应用不中断，无线接入可以采用密钥加密，用户通过相同的密码口令接入网络，根据需要使用Radius认证或第三方认证计费系统，给每个用户分配不同的用户名和密码，支持WEB Portal认证的方式。无线AP支持负载均衡功能，可以将用户均匀地分配到邻近的AP上，避免单个AP负荷太大引起拥塞。支持非法AP检测，可以阻止非法AP的接入；支持无线射频管理，AP能够自动调节发射功率，能够自动选择信道，减少干扰。支持状态防火墙，支持基于角色的访问控制。可以根据每个用户设置他的访问控制策略。除了权限之外，状态防火墙还可以对每个用户设定其可以使用的带宽，一方面可以限制其对网络资源的占有，另一方面，当该客户端中了病毒以后，其病毒发作时不会占用网络全部的带宽。

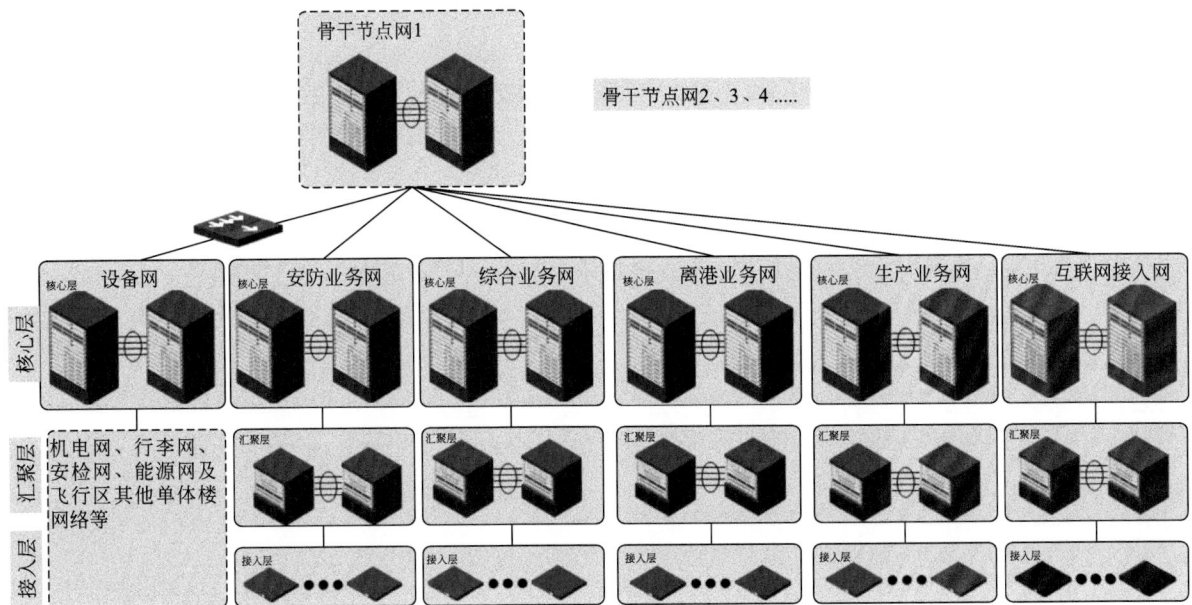

图 7-10　空港枢纽建筑终端接入网

7.6　路由规划

1.　楼间路由规划

通过建设管廊、埋设通信管线等方式，将机场内各信息节点进行连接，其中较为重要的信息节点之间还需要双路由设计。直埋管道可采用格栅管、梅花管等高效的组管方式，在个别情形下，采用加强措施，或部分采用无缝钢管。

对于改扩建机场项目来说，需要考虑的路由包括：

（1）新老ITC之间双路由；

（2）新ITC与航站楼之间设置双路由；

（3）新ITC与老航站楼之间设置双路由；

（4）新ITC与GTC之间设置双路由；

（5）新ITC与塔台之间设置双路由；

（6）新ITC与站坪塔台之间设置双路由；

（7）航站楼与老航站楼之间设置双路由；

（8）航站楼与卫星厅之间设置双路由；

（9）新ITC至工作区双路由；

（10）新ITC至酒店、能源站、航司、航食、航油、货运、飞行区场务机务等独立区块的路由；

（11）围界管路。

2.　楼间光缆规划

智慧机场全场包含众多建筑单体，作为一个大型智慧园区，智慧机场内各单体楼之间均应有足够

空港枢纽建筑电气及智慧设计关键技术研究与实践

的光链路，在设计初期即应考虑到未来发展需求，规划足够的光缆芯数，同时，在重要节点之间需要设置双路由。多航站楼机场全场光缆系统示例如图7-11所示。

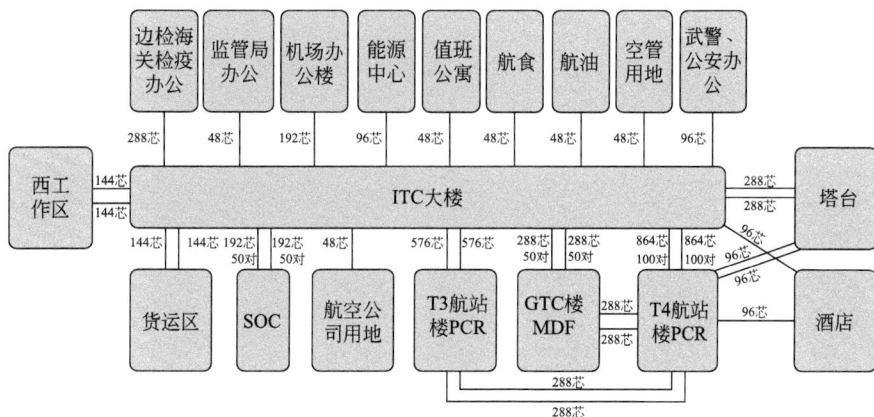

图 7-11 多航站楼机场全场光缆系统示例

3. 综合管廊利用的优化设计策略

通常空港枢纽建筑都会新建综合管廊用于机电主管线集中敷设，便于后期管理维护。管廊一般要沟通110kV变电所、能源站、信息中心、航站楼、交通中心、卫星厅、工作区主干道等。

管廊内应采用耐腐蚀、高强度的封闭金属线槽，线槽数量按照使用情况决定，应具备快速识别的线槽标注系统。与其他管道的间距应满足相关规范要求，并设置合理的操作空间，在管廊分叉、交叉处采取相应措施。

4. 运营商通信系统优化策略

（1）通信管网：机场管网建设统一考虑运营商光缆主干通路需求，原则上运营商不再单独建设主干管网；

（2）基站建设：原则上利用建筑物（航站楼除外）、构筑物进行搭载，若有必须新建铁塔、高杆的情况，需与建筑设计单位、总图设计单位协调，统一排布；

（3）室分建设：构建统一标准，为运营商预留主干路由，末端及线缆由运营商实施。

7.7 新老系统衔接方式研究

目前国内大部分空港枢纽建筑建设属于在原有机场系统之上的改扩建工程，众多的信息弱电系统面临新老系统衔接方式研究，属于空港枢纽建筑信息弱电系统总体建设策略，是智慧机场规划设计的关键点之一。从理论上讲，典型的新老系统衔接方式有五种类型：从老区扩展到新区、新区新建覆盖老区、老区新区各自独立、老区新区各自建设后互联、全场系统通过扩容保持全局覆盖。典型新老系统衔接方式如图7-12所示。

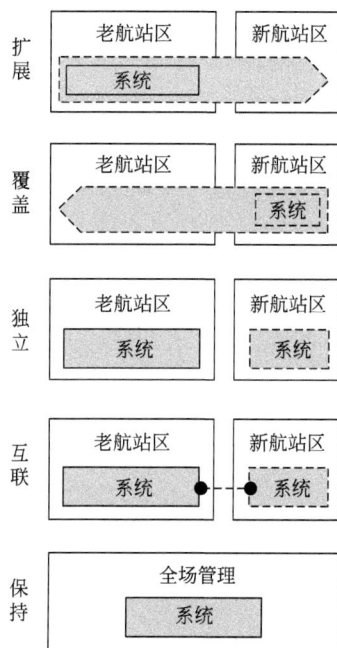

图 7-12 典型新老系统衔接方式

从实际情况来看，最常用的建设方式主要呈现为以下三种模式。

1. 全局型系统（保持：统一部署）

从系统未来的应用效果看，是作为全局型系统，在机场只部署一套，提供全局业务支持，覆盖机场所有业务领域。

全局型系统具备如下特性：

（1）覆盖机场全场的核心生产支撑信息系统，后台业务处理复杂，支持多航站楼并行运营。

（2）轻量级终端，前端操作简单且部署灵活不受航站楼业务区划分、功能定位、生产布局等影响。

从建设角度来看，全局型系统原则上全场只应统一部署一套，否则按航站楼对应建设会出现影响机场全局，导致数据多头、信息共享困难等问题，增加机场业务运作的复杂度，徒增系统间关联接口，引入新的信息孤岛等问题，不利于集约化管理。

2. 属地型系统（独立：区域部署）

从系统未来的应用效果来看，其业务领域通常限定在某些特定的区域，不需要跨区域的信息沟通或业务协调。

属地型系统具备如下特性：

（1）有刚性法律法规约束，或与具体航站楼关联非常紧密，要求属地化（单体建筑）建设。

（2）系统涉及的前端设备繁多、庞杂，与建筑单体设备选型紧密相关。

从建设角度来看，属地型系统原则上系统建设归属于航站楼单体项目，按照单体建筑独立建设。各个建筑单体之间，属地型系统均采取分期、独立建设。

3. 可变型系统（互联或覆盖：可变部署）

从系统未来的应用效果来看，这类系统可以作为某一区域特定的系统来使用，也可以多个区域共用一套系统。建设模式往往是因招标投标策略、投资及技术限制所导致多样化。

可变型系统的特性如下：

（1）机场生产运行主要系统，后台业务处理比较复杂，与全局化系统有强集成性。

（2）前端设备体量大，构成种类众多、复杂。

（3）前端设备与后台系统之间存在一定程度的技术限制，前端设备无法做到完全脱离后台技术限制进行选型。

从建设角度来看，可变系统的最终建设方案原则上需结合现有系统评估、航站楼工程节点、甲方项目管理难度来确定部署方案。在技术限制突破的前提下，全场只应采用一套后台系统，方便掌控全局，统一数据输出。

智慧系统信息弱电系统的实施策略，不能局限在新航站区扩建工程阶段，必然是结合老航站区改造和未来的新航站区建设，统一考虑规划的信息弱电系统的建设策略。从系统的最终建设效果来看，全局统一一套系统或各属地独立的系统，以及部分后台统一但前端设备独立部署的可变型系统。信息弱电系统建设策略的三种类型如图7-13所示。

作为全局型系统的建设，其实现途径主要有两种：

（1）以老航站区的既有系统改造升级来实现全局统一的系统建设。新航站区建设阶段主要通过升级老航站区既有系统来实现对其业务的支持。

（2）在新航站区建设阶段新建应用系统，涵盖老航站区及新航站区相关的业务需求。

针对可变型系统，考虑技术、招标等条件限制，实施路径主要有四种：

全局型系统(统一部署)	属地型系统(区域部署)	可变型系统(可变部署)
▸ 系统：集成、离港、安检信息等；	▸ 系统：楼宇自控、电梯监控、消防报警等；	▸ 系统：航显、广播、CCTV、门禁等；
▸ 系统共性： 　▸ 覆盖机场全场的核心生产支撑信息系统，后台业务处理复杂,支持多航站楼并行运营 　▸ 轻量级终端，前端操作简单、且部署灵活不受航站楼业务区划分、功能定位、生产布局等影响； ▸ 建设原则： 　▸ 原则上全场只应统一部署一套 　▸ 否则按航站楼对应建设会出现影响机场全局，数据多头，信息共享困难，增加机场业务运作的复杂度，徒增系统间关联接口，引入新的信息孤岛等问题，不利于集约化管理。	▸ 系统共性： 　▸ 有刚性法律法规约束，或与具体航站楼关联非常紧密要求属地化(单体建筑)建设。 　▸ 系统涉及的前端设备特多、庞杂，与建筑单体设备选型紧密相关 ▸ 建设原则： 　▸ 原则上系统建设归属于航站楼单体项目，按照单体建筑独立概算 　▸ 各个建筑单体之间，这类系统均采取分期、独立建设。	▸ 系统共性： 　▸ 机场生产运行主要系统，后台业务处理比较复杂，与全局化系统有强集成性； 　▸ 前端设备体量大，构成种类众多、复杂 　▸ 前端设备与后台系统之间存在一定程度的技术限制，前端设备无法做到完全脱离后台技术限制进行选型 ▸ 建设原则： 　▸ 原则上需结合现有系统评估、新航站楼工程节点、甲方项目管理难度来确定部署方案。 　▸ 在技术限制突破的前提下，全场只应采用一套后台系统，方便掌控全局，统一数据输出。

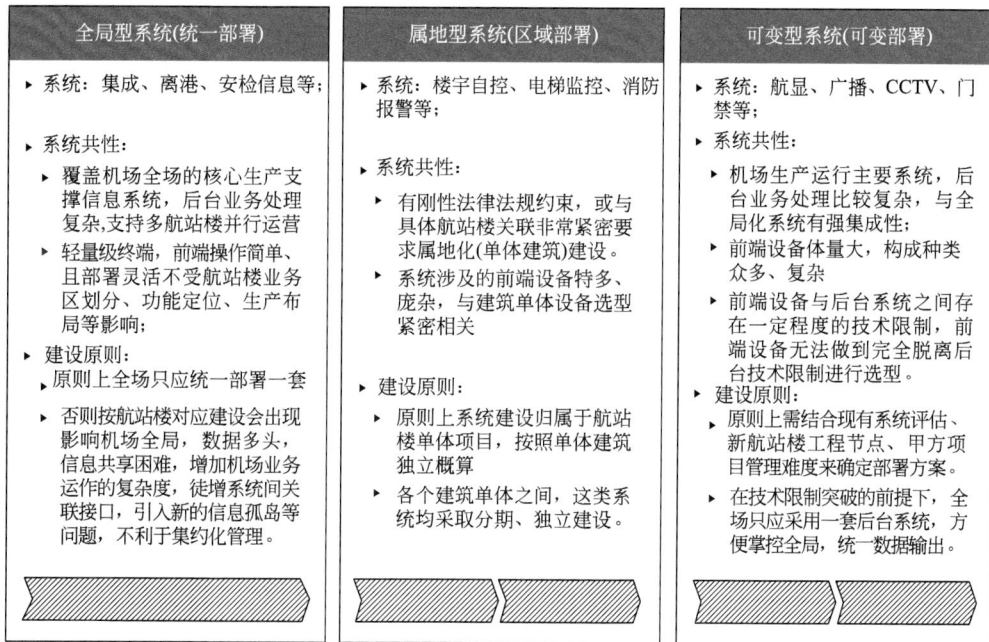

图 7-13　信息弱电系统建设策略的三种类型

（1）按照属地化策略建设实施，老航站区完成必要的系统改造升级，新航站区按自己业务需求来建设独立的系统。

（2）对既有系统进行升级扩容，覆盖老航站区的业务需求。新航站区阶段结合技术发展和特定招标条件，独立建设一套系统来满足新航站区的业务要求。

（3）老航站区不具备的系统，老航站区及新航站区按照属地化策略独立建设两套系统分别满足老航站区和新航站区的业务需求。

（4）老航站区不具备的系统，新航站区阶段独立建设一套系统来满足新航站区业务要求。

针对属地化系统，采取属地化建设实施路径。老航站区完成必要的系统改造升级，新航站区阶段独立建设一套系统满足新航站区的业务要求。

第8章　智慧基础设施

8.1　机房工程

工程范围包括：弱电间、汇聚机房、主机房、联检单位机房、行李系统机房和各功能中心，如图8-1所示。弱电机房工程的设计内容主要包括弱电机房监控系统、机房kVM系统和机房配套系统。

图8-1　机房工程

弱电机房监控系统主要是对机房环境、机房安全、机房配套设备和重要供电回路的数据信息进行采集，从而实现对楼内机房的高效统一管理。机房kVM系统主要用于实现系统运行维护人员对服务器群的操作管理。机房配套系统主要是在航站楼范围内为所有弱电机房配置各种类型的机柜、席位、电视墙、功能中心视频会议系统、功能中心控制系统桥架及防雷接地等设施。

信息弱电系统机房的环境必须满足计算机等各种微机电子设备和工作人员对温度、湿度、洁净度、电磁场强度、噪声干扰、安全保安、防漏、电源质量、振动、防雷和接地等的要求。所以，机房应是一个安全可靠、舒适实用、节能高效和具有可扩充性的机房。

1. 机房装修

1）吊顶工程

机房吊顶必须防尘、防火、吸声性能好、无有害气体释放、抗腐蚀不变形、降低电磁干扰、美观和易于拆装，选择金属吊顶板材。

材料要求：机械强度高、耐弯曲不变形、耐潮湿及盐渍、附着力强、耐划擦、不起尘、易清洁，有吸音效果，色调柔和，不产生眩光等特点，长期使用不出现色差现象。经过严格测试，不易燃，符合《数据中心设计规范》GB 50174—2017规范要求及《建筑内部装修设计防火规范》GB 50222—2017的防火要求。

工艺要求：为保证吊顶上部防火、洁净无尘，需在结构直顶下面、微孔吊顶上方进行防潮、防静电处理、安装保温棉及墙面采用单面彩钢板。吊顶吊杆均用胀栓固定于结构真顶上。

2）地板工程

防静电地板的荷载要求：集中负荷不小于3000N，极限负荷大于11550N，均布负荷不小于1800kg/m²。

主机房地板高度不宜小于500mm，地面须进行找平、防尘、保温处理。

防静电地板安装时，同时安装静电泄放系统。铺设静电泄放地网，通过静电泄放干线和机房安全保护地的接地端子接在一起，将产生的静电泄放掉。

3）墙面工程

机房内墙装修的目的是保护墙体及保温材料，墙面一般采用防火材料，可以采用单面彩钢板等表面平整、气密性好、易清洁、不起尘、不易变形的材料。

2. 机房配电

1）配电原理

机房市电供电电源经UPS稳频、稳压、调整电压波形后为计算机及其相关网络设备供电，同时也为UPS后备电池充电；当遇到市电供电线路断电时，UPS后备电池立即放电，经UPS逆变后给计算机设备不间断供电。

机房市电配电系统直接为机房内的照明、空调、维修系统供电，对不同相位分配均衡负载。

在整个供配电系统设计中，严格遵循"科学合理、技术先进、经济适用"的原则，考虑远期机房电源扩容，给电力供电系统留有相应的冗余量。机房配电系统采用50Hz、220/380V电源。采用放射式和树干式相结合的方式。机房用电设备、配电线路等所有回路均装设短路、过载保护装置。

为了防止动力电对计算机信号的干扰，主机房内活动地板下部的低压配电线路采用铜芯屏蔽导线或铜芯屏蔽电缆，敷设在金属管（槽）中，距离计算机信号线不小于30cm，避免并排敷设；每个机柜2路电源，安装工业连接器。

配电系统所用线缆均为阻燃聚氯乙烯绝缘导线及阻燃交联电力电缆，敷设镀锌铁线槽及镀锌钢管及金属软管。

2）机房照明

参照国家标准，计算机室照度标准值为400lx，为满足节能要求可适当降低计算机室照度标准值。灯具可采用600×600三管日光灯格栅灯棚，照明应由机房动力输出配电柜供电，机柜区照明灯具应设置在通道的正中线上，机柜区照明灯具应不小于4个控制回路，每列机柜的前后通道灯具应可独立开关。

故障照明的照度应达到60lx，故障照明供电回路配有独立应急供电系统，当市电停止时要自动转入应急供电系统。

3. 机房UPS系统

（1）机房区内机柜内设备均采用UPS供电。其他设备采用市电供电。机房专用空调供电需单独考虑。

（2）各机房UPS电源规格功率待各系统用电量确认后再行确定。

（3）蓄电池寿命不低于5年。

（4）需要为蓄电池间设置泄漏气体排风。

4. 机房精密空调系统

（1）PCR和DCR可采用间级或行级精密空调。

（2）SCR采用分体单冷空调。

（3）预留空调用电，A级机房空调末端需配置UPS电源。

（4）预设空调外机位置。

（5）预设空调冷凝水管及冷媒管的通路。

5. 机房环境监测系统

航站楼的机房环境监控系统宜建设为全场统一的监控平台，对ITC内的数据中心、对航站楼、GTC等单体内的PCR、DCR、SCR等机房的配电和列头柜三相电量、开关状态、UPS运行参数和状态、PDU运行参数和状态、精密空调运行参数和状态、漏水检测、温度、湿度、空气质量、粉尘浓度等进行集中监控和管理。

集中管理机制应支持B/S或C/S架构，对系统内所有设备和用户端进行集中管理、远程设置、远程升级、远程维护。将整个系统的管理、维护工作集中到管理服务器，满足整体性、安全性、可靠性、实时性、可扩展性等要求。系统由数据采集层、数据处理层、交互展示层三部分组成，要求具备系统界面、配置管理、数据管理、权限管理、告警管理、联动控制、双机热备、事件分析、移动巡检、远程管理、系统集成扩展等功能，为基础设施监控系统的采集、处理及展示提供功能支撑。

其中配电监测、UPS监测、PDU监测、精密空调监测由设备本身提供通信接口；开关状态监测由配电柜提供OF信号；漏水感应绳敷设在精密空调挡水坝及其他泄漏点；粉尘及照度传感器安装在PCR、DCR区域顶棚、墙壁上；温湿度传感器吸顶安装各机房区域，通过网关将数据传输到监控系统。

6. 机房接地系统

1）配电系统接地

配电系统采用TN-S系统，零线和地线分开设置。

2）机房接地形式

机房设置四种接地形式：计算机专用直流逻辑接地、配电系统交流工作接地、安全保护接地、防雷保护接地。直流逻辑接地、交流工作接地、安全保护接地、防雷接地均利用共用接地体（接地电阻不大于1Ω），并在机房设置等电位接地箱。用接地母线与共用接地体相连。机房地板支架、机柜外壳等不带电的金属部分均应与此接地网相连。

7. 等电位措施

机房设均压等电位带30mm×3mm铜带接地网，敷设在活动地板下，依据机房布局，组成网状，配有专用接地端子，用软铜线以最短的长度与计算机设备相连。计算机直流接地需用接地母线引至等电位带。交流工作地即中性线，随电源线同时引入机房。

8. 防静电措施

容易产生静电的活动地板采用导线布成泄漏网，并用干线引至等电位箱接地端子。活动地板静电泄漏支线连接机房地板下铜带接地网，静电泄漏支线采用阻燃6mm²接地导线，支线导体与地板支腿螺栓紧密连接，支线做成网格状，避免静电对设备的损坏及静电引起的随机故障并保障人身安全。机房机柜设备、金属吊顶板、金属龙骨、金属彩钢板、不锈钢玻璃隔墙的金属框架等也用阻燃6mm²接地导线连接，接入等电位箱。并且每一连续金属框架的静电泄漏支线连接点不少于两处。在线缆老化等漏电的情况下，保护工作人员的人身安全。

9. 防雷措施

为防止感应雷、侧击雷沿电源线进入机房损坏机房内的重要设备，低压配电屏应设置第一级电源防雷装置，机房工程应考虑合适的防雷措施如二级和三级防雷措施。

安装在室外的弱电终端设备均需安装防雷浪涌保护器。

所有从室外引进楼内弱电机房的铜缆均需安装防雷浪涌保护器。

所有从室外引进楼内弱电机房的铠装光缆均需安装防雷浪涌保护器。

10. 微模块

微模块数据机房，将传统机房的配电、空调、布线、机柜、消防、监控、照明、门禁、机房环境与动力管理等系统集成为一体化的产品，可以实现系统的快速、灵活部署，不仅降低建设周期，还能顺应政策在节约能耗方面的政策，降低PUE，在各地陆续出台对数据中心节能要求的大背景下，微模块是目前较受关注的一种系统方式。

数据机房的温度维持是其耗电量最大的部分（图8-2），通过合理的热流控制以及全面的机房动力与环境监控系统的构建，实现较好的机房能耗比（PUE），如图8-3所示。

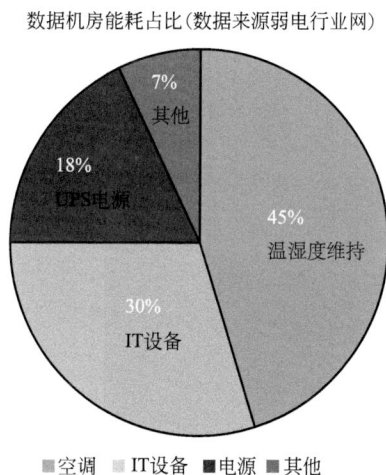

图 8-2 数据机房能耗占比

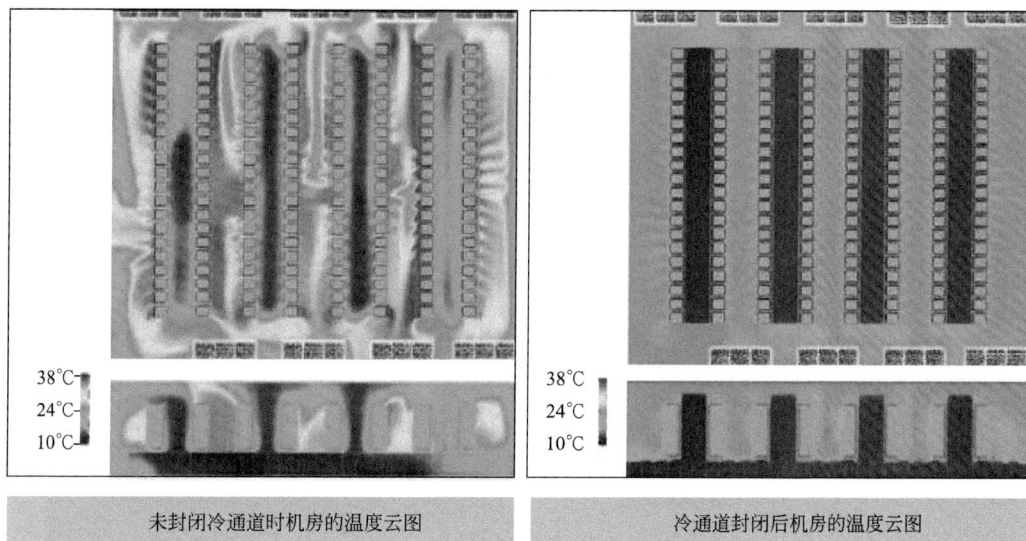

图 8-3 封闭冷通道使机柜散热效果大幅提高

第8章 智慧基础设施

微模块数据中心是为了应对云计算、虚拟化、集中化、高密化等服务器的变化，提高数据中心的运营效率，降低能耗，实现快速扩容且互不影响，如图8-4所示。

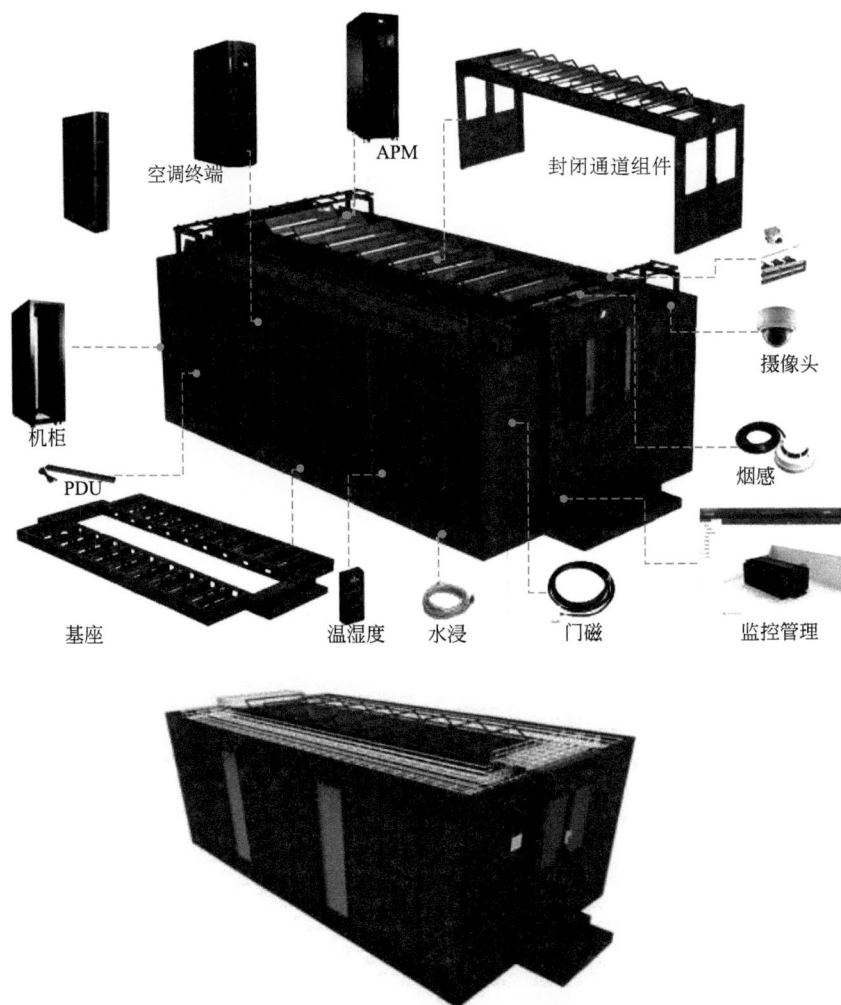

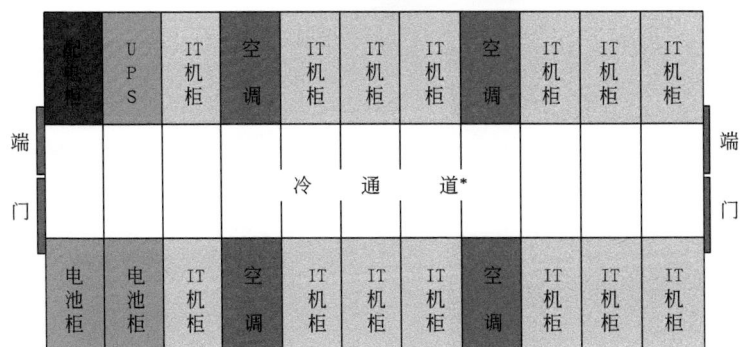

空港枢纽建筑电气及智慧设计关键技术研究与实践

配电柜	U P S	IT机柜	空调	IT机柜	IT机柜	IT机柜	空调	IT机柜	IT机柜	IT机柜
端门				冷 通 道*						端门
电池柜	电池柜	IT机柜	空调	IT机柜	IT机柜	IT机柜	空调	IT机柜	IT机柜	IT机柜

图8-4　微模块布置示例

数据机房分区示例如图8-5所示。

机房动环监控系统框架示例如图8-6所示。

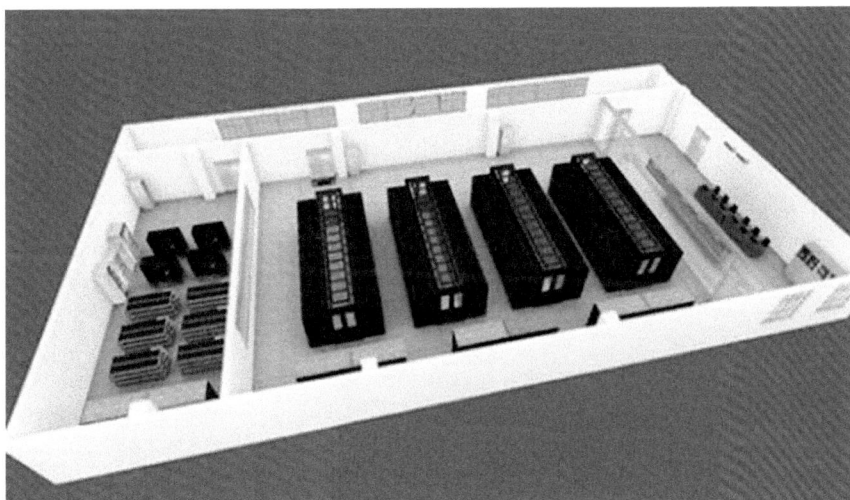

图 8-5　数据机房分区示例（UPS 间、机柜间、监控间、气灭间）

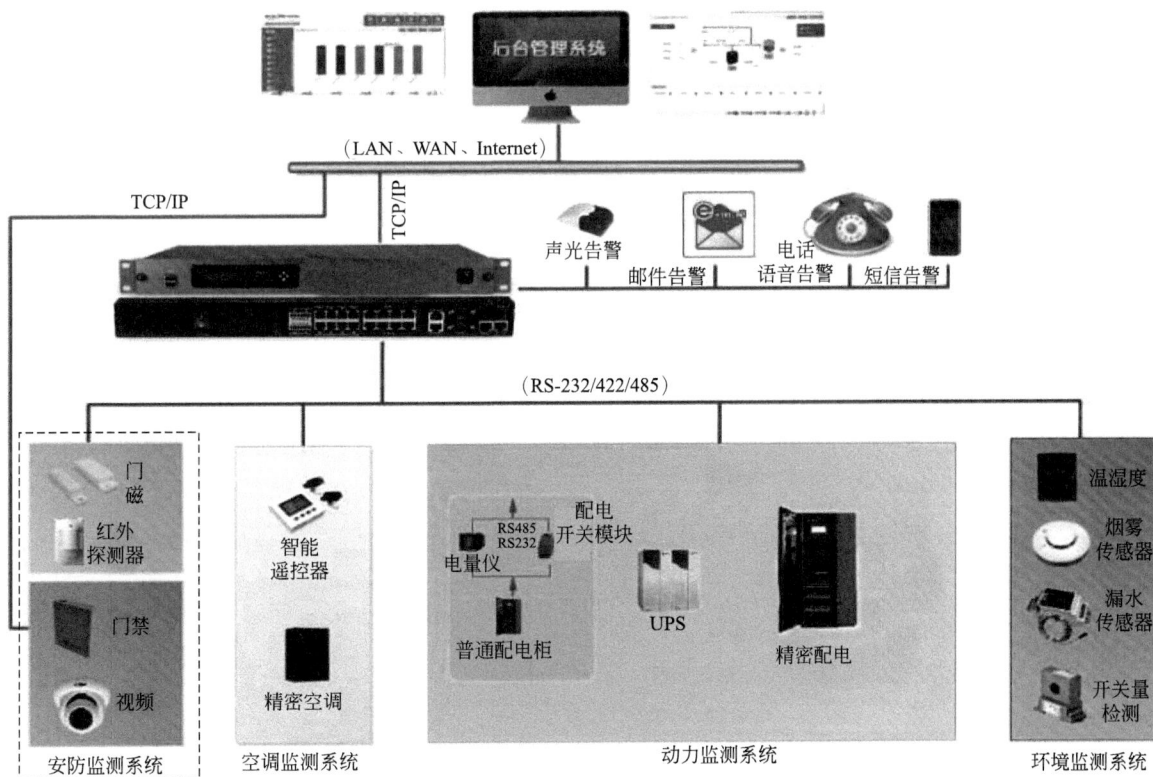

图 8-6　机房动环监控系统框架示例

8.2　运控中心

运控中心包含若干"OC"，规模和管理内容有差异，但是建设内容大同小异。以规模最大的 AOC 为例，运控中心建设内容包括席位&大屏及其控制系统、应急协商会议室及会议系统等。

以如图8-7所示的机场运行管理中心AOC为例。

图8-7　机场AOC大厅效果示例

1. AOC席位设置

指挥大厅设置包含但不限于值班经理席、指挥协调席、信息管理席、计划管理席、机位信息发布席、资源分配席、气象信息席、进程管控席、重要保障席、地面服务席、物流保障席、机务维修保障席、动力能源席、机电设备席、航空安全护卫消防席、空港百事特席、各航空公司联络席、道路综合管理席、管廊综合管理席、机场综合信息发布席、机场车位综合管理席位等。

2. 扩声系统

扩声系统参照《厅堂扩声系统设计规范》GB 50371—2006中"会议类声学特性指标一级"进行设计。

（1）最大声压级：额定通带内大于或等于98dB。

（2）传声增益：125～4000Hz的平均值大于或等于-10dB。

（3）稳态声场不均匀度：1000Hz、4000Hz时小于或等于+8dB。

AOC以语言扩声为主，扩声系统可设计为单通道，通常含主扩扬声器、前置补声扬声器、功率放大器、数字音频处理器以及拾音设备等。

扩声系统的核心设备进行备份，将所有信号源分配为2路，1路接入主数字音视频处理器，另外1路接入备份数字音频处理器；主系统可采用Dante数字音频传输，主音视频处理器输出信号至网络交换机，备份系统采用模拟传输，具有DSP处理功能的遥控功率放大器，接入主备2路信号，做到系统中任意一台设备损坏不影响系统正常运行。

AOC的音频信号应输出至TOC信息指挥中心和AOC应急指挥中心，实现音频的互通功能。

3. 视频系统和录播系统

系统包括视频显示、视频切换和视频存储。视频系统参照《视频显示系统工程技术规范》GB 50464—2008第3章第3.1节LED视频显示系统的分类和分级，LED视频显示系统的性能和指标要求的甲级标准进行设计。

拼接屏作为日常监控、应急调度、参观展示的窗口，建议采用小间距LED拼接屏，弧形屏拼接方式，所有显示信号均能随机实现任意缩放、移动、漫游、叠加和覆盖功能，支持分屏显示、拼屏显示、跨屏显示等多种显示方式，宜可显示多个4K高清图像画面。

视频系统采用分布式传输方式，双链路双核心备份。厅内所有视频源经过分配分别进入两套切换系统，两个系统的输出直接进入大屏幕系统，作为大屏幕系统的两个输入视频源，起到互为备份的作用。拼接屏具有2组视频接口，可同时接入主、备两路信号，对显示画面进行备份。

本系统信号源包括监控工位、值班组长工位、监控系统、远程视频会议系统和录播系统、数据可视化系统的信号以及来自 TOC 和 AOC 应急指挥中心的信号等。

在AOC和应急指挥会议室设置高清摄像机，用于摄取工作画面及辅助视频会议。

录播采用一体机，对本厅的重要视频和音频进行录制、存储，并可调用和回看。

4. 远程视频会议系统

采用数字高清传输模式分体式高清远程视频会议终端，终端由1台视频会议摄像机、全向麦克风、遥控器和编解码器组成。系统采用1主1备的备份方式，做到系统中任意一台设备损坏不影响系统正常运行。

编解码器将高清摄像机摄制的视频信号、扩声系统的音频信号、本地电脑的双流信号，经网络传输至远端，同时接收远端的视频信号、音频信号和双流返回等，将视频信号显示至 LED 拼接屏。

当有突发事件时，可以在本厅与远端的上级或下级部门进行视频会议，进行讨论和决策，作为处置突发事件的辅助手段。

5. 坐席管理系统

坐席管理系统将"人"和"电脑主机"进行分离，将电脑主机集中安装在设备间，坐席管理系统支持全方位的信号推送及共享，操作员通过鼠标点击，即可将任意数据信号调用到面前的显示器上进行操控或监看，也可将自己的信号推送给其他操作员，提升决策能力、加强协作效率。

工作站安装于AOC设备间，通过坐席协作发送器将视频信号和USB信号转换成光信号传输到坐席管理主机进行统一管理，将设备间的PC与监控席位的键鼠、屏幕联系在一起，可以实现单工位上屏幕调换，不同工位间业务系统的切换，并将光信号输出到调度席位的液晶显示屏。

坐席系统采用备份措施，坐席协作发送器将工作站的信号分配成2路，1路接入坐席管理主机，另外1路与座席协作接收器直联，做到即便核心设备损坏，系统照常运行。

6. 调度席位及座椅

结合大厅的规格和使用需求，采用不同的调度坐席布置方式，监控席位每个工位 1.8m，每人1机3屏，值班组长每个工位4.8m，每人1机4屏。可为长时间作业席位设置可升降桌面。

席位设置灯光颜色管理，平时不同管理区使用颜色区分，当发生重要警情或需要重点关注该席位时，席位手动或者值班组长手动设置该席位特殊颜色灯光，以提高管理效率。

7. 集中控制系统

集中控制系统参照《电子会议系统工程设计规范》GB 50799—2012中集中控制系统的"功能设计要求"的相关规定进行设计。将以上各个系统的部分控制功能集中在本系统内，可以方便工作人员一键控制多个系统。如视频切换功能，直接操作矩阵的情况下，切换监控数据的类型和样式，切换日常工作模式和紧急事件处理模式，切换参观模式等。

配置集中控制主机、触摸屏、继电器等设备。

8. 分布式控制系统

也可采用灵活的"分布式控制系统"形式，该类型控制系统基于IP网络，将分散的视频及控制信号的输入输出"节点"通过网络接入系统，实现上屏控制、操作台与大屏的联动等。

分布式控制系统可实现的功能如下：

1）大屏拼接

（1）大屏拼接显示。

（2）拼接效果补偿控制：LCD拼接的移位补偿。

（3）大屏拼接控制：图像开窗、窗口叠加、窗口漫游、窗口缩放、字符叠加、输出字符叠加、保存场景、读取场景、图像截取、大底图显示等。

在机场AOC等主要运控中心，大屏拼接功能应包括但不限于：

（1）单屏显示：拼接大屏的每个单元单独显示一路视频画面，每个单元的视频信号可以任意切换。

（2）整屏显示：整个大屏可显示一路完整的视频图像，显示的图像可以是HDMI、DVI、VGA、S-Video、Ypbpr/YCbCr等信号类型的图像。

（3）分割显示：以任一屏幕为基础，可任意分割为多路画面显示。

（4）图像叠加：可将任意一路或者多路视频图像叠加到其他信号之上显示。

（5）图像分割：可以对任意重要目标细节画面进行切割放大显示。

（6）图像组合：可以任意数量的显示单元进行组合，显示一路画面。

（7）图像漫游：将任意一个信号在整个大屏上进行随意移动。

（8）图像拉伸：可将视频图像在屏幕上随意进行缩放，视频图像比例根据显示框大小进行自动调节。

2）大屏控制

（1）可视化预览：为AOC值班经理提高管理效率，可采用便携平板对大屏进行预览及控制。

（2）预设场景存储调用：根据不同的需求进行不同的场景存储，包括底图、信号源、布局、字符叠加等，需要时一键调用；调用时间1帧内而不可以出现撕裂、马赛克、黑屏等现象。

（3）预先布局控制：由控制人员在控制终端或便携平板上先预览展示效果，在预览演示达到预期效果之后，一键同步发送，完成视频切换。

（4）分屏显示控制：全屏、单屏、四分屏、九分屏、十六分屏、三十二分屏、六十四分屏、一百二十八分屏等$M \times N$的；应可按照需求自定义屏幕上的屏幕分割块位置和大小。

（5）定时控制：满足AOC/TOC在指定画面、布局间进行显示切换和视频轮巡等要求。

（6）底图/地图显示。

（7）同屏显示：AOC/TOC通常设置应急会商会议室，应可实现AOC/TOC内大屏的显示场景（包括但不限于：显示内容、分割模式等）一键等比例镜像到会议室进行显示，实现多套大屏的同屏显示，便于领导指挥调度。

3）坐席功能

（1）操作界面：坐席端通过节点连接鼠标键盘和显示器，坐席端仅需通过鼠标键盘就应可以快速调用OSD菜单完成设置、操作窗口的调用，坐席端可以完成的操作包括但不限于账号登录、信号接管/推送、多窗口模式切换及系统设置等OSD菜单可根据需求进行定制化界面设计。

（2）跨屏漫游操作：坐席应支持1套鼠标键盘控制多台的坐席显示器，应支持无规律任意跨屏、跳跃跨屏。每个坐席均配置多台显示器，分布式系统必须支持一套鼠标键盘操控多台主机；坐席端可以通过分布式软件对受控的屏幕按组划分，通过坐席端的显示器多行、多列的不同摆放形式进行对应匹配的设置；设置完成后，即可通过一套鼠标键盘管理、控制坐席端的全部屏幕，实现鼠标和键盘的跨屏、漫游。单个坐席应可实现任意组合（任意行×任意列）的坐席端屏幕的跨屏漫游操作，坐席端可以轻松实现多屏幕显示操作的应用场景。

（3）坐席端兼容性：应支持包括Windows、Linux、MacOS、麒麟系统、Unix、磐石、小红帽等多操作系统的接管和操作，支持多个不同系统的同时接入使用，调阅各操作系统的信号时顺畅地完成鼠标键盘的跨屏漫游，支持跨操作系统、跨平台的操作。

（4）信号预览：需支持通过OSD菜单预览坐席系统内所有有权限接管的节点的画面，便于准确直观操作坐席人员在日常工作中，需要对多个业务系统主机进行监看和调用操作，提高调度操作效率。

（5）信号抓取：系统支持通过热键或OSD菜单将信号抓取到本地或者大屏幕；可用触摸屏根据现场场地三维效果图进行信号接管、信号推送、信号分配等。

（6）单屏多画面：坐席操作端应支持单台显示器同时查看并跨屏操控多个不同业务系统的画面功能，单屏多画面模式下支持鼠标滑屏，鼠标滑动到任意一个分割区域都可对相应的主机进行kVM控制。

（7）坐席语音对讲：在AOC/TOC日常的指挥调度工作中，指挥员与席位员，以及席位员之间存在着大量语音交互的需求，需要进行及时有效的沟通交流。

（8）动作录制：支持鼠标键盘动作录制，可录制多个具有逻辑关联的键鼠动作并形成预案，一键调用所录制动作。智能动作录制预案在处理应急突发事件的指挥调度过程中可发挥重要的辅助作用。机场可针对各类突发事件建立处置预案，并形成预案库。

（9）操作动作回溯要求：应可部署日志记录电脑，存储系统内最少1年内的所有kVM操作，包括信号接管、鼠标轨迹、点击位置、键盘代码等，可以复盘任意操作员的操作，协助系统进行业务分析等。

9. 会议讨论系统

为应急会商指挥室配置会议讨论系统，参照《电子会议系统工程设计规范》GB 50799—2012中基本规定第3.0.8条进行设计，会议讨论系统具备火灾自动报警联动功能。

配置无纸化会议讨论设备，嵌入式触摸屏、角度可调、内置摄像头、阵列麦克风、通过配合后台服务器电脑及相应功能软件，可实现会议发言及发言控制、会议表决、会议服务、文件浏览、流媒体视频点播、无纸化终端画面共享及共享画面大屏显示、内部视频对话等功能。配合中控系统、摄像机可实现发言摄像跟踪功能。

无纸化终端采用阵列麦克风，避免话筒杆林立所造成的视觉影响，配合会议主机的矩阵技术，提高话筒的传声增益，增强语言清晰度。

8.3　终端接入网

8.3.1　系统概述

航站楼等建筑单体的网络系统属于智慧机场网络整体架构中的终端接入网部分，综合考虑机场的业务划分、系统类型及网络架构方面的因素，可将航站楼网络分为生产业务网、综合业务网、离港业务网、安防业务网、互联网接入网和机电业务网六张独立的网络；由于互联网接入网的覆盖范围基本与综合业务网重合，且无线网络架构具有较高安全性（客户端的无线上网流量通过AP与无线控制器之间建立的VPN隧道传输，从而保持与其他应用的逻辑隔离），在无管理要求时，也可考虑将互联网接入网并入综合业务网实施，以减少初始投资及后续运维成本。

8.3.2 系统设计要点

1. 生产业务网

生产业务网主要为机场生产及空侧运行类业务系统的提供数据通信链路。

生产业务网为三层架构，分为核心交换机、汇聚交换机和接入交换机。两台核心交换机通过万兆光纤链路与航站区骨干节点路由交换机相连，两台核心交换机之间通过万兆光纤链路进行捆绑实现互联。核心交换机部署在航站楼PCR主机房内。

每两台汇聚交换机构成一个汇聚节点，两台汇聚交换机之间通过万兆光纤链路进行捆绑实现互联，汇聚交换机通过万兆光纤链路与核心交换机相连，航站区汇聚交换机部署在航站楼的汇聚机房DCR内。

接入交换机通过千兆光纤链路与所归属的DCR内的汇聚交换机相连。接入交换机部署在航站楼的各弱电小间SCR内。

生产网的Wi-Fi无线控制器旁挂载IT管理网核心交换机，运行于生产业务网的Wi-Fi专用VPN上。无线AP以绑定MAC地址、用户名登录验证或者多SSID等技术区分不同业务的用户，使各类工作人员接入对应的业务VPN专网且互不干扰。

2. 综合业务网

综合业务网主要为机场办公、旅客服务、交通及管理类的业务系统提供数据通信链路。

综合业务网为三层架构，分为核心交换机、汇聚交换机和接入交换机。两台核心交换机通过万兆光纤链路与北航站区骨干节点路由交换机相连，两台核心交换机之间通过万兆光纤链路进行捆绑实现互联。核心交换机部署在航站楼PCR主机房内。

每两台汇聚交换机构成一个汇聚节点，两台汇聚交换机之间通过万兆光纤链路进行捆绑实现互联，汇聚交换机通过万兆光纤链路与核心交换机相连，航站区汇聚交换机部署在航站楼的汇聚机房DCR内。

接入交换机通过千兆光纤链路与所归属的DCR内的汇聚交换机相连。接入交换机部署在航站楼的各弱电小间SCR内。

3. 离港业务网

离港业务网主要为机场离港控制系统提供数据交换。

离港业务网为三层架构，分为核心交换机、汇聚交换机和接入交换机。配置两台核心交换机通过万兆光纤链路进行捆绑实现互联，设备部署在航站楼的PCR机房内。核心交换机通过万兆光纤链路与数据中心离港节点机房的离港节点机房服务器交换机实现互联。

每两台汇聚交换机构成一个汇聚节点，两台汇聚交换机之间通过万兆光纤链路进行捆绑实现互联，汇聚交换机通过万兆光纤链路与国内离港核心交换机相连，航站区汇聚交换机部署在航站楼的汇聚机房DCR内。

接入交换机通过千兆光纤链路与所归属的DCR内的汇聚交换机相连。接入交换机部署在航站楼各弱电小间SCR内。

4. 安防业务网

安防业务网主要为机场安全类业务系统的数据和视频流提供数据通信链路。

安防接入网分为三层架构，分为核心交换机、汇聚交换机和接入交换机。两台核心交换机通过万兆光纤链路进行捆绑实现互联，部署在航站楼的PCR主机房内。核心交换机通过万兆光纤链路与航站区安防网骨干节点交换机相连。

每两台汇聚交换机构成一个汇聚节点，两台汇聚交换机之间通过万兆光纤链路进行捆绑实现互联，汇聚交换机通过万兆光纤链路与核心交换机相连，航站区汇聚交换机部署在航站楼的汇聚机房DCR内。

接入交换机通过千兆光纤链路与所归属的DCR分区内的汇聚交换机相连。接入交换机部署在航站楼的各弱电小间SCR内。

5. 互联网接入网

为机场工作人员提供互联网办公条件和旅客提供外网上网服务，设置互联网接入网络，采用无线控制器+瘦AP的方式组建网络。

互联网接入网的专用核心交换机部署在ITC数据中心机房内，旁挂认证服务器、位置服务器、DHCP/DNS服务器和无线控制器（均设置1+1备份），核心交换机应为机场酒店、办公区等旅客聚集停留和机场员工办公区域预留接口，以满足该区域旅客和员工的有线或无线上网需求。

航站楼互联网接入网为三层架构，分为核心交换机、汇聚交换机和接入交换机，两台核心交换机通过万兆光纤链路与ITC大楼机场云数据中心内旅客Wi-Fi网的专用核心交换机相连，两台核心交换机之间通过万兆光纤链路进行捆绑实现互联。核心交换机部署在航站楼PCR主机房内。

每两台汇聚交换机构成一个汇聚节点，两台汇聚交换机之间通过万兆光纤链路进行捆绑实现互联，汇聚交换机通过万兆光纤链路与核心交换机相连，航站区汇聚交换机部署在航站楼的汇聚机房DCR内。

接入交换机通过千兆光纤链路与所归属的DCR分区内的汇聚交换机相连。接入交换机部署在航站楼的各弱电小间SCR内。航站楼公共区域的无线AP通过SCR内的接入层交换机上联，同时采用Wi-Fi定位技术，在航站区为旅客服务主题提供接入设备的精确定位信息，从而为生产管理用户和旅客提供位置服务。

6. 机电业务网

机电业务网是为机场的行李网、安检网、能源网及飞行区其他单体楼网络等提供汇总的区域，实现与其他网络之间的数据交换。

在航站楼PCR主机房内配置两台核心交换机，核心交换机之间通过万兆光纤链路进行捆绑实现互联，两台核心交换机通过万兆光纤链路经防火墙与航站区骨干节点路由交换机相连。

8.4　无源光网络

8.4.1　概述

如今，云计算、大数据挖掘应用日益普遍，"万物互联"的步伐开始大踏步前进，智慧系统的前台与后台之间的数据交互前所未有的"繁忙"，智慧建筑需要一个大带宽、高速率、低时延、高可靠、经济效益和社会效益兼顾的数字传输底座。

基于GPON/10GPON技术的第五代固网技术F5G无源光网络在建筑中的应用方案应运而生。它利用光纤作为传输介质，主要设备包含OLT、分光器、ONU等，网络结构简单、用电（故障）节点少、维护方便、在建筑中几乎无传输距离限制，特别适合做机场非航业务领域的数字传输底座。

传统交换网（左）与F5G光网络（右）的拓扑区别如图8-8所示。

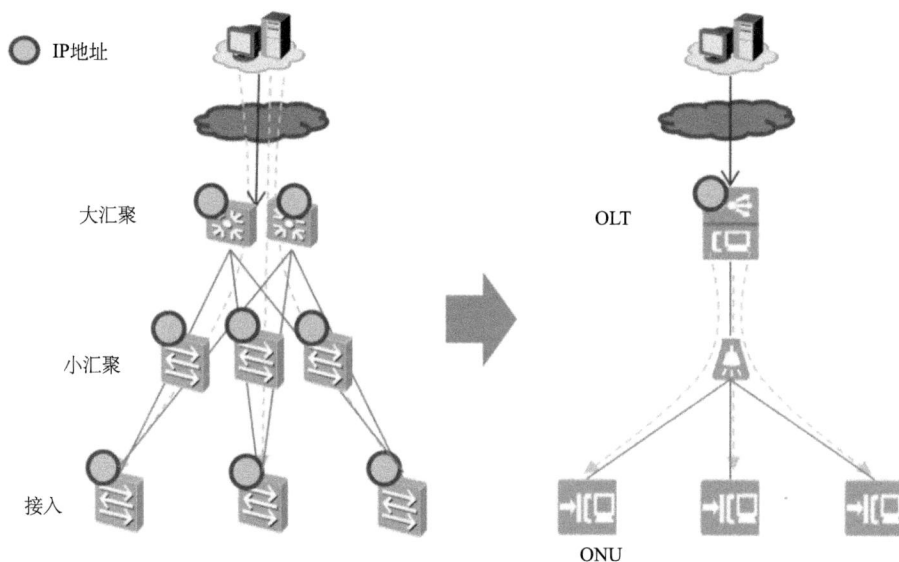

图8-8 传统交换网（左）与F5G光网络（右）的拓扑区别

与传统交换网相比，F5G光网络的优势有如下几点：

（1）业务融合。可以一根光纤融合宽带、语音、视频、Wi-Fi、IoT等高层建筑及人口密集区的常用数据传输。在高层建筑及人口密集区中业态分布丰富，如办公、酒店、商业、车库等，信息传输需求复杂，特别需要能够将业务融合的数据传输模式。

（2）高可靠性。首先，无源光网络的特点是传输链路简单，除了"一头一尾"的OLT与ONU，长达20km的传输链路中无需电源，众所周知有源设备比无源设备多了"断电失效"的风险，所以这也意味着传输链路中故障率的大幅度降低；其次，传输链路全光网络配置也天然无电磁泄漏的风险，同时具备抗电磁干扰、抗氧化、防雷（6kV以下）、防尘、防水、耐盐雾、不易腐蚀，恶劣环境下持续保障业务高质量，这些都大大提高了数据传输的可靠性及传输线路信息安全；第三，良好的保护措施可实现端到端故障50ms内保护倒换，故障时视频会议/电话完全无感知；第四，大二层网络，从架构层面杜绝网络风暴，单故障点失效不会扩散成面失效，同时故障精准定位（0.5m级），断纤排障迅速。

（3）超大容量及超长工程寿命。前面已述及光缆传输容量的"几乎无限"的可能性，因而作为全光网络的F5G技术，假如目前建设采用GPON千兆技术已可满足高层建筑及人口密集区的现有使用需求，将来若需将其传输容量升级，也仅需升级前后端设备（OLT与ONU）即可实现带宽平滑升级10G、40G、100G或更高，光缆寿命达到30年，在这段时间内根本无需更改隐蔽工程即可平滑升级网络性能、满足万物互联带来的飞速发展的数据传输容量需求。而传统铜缆布线每隔几年的性能升级要求经常更换隐蔽工程布线，而这是很难实现的。

（4）超远距离。长距离覆盖，最远可达20～60km，规避了经常面临90m覆盖范围超长的传统铜缆布线的尴尬，对于大跨度、人员密集的机场来说，无需考虑布线距离超长的布线方案是建设方和设计师乐见的，也是提高设计灵活性、进一步实现可变化"灵动空间"的技术支撑。

（5）部署快捷运维简便。首先是全光网络的用缆比铜缆布线少，施工相应减少，预端接光缆还可进一步提高布线速度，其次ONU设备安装快速即插即用，全光网络只需要设置管理OLT和ONU，与传统网络独立网元管理、汇聚层/接入层交换机需本地配置、逐个升级不同，全光网是天然集中管理，支持批量升级，也就是说，在超高层建筑中，只需要在OLT所在的主机房就可以对分散在智慧机场数百功能分区的所有ONU进行统一配置，不需要逐个到ONU所在位置本地部署设置、升级，这大大提高了建设和维护效率，降低了相应成本。

（6）省空间、对辅助设施要求低。由于系统的无源、大容量特性，对弱电间、弱电线槽的占用降低很多，这对寸土寸金的超高层建筑来说是重大利好，同时，系统的无源传输网络对供电和空调通风无要求，这与传统网络布线相比，节省了一大笔供配电专业和暖通空调专业的造价、维护费用。

（7）技术成熟造价降低。有线通信网第四代无源全光网络在国内有超过10年的使用沉淀，经历了充分的历练，电信级别的设备稳定性可靠。如今，随着技术的发展和国内万物互联、数字化转型的强烈需求，第五代F5G的10GPON无源全光网络从通信工程领域下沉到建筑工程领域也成为历史的必然，而其成熟的技术沉淀和逐步降低的造价，使其成为智慧建筑数字传输底座的优秀解决方案，放眼智慧机场全生命周期具备极高性价比。

固网和移动网络代际划分如图8-9所示。

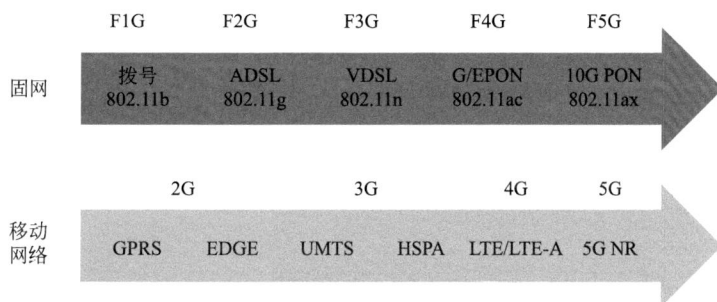

图 8-9　固网和移动网络代际划分

8.4.2　利用F5G解决智慧机场传输网络工程痛点

例如某智慧机场的建筑面积约70万m²，总信息点数约50000点。由于平面复杂，安装条件有限、弱电间设置受限，存在大量的综合布线水平铜缆布线超长（90m）现象。

（1）可在物业网、办公OA网、建筑设备网、安防网和旅客无线网采用GPON全光网络（行业专有业务系统是否采用全光网络要根据使用/运维方IT部门对此新技术的熟悉程度来决定），对塔楼各层弱电间面积需求大幅度降低，除满足F5G全光网络，还有多余空间进行5G设备部署；地下室和裙房大量信息点和网络摄像头的超长情况也得以解除（现场设置ONU箱）。

（2）在保留足够预留空间的前提下，线槽占用比传统方案小了一档，个别区域甚至可以直接穿管敷设，尽最大可能释放了空间净高，提升了物业品质；线槽和吊筋的使用量降低，原来可能有个别铜缆集中的线槽（大于150N/m）须采用昂贵而又占用大量空间的抗震支架，这种情况基本消除。

（3）50000个信息点，可节约超六类铜缆约1750km（每信息点平均节约铜缆长度35m乘以50000点），这相当于从重庆到北京往的距离，可见传统布线对铜缆的需求是惊人的，结合近期铜价大涨的情况，作为一家大型机场的建设方，采用F5G后，对节约重要战略物资铜做出了重要贡献，这部分铜可以应用到更加亟需的供电领域。

F5G覆盖智慧建筑全应用架构如图8-10所示。

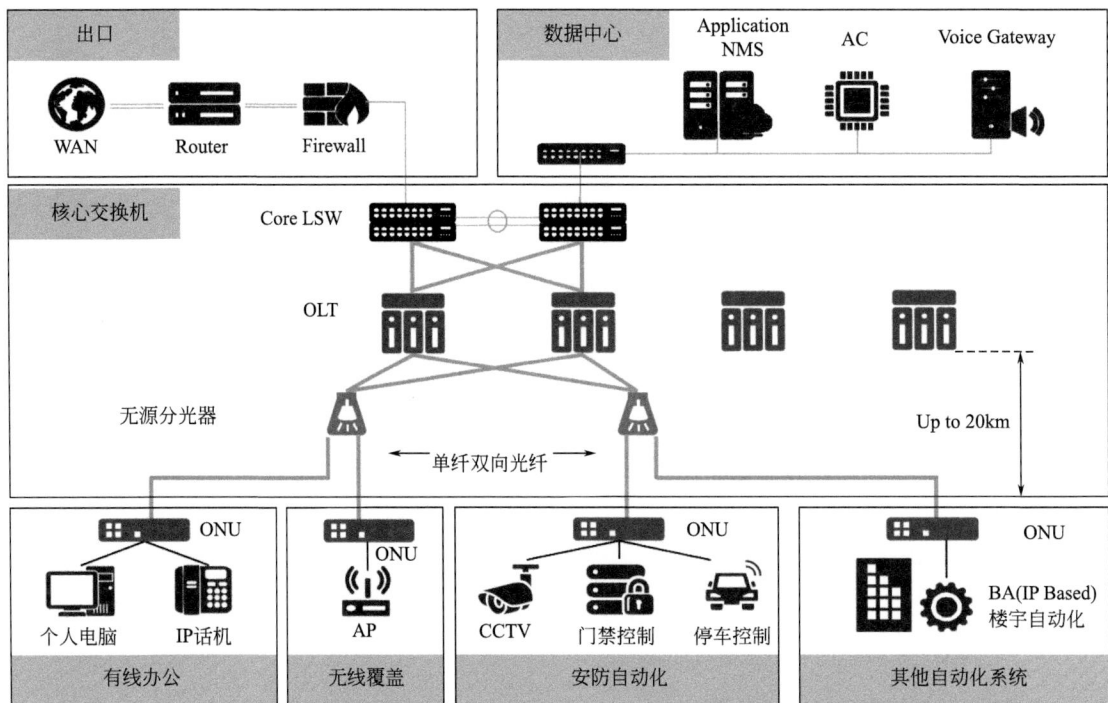

图 8-10　F5G 覆盖智慧建筑全应用架构

8.4.3　总结

　　F5G全光网络在建筑工程中的应用，优化了我国自然资源的需求配置，对生态环境更加友好，提高了传输容量及效率、降低了维护成本，有利于保护建设者投资，符合我国可持续发展战略，是超高层建筑及人口密集区适配的优秀传输网络方案，为智慧建筑数字传输底座建设提供了可靠的技术途径。

8.5　综合布线

　　综合布线系统是整个弱电系统的子系统之一，是一个完整的集成化通信传输系统，系统主要采用单模光缆（零水峰）、多模光缆（OM4）及六类非屏蔽双绞线混合布线方式，连接机场的语音设备、数据设备、电子通信设备及网络设备等，并使这些设备与外部相关系统连接，为整个项目的语音、数据及多媒体应用提供实用、可靠、灵活、可扩展的介质通路，是整个项目各弱电及信息系统基础保障。

　　综合布线系统关系到整个项目工程各建筑物IT/弱电系统功能的实现。因此，综合布线系统要求具有先进性、开放性、灵活性、可靠性、冗余性，达到使用灵活、扩充方便、管理简便、维护容易的高标准布线系统目标，并保持一定时期的先进性。

　　综合布线系统采用开放式结构，适用于主流网络拓扑结构，并能适应不断发展的网络技术的需求，能支持综合信息传输和连接（计算机数据通信处理、话音通信、图像传输、视音频传输以及各种控制信号的通信等多种应用类型）。

　　综合布线系统采用模块化结构，保证系统能很容易的扩充和升级。系统中任何一个信息点都能够连接不同类型的计算机设备和其他信息设备。对任何一个分支单元的改动都不会影响系统的其他单元。能在设备布局和需要发生变化时实施灵活的线路管理。

综合布线系统要保证实现信息安全、可靠地传输。

综合布线系统需提供较强的系统管理能力，可以有效地进行系统管理、系统维护、系统故障的排除。

根据相关标准及规范，主要分为六个部分：

1）机场建筑群子系统

为工程中各建筑物之间铺设建筑群线缆（光缆、大对数电缆），作为各种弱电系统的信息传输基础。

2）干线子系统

干线子系统作为建筑物内综合布线系统的骨干部分，由连接各设备间（包括电信间）的室内干线线缆（大对数电缆和光缆）构成。干线子系统所需要的电缆总对数和光纤总芯数应满足工程的实际需求，并留有适当备份容量。

3）配线子系统

配线（水平）子系统采用6类非屏蔽系统，支持基于铜缆的千兆以太网标准IEEE802.3ab，同时满足基于铜缆的以太网供电传输标准IEEE802.3af。部分区域采用6A类系统，支持基于铜缆的万兆以太网传输。

4）工作区子系统

信息插座面板的使用要求使用45°（或斜角）安装面板，并带有一体化防尘门。

工作区的面板全部采用国标86型双口暗装面板。

5）设备间子系统

综合布线系统各设备间的语音配线架、数据模块配线架和光纤配线架安装在标准19英寸机柜/机架内，投标人应考虑所需配线设备的安装容量，优化配置各弱电设备间所需配线机柜/机架的数量，并提出对机柜/机架的线缆进出方式、通风散热及供电方式等要求。

6）管理子系统

对设备间、弱电间、进线间和工作区的配线设备、线缆、信息点等设施应按一定的模式进行标识和记录。

8.6 综合桥架管线

8.6.1 槽式桥架

（1）项目可采用KJQG节能复合高耐腐蚀（彩钢）电缆桥架，执行《节能耐腐蚀钢制电缆桥架》GB/T 23639—2017。

（2）电缆桥架表面涂层采用复合层工艺，满足《彩色涂层钢板及钢带》GB/T 12754—2019的相关技术要求。其允许最小板材厚度及额定均布载荷等级如表8-1所示。

允许最小板材厚度及额定均布载荷等级				表 8-1
托盘、梯架宽度 B（mm）	托盘、梯架（mm）	盖板（mm）	载荷等级	额定均布载荷（kN/m）
$B \leqslant 300$	0.8	0.6	B	1.5
$300 < B \leqslant 500$	1.0	0.6	B	1.5
$500 < B < 800$	1.2	0.8	C	2.0
$B \geqslant 800$	1.5	0.8	C	2.0

（3）KJQG节能复合高耐腐蚀（彩钢）电缆桥架标准长度2m，并通过大吨位设备进行模压等工艺以保证足够机械强度，电缆桥架采用整体槽式结构，加强筋应采用TOX铆接等不损伤表面涂层的工艺措施。

（4）KJQG节能复合高耐腐蚀（彩钢）电缆桥架材料采用热镀锌基板，涂层厚度≥20μm，选用高耐久性聚酯（HDP），盐雾试验时间≥720h。

（5）各类不同用途线槽采用不同颜色区分：综合布线铜缆采用柠檬黄，综合布线光缆采用淡紫色，安保采用淡天蓝色，广播采用橙色，电信采用淡绿色。

（6）桥架固定支架表面采用RP复合层（热镀锌基板+粉末喷涂）处理。

（7）固定水平槽式线槽的支架应采用C型钢管支架，宽度小于等于400mm的线槽应采用41mm×41mm×2mm规格；大于400mm的线槽应采用41mm×41mm×2.5mm规格。固定C型钢管吊杆应大于等于12mm圆钢。同一电缆线槽分段连接处必须有可靠跨接，并确保其电气连通性。

（8）固定垂直线槽的托臂应采用50mm×5mm的扁钢板。

（9）垂直安装线槽内应安装固定线缆上升的横挡，横挡间隔为1m。横挡底面与线槽槽底的间隔应不小于30mm。

（10）水平安装线槽固定支架的间隔为1.5m，垂直安装线槽的固定支架的间隔为1m。

8.6.2 导线管

1. 重型钢制导线管

（1）重型钢制导线管是一种为保护电缆、通信光缆等设计制造的管材。

（2）产品标准《重型钢制导线管及配件》是参照美国保险人实验室标准《硬质金属导线管》UL6-2000和日本国家标准《硬质金属导线管》JIS C8305的有关要求，同时结合我国国内的使用情况而制定（修改采用）。

（3）重型钢制导线管具有比普通薄壁碳素钢电线套管更强的机械承受能力，抗拉强度不小于295MPa。

（4）重型钢制导线管内外表面均采用热镀锌四级防腐。

（5）重型钢制导线管去除内焊缝，内焊缝高度不大于0.2mm。

（6）重型钢制导线管采用英制螺纹进行连接，保证管道整体的密封性和电连续性，符合电气安装规范，如图8-11所示。

（7）重型钢制导线管的尺寸规格如表8-2所示。

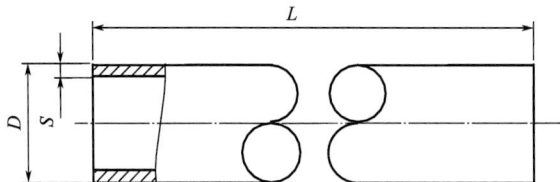

图8-11 重型钢制导线管

（8）弯管：弯管应采用与导线管相同级别的直管来制造，按导线管的应用要求进行处理、施镀及车丝等工序。弯管的螺纹采用55°圆锥外螺纹，锥度为1：16，其牙数和螺纹长度应符合《55°密封管螺纹》GB/T 7306—2000的要求，并采取防护措施。弯管的弯曲角度最小为15°，最大为90°，如图8-12所示。弯曲半径R和两端直线部分的长度L_S不应该小于表8-3数值。

导线管规格表（一） 表 8-2

| 公称尺寸 | | I 型 | | | | II 型 | | | | 定尺长度 L（mm） |
| | | 外径 D | | 壁厚 S | | 外径 D | | 壁厚 S | | |
（mm）	（in）	公称尺寸（mm）	允许偏差（mm）	公称尺寸（mm）	允许偏差（%）	公称尺寸（mm）	允许偏差（mm）	公称尺寸（mm）	允许偏差（%）	
15	1/2	21.0		2.30		21.3		2.50		
20	3/4	26.5		2.30		26.7		2.50		
25	1	33.3		2.50		33.5		2.75		
32	1～1/4	41.9		2.50		42.2	±0.3	3.00		
40	1～1/2	47.8	±0.3	2.50		48.1		3.00		
50	2	59.6		3.00	±12.5	59.9		3.25	±12.5	4000^{+10}_{0}
65	2～1/2	75.2		3.00		75.6		3.50		
80	3	87.9		3.00		88.3	±0.4	3.50		
100	4	113.4	±0.4	3.50		113.5	±0.5	4.00		
125	5	138.4		4.00		139.5		4.50		
150	6	163.8	±0.5	4.00		165.0	±1.0	4.50		

导线管规格表（二） 表 8-3

| 公称尺寸 | | 距管中心半径 R | 末端直线长度 L_S |
（mm）	（in）		
15	1/2	102	38
20	3/4	114	38
25	1	146	48
32	1～1/4	184	51
40	1～1/2	210	51
50	2	241	51
65	2～1/2	276	76
80	3	330	79
100	4	406	86
125	5	610	92
150	6	747	95

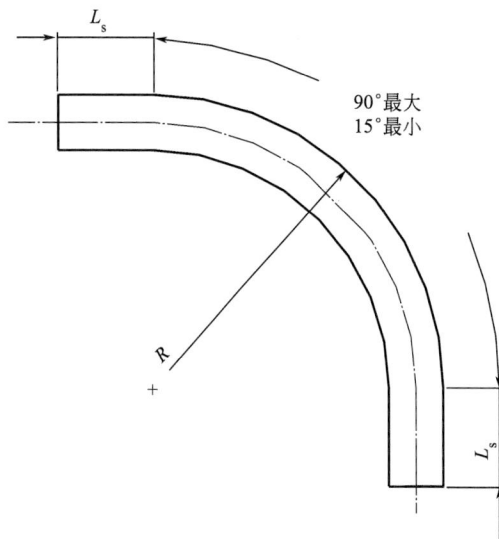

图 8-12　弯管弯曲角度

（9）外接头：外接头按《可锻铸铁管路连接件》GB/T 3287—2011中外接头的外形尺寸制造，按导线管的要求以相同的方式进行外表面防腐处理。外接头的螺纹采用55°圆柱内螺纹，其牙数、螺纹直径及偏差应符合《55°非密封管螺纹》GB/T 7307—2001的要求，并对螺纹采取防护措施。

（10）弯曲性能：

① 在常温下，将1/2″和3/4″导线管弯曲成半圆（180°），导线管的保护镀层不能出现明显的破碎或剥落。对于大于3/4″的导线管可以通过适当的工具将其弯曲成半圆（180°），以确定是否符合要求。弯曲半径见表8-3。

② 将制造商生产的最小规格的导线管在0℃环境中保持60min，然后弯曲成90°，导线管不得出现破裂和开焊，镀层不得损坏脱落。测试应在冷藏室内或在出冷藏室后的15s内进行。弯曲半径见表8-3。

（11）保护镀层：

① 作为导线管及配件外表面唯一的保护镀层，其锌层应在浸入硫酸铜溶液4次后不出现明亮的附着性铜沉淀。每次浸入时间为60s。

② 作为导线管及配件内表面唯一的保护镀层，其锌层应在浸入硫酸铜溶液60s后不出现明亮的附着性铜沉淀。

③ 硫酸铜溶液应采用化学试剂级硫酸铜（$CuSO_4$）配制。在常温下，将溶液用蒸馏水稀释到密度刚好为1.186，再将溶液过滤待用。

2. 电气安装用钢制导线管

（1）电气安装用钢制导线管是一种为保护电缆而设计制造的管材。根据防腐等级的不同，分成四个等级，主要产品为三级（喷锌）和四级（热镀锌）导线管。

（2）产品执行标准为《电气安装用带ISO公制螺纹的钢制导线管及配件技术规范》BS4568-1970。

（3）为了避免损伤电缆，导线管的内焊缝高度不大于0.3mm。

（4）导线管的尺寸规格如表8-4所示。

（5）导线管可以采用公制螺纹和套接紧定式两种方法进行连接，保证管道整体的密封性和电连续性。螺纹接头应符合图8-13所示。

公称口径 (mm)	外 径（mm）		壁 厚（mm）		定尺长度 (mm)
	最大	最小	不带螺纹	带螺纹	
16	15.7	16.0	1.0	1.4	4000±20
20	19.7	20.0	1.0	1.6	
25	24.6	24.9	1.2	1.6	
32	31.6	31.9	1.2	1.6	

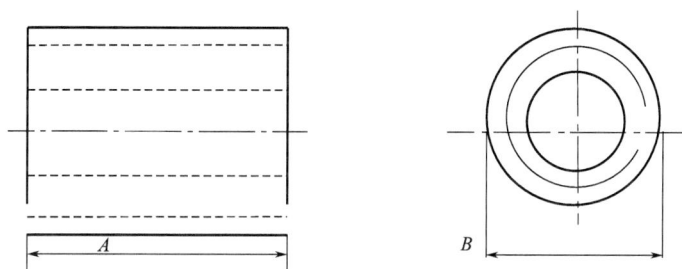

螺纹接头（单位：mm）

公称尺寸	A	B	
		可锻铸铁	钢
16	30	19.2	17.5
20	33	23.2	21.5
25	39	28.4	26.7
32	43	35.6	33.8

图 8-13 螺纹接头及尺寸

（6）导线管作冷弯试验，试验时不带填充物，弯曲角度为90°，弯管的内半径为钢导管公称直径的6倍。试验取6个试样，其中3个试样将焊缝置于压弯的外缘，另3个试样将焊缝置于侧面的位置。试验后，导线管的基材及其防腐层均不得呈现任何为肉眼可见的破裂，焊缝处不得裂开。冷弯试验后的钢导管不能有过分变形，应符合通球试验要求。

（7）防腐蚀能力：四级防腐的钢导管及接头的试样，在经过硫酸铜试验后（试样进行弯曲试验后，应连续浸没于同一硫酸铜试液中4次，每次1min，试液的比重在20℃时为1.186g/ml），试样表面不能呈现红色（镀铜色），但在螺纹表面、机加工表面及距机加工切口5mm范围内的表面上的铜积物除外。三级防腐的钢导管及接头的试样，内表面应符合二级防腐要求，外表面应符合四级防腐要求。

（8）电连续性试验：取10段平头的（无螺纹）成品钢导管，用适合的连接件将其连接在一起，连接件之间的间距不少25mm。如有需要，可用其连锁机构将其紧固。用精度不低于0.05级的双臂直流电桥对上述的连接件的两端进行电阻值的测量。其电阻值不应大于0.04Ω。

8.7　机场通信系统关键技术

机场通信系统关键技术有如下几种：

（1）统一通信（多种通信方式的融合平台）。

（2）5G专网通信（图8-14）。

（3）LTE专网通信。

（4）警民融合对讲覆盖（同时兼容350M和400M）。

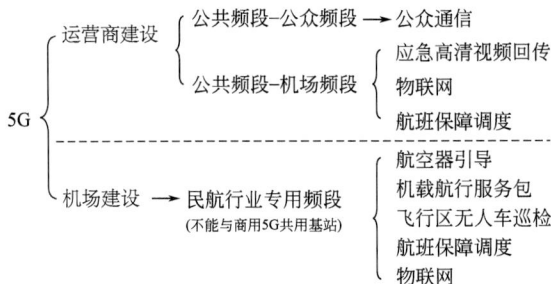

图 8-14　5G 专网通信

1. 统一通信平台

统一通信平台融合计算机技术与电信技术、整合了固定网络与移动网络，实现语音、IT应用融合，使机场工作人员可以在任何时间、任何地点，通过移动手持通信设备或固定计算机、通信设备，以语音、短信、即时消息、视频等多种通信方式进行协作沟通，提高办公效率。

统一通信平台的主要功能为：实现基于IP电话、软终端的语音通信；基于统一通信软终端的数据通信；基于调度软件的综合调度功能；此外，统一通信平台须作为机场各种通信手段之间的中间媒介，将机场多种通信手段融合，实现机场无线数字通信系统（基于LTE技术的集群通信）、800M无线集群通信系统、内通系统、公网有线之间灵活方便的语音互联互通，以及各系统录音的集中管理、展示。

统一通信平台的建设是为了使机场内各通信系统能够统一使用，主要用于内通、集群通信800M、LTE系统、运营商无线、5G无线接入（含5G专网VPDN本地授权及接入网关）语音通信系统、甚高频等语音通信接入，各系统应通过SIP转换方式接入统一通信平台上。除此之外，统一通信平台将设置呼叫管理模块、通信调度模块、应急通信模块、用户管理模块、通信服务引擎、设备状态监控模块等，为全场各单位、各系统提供统一的通信服务，并配置多模式多频段数字集群终端。

2. 5G专网通信

5G所具备的超高可靠超低延时通信（uRLLC）的特性、增强型移动宽带（eMBB）的特性、大规模机械通信（mMTC）特性，将助力机场智慧化通信基础设施建设。由于5G系统技术较新，建设方式、频段授权等方式尚不明确，目前在机场中的应用还处于探讨、起步阶段。

3. LTE

LTE数字集群通信系统为机场内的专业用户提供高实时性、安全性、可靠性和保密性的无线宽带数据通信及应用服务，保障空管、机场及航空公司的航班日常生产运行任务，提高航班地面保障生产效率和航空安全。可使用1785～1805MHz无线频段组网，频率资源由空管当局申请使用。

LTE系统服务单位包括：航空公司、航空食品公司、航空油料公司、空管单位、消防部门、海关、检疫、卫生单位、公安、货运公司、机场地服单位、机务维修公司等。需要覆盖的岗位有地面服务人员，服务车辆、机务人员、飞行员、乘务员、管理人员等。

1）机场室外覆盖

机场室外覆盖主要区域涉及跑道、滑行道、近远机位、巡场路、工作区，除远机位外均通过室外基站直接辐射。远机位可采用LTE转Wi-Fi方式进行辐射。

2）航站楼室内覆盖

航站楼通常为钢结构及钢筋混凝土结构，楼体跨度较大且对信号屏蔽较强。另外，航站楼作为机场运营的核心中枢，无线运营业务需求量较大，故在航站楼内应建设LTE室内分布式无线覆盖系统，配置相应的室内基站设备。系统采用BBU+RHUB+pRRU组网方式。

8.8 机场物联网关键技术

物联网（Internet of Things，简称IOT）是指通过各种信息传感器、射频识别技术、全球定位系统、红外感应器、激光扫描器等各种装置与技术，实时采集任何需要监控、 连接、互动的物体或过程，采集其声、光、热、电、力学、化学、生物、位置等各种需要的信息，通过各类可能的网络接入，实现物与物、物与人的泛在连接，实现对物品和过程的智能化感知、识别、定位、跟踪、监控和管理。物联网是一个基于互联网、传统电信网等的信息承载体，它让所有能够被独立寻址的普通物理对象形成互联互通的网络。物联网的关键技术包括射频识别技术、传感网、M2M系统框架、云计算等。

物联网主要特点如下：

（1）全面感知：通过射频识别、传感器、二维码、GPS卫星定位等相对成熟技术感知、采集、测量物体信息。

（2）可靠传输：通过无线传感器网络、短距无线网络、移动通信网络等信息网络实现物体信息的分发和共享。

（3）智能处理：通过分析和处理采集到的物体信息，针对具体应用提出新的服务模式，实现决策和控制智能。

8.8.1 机场物联网概述

机场物联网平台主要应用在机坪设施管理、机坪灯光管理、环境监控、航站区设备管理、航站区工作人员管理、航站区服务管理及公共区管理，应用场景如图8-15所示。接入前端包括：机坪灯光、航站楼室内灯光、航站楼消防、航站楼楼宇自控、积雪积冰检测、温湿度检测、水井液位、工作区路灯、数据资产条码、智能井盖、消防物联网等。从信息化整体建设架构来看，物联网平台作为位置数据独立接入，经格式转换处理后统一进入智慧数据中心，物联网平台物理资源可由机场云平台提供。根据应用场景需求配置物联网感知传感设备如：PM2.5检测器、机电设备芯片、工作人员定位芯片、水位测量仪、井盖检测器、噪声探测仪等。

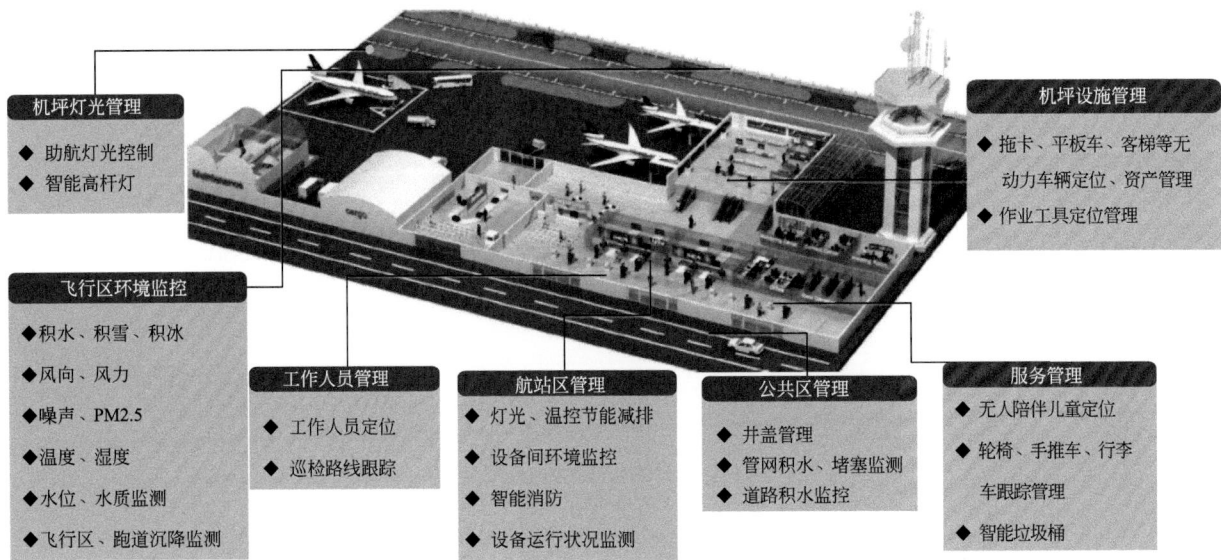

机坪灯光管理
◆ 助航灯光控制
◆ 智能高杆灯

机坪设施管理
◆ 拖卡、平板车、客梯等无动力车辆定位、资产管理
◆ 作业工具定位管理

飞行区环境监控
◆ 积水、积雪、积冰
◆ 风向、风力
◆ 噪声、PM2.5
◆ 温度、湿度
◆ 水位、水质监测
◆ 飞行区、跑道沉降监测

工作人员管理
◆ 工作人员定位
◆ 巡检路线跟踪

航站区管理
◆ 灯光、温控节能减排
◆ 设备间环境监控
◆ 智能消防
◆ 设备运行状况监测

公共区管理
◆ 井盖管理
◆ 管网积水、堵塞监测
◆ 道路积水监控

服务管理
◆ 无人陪伴儿童定位
◆ 轮椅、手推车、行李车跟踪管理
◆ 智能垃圾桶

图8-15 机场物联网应用场景

目前机场通常需要物联网解决的业务问题：

（1）通过结合机场GIS对机场无动力设备（航站楼旅客手推车、机坪无动力车辆等）跟踪与定位，解决机场无动力车辆无法管理的问题；

（2）通过对运行状态监控实现对机场高杆灯智能管理，实现业务的联动；

（3）解决机场范围内的窨井盖的防盗、防丢失的管理难题；

（4）解决机场管网积水、堵塞难以及时发现的问题；

（5）旅客定位导航类服务。

8.8.2　机场物联网平台架构

机场物联网平台架构如图8-16所示。

1. 终端层

物联网终端是物联网平台中连接传感网络层和传输网络层，实现采集数据及与网络层发送和接收数据的设备。终端包括各种传感器、智能仪表、RFID读头、条码/二维码扫描器、智能终端（PDA、手机、平板电脑等）、LBS终端等感知节点，以及对数据进行透传的传输终端。

物联网网关是连接感知网络与传输层通信网络的纽带，实现不同类型感知网络之间协议的转换，使得平台层能够使用统一的管理接口技术对末梢网络节点进行统一管理。

2. 网络层

网络层通过各类基础承载网络在终端层和平台层之间传输信息，根据传输距离、功耗限制、终端接入量等因素，使用不同的网络传输方式。机场物联网综合利用运营商 NB-IoT 网络、蓝牙、Wi-Fi、LTE/5G、有线网络作为物联网传输网络。覆盖航站区、GTC、飞行区、货运区。

3. 平台层

物联网平台层是连接感知层、网络层和应用层的桥梁，通过中间件实现感知终端和应用系统之间的物理隔离和无缝连接。主要实现从网络层接入终端采集的数据，进行数据的存储，提供给应用层统一访问的接口；实现对终端节点的统一管理监控；实现对终端和应用接入的统一安全认证。

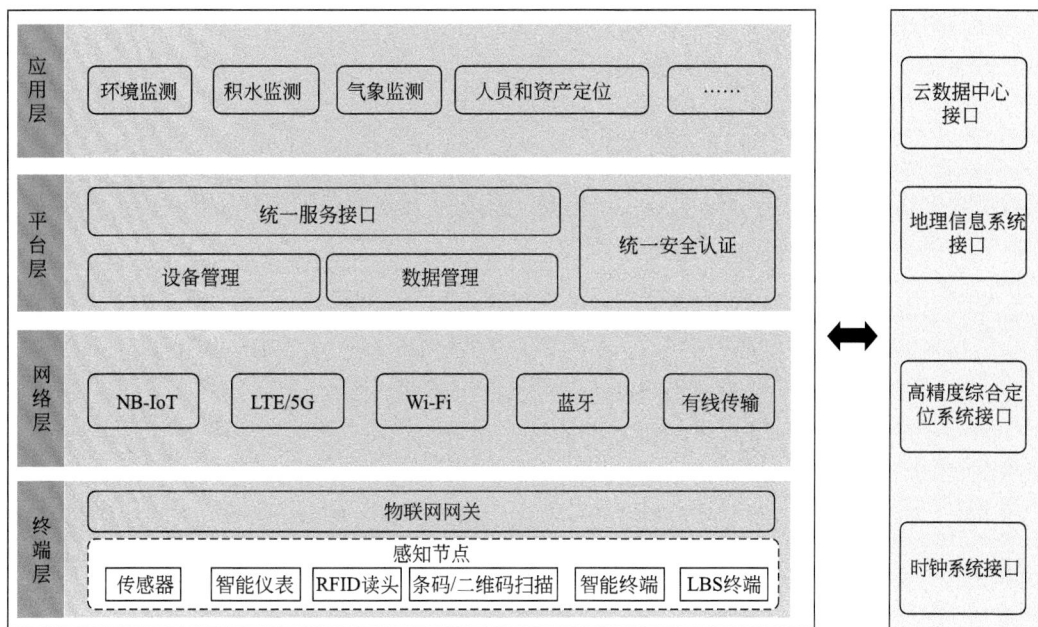

图 8-16 机场物联网平台架构示例

4. 机场行业应用层

机场各主题系统通过平台层提供的统一接口获取物联网的感知数据，实现智能化识别、定位、跟踪、监控和管理等业务。

8.8.3 物联网平台能力关键点

1. 设备管理

关键点是具备完整的物联网终端设备生命周期管理能力。

（1）设备注册和发现：将终端设备信息（设备标识、设备IP、设备类型、数据协议等）登记到管理平台，使其可以被平台统一管理。

（2）设备分组管理：终端设备的集约化管理，可以对设备按照类型、区域、业务场景等进行分组，支持对分组下的设备进行批量的下发、管理操作。

（3）设备安全：终端设备授权和认证，以及端到端的传输加密。

（4）设备监控和告警：对接入平台的终端设备的实时运行状态进行监控，提供连接诊断、测试能力。支持基于终端设备的状态监控信息，判断终端设备的运行情况，当设备运行出现故障时，对故障进行问题分析，尝试确认故障位置。可基于终端运行状态进行告警。

（5）设备位置管理：平台结合 GIS 地图，将终端设备位置在 GIS 地图上映射和展示。可以在设备地图上对每一个终端设备直观地进行选取，查看到终端设备的相关信息。

（6）设备控制管理：实现通过平台对终端设备的远程管理和维护功能，系统可以实现接入设备远程配置、远程调试、固件 OTA 升级、远程控制等。

2. 数据管理

关键点是具备终端数据的采集、处理和存储能力。

（1）数据采集：通过承载网络将终端采集数据接入物联网管理平台并进行解析后，由平台进行统一处理。

（2）数据建模：平台针对不同终端采集的数据进行数据建模和数据标准化，模型包括设备基本信息和业务信息，并提供裸数据到标准模型的编解码转换能力。

（3）数据融合：系统可准确接收前端不同类型传感器采集到的数据。

（4）数据存储：包括缓存和持久化存储，缓存即将热点数据存储于分布式缓存中，提高存取效率，降低后端数据库或文件系统负载；持久化存储即针对结构化和非结构化数据，分别使用 NoSQL 数据库和分布式文件系统来进行持久化存储。

3. 数据共享

关键点是具备通过能力共享平台向其他系统提供数据的能力。

（1）接入授权：控制不同数据请求方对不同数据的请求权限。

（2）响应请求：响应来自能力共享平台的数据获取请求，返回相应的数据。

（3）数据共享管理：配置物联网平台向能力共享平台推送的协议、内容、数据格式、推送频率。

（4）数据共享：按照数据共享管理的配置内容，实现在各个业务系统授权范围内的数据推送、数据访问、数据订阅。

4. 系统管理

（1）用户管理：对物联网平台的用户进行用户账户管理、用户分组管理和操作权限配置。

（2）日志管理：系统可以自动生成日志，支持对日志文件进行查询，用于确定系统当前运行状态、追踪特定事件相关数据、排查系统故障原因。

（3）维护管理：实现系统的维护管理。

（4）统计查询：对系统的各种数据和操作进行统计，并能生成相应的统计报表。

5. 安全管理

（1）身份识别：系统具有对所有终端设备提供身份认证、鉴权及端到端加密服务，避免非法终端设备和物联网平台之间交换数据。

（2）数据加密：对数据安全进行管理，通过数据加密以防数据丢失。

（3）访问管理：对外来访问根据权限进行相应的管理。

（4）认证授权：通过该平台实现认证授权。

（5）终端授权：通过该平台实现终端授权。

（6）权限管理：系统支持在管理层面对系统维护和管理人员进行用户账户管理及操作权限管理。

8.8.4 物联网定位关键技术

1. 高精度综合定位系统

高精度综合定位系统是机场基础服务系统之一，通过卫星（GPS、北斗）定位、蓝牙信标定位、Wi-Fi定位、物联网定位、无线通信系统定位等多类定位技术的集成和融合，为机场需要使用定位功能的系统提供可信、可靠的机场位置服务。

高精度综合定位系统由定位基础设备和位置服务平台两部分组成。

定位基础设备包括卫星GPS/北斗信号、蓝牙信标、Wi-Fi、物联网基站、无线通信系统基站、差分基准站、定位通信模块等。

2. UWB超宽带定位技术

UWB超宽带定位技术是一种全新的通信技术，不需要使用传统通信体制中的载波，而是通过发送和接收具有纳秒或皮秒级以下的极窄脉冲来传输数据，从而具有GHz量级的带宽，具有穿透力强、功耗低、抗多径效果好、厘米级定位精度等优点。

相比较于iBeacon系统，UWB定位系统基于信号飞行时间计算定位终端与基站之间距离，区别于其他基于RSSI信号强度值计算的定位技术。在实际使用过程中，UWB定位更为精确，可实现1m以内的定位精度。但UWB系统对定位场景要求更高，如可用于对行李车进行高精度定位。UWB定位系统包括前端设备包含定位基站、定位标签以及应用软件和后台服务器。

第9章　智慧安全

9.1　智慧安全管理平台

9.1.1　概述

根据机场的实际情况以及安防与民航业务关系，在机场现有各类系统的基础上，集成整合机场各类数据，利用GIS地图技术和视频监控联动实时展示机场安全视图，基于视频分析和大数据等技术进行整合统计分析机场安全态势，从安全事件事后处理向安全事件预测预警转变，提高机场日常安全管理水平和效率，全面提升机场治安防控和应对突发事件的能力，维护良好的航空运输安全生产秩序确保空防安全，机场有必要在安全领域采用新技术和新产品以提升安全管理效率和效果。

机场安防集成管理平台是建立在视频监控（报警）系统、门禁系统等安全类系统上的网络化集成管理平台。集成系统的运行不影响被集成系统的独立运行，集成系统负责配置联动控制中各环节的响应逻辑和调度被集成系统的联动响应过程。集成系统故障时，被集成系统依然可以独立稳定运行。

机场安防集成管理平台是视频监控（报警）系统、门禁系统的联动控制枢纽，也是与其他信息弱电系统如智能楼宇管理系统、火灾自动报警系统、围界监控报警系统等的系统接口平台。

9.1.2　系统设计要点

机场安防集成管理平台包括安全运行管理数据库SODB，统一操控与视图功能、机场安全态势功能、联动报警管理要求、智能分析与应用功能、事件管理要求、综合安全管理要求、查询统计和系统管理等功能，如图9-1所示。

1. 统一操控与视图

1）视频整合

系统对整合范围内视频信号进行标准化、解码及信号控制等，并提供一个完整的集成管理界面，保证在安全网络中任何位置都可以控制、配置和诊断整个系统。

对所有摄像机的图像进行存储和显示时都进行字符叠加，叠加的字符包括：年、月、日、小时、分、秒、摄像机编号，其他如位置信息等字符，其中年、月、日、小时、分、秒根据系统时间自动叠加，摄像机编号及其他信息通过人工编辑后叠加在摄像机图像上。

2）统一视频操控

在多媒体操作工作站上的视频监控软件均支持不同用户具有不同的访问界面与个人资料，该软件根据用户需求可以在机场场区内任意部署。具体提供以下功能：

（1）实时捕捉网络中的视频流，并在计算机显示器上显示。

（2）支持远程控制。

（3）支持文件输出。

全场安防集成管理系统

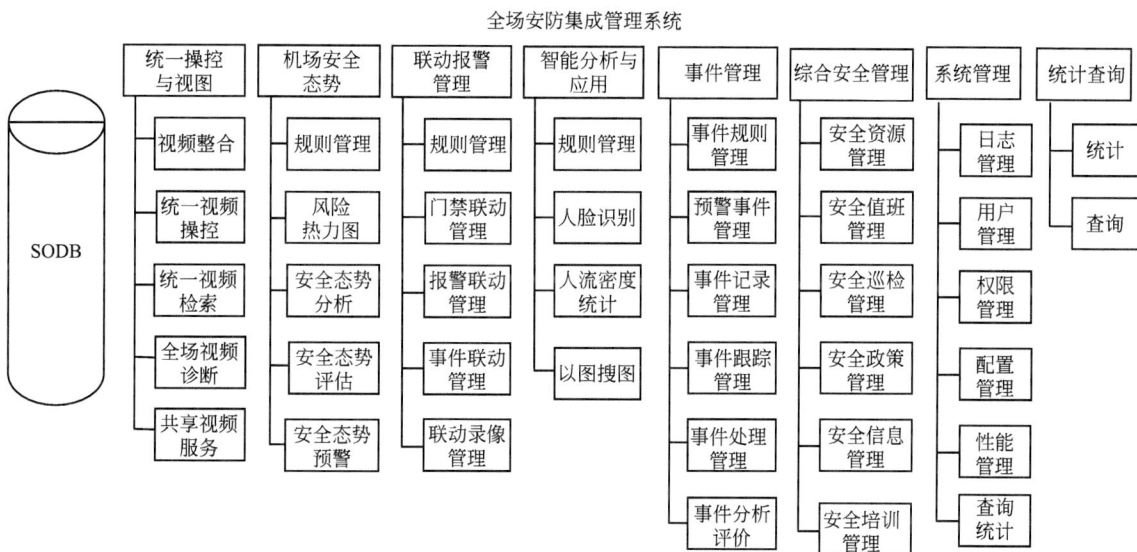

图 9-1　　机场安防集成管理平台总体功能架构图

（4）支持：D1、Half D1、CIF、4 CIF、高清图像1080P、4K及以上显示。

（5）多画面显示应至少可以同时显示16路1080P无卡顿且清晰的图像画面。

（6）与WIN2000/xp/Win7/Win10及以上操作系统兼容。

（7）通过视频隔行扫描器显示奇数行或偶数行帧图像。

（8）支持摄像机的用户权限过滤功能，未能获得授权用户将不能浏览所有或部分的摄像机。

（9）管理视频采集、编码、解码、录像和回放。

（10）在模拟监视器上实现视频切换、轮巡及多画面显示。

（11）管理音频采集、编码、解码、录音和回放。

（12）同步回放多个视频流和音频流。

（13）手动控制录像、设置集中事件录像策略。

（14）报警事件管理。

（15）通过快捷键实现各种操作功能。

（16）系统管理工具具有手动系统配置功能与宏执行功能。

（17）可以导出音视频记录，具有文件管理要求。

3）统一视频检索

应可支持各区域视频监控系统存储视频资源的统一检索、回放。

各控制中心/分控中心应能调看任意子系统的任意一幅视频录像，应能对所回放的录像进行光盘刻录录制。

在不影响正常视频存储的条件下，同时满足全网对所存储视频的检索、回放。

为提高视频检索的效率，降低视频查询所需要的时间周期，系统应提供多路不同存储器中的视频同时播放或回放功能，可在统一的时钟下同时回放多路视频录像。

4）全场视频诊断

应可支持智能的图像质量的集中管理要求，采用对标准数字视频图像的侦测技术，分布式的拓扑结构，提供先进、有效的数据收集、视频诊断能力，有效地帮助维护人员对数量众多的图像采集设备的有效运行做自动检测，并自动形成故障统计报表。应可支持下列常见图像质量的检查：

（1）视频丢失：摄像机或编码器出现故障的时候，容易产生视频丢失，系统自动报警。

（2）亮度异常检测：如果摄像头增益控制失败，或者由于强光造成图像饱和度过高，系统自动报警。

（3）镜头遮挡检测：如果摄像头镜头被完全的或者部分地遮挡，系统自动报警。

（4）模糊报警：由于自动聚焦故障或者维护问题造成画面模糊，系统自动报警。

（5）镜头移位：由于清洁镜头或者人为破坏的原因，使摄像头的取景范围偏离出预先设置的场景，系统自动报警。

（6）图像无色彩：由于摄像机故障，使得图像偏色或无色彩，系统自动报警。

（7）图像凝固：由于图像传输中断，造成图像成静态呆图，凝固不动，系统自动报警。

（8）云镜控制失效：由于接口故障或摄像机控制部件故障，造成远程云镜控制失效，系统自动报警。

（9）应可支持视频存储设备的视频存储连续性检测，视频存储业务持续有效性检测，可自动形成故障报表。

5）共享视频服务

共享视频服务是统一视频平台对收集到视频数据等进行打包，采用webservice等手段，通过机场企业服务总线ESB对内外部部门、单位、公众等提供视频服务。

2. 机场安全态势

机场安全态势包括规则管理、风险热力图、安全态势分析、安全态势评估、安全态势预警等功能。

1）规则管理

提供安全风险识别的算法规则。包括生物特征规则，可疑物体判定等规则。这些规则自动与风险等级和告警进行关联。

2）风险热力图

对风险态势发生点映射到GIS地图上，根据航站楼各区域的风险态势的等级在地图上用不同颜色的热力图表示出来，用户能够非常直观地了解航站楼区域的风险态势。

3）安全态势分析

对收集到的安全态势数据基于关联分析、聚合分析等多种数据分析算法进行机场安全态势的多维度分析。

4）安全态势评估

将当前发生的风险态势进行不同风险等级评估，风险态势评估的结果是形成风险评价报告和综合态势图，借助态势可视化为安全管理人员提供辅助决策信息，同时为生产运行提供输入。

5）安全态势预警

结合SODB的安全数据、风险数据对可以出现的风险进行预测预警，并制定对策预防事故的发生。

3. 联动报警管理

联动报警管理包括规则管理、门禁联动管理、事件联动管理、报警联动管理、联动录像管理等功能。

机场安防集成管理平台应把视频监控（报警）系统、门禁系统等安防类子系统结合成为一个有机整体。不但子系统之间应有良好的联动关系，对外界信号（如消防报警信号）也应有良好的联动关系。

1）联动报警发生的联动规则

当门禁、报警、事件系统区域控制器接收到报警信号（无效卡报警、密码错误报警、开门时间过长报警、防伪报警、破坏报警、无声报警、报警按钮等）直接与门禁前端识别设备对应的摄像机进行联动，同时记录日志等信息。

门禁、报警、事件系统区域控制器通过I/O模块输出信号给电梯系统，以控制电梯按允许的方向开启电梯门。

机场安防集成管理平台得到报警信号，在GIS电子地图上显示报警位置，同时显示报警状态（报警地、报警编号、报警种类，联动处理状态）。将相应指令发送到视频监控系统执行相应的动作。

（1）关联摄像机转到报警区域。

（2）报警显示器显示报警图像。

（3）进行报警录像。

2）报警取消的联动步骤

机场安防集成管理平台取消报警显示，并记录报警处理人员和处理结果。机场安防集成管理平台将指令发送给视频监控系统：

（1）报警显示器取消报警图像。

（2）停止报警录像。

（3）机场安防集成管理平台发送报警取消联动指令给门禁系统，恢复正常的通道控制。

3）联动控制动作

联动控制动作如表9-1所示。

联动控制动作 表 9-1

联动信号	状态	联动子系统	联动描述
消防报警	发生	视频监控（报警）系统	关联摄像机转到报警区域
			报警显示器显示报警图像
			机场安防集成管理平台显示报警图像
			机场安防集成管理平台显示报警信息和处理预案
			录像机进行报警录像并转存
		门禁子系统	打开消防通道
			打开相应区域全部门禁
			关闭隔离通道
	消除	视频监控（报警）系统	报警显示器报警图像消除
			对应业务部门多媒体工作站报警信息消除
			停止报警录像
		门禁系统	关闭消防通道
			相应区域门禁恢复正常

联动信号	状态	联动子系统	联动描述
门禁系统报警	发生	视频监控（报警）系统	关联摄像机转到报警区域
			报警显示器显示报警图像
			机场安防集成管理平台显示报警图像
			机场安防集成管理平台显示报警信息和处理预案
			开始录像并转存
	消除	视频监控（报警）系统	报警显示器报警图像消除
			机场安防集成管理平台报警信息消除
			停止录像

4. 智能分析与应用

智能分析与应用包括规则管理、人脸识别、人流密度统计、图像去雾、以图搜图等功能。

1）规则管理

规则管理建立智能分析应用的规则库，提供智能分析的分析规则、分析算法选择、参数配置等，并进行规则的增加、更新、维护。

2）人脸识别

基于人的脸部特征信息进行身份识别的一种生物识别技术。用摄像机或摄像头采集含有人脸的图像或视频流，并自动在图像中检测和跟踪人脸，进而对检测到的人脸进行脸部的一系列相关技术，通常也叫做人像识别、面部识别。人脸识别，可以应用于机场员工通道验证、特殊人群识别与拦截等公安应用。

3）人流密度统计

在航站楼主要出入口设置高清摄像机，在这些摄像机的图像中设置进出区域线，每当有人员进出该区域线时，应用自动计数并统计。统计结果具备分类信息检索功能，并提供自定义的不同分类方式的报表，报表应根据用户需要能够以独立文件形式生成（比如Word、Excel等文件格式）。

系统可以对每个出入口的某一时段（至少包括航班高峰小时，全天）进行统计，并将统计数据进行存储。

系统也可针对该出入口的人员密度进行预警，预警阈值可以设置。

4）图像去雾

图像去雾功能要求通过图像质量增强技术去除图像中雾的干扰，在严重雾霾天气时，经本功能处理后，可使监控人员得到高质量的图像，提高恶劣天气下室外视频的显示效果。

5）以图搜图

通过搜索图像文本或者视觉特征，为用户提供视频相关图形图像资料检索服务的专业搜索引擎功能，通过输入与图片名称或内容相似的关键字来进行检索，以图搜图功能是基于内容的图像检索技术，可以提高机场对视频图像检索的效率与针对性，提高事后安全追查效率，提供机场安全服务级别。

5. 事件管理

1）总体说明

使用安全业务类系统的用户，可利用IMS完成日常的事件管理，此处的事件指任何未按预定流程而发生的或影响业务不按预定流程的事件。根据规则定义，事件上升为应急事件时，系统将自动把该应急事件发送给生产业务类内的应急管理系统。

系统是一个基于用户配置的流程维护管理系统。用以事件识别、预警、处理，并创建、保存与事件相关的处理流程。

2）规则管理

系统通过规则管理定义事件的类型、事件处理的优先级、事件到事故的转换、事件的预警规则、事件的事后评价规则等。

系统能够列出事件类型，能够区分事件类型所对应的各种处理流程，并易于识别和调阅，为应对工作提供基础。

3）预警事件管理

根据定义的事件预警规则，系统自动分析相关数据，触发相应事件和触发定义的事件工作流程。系统也通过监控事件，如果估计事件不能得到及时处理或以当前定义的事件处理流程无法处理，则进行事件预警。

4）事件记录管理

工作人员可以人工录入相应事件并启动事件处理流程。系统应提供多种模板对应不同的事件类型。

5）事件追踪监控管理

事件追踪监控管理的主要目的是使机场用户能够对各种事件加以管理。包括对事件的关键信息进行日志记录，以及事件的开始时间，自动联系相关人员以采取必要行动等。

6）事件处理管理

事件处理管理完成事件的终止操作，此后可以完成事件分析及评价。事件处理管理需要保留事件的有效记录以便能够有效地权衡并改进业务处理模式或流程，形成事件处理知识库。

7）事件分析及评价

事件处理完成后完成事件的分析及评价，系统可以针对某一种类型事件或某时段发送的事件等多种维度进行分析评价。

6. 综合安全管理

1）安全资源管理

包括对防爆毯、防爆灌、炸探、手探、安检门、X光机等安全设备设施的管理，包括数量、位置、类型、使用情况、库存、维护记录、采购记录等。

2）安全值班管理

对安全值班人员进行排班，并对安全值班人员值班过程进行记录和管理。

3）安全巡查管理

对安检巡查工作进行系统管理，对巡检人员、巡检路线、巡检时间、巡检结果等进行记录和管理。

4）安全政策管理

通过电子化方式存储各类安全政策资料，包括法令法规、规范条例、管理规定等，便于安全人员查询和翻阅。

5）安全培训管理

根据机场安全业务要求，完成制定安全培训计划、安排培训内容、发布培训消息、记录培训成绩等功能的工作。

7. 查询统计

1）查询

此处的查询指即席查询，因为决策的需求是随时变化的，有时需要很快了解业务的情况。比如，安全事件等问题、安全事件处理情况等数据，系统使用人员无需了解数据库和SQL的复杂性，只需按业务逻辑规则，即可快速简洁地定义查询需求，系统自动完成连接操作、条件定义等复杂的SQL定义操作。

查询提供各种向导式界面、图形查询生成器、提示窗口等，通过简单的鼠标拖拉操作即可实现即席查询、报告生成、图表生成、深入分析和发布等功能。

查询具备多表之间的钻取访问、具备主表与子表之间的钻取访问功能，可在不生成多维立方体的情况下，通过各种钻取和旋转分析工具进行数据切割，以不同方式查看结果。

查询具有高度的开放性和集成性。一方面，查询访问数据源，访问结果也能输出到多种通用文件格式中；另一方面，查询支持XML，可集成到其他系统中。

2）统计

基于SODB，通过多样化的查询统计展示工具，实现对数据库中数据的统计。系统主要功能是报表的存储、打印、查询功能。

图表类型包括但不限于各种饼图、条形图、柱状图、折线图等。系统允许用户产生特定报表，报表提供数据导出功能，使得数据可以用办公软件如Excel和Word打开。报表类型至少可以包括：安全事件统计、报警事件统计、通行证人员统计、安全资源统计、通话统计。

8. 系统管理

系统管理包括日志管理、用户管理、权限管理、配置管理、系统监控等。

9.2 视频监控系统

9.2.1 视频监控系统对机场的重要性

航站楼的安防是机场安全防卫工作的重中之重，应做到点面结合，重点区域全覆盖，特征监控与场景监控相结合。机场视频监控系统，将视频作为一种资源，为全机场所有部门共享；做到视频的全覆盖，满足各部门的应用需求；提升视频的应用效果，充分发挥视频系统的应用潜力，重视视频智能分析能力的建设和应用；提高视屏操控的便捷性。

9.2.2 设计关键点

机场的安防设计尤其是视频监控、门禁等几项主要的安防系统设施，首先需要满足《民用运输机场安全保卫设施》MH/T 7003—2017最新版标准的各项要求。

大型机场通常拥有多个航站楼及广大的工作区场地，这类视频监控系统建议采取云存储方式或者冷热数据区分的"磁盘+磁带"的存储方式。视频存储用于直接记录网络上的数字视频，视频存储设置在航站楼主机房PCR、ITC数据中心等不同云存储节点；视频存储系统能提供支持各路视频原画质录像存储、调用，根据反恐法要求，机场属于重要公共设施，录像时间不少于90天。

视频监控系统的配置通过工作站来完成，系统的管理，包括优先级、权限、数据库、系统状态、系统安全、报警等的管理由系统管理主机来完成。

视频监控系统所有的视音频、报警和控制信号通过独立的安全网络传输。

视频监控系统与消防报警系统联动完成对消防报警区域的视频图像辅助复核功能。

视频监控系统与报警系统联动实现当报警探测器发生报警时,控制摄像机到相应的预置位进行事件存储,并显示相应图像。

视频监控系统能够通过NTP方式接受机场时钟系统的校时信号,并能够保证系统内部设备间时间同步。

视频监控系统应考虑根据最新的技术发展趋势,系统支持视频分析功能主要建议包含:穿越禁区报警、移动侦测、异常行为、遗留物检测、逆行报警、客流统计、面部识别、人流密度分析、人数统计、排队拥挤、异常聚集、透雾、多场景拼接。

应特别注意智能分析在不同部位的应用需求,如:在入口及旅客流程关键点设置人流统计,在预检安检门处设置面部识别,在登机桥门设置逾界报警、逆行报警等。

视频监控系统应是一个完全分布式系统;系统应是可扩展和开放性的系统,以方便未来的扩展和与其他系统的集成。

9.2.3 系统结构

航站楼视频监控系统的前端、传输、控制、管理及存储等均采用数字方式,前端均采用IP高清摄像机,后台采用云存储方式对所有视频图像进行实时存储。存储设备设置在弱电主机房PCR,现场监控设置在航站楼消防安保控制室,同时在TOC/AOC/安检监控室设置安保席位及调用、上屏功能,接受机场安保中心SOC统一调用与指挥。

安检、海关(及检验检疫)、边检、行李系统均各自设置独立的小型视频监控系统。

9.2.4 设备部署

安防平台部署在信息中心大楼,航站楼存储及服务器设置在PCR,航站楼安防指挥设置在消防安保中心,同时在TOC/AOC设置安防工作站与席位。

安防传输专网的设置有两种方式:

(1)交换机方式:在主机房PCR设置核心交换机,在汇聚机房DCR设置安防网汇聚交换机,在弱电小间SCR设置安防网接入交换机。

(2)无源光网络方式:在主机房PCR设置核心交换机,在汇聚机房DCR设置安防网光网络OLT,在弱电小间设置分光器,在弱电小间SCR及现场设置安防网ONT。

9.2.5 摄像头布点原则

摄像头布点原则如表9-2～表9-14所示。

高架车道边			表 9-2
1.1	车道	室外枪机	1台/车道×60m	车辆场景
1.2	航站楼楼前	室外拼接	1台/30m	人群场景
1.3	交通结合点	室外快球	1台/处	重点追踪

入口门斗 表 9-3

2.1	门斗内对准外门	室内半球	2 台	人物面部	面部识别
2.2	门斗内朝下方	室内广角	1 台	人群场景	客流统计

预检区 表 9-4

3.1	排队区	室内拼接	1 台 /30m	场景	拥挤度报警
3.2	预检通道口	室内枪机	1 台 / 处	人员特征	
3.3	预检门	室内枪机	1 台 / 处	面部特征	面部识别
3.4	人检及 X 光机出口	室内枪机	1 台 / 处	互动场景	
3.5	排队区入口结合处	室内快球	1 台 / 处	重点追踪	

办票岛 表 9-5

4.1	办票柜台及皮带	室内半球	1 台	互动场景
4.2	开包间	室内半球	2 台	互动场景
4.3	排队区	室内拼接	1 台 /30m	人群场景
4.4	服务台	室内拼接	1 台	互动场景
4.5	传送皮带	室内半球	1 台 / 处	通道覆盖

安检区 表 9-6

5.1	排队区	室内拼接	1 台 /30m	人群场景
5.2	柜台后，朝向旅客	半球 / 枪机	1 台	互动场景
5.3	X 光机前皮带区	半球 / 枪机	1 台	重点部位覆盖
5.4	安检门 +X 光机后 + 工位	半球 / 枪机	1 台	互动场景
5.5	X 光机后皮带区 + 工位	半球 / 枪机	1 台	重点部位覆盖
5.6	排队区入口结合处	半球 / 枪机	1 台 / 处	重点追踪
5.7	安检隔断上方	半球 / 枪机	2 台 /50m	隔断防翻越
5.8	开包台	半球 / 枪机	1 台	重点部位覆盖

办票大厅 表 9-7

6.1	迎客厅中央大空间	室内 4K	3 台	人群场景
6.2	迎客厅挑空	室内快球	2 台	重点追踪
6.3	自助值机	室内半球	1 台 / 处	互动场景

公共区、办公区				表 9-8
7.1	长廊（宽）	室内拼接	1 台 /30m	通道覆盖
7.2	通道（窄）	室内半球	1 台 /40m	通道覆盖
7.3	自动扶梯入口	室内半球	1 台 / 电梯	重点部位覆盖
7.4	自动扶梯出口	室内半球	1 台 / 电梯	重点部位覆盖
7.5	电梯厅	室内半球	1 台 / 处	重点部位覆盖
7.6	电梯轿厢	室内广角	1 台 / 电梯	重点部位覆盖
7.7	含垃圾箱区域	室内半球	1 台 / 处	重点部位覆盖
7.8	进隔离区门	室内半球	1 台 / 处	重点部位覆盖
7.9	进业务部门办公区门	室内半球	1 台 / 处	重点部位覆盖
7.10	建筑出入口部（门）	室内半球	1 台 / 处	通道及门禁覆盖
		室外枪机	1 台 / 处	通道及门禁覆盖

商业区				表 9-9
8.1	商铺门前	室内半球	1 台 / 处	重点部位覆盖
8.2	商铺 POS 机处	室内半球	1 台 / 处	重点部位覆盖

候机区				表 9-10
9.1	登机口	室内拼接	1 台 / 处	互动场景
9.2	座位区	室内拼接	1 台 /30m	人群场景
9.3	长廊（宽）	室内拼接	1 台 /30m	通道覆盖
9.4	长廊（窄）	室内半球	1 台 /20m	通道覆盖
9.5	登机走廊的固定端门	室内半球	1 台 / 处	通道及门禁覆盖
9.6	登机桥固定端	室内半球	1 台 /20m	通道及门禁覆盖
9.7	固定端楼梯前室	室内半球	1 台 / 处	通道及门禁覆盖
9.8	登机桥固定端顶	室外枪机	1 台	近机位两侧邻位
		室外云台	1 台	近机位两侧邻位
9.9	登机桥固定端底	室外枪机	1 台 / 车道	车辆场景
9.10	旅客分流区域	室内快球	1 台 / 处	重点追踪

机房区				表 9-11
10.1	弱电主机房（PCR）	室内半球	依机柜布置按实设置	
		室内快球	1 台	
10.2	汇聚机房（DCR）	室内半球	2 ~ 4 台	

10.3	弱电间（SCR）	室内 360 度全景	1 台	
10.4	变电所及其他主要机房	室内半球	依设备布置按实设置	
10.5	UPS 间	室内半球	依设备布置按实设置	
10.6	行李机房空旷区	室内拼接	1 台 /30m	
10.7	行李机房通道	室内半球	1 台 /20m	
10.8	行李机房门内	室内半球	1 台 / 处	
10.9	传送带口部	室内热成像	1 台 / 处	
10.10	出入口部（门）	室内半球	1 台 / 处	
		室外枪机	1 台 / 处	
10.11	设备管廊有门 / 转弯	室内枪机	1 台 / 处	
10.12	控制中心	室内半球	依设备布置按实设置	

行李提取大厅 表 9-12

11.1	传送皮带	室内半球	3 台	重点部位覆盖
11.2	大厅通道（宽）	室内拼接	1 台 /30m	人群场景
11.3	托运柜台	室内半球	1 台	互动场景
11.4	到达出口交通换乘厅	室内半球	1 台 /20m	通道覆盖
		室内拼接	1 台 /30m	人群场景
		室内快球	1 台	重点追踪

楼外红线内 表 9-13

12.1	廊桥下穿道（0m）	室外枪机	1 台 / 车道 ×60m	车辆场景
12.2	道路结合点	室外云台	1 台 / 处	重点追踪
12.3	下穿航站楼道路	室外枪机	1 台 / 车道 ×60m	通道覆盖
12.4	出租车候车处	室外枪机	1 台 /20m	人群场景
		室外云台	1 台	重点追踪
12.5	高架桥下	室外枪机	1 台 / 车道 ×60m	车辆场景

车库（以无外墙式车库为例） 表 9-14

13.1	每个出入口闸机	室外枪机	2 台	车牌
13.2	库内车道	室外枪机	1 台 / 车道 ×60m	车辆场景
13.3	库内车辆	室外半球	依设备布置按实设置数量	车辆特征
13.4	库内出入口	室外枪机	1 台 / 处	通道覆盖

在工作人员与旅客交互处（主要是柜台），设置拾声器，成组办公的如服务台处可按距离适当布置；

在以下重点部位设置拾音装置实施现场声音采集：

（1）每个值机柜台设置一个拾声器。

（2）每个安检验证台设置一个拾声器。

（3）每个托运行李开包台设置一个拾声器。

（4）每个手提行李开包台设置一个拾声器。

（5）每个登机口操作台设置一个拾声器。

（6）每个问询柜台、行李寄存设置一个拾声器。

（7）每个带现金交易的柜台设置一个拾声器。

9.3 门禁（出入口控制）系统

9.3.1 概述

通过门禁系统形成区域隔离，实现对航站楼内的人员统一标识、统一监控，降低人工干预强度，提高智能监控管理水平。通过建设统一的智能门禁管理平台，将机场原有系统与新建系统整合统一管理。

9.3.2 设计关键点

门禁系统设计首先受《民用运输机场安全保卫设施》MH/T 7003—2017标准指导，同时需要结合使用部门的管理要求。

航站楼门禁控制系统兼做航站楼电子巡查系统，系统具有巡查路线设置与巡查检测功能，内部工作人员通过识读装置的身份验证，自动对保安人员的巡查路线及时间进行监察和记录。

门禁控制系统接入安防网。

机场控制区通行证管理系统和机场空勤证系统纳入门禁系统中。

建立统一的发卡中心统一发放与挂失管理。

支持多种IC卡、ID卡，一次发卡就可以在各子系统使用，挂失、补卡、换卡也都只要一次操作。

系统可以方便地对内部人员进行发卡、授权。也可对访客等临时人员制作一张临时卡；并可对持有该卡的人员进行跟踪、定位、限制活动区域，设置出入路线等。并且系统可以直接连接卡证打印机，把员工的信息、照片等直接方便地打印到卡片上。

所有门禁处均需要设置专门、双向的视频监控摄像点位。

9.3.3 系统结构

门禁系统应为网络化门禁系统，不受地理位置的局限。主要包括前端控制设备、网络传输设备、后端发卡管理设备等。

9.3.4 设备部署

在航站楼内公共区域至隔离区域、重要机房的通道入口以及消防状态下的跨区通道的主要入口设置门禁设备，为各类人员的进入隔离区提供身份识别的安全防范手段。系统点位设置需满足《民用运输机场安全保卫设施》MH/T 7003—2017标准的要求，系统具有多用户、多任务操作环境和远端终端操作能力。适当考虑各建筑物门禁系统之间的组网和数据共享，尽量避免一人多卡、实现合理范围内的开门一卡通。

9.3.5 布点原则

（1）固定桥的到达通道和出发通道门采用双向读卡头，配2个磁力锁、2个地弹簧和1个单向破玻璃按钮开关。

（2）远机位厅闸口门采用双向读卡头，配2个磁力锁、2个地弹簧和1个单向破玻璃按钮开关。

（3）工作人员通道门采用人脸识别双向读卡头。

（4）消防楼梯采用双向读卡头，配2个磁力锁、2个闭门器和1个单向破玻璃按钮开关。

（5）VIP门采用单向读卡头，配2个磁力锁、2个闭门器、1个出门按钮和1个破玻璃按钮开关。

（6）弱电机房门采用单向读卡头，配2个磁力锁、2个闭门器、1个出门按钮和1个破玻璃按钮开关。

（7）弱电间门采用单向读卡头，配1个磁力锁、1个闭门器、1个出门按钮和1个破玻璃按钮开关。

（8）电梯轿箱内配1个读卡头，轿箱的每个楼层的门召唤钮边上安装1个读卡头。

（9）能进入空侧区域的机房门，都需配置双向读卡头，配1个磁力锁、2个闭门器和1个单向破玻璃按钮开关。

（10）与旅客区域相邻的办公区域通道都需设置采用单向读卡头，配2个磁力锁、2个闭门器、1个出门按钮和1个破玻璃按钮开关。

9.4 隐蔽报警系统

9.4.1 概述

在所有面向旅客服务的值班人员坐席位置安装隐蔽报警按钮。所有的前端报警点信号接至保安控制室服务器，一旦有报警产生，计算机自动综合各报警信号进行分析做出判断，以动态图像显示各报警点位置，并发出声音警告、联动摄像头画面。隐蔽报警系统主机接入安防网。

9.4.2 系统结构

系统设计与设备配置遵循结构化、模块化、标准化的原则。控制设备采用报警管理主机，通过总线将各防区连接到总线上。报警主机和主控键盘放置在PCR，由主控键盘集中对报警按钮和探头进行布撤防控制，末端不得采用总线结构，应采用星型结构。在安防中心设置一个小型警号和警灯，用来在报警发生时，提醒安防中心的值班人员出现警情。

9.4.3 设备部署

报警主机和主控键盘放在汇聚机房，前端设备布置在航站楼内办票柜台、商业区、银行、服务柜台、登机口、安检柜台等处。

9.4.4　布点原则

重点部位设置隐蔽报警装置：

（1）每个值机柜台设置一个隐蔽报警按钮。

（2）每个安检验证台、安检开包台设置一个隐蔽报警按钮。

（3）每个登机口柜台设置一个隐蔽报警按钮。

（4）每个小件行李寄存处柜台设置一个隐蔽报警按钮。

（5）每个有现金交易柜台、服务柜台均设置一个隐蔽报警按钮。

（6）监管要求或用户需求明确有必要的其他安全部位应设置隐蔽报警设施。

（7）每个残卫设置一个报警按钮、频闪灯。

安装隐蔽报警设施的区域设置视频监控以便在发出报警时复核现场情况，在值机柜台、安检验证台、安检开包台等处设置拾声装置以便在发出报警时对报警现场进行声音复核。

9.5　智慧安检

安检是旅客出港流程的重要一环，通常在旅客办票结束后即进入安检区域，经过安检通道，对旅客人身、旅客手持行李进行安全检查，这当中涉及安检验证台/闸机（人脸识别闸机）、安检通道等，且常会在航站楼入口处增设入楼安检（及防疫检查），为了方便旅客会在GTC通往航站楼处设置安检，甚至在贵宾厅设置独立安检通道等。

为了配合智慧机场的one-ID、"出行一张脸"、无纸化通关、无感流程等智慧体验、提高旅客出行效率，各大机场在民航局的指导下逐渐增加了智慧安检设施设备，为智慧安检乃至智慧通行提供良好基础。

通常可做以下配置（示例）：

国内旅客智能安检通道配置：每个通道5个旅客行李置物台，1台毫米波探测门，1台智能安检系统自助验证闸机，1套智能安检系统自动传输系统，1台一体化通道，1套判图操作台，2套开包工作台，1套手检台（包含1台手探）。

国际旅客智能安检通道配置：每个通道3个旅客行李置物台，1台毫米波探测门，1台智能安检系统自助验证闸机，1套智能安检系统自动传输系统，1台一体化通道，1套判图操作台，1套开包工作台，1套手检台（包含1台手探）。

在每个出入口的预安检通道配置1套炸探设备和防爆设备（防爆罐）；各独立安检工作区配置均配置爆炸物探测设备、液体探测设备和防爆设备（防爆毯），每4条安检通道配置1套爆炸物探测设备和液体探测设备。

防爆设备配置防爆器材柜，放置防爆器材。

9.6　智能回筐系统

9.6.1　系统概述

智能安检设备是采用智能化技术辅助机场安检人员对旅客、员工、行李进行安检的智能化设备，是实现全自助流程机场的重要配套设施。智能安检系统包括智能回筐。

智能行李处理系统主要包括：专用行李筐获取装置、行李送检通道、行李分拣通道、安全行李通道、可疑行李通道、空筐行李通道、复检行李通道（选配）、控制系统等。

整个系统采用模块化设计，具有以下优点：

（1）前期运输安装与调试时各模块通过接头快捷连接即完成系统安装。

（2）用户根据现场使用情况及系统自带的各部分工作频率统计功能，可分析系统各部分的使用效率，可在现有系统的基础上通过调整模块位置、更换、增加或减少特定模块从而达到优化安检效率、或节省场地等目的。

（3）用户现场具有不同种类的安检系统时，如有具有复检线的系统与无复检线的系统时，系统与系统之间具有互换性。

9.6.2　系统设计关键点

1. 行李筐获取模块

行李筐获取装置是指旅客获取行李筐后，将待检随身行李放入行李筐的整理平台。

行李筐整理平台位为上下两层，上层安装钣金壳体并固定高分子量聚乙烯板作为台面，使台面坚固耐磨且方便更换，台面高度方便旅客放置托盘；上层钣金台面的下侧安装 RFID 读卡器，在旅客把托盘放置在台面上整理物品的过程中，读取托盘信息。

2. 行李送检模块

行李送检通道是指前端与行李筐获取装置连接，后端与 X 射线安全检查设备输送机入口端连接。

3. 行李分拣模块

行李分拣通道是指前端与 X 射线安全检查设备输送机出口端连接，后端与行李分流器连接。

4. 安全行李模块

安全行李通道是指前段与分流器出口连接，安全行李在此线上提取，整体应考虑防止空筐掉落的风险。

5. 可疑行李模块

可疑行李通道是指前端与分流器出口端连接，可将可疑行李输送至开包台附近。主线的可疑区滚筒线，上部的滚筒线安装槽邦构成限位，下部的复检回收滚筒线两侧钣金限位防止托盘移动过程中卡滞。模块上中间安装透明板作为隔板，防止旅客接触可疑线的行李与运动机构。

6. 空筐回传模块

空筐回传系统设置在行李传输系统下方，负责将旅客使用完的空筐从行李传输系统末端传输至手提行李整理台下方，供后续旅客自行拿取使用的装置。

功能要求如下：

人脸识别：通过安检通道内视频监控对进入安检通道旅客进行人脸识别，从而将旅客与其托运的行李信息匹配。

证件信息读取：旅客可以通过读取身份证信息获取行李筐。

登机牌信息读取：旅客可以通过读取登机牌信息获取行李筐。

旅客信息分析：对安检通道内旅客安检状况进行分析，以图标形式呈现，可以按日、月、年进行统计分析。

RFID信息识别：RFID读取器读取托盘上的RFID信息，通过综合绑定功能模块将面部信息或登机牌信息匹配并绑定。绑定成功后系统会释放托盘挡板，行李便可被旅客放进托盘内并被推入传送带主线进入X光机；若绑定超时，则报警提醒。

行李筐编码管理：管理行李筐唯一识别码，通过综合绑定模块将登机牌信息、身份证信息及旅客行李托盘信息进行绑定，并统一合成信息码，此码保证唯一不重复。

空筐检测：旅客取完行李后，时常出现遗忘小件物品在托盘里。通过图像识别技术，检测盘内遗留物品，并及时提醒旅客，减少旅客的困扰。

信息绑定：通过读取旅客登机牌信息或证件信息获取行李筐实现行李与旅客绑定。通过进出X光机处RFID信息采集实现"人包对应"。

系统管理：对系统日志管理、用户管理、权限管理、配置管理、系统监控等。

9.7 安检信息管理系统

9.7.1 系统概述

安检信息管理系统是机场安全检查业务中的重要系统之一，它将涉及的业务包括了机场旅客以及行李安全检查的全过程，涉及的安全检查部门也涵盖机场各安全业务部门。

安检信息管理系统（SCIMS）的目标是建设一套灵活、可扩展、易维护的综合性系统。获取旅客信息，满足机场各相关单位对于旅客及行李的信息采集、验证、处理、查询的共同需求，有效地跟踪确认各种旅客信息，为机场各安全检查相关单位提供多方面的信息服务和有效的支持联防手段，同时满足机场安检部门的业务人员管理需求。

系统最终能够为机场各业务单位提供一个关于旅客综合性安检信息的共享平台，系统所提供的安全检查信息及其流程，应满足各个联检单位协商定制相关的安全协防职责及业务操作流程的需求，在系统平台上可以进行共享或交互信息。

系统涉及的用户包括机场安检、联检单位和航空公司等安全检查相关单位。

9.7.2 系统设计

安检信息管理系统接入预安检管理系统、自助安检验证管理系统、安检凭证打印系统等，实现对旅客进入航站楼后所需的自助安检查验、人工安检查验、安检二次确认等进行统一管理。同时，实现安检人员的调度排班、考勤登记等员工管理。

9.7.3 业务需求

安检信息管理系统是机场安全检查业务中的重要系统之一，它将涉及的业务包括了机场旅客以及行李安全检查的全过程，涉及的安全检查部门也涵盖了机场各安全业务部门。

1. 旅客安全检查业务需求

出港旅客安全检查将由安检部门完成安检口人身安检以及登机口旅客身份再确认；同时机场各安全检查单位根据自己的黑名单库在安检信息管理系统上进行布控检查，安检信息管理系统应该满足不同检查单位对旅客检查的不同业务需求；同时安检信息管理系统还应该支持中转旅客的安全检查业务。

2. 行李安全检查业务需求

行李安全检查包括手提行李和交运行李，其中交运行李包括大件行李。安检和海关同时对交运行李进行在线检查。其中主要业务包括行李开包登记、可疑行李旅客拦截、可疑旅客行李查询等。安检信息管理系统应该满足不同检查单位对行李检查不同的业务需求。

3. 安检业务统计与管理需求

安检信息管理系统满足安检部门对安检业务统计与管理的各项需求。

9.7.4 功能需求

1. 信息采集

由于本系统的数据来源较多，系统的信息采集部分具有较强的分析、甄别、格式化功能。信息采集要安全、准确，并具有较强的可扩展性，以备将来数据源的扩展。

旅客信息采集：采集内容包括旅客航班信息（航班号、座位号、目的地）、证件信息（姓名、证件号码）、旅客特征（旅客静态画面图像）、旅客属性（正常、延误、复查、查控和危险度等）、安全检查时间和位置。系统至少支持以下旅客信息采集方式：通过安检信息管理系统与离港控制系统接口获取旅客信息；通过安检验证柜台扫描旅客二维登机牌条码和其他证件获取旅客信息；旅客通过安检验证柜台，系统记录时间和柜台号，并同步记录旅客头像。

行李信息采集：通过与离港控制系统的接口获取旅客交运行李信息。通过与交运行李安检系统的接口和与手提行李安检系统的接口获取行李安全检查X光片信息。

音视频监控信息采集：通过与视频监控（报警）系统的接口实时监控安全检查现场的动态情况，采集旅客通过安全检查及在安全检查过程中主要活动的视频、音频信息。

安全检查岗位人员信息采集：系统能记录安全检查人员上（换）岗时间、岗位、人员岗位资格、工时、检查旅客及行李数量等信息。

2. 信息发布

安检信息管理系统主动把相关信息发布到用户终端，实现机场内部安全检查单位部门间的信息协调与沟通。系统应支持如下功能：系统应根据事先制订好的安全检查业务流程监听相应事件，当监听到相应事件后应按照安全检查业务规则通知相应用户；用户可以根据需要设定布控信息，当系统接收到符合布控信息的记录时，自动把此记录返回给发布布控信息的用户，布控信息应包含各种组合，例如：航班、姓名、行李检查结果等；用户可以修改相应权限内的旅客检查属性，系统应监听此种修改并按安全业务规则发布到系统中通知所有相关用户；用户客户端收到系统发布的消息时，系统应显示包含消息内容的窗口；如果多条消息发送至同一用户，他们应显示在同一窗口内，且按到达时间顺序显示，即优先显示最新消息；只有操作人员确认所有消息后，消息窗口方可关闭；如果在一定时长内，操作人员未对未阅读消息加以确认，则系统应自动改变消息背景颜色并为未阅读消息或新接收消息发出声音警告；允许管理员用户查看新的、待发送或历史消息；可在系统图形接口中，通过简单点击"未发送""新建"或"历史"选项，方便地查看，应显示所有消息相关的细节信息，包括接收者、发送时间和消息文字。

3. 信息查询

系统应为机场工作人员提供安全检查信息查询功能，作为信息发布的有益补充，被授权的用户可以通过便捷的图形界面，方便的查询和访问其关心的安全检查信息。

系统提供的查询功能应满足以下工作需求：

（1）工作人员根据特定信息查询相关联的旅客安全检查信息；

（2）工作人员查询某一航班旅客安全检查情况；

（3）工作人员需要查询机场安全检查规章制度和突发事故的应对措施（安全检查业务规则）。

4. 信息浏览

航班信息浏览：可以自动显示进出港航班或所有航班。用户管理员可以自行设计不同用户组，并设定每个组别显示的航班类别。在此界面可以直接进行对航班进行布控。通过选择相应航班，可以查询该航班详细情况和该航班旅客名单列表。如航班被布控，则应有明显标记。

旅客信息浏览：显示旅客相关信息，可在此界面直接对旅客进行布控。可查看旅客携带物品情况及相关安全检查记录。如旅客被布控，则应有明显标记。

5. 信息统计

系统具有完备的信息统计功能，能满足用户所需各类统计。可以根据用户要求的条件和统计数据项进行统计，统计结果可以输出为Excel表，也可以生成直接打印页面。可以固定时间段统计（如按周、月、年统计），也可以自定义时间段统计。用户可自行建立或更改统计页面模板的设置。

6. 信息布控与反馈

布控管理：在安检信息管理系统中为安全检查单位提供布控管理模块，方便各检查单位在系统中对布控信息进行管理。

布控方式包括：

（1）航班布控：系统可以根据事先定义好的航班列表进行自动布控，也可以允许操作人员在航班列表中直接进行布控操作，或手动输入航班号布控，系统给予布控提示。

（2）人员布控：系统应可以根据事先定义的旅客黑名单库进行自动布控。系统应可以实现模糊布控，即根据一项或多项条件进行布控。布控条件应包括：姓名、国籍、性别、年龄、航班、目的地等。系统应允许操作人员在旅客浏览列表中直接进行布控操作，或手动设定旅客关键字进行布控，其托运行李相应被布控。当布控方式的设定条件符合时，系统自动生成布控名单，并由管理人员人工确认，布控名单方可生效。

（3）布控信息的提示：当布控指令发布后，相应岗位人员应可看到布控情况，并对布控情况予以执行。布控指令应可以通过以下方式对相应权限的用户进行提示：当管理员对航班或旅客进行布控后，应可在布控情况浏览界面中，直接看到近期被布控航班或旅客的状态。当被布控旅客到达相应通关环节办理手续时（安检口和登机口），该环节人员应可从系统得到自动提示，同时，发布布控指令的单位也应从系统得到自动提示。

（4）布控动作的解除：

布控取消：当发布布控的用户认为布控指令没有必要继续进行时，可对布控指令进行取消操作。取消操作时系统应记录操作人、操作时间、取消原因。

查验完成：当用户已完对被布控航班或旅客的查验操作后，应对其解除布控指令。系统应记录查验操作的结果，包括：查验人、查验时间、查验结果、处理结果等。

（5）布控范围管理和角色权限管理：用户应可以在系统中对被布控航班或旅客进行布控级别的操作，并可设定每种级别所对应的布控范围。用户可以自行设定布控权限和布控浏览权限。

9.7.5 关键业务功能配置

1. 安检台验证功能

安检验证柜台是旅客安全检查的第一站，主要工作是验证旅客身份，检查旅客交运行李状态，并且协助机场联检单位对可疑旅客布控，在安检柜台部署的终端应该包括但不限于以下功能：

刷卡验证登记：旅客进入安检通道验证台，提交登机牌和身份证（或护照）。验证工作人员通过验证台工作站及阅读器对旅客进行验证。扫描旅客登机牌（当登机牌损坏或阅读器故障时，验证工作人员可手工输入登机牌旅客姓名及航班号并完成登记），系统根据扫描到的登机牌信息或者人工输入的信息调用旅客相关信息，并与旅客身份证（或护照）上的信息自动比对，自动判断该旅客所乘航班的登机口是否在本隔离区，并给出正确性提示和报警提示；若该旅客登机口（安检口）正确，比对旅客关联的交运行李检查信息，验证行李检查结果，并在屏幕上显示相关部门的检查结果，对于没有通过检查的给出警告提示；同时通过调用旅客相关信息与服务器数据库中的布控数据进行比对确认，并给出告警提示，提示验证员进行相关操作，在相应布控单位的查询监视终端上有相应报警提示。扫描旅客登机牌同时记录时间，与旅客信息关联存入数据库，当旅客通过验证后系统应该自动标识该旅客状态为通过安检，如果没有通过验证允许工作人员根据实际情况标识旅客状态。

报警信息提示：当刷卡验证没有通过系统验证时，系统应该根据不同的验证结果给出不同的报警，包括屏幕上的文字报警和声音报警。

旅客头像拍摄：当扫描登机牌时启动摄像机进行旅客正面照片采集，并显示在验证台工作站上（当采集照片不符合要求时，验证员可手工重拍和手工修正曝光补偿），系统自动把采集的照片与旅客信息关联储存于数据库中。

旅客信息显示：当验证工作人员扫描旅客登机牌后，如果成功读取登机牌信息，在屏幕上应该显示出与此旅客相关联的所有信息；如果未能成功读取登机牌信息，验证工作人员手工输入相关信息（如旅客姓名、航班号、座位号等）后，在屏幕上也应该显示出与此旅客相关联的所有信息。

重过旅客处理：当一个旅客在通过安检后由于某种原因回到隔离区外，再次进行刷卡登记，系统应该能够明确提示安检员该旅客是重过安检的旅客，并能显示上一次通过安检时的详细信息，系统应能处理此种情况并进行详细记录，并能保留旅客多次重过安检的所有信息。

非正常情况下旅客安检验证处理：当某种情况下，系统无法获得值机旅客信息时，系统应该能够自动处理此种情况下的旅客安检验证登记，即通过OCR读取护照信息，同时利用登机牌阅读器获取登机牌信息，并完成旅客头像拍摄，系统自动进行对应并记录，并判断信息的一致性，完成旅客的验证登记处理。

查验登记：系统能够对检查人员查获的物品进行登记，例如伪造身份证或护照。

第二代身份证以及护照自动验证：系统应该实现第二代身份证自动识别和护照自动识别功能。

中转旅客处理：系统考虑到上海浦东国际机场作为国际大型机场对中转旅客检查的功能需求。

2. 手提开包工作站功能

旅客验证完毕后，进入人身安检。当开包员发现旅客随身行李在X光机内发现异常时，开包员发出开包指令，将当前此X光机图片发送至开包工作站中，开包检查员扫描该旅客登机牌，使可疑图片与旅客形成唯一关联，并在工作站中填写开包情况和处理结果，并将开包结果及此可疑图片随同该旅客的相关信息一并存储。如工作人员变更操作，系统会连同前次操作一并保存。当旅客行李中有需要暂存（移交）的物品，根据需要使用票据打印机打印多联暂存（移交）单据（单据样式需由安检使用单位认可），并交付旅客签字认可后留存其中的旅客联，其余联交由安检人员进行存档。旅客通过安检通道整个过程均由设置在安检通道的摄像机进行全过程监控，并存储（由安防系统实现）。

通过在开包台配置工作站、阅读器、指纹仪和多联票据打印机，进行开包日志管理，实现对安检人员的考核和管理，并且，通过与手提行李安检系统接口，并根据旅客登机牌获取旅客验证时间和安检通道号，较为准确定位查找旅客安检过程录像和X光图像记录。

3. 交运行李开包工作站功能

需要开包的交运行李会被送到安检开包室，当检查人员对交运行李开包时会先扫描行李条码，这时系统能够自动调出行李图像并能显示此图像相关联的信息，检查人员在工作站中填写开包情况和处理结果，并将开包时间、开包结果及此可疑图片随同此旅客的相关信息一并存储。如工作人员变更操作，系统会连同前次操作一并保存。

4. 登机口复查工作站功能

二次复查功能：在旅客登机前会再次扫描登机牌，系统根据扫描到的登机牌信息在系统服务器上调用旅客的安检信息，当验证没有通过时（没有旅客安检记录和旅客属于联检单位布控名单），系统给出告警提示，并拒绝此旅客登机；如果登机牌扫描失败检查人员可以手工输入旅客相关信息进行验证。

旅客登机登记：当扫描登机牌时，系统自动记录时间并和旅客信息关联；当旅客通过复查后，系统应自动标识旅客状态为登机。

信息显示：当扫描登机牌时，如果扫描成功系统自动调出旅客关联的信息并显示；如果扫描不成功，在工作人员手工输入相关信息后系统应自动调出旅客关联的信息。

信息查询：系统应该提供工作人员查询界面对旅客信息进行多项查询。

登机口复查功能将在离港控制系统平台上实现，安检信息管理系统的登机口复查模块将接收离港系统的登机模块发送的登机牌读取信息或自动监听登机牌阅读设备读取的登机牌信息，并发送和接收信息。

5. 可疑行李日志工作站功能

在可疑行李滑槽处设置工作站，完成对可疑行李的登记等功能。

9.7.6 管理要求

员工资料管理：员工的人事档案（如姓名、工号、部门、工作岗位、相片、进入机场时间和指纹信息等），只有在该模块上建立的员工资料，方可进行考勤；员工指纹信息的采集、维护和管理；采用指纹身份认证对员工实施考勤，统计员工工作量的情况；考勤统计与分析。

系统用户登录管理：在进入系统前，必须输入账号和密码，经过系统验证后方可进入系统，并开放其对应功能，该模块可由用户自己设定管理员、站长、科长、班组长、操作人员等多级系统登录账号。系统根据账号的级别和分管安检的工作，开放其相应的系统功能和使用模块。登录系统时，必须输入用户名和密码，经过严格的验证后，方可使用。

系统设置及安全管理：后台布控信息的维护和管理，包括黑名单人员的姓名、性别、年龄、身份证等；根据需要增减VIP名单及检查情况；设置系统所连接的服务器名称，设置系统所连接的数据库名称，登录数据库的所有用户ID及登录密码，用户权限管理，调整数据存储的天数。

安检查询统计与决策分析：根据各种查询条件查询各种相关数据，对于查询结果可以打包通过介质导出系统外单独保存；自动或定期或人工统计相关数据（如客流量、月高峰期、日高峰期、时高峰期、通道高峰期、通道流量、安检人员的工作量、安检人员的出勤情况等），为人员和资源的合理利用提供决策分析依据。

旅检现场的资源与人员管理：对安检现场的值班人员，在客检手提开包工作站和行检托运开包工作站设置班组管理功能。在上岗前，组长通过班组管理功能对本组的人员进行签到登记，并为每个工作人员分配岗位，若员工需要更换岗位时，必须通知组长，由组长登记更换岗位，此时系统记录下每个工作人员的工作情况，如岗位、时间、人员，使系统实施有效的管理每个时段的每个岗位的工作人员，便于后台管理和查询，同时对发生意外时，能快速准确地找到责任人。班组离岗时，组长进行离岗设置，若没有及时登记，则视为上岗状态，在此时间内的责任事故由该班组负责。登录、换岗操作应简单快捷易于操作，可以使用拖动姓名直接替换的方式。

在客检现场设置一台管理查询工作站，对客检现场资源信息进行统一管理，记录各资源的使用状态，各上岗班组的在位情况及在位人员的相关信息（人员照片、联系电话、所属部门及单位等），系统自动对各个安检通道的流量进行实时监测，并根据预先设置的流量参数自动作出增开或关闭通道的建议，即系统实时统计每个安检通道的客流量，当客流量超过预先设置的最大流量时，系统给予增开的建议，若小于预先设置的最小流量时，系统给予关闭通道的建议，优化人员和资源的配置。系统可以根据航班信息预计旅客流量动态调整资源使用。

有效事件日志：对本单位的文明服务情况记录，包括好人好事、锦旗、表扬信、投诉、服务差错、服务承诺等；对移交公安机关的情况处理记录，登记包括移交单位，移交人员，移交时间等信息，移交公安机关的旅客将自动加入黑名单库中；对拾遗旅客物品登记，包括拾遗时间，物品类别和数量，相关业务人员信息，相关旅客信息；对本单位员工或部门奖惩情况登记；对相关单位重大有效事件进行记录。

人员排班管理：根据航班到达时间，提前15min提示该航班到达时间、停放机位和监护人员；根据航班时间安排人员；根据现场资源和人员安排人员；根据员工工作量安排人员；班组结构管理；根据特殊情况（如节假日、员工病事假等）安排人员；所有人员的排班进行统一记录和管理，并能实现自动排班功能。

交运可疑行李开包过程录像（含大件行李）：通过视频监控（报警）系统实现开包的全过程录像，阅读器读取旅客登机牌或行李牌条码，建立旅客开包时间、开包日志、过程录像及其他相关信息的对应关系。

安检过程录像：通过视频监控（报警）系统在安检通道上方安装摄像机及监听头实现，记录旅客安检过程中旅客对话、旅客图像，随身可疑行李开包过程录像。根据时间和通道号进行录像检索与回放，并能建立旅客相关和对应旅客此时间内过程录像的关联关系，实现过程录像的关联调用。

9.7.7 系统性能

安检信息管理系统后台处理能力应满足机场工程全场业务的处理要求，即后台处理能力能满足机场年旅客吞吐量、飞机起降量。

当进行双机热备的切换时，切换时间应小于120s。

在任何时间段内，整个系统不允许10%以上的终端设备无法操作、功能无法实现以及无法达到业主要求的响应时间。

9.7.8 系统部署

安检信息管理系统由基础云平台提供计算资源和存储资源，分别部署在数据中心和航站楼主机房。

配置案例参考：

数据中心：配置2台X86服务器VM作为安检信息管理系统数据库服务器，2台X86服务器VM作为系统应用服务器，2台X86服务器VM作为系统管理服务器，1台X86服务器VM作为系统接口服务器；单台VM服务器配置为2颗8核CPU和32GB RAM；存储资源由基础云平台统一分配5TB。

联合设备机房：配置2台X86服务器VM作为安检信息管理系统数据库服务器，2台X86服务器VM作为系统应用服务器，2台X86服务器VM作为系统管理服务器，1台X86服务器VM作为系统接口服务器；单台VM服务器配置为2颗8核CPU和32GB RAM；存储资源由基础云平台统一分配5TB。

9.8 预安检管理系统

9.8.1 系统概述

预安检管理系统是智慧安检通道的功能延伸，用于对非购票旅客进行拦截，航班未在该时段的旅客进行拦截，对已办理行李托运的旅客进行拦截。该系统用于旅客通过扫描身份证或旅客肖像自行完成人身与证件的一致性核验，同时匹配相关拦截机制。

9.8.2 系统设计关键点

1. 工作流程

正常通行：在正常通行模式下，当旅客扫描登机牌或手机二维码并识别时，读取到的登机牌信息与系统预录入的允许通行条件（包括但不限于航班号、时间、航空公司代码等）进行对比，符合通行条件，抓拍摄像机进行图像抓拍，控制闸机开启允许通行，同时显示屏显示可通过。系统获取登机牌信息与抓拍图像关联信息。不符合通行条件的显示屏显示不能通行，不能通行旅客可根据工作人员指导进行操作。扫描登机牌或手机二维码识别成功闸机开启后，旅客未通行，系统报警并提示。

再次扫描：再次扫描登机牌或手机二维码通行一般出现三种情况，情况一：返流后再进入，同上"正常通行"；情况二：对于"扫描登机牌或手机二维码识别成功闸机开启后，旅客未通行"，旅客再进入，同上"正常通行"；情况三：进入后未返流再刷牌，闸机进行报警提示，不允许通行，并通过显示屏提示旅客不能通行。系统能对无法识别的扫描登机牌或手机二维码进行扫描记录，并通过显示屏提示旅客不能通行。不能通行旅客可根据工作人员指导进行操作。

返流通行：返流通行，旅客返流时扫描登机牌或手机二维码可通过闸机通道，抓拍摄像机进行图像抓拍，控制闸机开启允许通行，系统进行记录。

2. 通行规则管理

通过登机牌阅读器读取旅客登机牌数据，系统将获取的登机牌数据包括但不限于航班号、姓名、登机时间、目的地、座位号、登机口号等信息，系统在10s内多次读取同一登机牌，系统只做一次处理。该时间可设置。同时通过接口将此数据传输至预安检闸机系统并存入数据库。然后管理员根据不同的筛选条件（航班号、登机时间、目的地等基本信息）来查询数据库信息。

当旅客刷牌识别时，读取到的登机牌信息与系统预录入的允许通行条件（包括但不限于航班号、时间、航空公司代码等）进行对比，符合通行条件，抓拍摄像机进行图像抓拍，控制闸机开启允许通行，同时显示屏显示可通过。系统获取登机牌信息与抓拍图像关联信息。不符合通行条件的显示屏显示不能通行，不能通行旅客可根据工作人员指导进行操作。

当出现刷牌识别成功闸机开启后，旅客仍未通行，系统自动产生报警并通知相关人员帮助提示。

根据管理人员查询条件所得到的相关数据形成Excel表格，并提供下载和打印功能。

3. 电子地图

通过电子地图。实时可以查看每个闸机的监控摄像，如果出现异常情况（如闸机通信失效，闸机出现异常等）将产生报警信息，并将信息排列在电子地图下方。

4. 设备状态视图

通过网络通信实时监控闸机的运行状态，运行状态每隔一段时间（管理员自行设置，默认十秒）刷新一次闸机运行状态。便于维修管理人员及时发现和处理闸机异常。右边部分显示当天累计通过各个闸机的人次以及当前工作时间。便于统计浦东国际机场T3航站楼国际区域客流量数据，通过数据分析是否应该增加闸机数量。

9.8.3　系统性能

预安检管理系统后台处理能力应满足机场工程全场业务的处理要求，后台处理能力能满足年旅客吞吐量、飞机起降量。

当进行双机热备的切换时，切换时间应小于120s。

在任何时间段内，整个系统不允许10%以上的终端设备无法操作、功能无法实现以及无法达到业主要求的响应时间。

9.8.4　系统部署

预安检管理系统由基础云平台提供计算资源和存储资源，分别部署在数据中心和航站楼弱电主机房。

配置参考案例：

数据中心：配置1台X86作为预安检管理系统数据库服务器，1台X86服务器VM作为系统管理服务器，1台X86服务器VM作为系统接口服务器；单台VM服务器配置为2颗16核CPU和32GB RAM；存储资源由基础云平台统一分配2TB。

联合设备机房：配置1台X86作为预安检管理系统数据库服务器，1台X86服务器VM作为系统管理服务器，1台X86服务器VM作为系统接口服务器；单台VM服务器配置为2颗16核CPU和32GB RAM；存储资源由基础云平台统一分配2TB。

9.9　自助安检验证系统

9.9.1　系统概述

自助安检验证系统是安检信息管理系统的功能延伸，用于代替传统的人工柜台，该系统主要用于旅客通过扫描身份证或旅客肖像自行完成人身与证件的一致性核验。自助安检验证系统的部署，是为了满足旅客便捷出行的业务需求，同时响应国际航空运输协会（IATA）"便捷旅行"项目"白金标识"认证的发展理念。预计2022年起部分机场将在安检/自助安检开通ONEID，考虑新流程的预留，业主可选择切换方式。

9.9.2　系统设计关键点

为每条安检验证通道配置一台单通道双翼闸机设备，双翼闸包括前后同行翼闸和侧面回流翼闸。通道内侧过人宽度大于600mm，小于700mm，长度不大于3600mm。闸机通道具有侧边回流机制，可降低由于回流引起人员堵塞的情况发生。

9.9.3　验证数据流程

自助验证数据流程：旅客值机信息获取→离港系统值机验证→旅客身份证信息获取→旅客比对验证→旅客肖像拍摄→肖像图片与身份信息和值机信息关联→数据存储。

9.9.4　验证业务流程

自助安检通道为无纸化旅客通行使用，但闸机设备仍预留刷取登机牌并读取其信息的功能。

为了方便表述，定义值机大厅一侧的翼闸为①号门，安检通道一侧的翼闸为②号门。

（1）旅客在①号门刷取登机牌→获取旅客值机信息比对→验证通过→开启①号门→旅客通过→关闭①号门→防尾随检测→旅客在②号门刷取证件（身份证、护照、外国人长期居住证等）→旅客证件信息读取→布控人员信息判断（预留功能）→人脸比对→比对通过→人脸抓拍并存储→打印登机小票→取票→开启②号门→旅客通过→关闭②号门。

（2）验证失败时，系统在内嵌显示屏提示相应的错误信息并伴随声光报警以提示旅客及现场工作人员，多次验证失败的旅客退回出发大厅，走人工验证流程。

（3）对于身份读取失败的旅客：系统在内嵌显示屏提示相应的错误信息并伴随声光报警以提示旅客及现场工作人员，多次信息未能读取的旅客由侧边翼闸退回至出发大厅，走人工验证流程。

（4）对于布控人员：系统标记该人员为布控人员。

（5）对于登机信息比对失败的旅客：系统根据失败原因（登机信息读取失败、非登机人员等）在内嵌显示屏提示相应的错误信息并伴随声光报警以提示旅客及现场工作人员。对于登机信息读取失败的旅客可再次读取证件信息，多次信息未能读取的旅客由侧边翼闸退回至出发大厅，走人工验证流程。

（6）对于人脸比对失败的旅客：系统在内嵌显示屏提示相应的错误信息并伴随声光报警以提示旅客及现场工作人员。对于人脸比对失败的旅客再次比对人脸，多次比对未成功的旅客由侧边翼闸退回至出发大厅，走人工验证流程。

（7）对于非登机旅客：由侧边翼闸退回至出发大厅。

9.9.5　设备管理

1. 设备实时监控

自助安检验证设备集成旅客安检验证所需的各种外设，包括二代身份证阅读器、护照阅读器、登机牌阅读器（支持一维码和二维码）、打印机、人脸比对摄像机（在无人值守位置采用景深摄像头对肖像进行采集，避免使用照片蒙混）、内嵌LCD触摸屏。

自助安检验证系统通过设备状态展示，从而实现设备状态实时监控，对设备发生的各类情况进行展示、报警、处理、记录。

2. 设备异常报警

自助安检验证系统能够展示各类报警事件并分类记录，包括但不限于设备运行状态报警、数据读取错误报警、业务办理错误报警、行李检测错误报警等。

9.9.6　系统性能

自助行安检验证系统后台处理能力应满足机场工程全场业务的处理要求，后台处理能力能满足年旅客吞吐量、飞机起降量。

当进行双机热备的切换时，切换时间应小于120s。

在任何时间段内，整个系统不允许10%以上的终端设备无法操作、功能无法实现以及无法达到业主要求的响应时间。

9.9.7 系统部署

自助安检验证系统由基础云平台提供计算资源和存储资源，分别部署在数据中心和航站楼弱电主机房。

配置参考案例：

数据中心：配置1台X86作为自助安检系统数据库服务器，1台X86服务器VM作为系统管理服务器，1台X86服务器VM作为系统接口服务器；单台VM服务器配置为2颗16核CPU和32GB RAM；存储资源由基础云平台统一分配2TB。

联合设备机房：配置1台X86作为自助安检系统数据库服务器，1台X86服务器VM作为系统管理服务器，1台X86服务器VM作为系统接口服务器；单台VM服务器配置为2颗16核CPU和32GB RAM；存储资源由基础云平台统一分配2TB。

9.10 自助登机验证系统

9.10.1 系统概述

自助登机验证应用是离港控制系统中的登机控制模块的逻辑延伸。用于代替传统的人工登机验证柜台，该系统主要用于旅客通过扫描登机牌或旅客肖像自行完成安检在确认与登机凭证的一致性核验。自助登机验证系统的部署，是为了满足旅客便捷出行的业务需求，能够有效缩短旅客办理登机手续的时间，提升机场的运作效率，同时响应国际航空运输协会（IATA）"便捷旅行"项目"白金标识"认证的发展理念。

9.10.2 系统设计关键点

1. 数据管理

1）数据获取

本系统数据获取分为内部数据和外部数据两部分：

（1）内部数据：

设备状态数据：设备运行状态数据；

设备参数数据：设备参数设置数据；

证件读取数据：通过外设获取的人员信息、条码、二维码等数据；

人脸图像数据：通过抓拍摄像机获取的旅客肖像数据；

日志数据：系统运行情况、报警、配置、修改等数据。

（2）外部数据：

信息集成系统：系统从信息集成系统获取航班信息、资源分配等数据；

离港系统：系统从离港系统获取旅客信息验证数据；

安检信息系统：系统从安检信息系统获取旅客安检信息验证数据；

消防系统：系统从消防系统获取消防报警数据；

数据仓库：系统从数据仓库获取工作人员证卡管理数据。

2）数据流程

系统主要通过以下四大数据流程以实现的自助登机功能：

（1）正常出港数据流程：获取航班及资源分配数据→数据与登机口闸机设备关联→获取工作人员身份信息（门禁）→设置开启通道登机状态→从数据仓库下载该登机口安检验证信息数据→获取旅客身份信息发送离港系统验证→获取离港系统验证结果→抓拍旅客肖像图片并关联身份信息存储→旅客肖像图片与安检验证信息验证→验证通过生成登机小票信息记录并打印→设置通道关闭状态。

（2）经停到达数据流程：获取航班及资源分配数据→数据与登机口闸机设备关联→获取工作人员身份信息（门禁）→设置开启通道经停状态→获取旅客身份信息发送离港系统验证→获取离港系统验证结果→抓拍旅客肖像图片并关联身份信息存储→关联旅客肖像和身份信息→生成经停小票信息、记录并打印→设置通道关闭状态。

（3）经停出发数据流程：主数据流程同正常出港，经停旅客身份验证部分数据流程调整为，验证经停小票信息→与经停到达时生成的肖像图片人脸比对。

（4）人工流程：扫描旅客登机信息→发送离港系统验证→发送安检信息系统验证。

（5）信息发布数据流程：获取航班及资源分配数据→检测闸机状态→显示数据自由编辑→信息发布。

3）数据可视化展示

系统内置图形化界面，在图形化界面中标注设备安装位置和编号，操作员通过鼠标点选能够弹窗显示所选设备信息，包括但不限于：设备编号、运行状态、参数配置等；

系统各类统计分析数据可通过柱状图、饼状图、曲线图等各种图形图表实现图形化展示。

2. 设备管理

闸机设备集成旅客通关所需的各种外设，包括二代身份证阅读器、护照阅读器、登机牌阅读器（支持一维码和二维码）、热敏打印机、人脸比对摄像机及显示屏、内嵌LCD显示屏、设备终端控制屏等。

闸机设备采用具有前端工控机控制的设备，工控机上行通过网络与后台系统进行数据通信，下行实现对闸机及配套外设的设备控制、数据交互及设备运行状态监控。闸机设备具有刹车装置，与红外探测感应器快速响应配合，具有非法进入报警、尾随通过报警、正常通过防止夹人功能，并能保证门翼可在任意角度的紧急刹车制动，在正常和非正常情况下，始终确保与通行人员保持安全距离。

闸机设备具有紧急疏散功能，通过系统或人工输入信号开启紧急疏散状态，闸机设备前后闸门自动打开，确保通行人员疏散撤离。

闸机设备具有工作人员操作内嵌LCD显示屏，工作人员通过输入密码确认人员身份后进入设备控制界面，可对通道进行开启、关闭、应急控制等状态的操控。

系统可实现对信息发布显示器设备的监视与控制，包括设备运行状态监控、设备显示内容监控、设备参数设置、远程开关机控制等。

3. 流程管理

（1）出发过检流程：开启①号门→旅客通过→关闭①号门→防尾随检测→读取旅客证件信息（身份证、护照、登机牌、手机二维码等）→人脸抓拍并存储→人脸比对→比对通过→打印登机小票→取票→开启②号门→旅客通过→关闭②号门。

（2）经停出发过检流程：开启①号门→旅客通过→关闭①号门→防尾随检测→读取经停小票→人脸比对→比对通过→开启②号门→旅客通过→关闭②号门。

（3）对于验证失败的旅客：系统根据验证失败原因（证件信息读取失败、非本登机口旅客、持有证件非本人、人脸未正对摄像机等）在内嵌显示屏提示相应的错误信息并伴随声光报警以提示旅客及登机口工作人员。对于证件信息多次读取失败或多次人脸比对未通过的正常登机旅客，由工作人员人工开启①号门，旅客由通道退出走人工登机流程；对于非本登机口旅客，则由工作人员人工开启①号门，旅客由通道退回至候机大厅。

（4）对于尾随的旅客：在旅客通过闸机①号门关闭后，闸机在①②号门之间通道探测到多名旅客时，发出尾随报警信号提醒工作人员。工作人员人工开启闸机①号门，尾随旅客退出后，关闭闸机①号门，过检旅客按正常流程继续过检。

（5）人工登机流程：对于VIP、头等舱、老弱病残孕、带小孩的旅客以及通过自助登机通道失败的人员等走人工通道，通过人工通道工作人员扫描登机牌，比对通过后放行登机。

4. 信息发布流程

出发登机流程：显示屏预置状态→登机口闸机开启→闸机方向显示屏发布信息（登机通道分配信息、航班信息等各类信息）→登机口闸机关闭→显示屏恢复预置状态。

5. 系统管理

1）权限管理

系统可为不同工作范围的和等级的人员设置相应的系统控制权限，并对权限的发放与回收进行记录。包括但不限于以下权限：系统设置与维护权限、设备开启与关闭权限、系统信息统计与查询权限、系统日志管理权限。

2）规则管理

系统可以根据不同的使用需求自由地增加或删除规则设定，身份证、登机牌、人脸识别等验证方式可自由组合或单独使用，满足系统在多场景下的应用。

（1）系统可自由建立关联规则，包括但不限于以下关联规则：

闸机设备编号与登机口关联规则；

闸机设备编号与航班信息关联规则；

闸机设备编号与对应的信息显示屏关联规则；

密码锁密码与工作人员身份信息关联规则；

通道开闭状态与工作人员身份信息关联规则；

旅客身份信息、肖像图片和打印小票关联规则；

通道开闭与消防联动关联规则。

（2）事件规则管理。系统通过规则管理定义事件的类型、事件处理的优先级、事件到事故的转换、事件的预警规则、事件的事后评价规则等。系统能够列出事件类型，能够区分事件类型所对应的各种处理流程，并易于识别和调阅，为应对工作提供基础。

3）报警管理

报警事件管理主要包含但不限于以下内容：

（1）人员身份信息错误报警：包括证件读取错误报警、人脸比对错误报警、不合规人员报警等。

（2）违规行为报警：当通道闸机判定存在尾随、逆向等违规行为时，闸机设备能判别行为类型并发送对应的报警信息通知系统后台，系统后台接收闸机报警信息并记录。

（3）非正常开门报警：包括工作人员手动开关、消防联动等特殊情况下翼闸开闭的报警信息。

（4）设备通信故障报警：外设设备与工控机通信中断的故障报警，系统能获取对应的报警信息并记录。

4）日志管理

系统可以自动生成日志文件，当系统出现问题时，管理员可以通过日志文件确定系统当前运行状态或追踪特定事件的相关数据。对所有关键的用户操作行为和消息内容进行日志记录，能记录数据的输入、输出、修改、删除，以及这些操作的时间、用户等，并提供日志即时查看功能。

6. 查询与统计

1）查询

系统使用人员只需按业务逻辑规则，即可快速简洁地定义查询需求，系统自动完成连接操作、条件定义等复杂的SQL定义操作。

查询提供各种向导式界面、图形查询生成器、提示窗口等，通过简单的鼠标拖拉操作即可实现即席查询、报告生成、图表生成、深入分析和发布等功能。

2）统计

通过多样化的查询统计展示工具，实现对数据的统计。系统主要功能是报表的存储、打印、查询功能。图表类型包括但不限于各种饼图、条形图、柱状图、折线图等。系统允许用户产生特定报表，报表提供数据导出功能，使得数据可以用办公软件如Excel和Word打开。

9.10.3　系统性能

自助登机验证系统后台处理能力应满足机场工程全场业务的处理要求，后台处理能力能满足年旅客吞吐量、飞机起降量。

当进行双机热备的切换时，切换时间应小于120s。

在任何时间段内，整个系统将不允许10%以上的终端设备无法操作、功能无法实现以及无法达到业主要求的响应时间。

9.10.4　系统部署

自助登机验证系统由基础云平台提供计算资源和存储资源，分别部署在数据中心和航站楼弱电主机房。

参考配置案例：

数据中心：配置1台X86作为自助登机验证系统数据库服务器，2台X86服务器VM作为系统管理服务器，1台X86服务器VM作为系统接口服务器；单台VM服务器配置为2颗8核CPU和32GB RAM；存储资源由基础云平台统一分配2TB。

联合设备机房：配置1台X86作为自助登机验证系统数据库服务器，2台X86服务器VM作为系统管理服务器，1台X86服务器VM作为系统接口服务器；单台VM服务器配置为2颗8核CPU和32GB RAM；存储资源由基础云平台统一分配2TB。

9.11 空勤证管理系统

9.11.1 系统概述

空勤证管理系统主要通过空勤登机证立式验证一体机实现空勤人员在机场的通行查验，完成对空勤人员身份和证件的核查。通过空勤证件识别+人像识别匹配的认证，加强安全验证，提高空防安全。具有在线验证和离线验证功能，提高空勤人员通行速度。对非法证件（黑名单证件、过期证件、注销证件、暂停证件等）进行有效拦截；对非法人员（人证不匹配）进行有效控制，可有效提高机场对中国民用航空空勤登机证件查验的安全级别以及上级部门对持有中国民用航空空勤登机证件人员的监管力度。

9.11.2 系统设计

空勤证管理系统由验证子系统、手持验证设备、数字证书授权等组成，系统为前端接入系统，服务器后台统一在空勤证管理服务器上，系统在数据中心和联合设备机房设置数据传输服务器，通过互联网获取空勤人员的证件信息来验证空勤人员的身份。

1. 验证子系统

验证子系统包括系统自检、单机查验、联机查验、查验展示信息、通行记录上传等功能模块。

1）系统自检

空勤登机证立式验证一体机都配有一个授权数字证书（UKEY）和PSAM认证卡。

立式验证一体机启动后进入自检流程，并在用户界面给出友好提示。

自检通过后进入工作模式判断步骤，通过调用服务任意接口检测服务是否可用，如果服务可用进入联机模式，否则进入单机模式，并在界面醒目显示当前工作模式，工作模式需要定时每5min检测一次服务是否可用，通过对服务的检测实现联机、单机自动切换。

2）单机查验

单机查验为离线验证模式，实现空勤证件合法性检查，提取证件内人员姓名、证件编号、个人照片、有效期等信息，判断证件是否在有效期，是否属于无效卡，然后现场采集人像，将采集的人像与证件照片进行比对，实现人证合一的匹配检查。

其具体单机查验流程为：证件认证、证件有效期判断、无效卡判断、人脸识别比对。

3）联机查验

联机查验为在线验证模式，首先实现空勤证件的合法性检查，从后台提取证件所属人员姓名、证件编号、个人照片、有效期等信息，判断证件是否在有效期，是否属于无效卡，是否属于任务状态。然后现场采集人像，将采集的人像与证件照片进行比对，实现人证合一的匹配检查。

其具体联机查验流程为：读取证件、后台获取证件信息、验证卡信息、人脸识别比对。

4）查验展示信息

显示所在机场名称；显示实时人脸采集识别界面；显示证件信息，包含证件照片、姓名、性别、国籍、所属航空公司、证件编号、有效期；显示查验结果，查验结果包括：证件有效/证件过期/证件注销/证件挂失/证件停用/黑名单、人脸识别结果；显示设备连接状态和当前系统时间，连接状态为在线时采用联机查验，并实时上传查验记录，否则使用脱机查验，待联机时上传查验记录。

查验结果提示：查验通过时背景色显示为全绿，查验不通过时背景色为红色闪烁。

5）通行记录上传

空勤证管理系统定时检测是否有未上传记录，如果有则上传，每批次上传记录数最大10条，上传记录包含人脸识别时采集的现场照片。

2．手持验证设备

手持验证设备支持空勤证件合法性检查，包括假卡识别、无效卡识别。

手持验证设备支持身份识别，同时将身份证与空勤证进行绑定，判断人（身份证）证合一合法性。

支持验证结果查询和记录。

3．数字证书授权

通过数字证书授权与机场绑定，实时监控终端用户登录及使用情况，确保系统运行安全。

4．系统网络环境

基于空勤登机证数据信息的保密性，整个系统以VPN网络访问技术和防火墙为重点，结合漏洞检测和访问控制安全管理技术，用户只有通过互联网络登录VPN之后，才能进入验证系统运行界面。因此用户安装验证子系统的地方须可接入互联网，同时还需满足连接VPN的配置要求。

9.11.3　数据交互

空勤证管理系统与视频监控（报警）系统、门禁（巡更）系统、安检信息管理系统、离港控制系统等系统实现数据交互。

系统所需的NTP信号由时钟系统提供。

9.11.4　系统性能

空勤证管理系统后台处理能力应满足机场全场业务的处理要求。

当进行双机热备的切换时，切换时间应小于120s。

在任何时间段内，整个系统将不允许10%以上的终端设备无法操作、功能无法实现以及无法达到业主要求的响应时间。

9.11.5　系统部署

空勤证管理系统由基础云平台提供计算资源和存储资源，分别部署在数据中心和航站楼弱电主机房。

参考配置案例：

数据中心：配置1台X86服务器VM作为空勤证管理系统数据传输服务器；单台VM服务器配置为2颗8核CPU和32GB RAM；存储资源由基础云平台统一分配5TB。

联合设备机房：配置1台X86服务器VM作为空勤证管理系统数据传输服务器；单台VM服务器配置为2颗8核CPU和32GB RAM；存储资源由基础云平台统一分配5TB。

9.12　无线对讲系统

9.12.1　系统概述

航站楼消防救灾应急（含边防PDT接入、武警对讲系统接入）无线对讲系统（消防局专用）为消防局灭火指挥通信对讲专用系统。机场系统涵盖的范围为航站楼、捷运站、车辆基地及捷运隧道，系统构成完整的消防用无线对讲系统。本系统同时为交通中心、酒店等区域的消防通信提供接口，上述区域信源采用本系统信源并进行统一的消防救援系统搭建；系统亦为边防PDT系统、武警系统提供接入端口，并为边防PDT系统及武警系统在区域内的有效覆盖提供全套室内分布设备，并在覆盖所需的天馈传输设备上与消防系统共建共用。建立系统监控中心，实现系统设备远程监管功能。

9.12.2 系统设计

消防救灾应急无线对讲系统覆盖采用独立建设方式，预留边防PDT系统接口及武警对讲系统接口，与消防救灾应急无线对讲系统的天馈传输设备进行合路设计共建共用。

提供预留接入，满足边防系统基站及武警系统基站的接入；采用数字光纤直放站实现信号从边防PDT基站至各区域的远距离传输。建筑各个区域和边防PDT基站之间采用环网结构方式。

消防应急通信系统采用单信号源基站方式建设，采用数字光纤直放站实现信号从机场消防控制室至各区域的远距离传输。建筑各个区域和消防基站之间采用环网结构方式。

室内区域采用室内全向天线阵完成信号覆盖，室内部分采用的天馈设备具备更宽的频率工作范围，以实现消防、边防及武警天馈合路共用。室外区域采用低功率设计的室外全/定向天线实现覆盖。项目内捷运隧道则通过漏泄同轴电缆实现。

位于非机房内的楼层天馈系统设备。电缆具备低烟无卤耐火防护能力。功分器、耦合器等器件安装在桥架内，并具备IP65或以上防护等级实现在喷淋下持续工作的能力。室内天线布置喷淋保护范围内，并具备IP65或以上防护等级，提高火灾情况下的生存能力。漏泄同轴电缆具备低烟无卤阻燃防护功能，每10m配置1个防火吊架。

设立系统监控业务管理平台设立于机场消防控制中心；系统包括设备监控功能：系统健康度分析、设备分类告警、设备运行状态等；监控设备包括但不限于：消防系统基站、消防/边防/武警数字智能光纤近远端机等。管理平台应具有数据接口，并实现与消防指挥中心的数据对接，消防指挥中心或消防局可通过接口访问并远程管理系统。

消防、边防及武警信号覆盖建筑内部所有区域，覆盖区域内系统信号强度均不低于-85dBm，通话接通率98%以上。话音质量不低于4分标准。

消防、边防及武警信号覆盖区域包含但不限于：电梯/电梯厅、机房、消防楼梯、公共区域及消防车停靠区域。

除项目所在地消防局特殊要求外，消防灭火信号控制在建筑红线内，并有效控制信号强度，防止对周边地铁、隧道等区域消防系统的干扰。

9.13 应急救援管理系统

9.13.1 系统概述

任何影响机场正常运营或业务运作的异常事件可定义为事故，包括航班相关事故，旅客相关事故，社会公共相关事故及典型突发事件等以及设施设备相关等紧急情况。

机场的异常事件需要一套完备的应急救援管理系统，以辨别相关事故，维护事故处理流程预案，便于各部门对应急预案的查询检索，从而进一步提高机场对类似事件的应对能力，优化相关应急救援流程。

应急救援管理系统的一个重要特性，是将机场的组织架构与整体应急救援流程相关联，并对这些流程进行维护与管理。应急救援管理系统应是一个基于用户配置的流程维护管理系统。用以事故和紧急情况识别，并创建、保存与更新事故相关的处理流程。包含，根据不同等级或不同类型的应急救援事件维护相应的应急救援流程，便于查找或检索。同时随时更新应急救援流程。

系统提供完善的系统管理和足够的安全保护，以限制对机密数据的访问。

9.13.2　系统设计关键点

应急救援系统由应急救援预案、应急救援保障、信息管理、应急救援值守、时间回溯和应急救援演练等功能组成。系统通过机场企业内部服务总线与各系统交换所需的数据，通过外部总线与外部单位系统交换数据。

1. 预案管理

预案管理子系统完成对机场各种应急救援预案的制定、修改和审批功能，系统能够列出关键事故或突发事件类型系统能够区分关键事故或突发事件类型所对应的各种应急救援预案，并易于识别和调阅，为应对工作提供基础。

预案模板管理功能模块为制作应急救援预案提供了一个标准的参考格式，通过一个标准的预案模板，能快速制作一个新的应急救援预案。对各种版本的预案模板进行管理，以便于预案模板的更新，基于可以化的方式来制定模板任务。预案模板内包括应急救援人员、应急救援物资、解决步骤、解决方法、应急救援流程等选项。预案模板内分级别进行任务定义，管理分配各任务所需应急救援物资、专业队伍、应急救援单位等数据创建连接，自定义各任务之前的关系，以图形化方式展现，支持鼠标拖拽功能。

预案信息管理功能模块可实现相关信息的录入。对预案的基本信息，如名称，针对事件类型、级别、编制目的、适用范围等进行维护和管理。其他信息还包括预警级别、事件类型、应急救援响应、事件影响范围、事件紧急情况等。

应急救援流程管理功能模块可实现预案流程的规划、编辑。系统支持应急救援流程的创建以应对各类紧急事件或各种日常运营场景。为创建规范流程，系统应内嵌基本模板，并提供基本的向导工具辅助用户完成流程的创建。系统可以根据不同参数和类型，提供流程分类功能。系统在流程创建时，提供简易灵便的图形界面，包括简单的预览功能。应急救援流程应有生命周期。系统支持流程与相关的外部文档建立链接（外部文档使用外部应用编辑，但仍上传至EMS数据库），使所定义的流程更加完备。系统与机场的组织层次结构相对应，以明确流程中的各个步骤的责任人或部门，并与机场通信簿关联。

预案审批管理功能模块可实现预案上报时间、状态、结果的记录。制作完成的预案需经过政府主管部门审批后方能执行，需对整个审批流程实现记录、状态查询、进度查询、历史查询等。

2. 应急救援保障

应急救援保障系统是对全机场内包括消防、医疗、公安、机场安保和驻场单位的所有应急救援基础数据的统一管理；提供基础数据的多维查询及基于图表的统计分析，并实现基础数据查询结果基于地图分布情况的直观展示，以及统计结果基于地图的直观展示，方便应急救援人员掌握应急救援基础数据基于空间的分布和统计情况。应急救援保障系统主要实现对应急救援事件主要负责人、应急救援物资、应急救援队伍与装备、应急救援通信资源、应急救援专家等各类应急救援资源的管理。

3. 信息管理

信息管理子系统负责应急救援所需各类信息的记录、查询和收集。根据《民用运输机场突发事件应急救援管理规则》对信息的要求，包括如下对象的信息：航空器、旅客、组织机构、通信方式、环境和地理等。

4. 应急救援值守

应急救援值守管理是日常应急救援业务管理的核心功能，实现日常值班工作信息的接收与上报、事件处理的规范化和流程化；利用智能匹配的技术，系统自动匹配事件相关的辅助信息，确定突发事件类型、等级、集结地点、通知单位和相关领导，实现事件处理过程中的智能辅助；实现各类信息的简报管理与制作；实现日常办公管理的需要；实现事件信息查询与统计等业务。应急救援值守系统实现的主要功能包括事件接报、事件处理、信息简报生成及发布、反馈信息收集、值班排班、办公管理、工作安排等。

5. 事件回溯

事件处理回溯功能模块的主要目的是使机场能够对各种应急救援事故的预案执行过程进行回溯和回放，从中总结经验，改进预案。通过对应急救援流程进行回放，按事件处理的时间线回溯记录信息，包括触发定义的事故事件工作流程，对事故的关键信息进行日志记录，以及事故事件的开始结束时间，应急救援相关人员的行动文字记录，并调取其他系统（如现场指挥车、消防车等）事件时间内的录像等。

6. 应急救援演练

培训演练是应急救援工作的重要组成部分，可以直观地检验应急指挥机构在事件处置过程中的应对能力；可以检验应急救援预案、方案、应急救援处置流程的合理性与有效性；还可以用来对相关人员进行培训。培训演练系统主要提供演练计划编制、场景设置、过程记录及演练评估等基础管理功能，通过突发事件的实战演练，基于平台各业务子系统实现事件接报、分析研判、事件处置、总结评估等，从而实现整个事件处置的演练。主要功能包括演练计划编制与管理、演练场景设置、演练过程记录与回放、演练评估。

9.13.3 系统性能

应急救援管理系统后台处理能力应满足机场工程全场业务的处理要求，后台处理能力能满足年旅客吞吐量、飞机起降量。

当进行双机热备的切换时，切换时间应小于120s。

在任何时间段内，整个系统将不允许10%以上的终端设备无法操作、功能无法实现以及无法达到业主要求的响应时间。

9.13.4 系统部署

应急救援管理系统由基础云平台提供计算资源和存储资源，分别部署在数据中心和航站楼弱电主机房。

参考配置案例：

数据中心：配置2台X86服务器VM作为应急救援管理系统数据库服务器，2台X86服务器VM作为系统应用服务器，1台X86服务器VM作为系统接口服务器；单台VM服务器配置为2颗8核CPU和32GB RAM；存储资源由基础云平台统一分配5TB。

联合设备机房：配置2台X86服务器VM作为应急救援管理系统数据库服务器，2台X86服务器VM作为系统应用服务器，1台X86服务器VM作为系统接口服务器；单台VM服务器配置为2颗8核CPU和32GB RAM；存储资源由基础云平台统一分配5TB。

第10章　智慧出行

智慧出行是对进入或离开空港的旅客的出行服务的专题研究，它涵盖了航站楼外多种交通工具的管理以及楼内旅客流程上的各类闸道、门禁管理等。简单来说，主要研究对人和交通工具的服务、协同、管理问题，分为"智慧通行"和"智慧交通"两个层面。第一个层面是通行管理与服务层面，研究归为"智慧通行"，第二个层面是交通组织与服务层面，研究归为"智慧交通"。其中，通行管理与服务层面侧重于人的通行，而交通组织与服务层面则是侧重于公共交通系统的协同、信息发布等。

10.1　机场"智慧通行"关键技术

智慧通行作为现代智慧空港安全管理的重要组成部分，针对空港范围内的机场航站楼、航管楼及塔台、交通中心、货运及机务区域、商务楼的旅客、工作人员、服务人员、访客通行，以及机器人、自动驾驶车辆通行，采用国际先进的智慧通行技术和产品，制定数据平台化、控制智能化、机电一体化的人员、车辆、物流安全通行管理，以及应急移动安全通道、应急移动安全空间的整体思考。

"智慧通行"相关研究的关键技术包括自助流程、无纸化通关、无感通关、一脸通行、通道管理类设备设施等。

10.2　自助流程典型应用案例

民航业的发展离不开对旅客习惯的培育，技术发展带来的高效自助设备为旅客出行体验的提升、通关效率的提高提供了必要的技术支撑。在技术推动下，各种人脸识别自助闸机、非接触式安检设备、自动回框系统等设备逐步采用，让旅客流程从理论上达成全自助流程的可能性。但是旅客流程的安检环节是传统流程中最为重视的环节，安检人员搜身、手提行李内违禁物品开包等过程难免在快速通过的全自助流程中产生阻碍，所以如何应用自助设备、如何制定安检策略，以达到尽量少的"接触"环节，成为各大机场智慧通行实践中的重中之重。可喜的是部分机场通过模式和尝试已经产生了一定的效果。

1. 白云机场的"One ID"一脸通行

想使用全流程刷脸出行服务的南航旅客，需通过机场通公众号注册"One ID"服务，也可在抵达广州白云机场T2航站楼后，通过南航自助值机、自助行李托运等设备完成注册。未注册"One ID"服务的旅客，可按照原有方式（验证身份证）乘机。

南航联合广州白云机场研发的"One ID"服务，严格按照IATA（国际航空运输协会）的"One ID"理念，以旅客面部特征信息作为核心，将旅客身份信息与出行信息相结合，为每一位旅客建立一个信息数据库，作为出行全流程唯一识别标识，不同于现行部分机场通过身份证后台绑定等技术实现"刷脸"登机。旅客在办理自助值机、自助托运、登机等业务时，系统通过提取旅客面部特征并关联旅客行程信息，校验通过后，即自动放行。

南航"One ID"全流程刷脸出行服务，以旅客自愿使用为原则，由旅客主动提供身份、照片等信息注册。"One ID"平台确保在旅客知情、同意的情况下使用相关信息。在使用过程中，旅客可随时取消面部信息使用授权，"One ID"平台也将同步删除其个人信息。

2. 深圳机场的"无接触自助安检"

2021年9月13日，深圳机场在已经实现"刷脸通行"的基础上，又实现国内首家试行"无接触自助安检"，试行范围为国内安检区1号安检通道。

从深圳机场出发的旅客可自主进行全流程自助、无接触式安全检查，最快两分钟即可通过安检，享有更高效、便捷、人性化的乘机安检体验。与传统安检相比，无接触自助安检的优势有：

（1）更先进：创新使用毫米波人体检查设备、手提行李CT安检设备。

（2）更便利：减少手提行李开箱检查比例，旅客检查过程与安检人员零接触。

（3）更智慧：增强安全裕度的同时能够完全取代传统的手工人身检查。

在无接触自助安检模式下，旅客通过闸机自助验证进入1号安检通道后，自主脱下腰带和鞋，并通过手提行李CT安检设备对随身行李进行检查，行李中的笔记本电脑、雨伞等物品无需再单独取出。随后，旅客通过毫米波人体检查设备进行人身检查。检查前，只需将随身物品掏出，仪器若不报警即可快速通行。检查员不再使用手持金属探测器接触旅客，只对报警部位进行安全确认即可放行，如图10-1所示。

图 10-1　深圳机场无接触自助安检通道的毫米波门

这种"无接触"安检模式不仅更快捷，还可以避免旅客与安检工作人员的非必要接触，更符合疫情防控需要。

10.3 无纸化通行、无感通行、"一脸通行"

无纸化作为智慧通行的基础性条件，有一个较长的发展过程。

"无纸化"便捷出行最早在民航业的应用可以追溯到2004年全行业普及与应用电子客票，这实际上就是对机票及购票凭证的"无纸化"。随后，中国民航坚持以人为本，践行真情服务理念，持续改革创新，将"值机场外化"作为"无纸化"便捷出行切入点，进行了大量有益尝试。

2017年12月，全国民航工作会议将"千万级以上机场推行无纸化便捷出行，实现旅客仅凭有效身份证和手机等移动设备即可完成所有登记手续"列为年度重点工作。

2018年是推动"无纸化"便捷出行工作的关键一年。3月，民航局下发《推进国内千万级机场"无纸化"便捷出行项目方案》，并成立推进"无纸化"便捷出行项目领导小组；10月29日，上海浦东机场国际、港澳台航班"无纸化"便捷出行流程正式启用；12月25日，民航局确定了15家机场和6家航空公司作为示范单位。这一年，全国共有227家机场、35家航空公司参与"无纸化"便捷出行工作。

2019年，民航局下发《关于促进民航"无纸化"服务提质升级的通知》，提出北京、上海、广州、成都、昆明、深圳等国际枢纽机场争取年内实现国际/港澳台航线开通"无纸化"便捷出行服务的目标。

目前，中国民航无纸化率在全国的普及程度与覆盖水平在世界上处于领先地位。截至2020年底，全国有233个机场和主要航空公司可实现国内航班旅客"无纸化便捷出行"，121家机场支持国际航班电子登机牌通关，112家机场具备国际航班全流程无纸化通关，全国所有千万级机场国内自助值机出行旅客平均比例达到了72.2%。

无纸化通行是无感通行的基础，只有摆脱了传统的纸票交互环节，才能做到"无感"，只有做好了"刷二维码通行"，才能进一步做到"刷脸通行"甚至全场"一脸通行"，这些"智慧通行"场景下的专有词汇的递进，展示了我国民航业在提高旅客出行效率、提升旅客出行体验方面的不断进步。

10.4 通道管理类设备设施

10.4.1 现状及需求

目前空港通行管理现状及问题主要体现在以下方面：

（1）各种通行产品，如人行闸机、自动门、门禁门、常开防火门、逃生疏散门、车库独立、分散，缺乏整体管理。

（2）门禁管理以物理卡片为主，存在被盗、被复制的安全隐患。丢失、损坏造成每年大量补卡，运营费用很高。

（3）门禁采用传统弱电布线系统，调整、增补成本高。

（4）门禁系统以欧美厂家为主，存在数据安全风险。产品价格昂贵，建设及维护成本高。

（5）通行门以传统机械五金（闭门器、机械门锁等）为主，自动化程度、通行效率偏低，同时不利于机器人、自动驾驶车辆通行。

（6）母婴室、残障人卫生间（使用时门内反锁）可自由进入、无使用记录，存在安全风险。

现代智慧空港、四型机场在通行方面有以下需求：

（1）无感、高效、自动化通行。

（2）后疫情时代非接触通行。

（3）手机移动端门禁、访客、派梯的安全性、便利性。

（4）移动门禁、移动安全空间的快速、低成本构建。

（5）针对重大突发公共卫生事件的韧性化空间。

（6）人文商业空间构建和流线管理。

（7）人员通行的数据采集及行为分析。

（8）对空港各区域、各种通行终端设备平台化集中管理。

（9）建立云平台、大数据物联网信息化管理及信息安全体系。

10.4.2 关键技术的创新应用

1. 智慧通行管理平台

对旅客在机场中的所有通行活动进行业务化管理的统一平台，将多种子系统纳入管理，如图10-2所示。

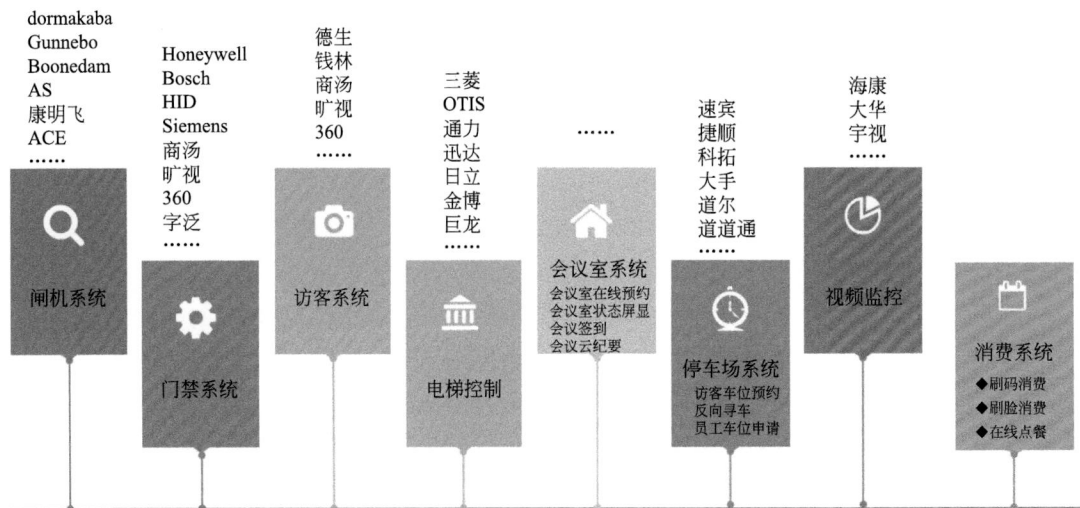

图 10-2　旅客智慧通行管理数字化业务

2. 人脸及多种物联网门禁/访客识别装置

为了使通行体验流畅，设计规划的趋势是打通通行管理与服务中的各个环节，如门禁原本是安防子系统，但是门禁系统中的人脸识别终端等权限验证装置在智慧通行中是非常重要的一环。人脸及多种物联网门禁/访客识别装置如图10-3所示。

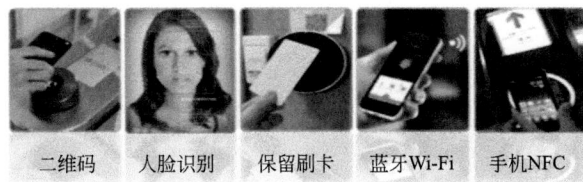

图 10-3　人脸及多种物联网门禁/访客识别装置

3. 手机NFC门禁卡技术关键

手机NFC门禁卡技术如图10-4所示。应用于门禁、访客、闸机、梯控、自动门、会议室。

手机NFC3.0：更安全、更好用、更多个性化

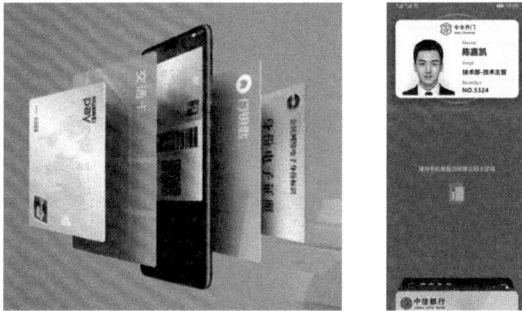

- 智能选卡：手机存在多张NFC卡的时候，设备能自动选择所需的NFC卡，用户无需干预，息屏状态亦可
- 个性化卡样式：可以自定义卡样式，为用户提供多种个性化选择
- 远程授权：平台开通用户的NFC卡功能，用户登录APP或公众号可自助开卡
- 高安全性：基于公交卡/银行卡物理安全机制，无法被复制

增强型NFC
手机NFC3.0

- 保护隐私
- 息屏可通行

图 10-4　手机 NFC门禁卡技术

4. 云锁（二维码）、云锁芯（蓝牙）、智能逃生推杠锁（二维码）

1）云锁（图10-5）

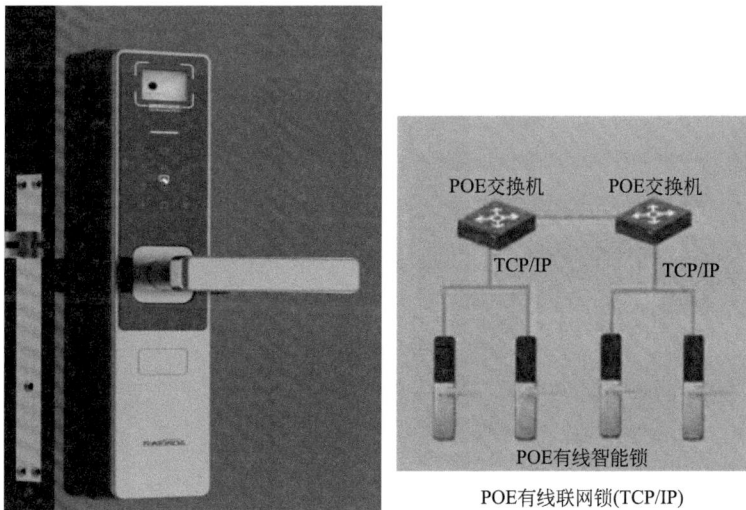

POE有线联网锁(TCP/IP)

图 10-5　云锁

2）云锁芯（图10-6）

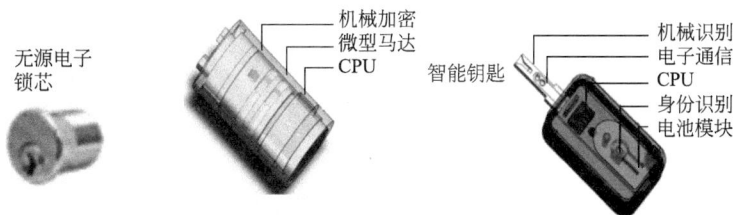

图 10-6　云锁芯

云锁芯应用：机场内酒店客房、航站楼过夜用房、租用休息间等。

3）电控逃生推杠锁（图10-7、表10-1）

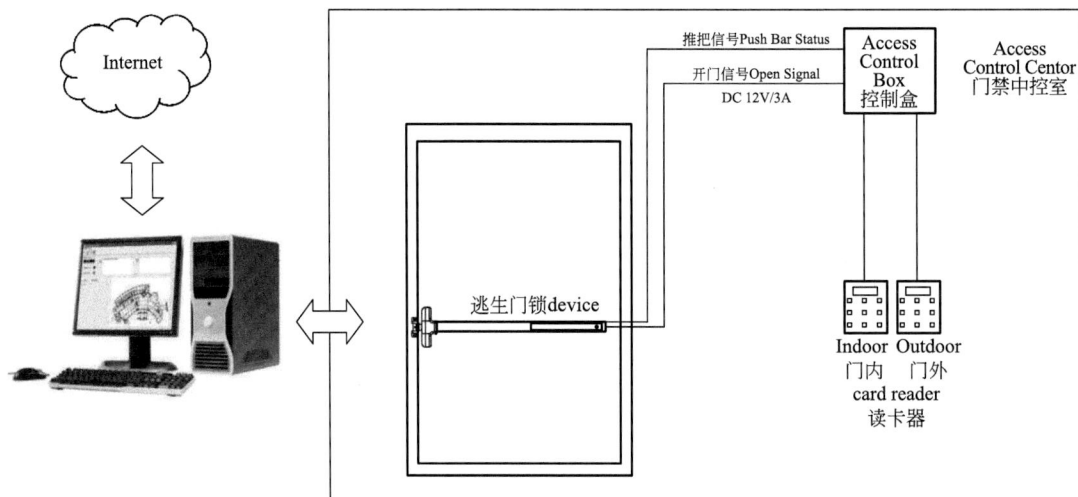

图 10-7　电控逃生推杠锁

电控逃生推杠锁技术关键及应用	表 10-1
技术关键	应用
1. 电控逃生锁受门禁系统单向或双向控制； 2. 门内可设置现场蜂鸣报警（0～90s），延时开门； 3. 断电及消防报警时，无延时开门； 4. 锁舌、推杠状态可监控； 5. 解决安防与安全的矛盾	带门禁控制的逃生疏散门

5．室内自动门智能控制系统

1）双向隐藏式智能平开门（图10-8、表10-2）

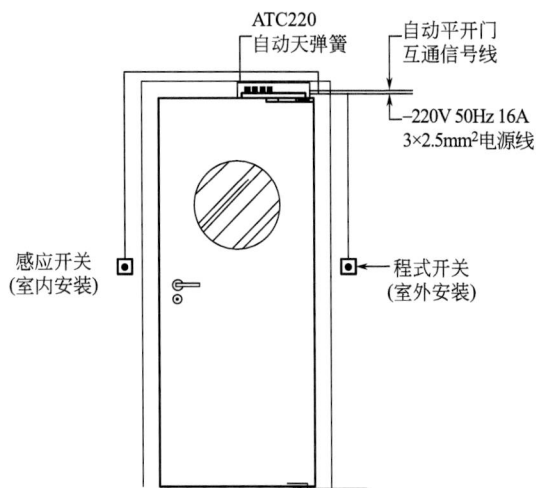

图 10-8　双向隐藏式智能平开门

2）应急安全通道（图10-17、表10-5）

图 10-17　应急安全通道

应急安全通道技术关键及应用	表 10-5
技术关键	应用
标准化产品，适用于构筑应急、临时安全通道； 可采用 Wi-Fi 无线门禁，接入管理平台； 防尾随设计	应急、临时安全通道

3）工作区安全门（图10-18、表10-6）

图 10-18　工作安全门

技术关键	应用
标准化产品，适用于构筑户外安全通道； 可采用门禁、访客管理，接入管理平台； 适用于人、自行车通行	户外工作区域人员通行

4）应急安全空间（图10-19、表10-7）

图 10-19　灵活的移动隔断

应急安全空间技术关键及应用	表 10-7

技术关键	应用
标准化产品，移动隔断平时收纳，需要时可快速安装，适用于构筑应急安全空间； 移动隔断可植入强弱电、网线，便于快速应用； 移动隔断可达到良好的气密、隔声效果； 移动隔断可采用手动、半自动、全自动结构	平疫空间转换，临时应急安全空间快速构筑，航站楼可变布展空间

5）机器人通行（图10-20）

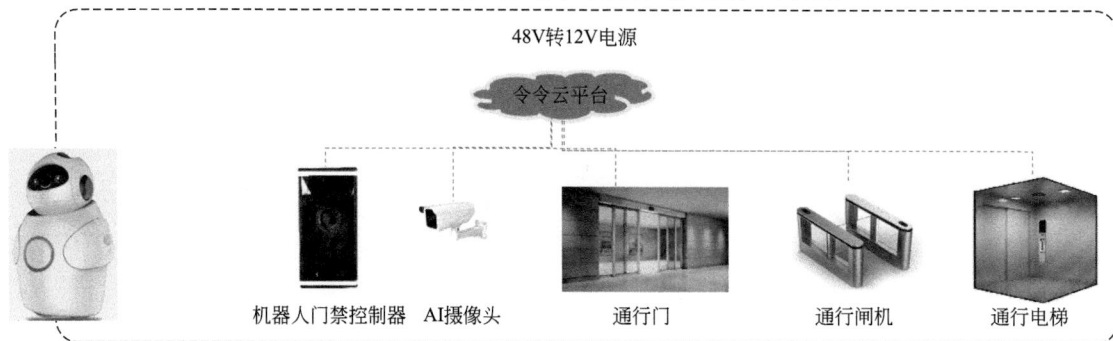

机器人控制器具备机器人AI识别功能，针对机器人采用特殊业务逻辑，辅助机器人可靠通行

48V转12V电源

令令云平台

机器人门禁控制器　AI摄像头　通行门　通行闸机　通行电梯

- 机器人门禁控制器：通过AI识别机器人身份，无需对机器人做技术改造或对接。
- 机器人电梯控制器：通过AI识别机器人身份并确认机器人到达楼层，可以实时给机器人电梯开关门、运行状态信息；需要上报当前所在楼层和目的楼层，并能实时根据电梯运行、开关门状态信息做处理；
- 推荐加装AI摄像头，便于不同身高尺寸的机器人顺利识别和通行。

图 10-20　机器人通行

8. 扩展应用

智慧通行平台应具备应用扩展性，同时可开放接口，实现与如下平台的融合：

自助登机、商场查询、行李自助、机场服务、工单报修、商场促销、投诉建议、特价机票、会员专区、机器人服务、叫车服务、共享办公。

10.5 机场"智慧交通"关键技术

"智慧交通"立足于机场航站楼旁边的交通换乘中心、车库，以及楼前高架道路系统、穿越航站区并在航站区设站的高铁、城铁、地铁、长途大巴站等。研究内容的关键技术主要包括：综合交通协同管理平台、综合交通信息显示系统、出租车蓄车场调度系统、智慧车库管理系统等。

10.6 综合交通协同管理平台

10.6.1 本平台的设置意义

随着民航业的高速发展，机场正向着大型化、规模化发展，机场按业务主题型和物理边界进行不同维度的切分建设业务主题，各业务主题建设完整的主题内部的各信息弱电系统，完成机场业务功能的全面覆盖。而各大型机场建设综合交通枢纽的趋势不可阻挡，发挥空港带动优势，将高铁、城铁、地铁、长途大巴、市内大巴专线、出租车、网约车、私家车等多种交通形式有机汇集、综合管控、协同运行，成为未来发展方向。

综合交通管理系统按照"统一协调、信息共享、分块运管、共同服务"的原则进行建设，系统完全立足于交通枢纽内各交通方式的协调指挥、信息共享和旅客服务，满足交通枢纽内日常运营和应急指挥，为旅客提供全面的枢纽信息服务，如图10-21所示。

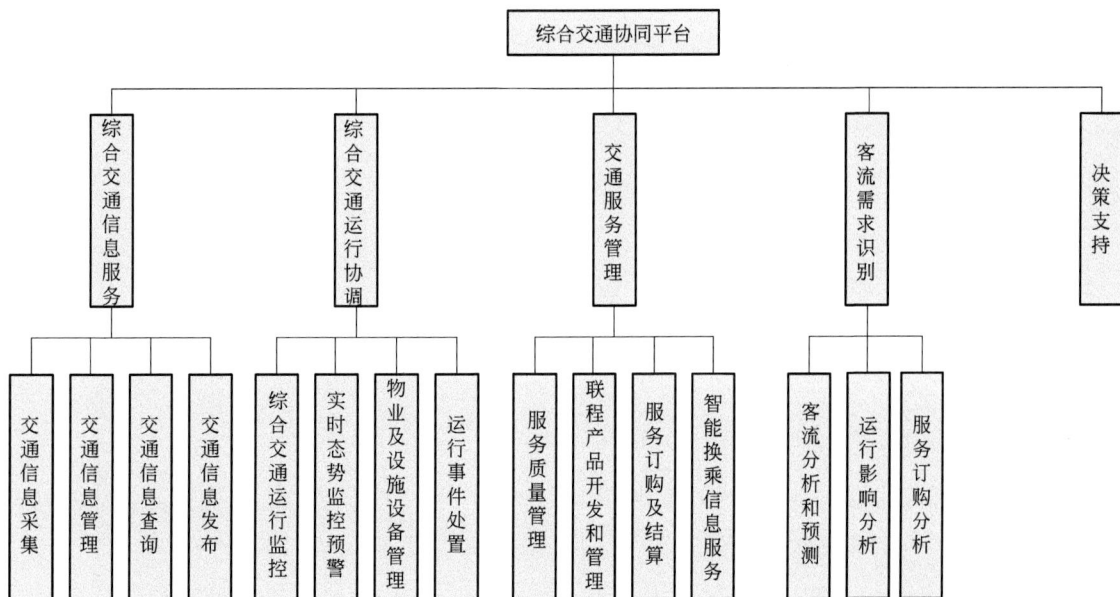

图 10-21 综合交通协同管理平台组成示例

10.6.2 平台设计关键点

1. 数据库

需要为本系统（平台）设计专门的交通运行管理数据库HODB，对此数据库有如下要求：

1）数据需求

通过建设HODB（综合交通枢纽数据库），完成数据的关联分析和存储。HODB是整个系统的核心，它存储那些对交通枢纽每日运营至关重要的所有数据，至少包括班次数据、运量数据、旅客数据、规则数据、运营数据、基础数据和历史数据等。HODB需要适应多交通方式的枢纽运行模式，必须满足系统的数据需求，尤其在数据结构上要能方便地体现换乘模式下旅客流量的分析和预测。

2）处理需求

监测数据变更，根据业务规则定义要求，发送相应的数据报文，更新或通知各交通方式和应用系统。其主要目的是分发数据变更内容，同时就无效或错误变更对用户发出警告。可采用主动发布的方式，手动或定期自动向其他系统或指定系统发送数据。系统同时具备接收和处理其他系统向综合交通信息库发送的事件报文的能力。

2. 综合交通信息相关关键点

1）交通信息采集

通过对机场、地铁、快轨、铁路、公交、大巴、出租车等交通方式和路网交通状况运营数据采集，实现信息的共享、交换、存储。需要采集的数据至少包括航班信息、班次数据、运量数据、车位数据、旅客数据、运营数据、视频数据、设施设备数据、陆侧交通状况数据、交通流量、基础数据和历史数据等。将这些数据统一采集到平台层面，把原先分散的系统数据进行了统一的汇总。

2）交通信息管理

根据各子系统、其他平台系统的功能需求和它们之间的内在联系，对来自不同渠道、相互不一致的数据进行数据融合、析取、分析等处理；对于管理者而言，数据处理还包括对初始数据的再加工，即结合现有的经验和算法模型生成更高层次的决策支持信息。对不同数据类型采用不同的处理分析方法，主要包括数据抽取、数据挖掘、数据融合和统计分析等。将上述信息数据提交相应功能模块处理，并将数据信息保存到数据库中。

3）交通信息查询

实现交通各种信息的查询，查询界面要体现各交通方式的换乘关系、换乘效率等。

4）交通信息发布

信息发布主要是指系统通过网络向各种媒介发布数据信息的过程，这些信息包括静态交通信息、动态交通信息、文本信息和控制指令等。同时，相关动静态交通信息也可以通过ESB对外发布，实现交通信息资源共享等。

3. 交通方式智能管理相关关键点

1）规则管理

根据航班保障和旅客服务过程中制定的各种人流疏导、出行引导、交通调度规则建立规则信息库，实现规则的存储、编辑、执行、权限、版本、日志管理。

2）交通优选管理

根据各个交通方式的班次信息、航班到达时间为用户提供目的地、乘坐方式、路线、到达时间等条件的信息查询，并可按照需求增加、变更、删除推荐条件。

3）最优换乘方案处理引擎

通过收集各种查询条件，建立索引数据库的换乘方式引擎。当用户查找某个关键词的时候，所有在页面内容中包含了该关键词的换乘方式都将作为搜索结果被搜出来。在经过相应规则进行排序后，这些结果将按照与搜索关键词的相关度高低，依次排列。根据优化程度，获得相应的名次，推荐最优的换乘方式。

4）推荐交通方式信息发布

从系统获取的推荐方式通过分布在枢纽区域的自助服务终端和公众移动终端进行发布。为旅客提供各种交通方式的相关运营信息显示，以及提供快捷简便的交通信息导航与服务；为管理者提供高效准确的不同交通方式的运营数据，以最大限度提高运行效能。

4. 智能调度协调管理相关关键点

1）交通运量采集

交通运行管理系统通过与各交通方式运营系统的接口把各交通方式的运营信息等统一采集到平台层面，把原先分散的系统数据进行了统一的汇总。汇总的运量信息包括机场、地铁、铁路、大巴、出租车、公交车的运量及班次信息，停车场的车位信息、交委市政的路网交通信息等，通过运量信息的汇总，为旅客的疏导和协调指挥调度提供运量数据支撑。

2）旅客流量预测

综合航班信息、视频人流统计信息、主要出入口人流量采集信息、空中管制、天气预报等信息建立各种预测模型实现对到港旅客、出港旅客流量进行预测，并根据预测的旅客流量按照运营经验和相应规则估算各个交通方式的运量需求。

3）旅客流量采集

旅客流量采集功能可汇总采集当日的航班信息、安防视频监控系统提供的各个主要出入口的人流统计信息、各个交通方式提供的旅客流量信息，实现旅客流量的准确统计。

4）交通流量预测预警

对收集处理的交通流量信息进行展示和提醒，并形成预测预警信息，以便提前采取适当处理措施。基于预测算法，对可能出现的异常情况，如人流的过多聚集等进行提前预警，帮助管理人员能够在发生问题前提前进行协调处置。极大地提高了各交通方式全面协同运行的可行性，并为整个机场的协同运行提供了可能。通过综合交通信息服务可获取当前的运营状况，及时地调整运营，并通过配合工作人员的协调指挥，将整个枢纽交通区域的运营效率最大化，旅客的行程最优化。

5）调度协调管理

是实现交通枢纽运营一体化的核心，通过全面获取各交通方式信息，根据交通换乘模式和历史库对交通流量进行预测，从而辅助决策。工作人员能基于系统全面、实时、准确地掌握交通枢纽内的各种信息，应具备多扇区、多维度的综合业务数据与图形查询能力。

应配置消息部件，提供与各交通方式信息发布与协调沟通的重要手段，满足他们之间流畅协调和高效运营的要求。

通过对文本信息、视频信息及突发事件态势的监视，使调度员能够及时全面地掌握枢纽运营状态。根据枢纽运营情况协调枢纽内各运营主体的运营安排，包括语音和数据两种沟通方式。

系统管理人员通过对各交通方式的运营情况的实时监视与管理，全面掌握整个交通枢纽的运营情况，可以根据当前的实际运营情况，做出最符合实际的决策及调度，实现机场与相关交通方式的协同运行，极大地提高了运营效率，方便了旅客出行，提高机场整体管理水平。

应设置多种应急指挥预案，在突发事件等紧急状态下，根据紧急预案可以直接向各交通方式的运营主体发布指挥调度命令。比如，当发现某种交通方式出现大量旅客滞留，或者排队时间过长的情况，根据整个枢纽的运行情况，进行统一的应急指挥，及时发布疏导信息进行交通引导，或者安排现场工作人员进行疏导，并对其他相关运行主体发布统一调度指令。

5. 事件管理相关关键点

1）规则管理

通过规则管理定义事件的类型、事件处理的优先级、事件到事故的转换、事件的预警规则、事件的事后评价规则等。事件类型分类，能够区分事件类型所对应的各种处理流程，并易于识别和调阅，为应对工作提供基础。

2）预警事件管理

根据定义的事件预警规则，系统自动分析相关数据，触发相应事件和触发定义的事件工作流程。系统也通过监控事件，如果估计事件不能得到及时处理或以当前定义的事件处理流程无法处理，则进行事件预警。

3）事件记录管理

工作人员可以人工录入相应事件并启动事件处理流程。系统应提供多种模板对应不同的事件类型。

4）事件追踪监控管理

事件追踪监控管理的主要目的是使机场用户能够对各种事件加以管理。包括对事件的关键信息进行日志记录，以及事件的开始时间，自动联系相关人员以采取必要行动等。

5）事件处理管理

事件处理管理完成事件的终止操作，此后可以完成事件分析及评价。事件处理管理需要保留事件的有效记录以便能够有效地权衡并改进业务处理模式或流程，形成事件处理知识库。

6）事件分析及评价

事件处理完成后完成事件的分析及评价，系统可以针对某一种类型事件或某时段发送的事件等多种维度进行分析评价。

6. 查询统计相关关键点

1）查询

此处的查询指即席查询，因为决策的需求是随时变化的，有时需要很快了解业务的情况。系统使用人员无需了解数据库和SQL的复杂性，只需按业务逻辑规则，即可快速简洁地定义查询需求，系统自动完成连接操作、条件定义等复杂的SQL定义操作。查询提供各种向导式界面、图形查询生成器、提示窗口等，通过简单的鼠标拖拉操作即可实现即席查询、报告生成、图表生成、深入分析和发布等功能。

2）统计

基于HODB，通过多样化的查询统计展示工具，实现对数据的统计。系统主要功能是报表的存储、打印、查询功能。图表类型包括但不限于各种饼图、条形图、柱状图、折线图等。系统允许用户产生特定报表，报表提供数据导出功能，使得数据可以用办公软件如Excel和Word打开。

7. 系统管理

系统管理包括日志管理、用户管理、权限管理、配置管理、系统监控。

10.7　综合交通信息显示系统

综合交通信息显示系统，提供交通信息的综合显示功能，各交通方式的运行班次信息、市政交通路况信息，具备交互式查询能力。综合交通信息显示系统是一套通过集中平台统一采集、存储控制、发布班次信息、公告、公共信息，按旅客流程和交通中心各个区域的功能设置分布控制信息显示的系统。

综合交通信息显示系统满足厦门新机场的业务要求，适应综合交通格局的一体化管理、分区显示的要求，提供合理的各交通方式班次业务处理流程和信息，适应综合交通枢纽运行的要求。

采用成熟、先进的四层/三层分布式处理结构，系统分为用户层、服务层、数据层、接口层四个层次：

（1）用户层：主要指显示驱动单元。将数据融合到显示样式中，生成显示内容并驱动显示设备进行显示。

（2）应用服务层：应用服务层是采用多个软件进程组成，对各种业务逻辑数据进行处理和分发。应用层是信息显示系统的处理中心，把符合业务需求的数据分发给第三层。

（3）数据层：与本系统相关的静态数据和动态数据存储单元。

（4）接口层：通过生产运行协同平台、综合交通协同平台、智能停车场管理系统接口、时钟系统接口进行数据交换。

系统功能框图如图10-22所示。

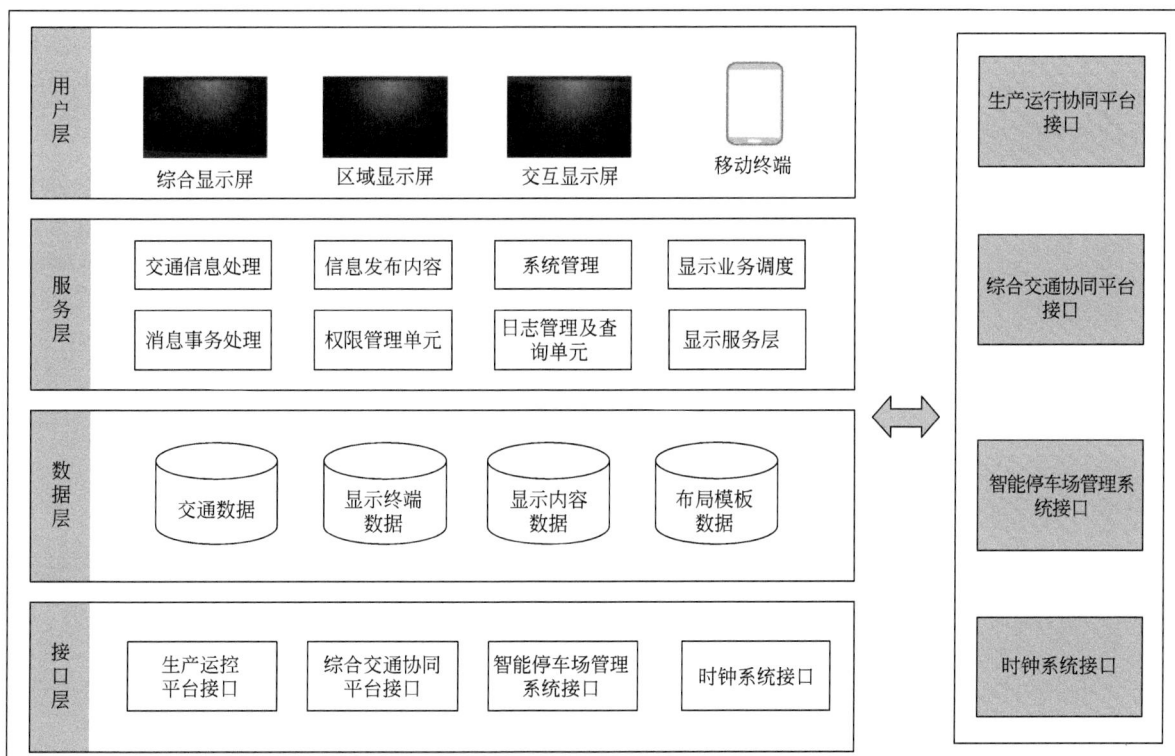

图 10-22　系统功能框图示例

系统设计关键点：综合交通信息显示系统应具备与机场其他业务系统进行信息交换的标准化接口及必要的专用接口。综合交通信息显示系统数据接口的基本要求包括但不限于：可靠，能保证各种消息能正确无误接收和发送；具有高效的消息处理、转发能力。具有完备的容错能力；消息传送过程中，不得堵塞。具有完备日志功能，便于检索、跟踪和查错；具备完善的接口故障恢复功能。

接口设计关键点如下：

（1）与生产运行协同平台接口。从生产运行协同平台获取相关航班信息及客流信息。

（2）与综合交通协同平台接口。从综合交通协同平台获取相关综合交通信息。

（3）与智能停车场管理系统接口。从智能停车场管理系统获取相关停车场空位数据。

（4）与时钟系统接口。从时钟系统获取相关时间同步信息。

综合交通信息发布示例如图10-23所示。

图 10-23　综合交通信息发布示例

10.8　出租车蓄车场调度系统

10.8.1　系统概述

系统通过对文本信息、视频信息及出租车场内态势的监视，使调度员能够及时全面地掌握蓄车场状况。根据旅客流量和蓄车场容量协调出租车进出场安排，协调调度采用语音和数据两种沟通方式。

系统管理人员通过对蓄车场的排队状况的实时监视与管理，全面掌握整个蓄车场的运营情况，可以根据当前的实际出租车排队状况，做出最符合实际的决策及调度，实现出租车数量与旅客流量的协同运行。

出租车蓄车场调度系统主要包括排队管理、计数管理、信息发布功能。

10.8.2　需求分析

出租车调度疏导是实现交通运营的一项重要功能，原调度方式为人工调度，效率低，速度慢，而且难以进行出租车调度的信息化管理和服务水平的提升。现通过平台化管理，引入智能调度系统，提高调度效率。同时可对调度需求、调度流水及出租车服务质量进行管控。

调度系统的设计，首先是确认区域的分配，即项目需要先区分调度场进行排队，然后是接客区，出租车进出调度场以及出租车紧急离开通道等。

10.8.3 关注点

1）先进性

采用先进的技术和产品，使系统设计具有一定前瞻性，以适应信息技术的不断更新。

2）实用性和经济性

在功能齐全的前提下，保证操作方便简单，设计灵活实用。采用最简单的架构、最少的投资来达到业务目标。

3）标准化和开放性

设计应该符合信息行业和本行业的标准，系统内部数据采用标准的格式，系统构架采用标准开放的应用框架和组件结构。

4）集成性

充分考虑不同系统的集成，利用信息门户和应用门户实现系统界面、业务逻辑、数据的集成，采用标准的接口进行系统间的数据交换，实现数据共享。

5）安全性和保密性

利用安全技术，如分级用户权限设定等措施，确保系统的安全性，系统必须能够避免恶意地破坏数据，以及未授权的数据访问。

6）可靠性

可提供硬件层面和应用层面的容错机制，避免重大系统故障的发生，降低故障的损失风险。

7）可扩展性

系统结构需要尽量组件化，组件之间的接口要尽量简单、清晰，便于今后系统的扩展，也便于和其他系统互操作。

8）可维护性

系统应提供维护工具，使用户能方便地对系统参数进行维护和配置；配置数据应该集中，使用户不需要进行多处配置。

9）可用性和兼容性

通过采用合理的数据采集技术，尽量减少对业务系统的性能影响，避免造成业务系统故障或性能下降。

10.8.4 功能要求

（1）排队区出口（普通出租车，电召出租车）严出，受调度系统控制，有需求时才会放行，从对应类型排队车道口出的车辆只允许在调度场对应的出口放行。

（2）接客区进口（普通出租车，电召出租车）严进，受调度系统控制，从对应调度场出口放行的车辆才能进入对应的接客区入口。

（3）出租车按具体排队系统的车道排队，消除场内抢位问题。

（4）调度场每条车道都配以红绿灯标识，引导规范进入对应车道停车。

（5）接客区设定固定容量，系统自动派遣对应容量的需求车辆。

（6）接客区出场通道根据出场车辆车牌号核减对应区域的容量并新增一个需求。

（7）POS机手动输入接客区需求数量，调度区出口自动放行对应需求数量的车辆。

（8）排队区每条车道容量可配置，全部出入口道闸可自动计数，开闸后放行对应车道容量数量的车后自动落闸。

（9）排队车道可人工在管理系统按顺序手动控制开关闸。

（10）排队车道自动轮询模式可配置，开闸后放行对应车道容量数量的车后自动落闸，下一个顺序车道自动开闸。

（11）排队车道出口延时时间可配置，配置后，自动轮询模式下，轮到该出口时会等待延时时间后再开闸。

（12）系统设定短途车的有效时间以及短途车一天内允许进出最大次数。

（13）车辆从接客区出去后，在有效时间内可再次进入接客区对应区域，无需重新排队。

（14）系统支持手动和自动两种调度方式。

10.8.5 管理要求

系统管理要求包括：系统管理、进出管理、报表管理、调度管理、排队管理。

出租车排队情况总览界面如图10-24所示。

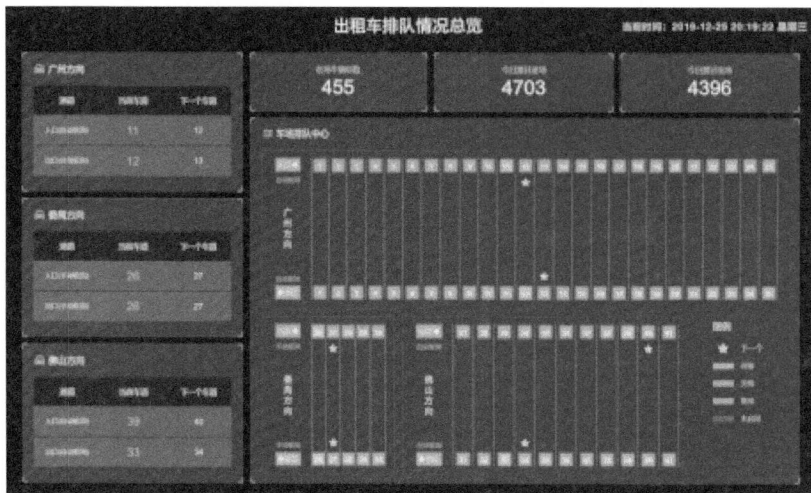

图 10-24 出租车排队情况

10.8.6 出租车调度流程

（1）进场时车牌识别。

（2）司机到排队区域等候，车辆根据车道入口的指示进入排队，车道的排队轮询受排队系统控制，实现先进先出。

（3）根据出租车类型（普通出租车，电召出租车）在指定出口离开排队区，排队车道到出口处要做物理隔离，普通出租车和电召出租车隔离前往接客区。

（4）未经过排队区的出租车无法进入接客区。

（5）系统自动派遣对应容量的需求车辆。

（6）接客区出场通道根据出场车辆车牌号核减对应区域的容量并新增一个需求。

10.9 智慧停车场管理系统

智慧车库包括车辆出入管理和停车引导及反向寻车两部分。

10.9.1 车辆出入管理

1. 系统组成

系统由管理服务器、图像服务器、管理计算机、图像对比系统、入口设备、出口设备、收费终端等设备组成。同时为方便入场停车引导，在入口处设LED大屏，显示场内车位情况、航班信息、车场地图信息、公告提示信息和部分广告信息等，如图10-25所示。

在停车场出入口车道设置一体式控制机，集成控制机、道闸、车牌识别高清摄像机、补光灯、信息显示屏、停车场收费软件等子模块，每个车道部署一台一体式智能道闸，即可实现视频识别出入口功能。一体式控制机具备与停车场管理软件通信的能力，所有一体式控制主机均连入停车场管理网络中，实现出入口所有相关数据的实时同步与交互。停车场出入口设备通过TCP/IP协议与管理中心通信。

图10-25 车辆出入管理

2. 关键技术把控

（1）视频出入口管理：出入口安装一体化智能闸机，当车辆到达入口时，通过系统车辆检测器自动触发摄像机拍摄车辆图像，并通过软件对图像进行数字识别处理，提取车牌号，并进行存储。当车辆到达出口时，系统同样对车辆进行抓拍和数字识别处理，并自动与入场时的车牌号进行对比，对比一致准许放行。

（2）停车收费管理：系统可通过多种方式进行收费管理。可在出口设置岗亭进行出口收费；可在停车场内布置自助缴费机，车主通过在自助缴费机提前缴费或者移动终端通过微信、支付宝或者手机APP提前完成缴费；出口识别后可以直接离场。中央管理系统还可以通过与机场POS系统的接口，实现在停车场收费终端上的银行卡缴费功能。

（3）车辆进出分析：根据系统保存的进出记录，可以对车辆进出口效率和停车场运营效率进行分析，提升停车场综合效益。

（4）设备在线监测：对设备运行状态进行实时监测，支持故障报警。

（5）车主分类管理：针对临时/月租/VIP客户进行分类管理。

3. 系统接口

系统服务器通过与机场数据库的接口，接收时钟信号，自动为本系统校时；接收航班信息，为出入口的开闭和人员安排提供依据；上传停车场收费信息给机场财务中心；上传停车场业务统计信息给相关主管部门；通过与POS系统接口，获取银行卡收费过程中的客户认证信息。

10.9.2　车位引导及反向寻车

车位引导及反向寻车系统利用视频探测器对车牌信息、车位状态进行识别和采集。本系统的设备运行状态、车位占用状态、车辆停放位置等信息均上传至视频车位引导及反向寻车系统平台，平台再将数据实时下发至信息引导屏，告知车主各区域的剩余车位数量，进行车位引导。车主需要驱车离开时，只需要到寻车查询机上进行查询，即可知道车辆停放位置，并按照所显示的地图路线查找，就可以快速找到车辆离开。

1. 系统组成

视频车位引导及反向寻车系统由：前端视频车位探测器、信息引导屏（户外入口信息显示屏和室内车位信息显示屏）、寻车查询机、局域网络以及后台中心组成。

2. 关键技术把控

（1）车道中心线上方安装视频探测器，可采集车位出具信息。一个视频探测器监测1/2/3/4/6个车位，并对车位车辆进行车牌抓拍，再对图像进行分析，将分析后的数据通过网络传输到系统服务器进行统一管理，如图10-26所示。

图 10-26　车位管理

（2）服务器对视频探测器上传上来的车位信息管理分配，并将实时空车位信息发布到室内信息屏和出入口信息屏，引导驾驶者便捷停车。

（3）在停车场内所有岔路口设信息引导屏，方便车主快捷便利地停车。

（4）在停车场人行入口处设置寻车查询机，车主取车时，通过查询及输入车牌号的方式进行查询，寻车查询机连接后台数据中心进行数据同步，显示顾客停车位置及车辆图片，并提供抵达停车位置的最优路线，引导顾客快速的找到自己的车。

（5）开发APP或小程序，实现蓝牙导航找车，如图10-27所示。

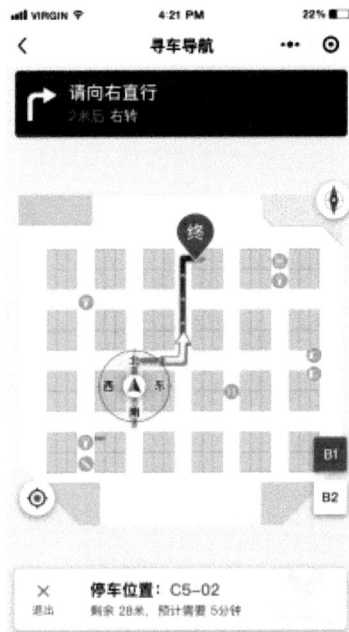

图 10-27　蓝牙导航界面

第11章　智慧服务

11.1　机场智慧服务关注点

智慧服务面向旅客，主要关注旅客搭乘飞机的流程是否顺畅、在机场内的体验是否舒畅、旅客获得需求信息的便利程度等。

11.2　离港系统

11.2.1　系统概述

离港控制系统是航空公司及其代理、机场地面服务人员在处理旅客登机过程中，用来保证旅客顺利、高效地办理乘机手续（值机），轻松地使旅客登机，保证航班正点安全起飞的一个面向用户的实时的计算机事务处理系统。

11.2.2　系统组成

1. 公共用户旅客处理系统（CUPPS）

提供一个共用语言环境，并能支持航空公司各种离港终端应用，包括值机、登机、控制、配载等基本功能，移动值机、远程值机等特性功能，备份离港、离港航班控制应用等扩展功能。该系统部署在国际区域。

2. 公用用户自助服务（CUSS）

提供一个共用平台，允许不同的航空公司标准CUSS应用使用此共用平台。并提供触摸式旅客自助值机工作站，用于旅客本人交互式自助操作，办理值机手续，实现对电子客票的支持。该系统部署在国际区域。

3. 机场国内离港系统

1）本地备份离港系统

在主机离港控制系统正常工作时，BDCS数据库中自动备份存储中航信离港主机有关旅客和航班的最新的离港数据，当无法正常使用主机离港控制系统时，使用最新的本地备份数据继续进行航班的值机和登机处理工作。

2）离港前端应用系统

为机场和航空公司人员提供一个图形化的用户界面，支持主机离港和备份离港操作，完成值机、登机、配载和控制等功能。该系统支持运行在CUPPS上。

双向隐藏式智能平开门技术关键及应用	表 10-2
技术关键	应用
隐藏式安装,可设置为双向或单向开启; 驱动装置、控制单元均悬挂于门框顶部,结构紧凑; 可实现感应、门禁、遥控等多种开门模式; 断电时保持自动门常开,确保人员逃生疏散; 通过 AI 技术和专用门禁控制器,可实现机器人通行,控制开门时间	室内非防火通道门、房门,便于人员、货物、机器人高效通行

2)常开防火自动门(图10-9、表10-3)

图 10-9 常开防火自动门

常开防火自动门技术关键及应用	表 10-3
技术关键	应用
控制部分接入门禁管理平台,可远程或现场设置自动门开、关门的时间,便于高效通行管理; 与消防系统联动,火灾报警时常开门会自动关闭; 断电情况下,机组会提供自动关闭的弹簧力,确保门的关闭及人员逃生疏散; 适用于单扇或双扇门,双扇门可自动顺位; 自动门应通过中国国家标准《防火门》GB 12955—2008 检测	适用于常开防火门; 适用于需要定时开启、关闭的防火或非防火门

3)残卫、母婴室自动门(图10-10、表10-4)

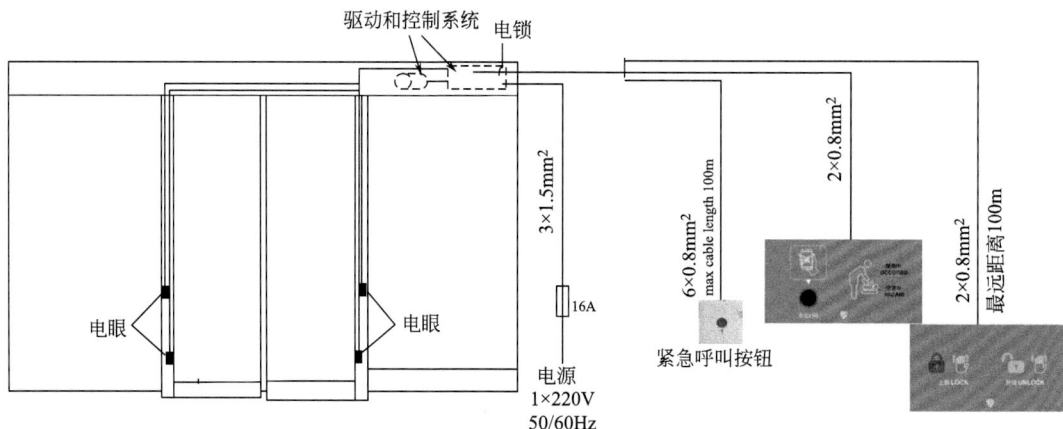

图 10-10　残卫、母婴室自动门

残卫、母婴室自动门技术关键及应用	表 10-4
技术关键	应用
自动门通过门禁平台管理。 使用者可现场通过手机扫二维码进入，信息登录到门禁管理平台。避免非正当用途进入公共设施的风险。 紧急情况下使用者呼叫，管理平台可远程解锁、开门	残疾人卫生间 母婴室

6. 闸机门禁访客、派梯、非接触梯控

1）闸机门禁访客（图10-11）

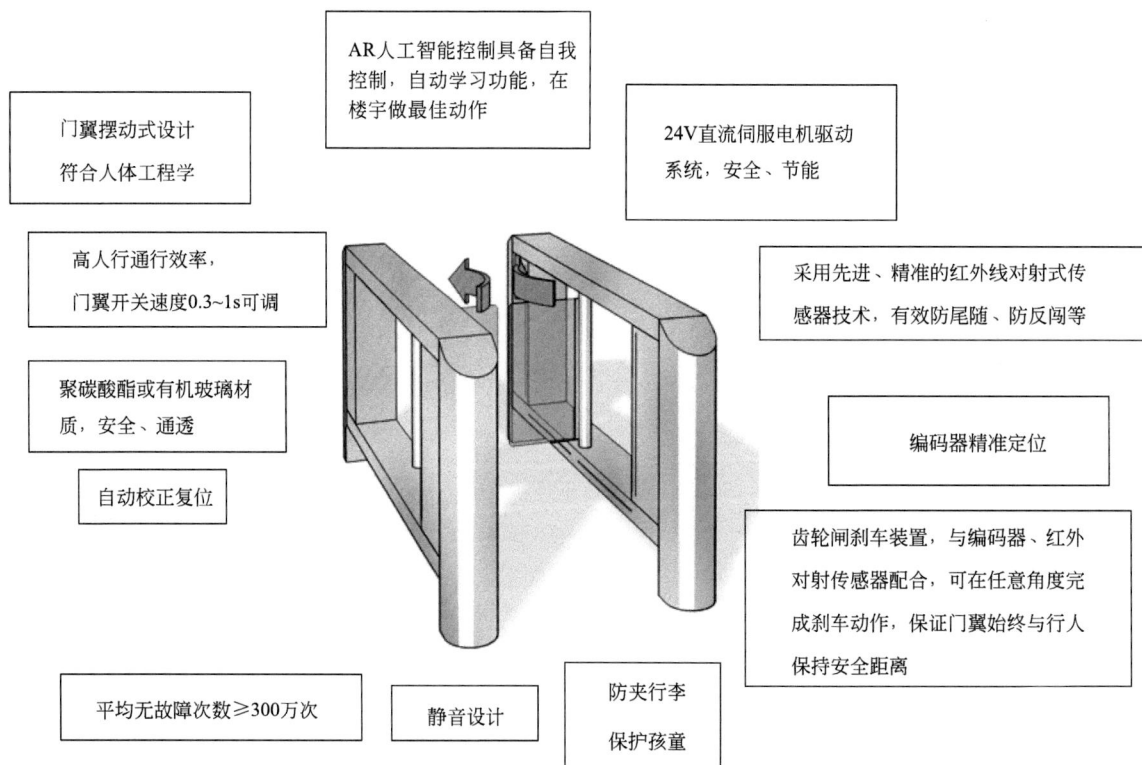

图 10-11　闸机门禁访客

4. 国内自助值机应用

提供触摸式旅客自助柜机Kiosk，为机场提供基于中航信主机的多航空公司共用自助值机系统，用于旅客交互式自助操作值机，达到提高旅客离港处理效率、节约运营成本、提高服务质量的目的。该系统支持运行在CUSS上。

5. 国内自助行李托运应用

自助行李托运是离港控制系统的功能延伸，通过提供触摸式自助行李托运设备，为机场提供基于中航信主机的多航空公司共用自助行李托运系统，用于旅客交互式操作，办理值机手续、行李称重、行李检查等，达到提高旅客离港处理效率、节约运营成本、提高服务质量的目的。

6. 国内自助登机验证应用

自助登机验证是离港控制系统的功能延伸，通过提供自助通道闸机设备，为机场提供基于中航信主机的多航空公司共用自助登机验证系统，用于旅客登机验证，达到提高旅客离港处理效率、节约运营成本、提高服务质量的目的。

7. 离港系统集成平台

1）航班控制应用软件

航班控制应用软件安装在值机柜台/登机口柜台离港终端上，值机/登机工作人员通过操作FCS，实现对FIDS和PA的现场控制操作。

该系统部署在国内/国际区域，同时支持运行在CUPPS上。

2）离港控制系统接口

一方面为BHS提供离港主机行李报文转发服务；另一方面提供一个DCS信息接口平台，传递和接收航班和旅客相关信息。

3）中转服务管理系统

根据旅客数据和实时航班数据，为机场中转服务部门提供实时监控中转衔接航班的手段，并提供相应的统计和打印功能。

4）离港系统管理

系统管理支持对机场运营航班的数据查询和统计，支持对Kiosk、行李牌联动打印设备等终端管理。

8. 旅客自助系统

随着客流量的逐渐增长，机场需要重视旅客体验，满足旅客简便出行的需求，因而旅客自助服务成为首要选择。目前国内最常见的自助服务是自助值机，国内机场也开始逐步配备自助的行李托运，在信息查询和提供方面也可以通过自助信息查询和寻路系统，来提供全面的旅客信息、路线和设施查询服务。在配备自助服务前，需要对旅客做出细分，确定旅客的实际需求和数量预估，然后结合航站楼设计与功能划分，在关键流程点上配备相应的自助服务设施。

旅客自助系统包含了旅客自助值机、自助登机、自助通关、自助信息查询等。

旅客通用自助服务系统 CUSS 提供一个共用平台，允许不同的航空公司标准CUSS 应用使用此共用平台，并提供触摸式旅客自助值机和行李托运工作站，用于旅客本人交互式自助操作，办理值机手续、行李标签打印和托运。

自助登机是离港系统中的登机控制模块的逻辑延伸。旅客通过使用设置在登机口的闸机，扫描纸质登机牌或者电子二维码登机牌，办理登机手续。

自助信息查询和寻路系统是用于查询航班信息、机场设施和步行路线的交互式信息查询与寻路终端。有三种方式来获取信息：

人工帮助的信息亭：信息亭通过视频（连接到客服）和旅客互动，旅客可以上传扫描文件、提问，然后得到问题的答案、然后打印出来。未来人工服务流程也可以被人工智能替代。

自助服务的信息亭：旅客提交问寻路需求，信息亭显示并打印结果。查询结果可以存储在条码或者二维码中，旅客在下一个信息亭中扫描该条码或二维码，就能得到更新的线路指示。

手机信息获取：可以使用手机扫描二维码或条码来获取已经保存在条码内的信息；或者使用手机上的应用，来提供旅客查询信息、寻路的服务。

11.3 自助行李托运

11.3.1 系统概述

自助行李托运系统是离港控制系统的子系统，系统通过信息化技术手段完成传统值机柜台专职办票和行李托运的人员工作。提供旅客自助终端，为机场提供基于中航信主机的多航空公司共用自助行李托运服务，用于旅客交互式自助操作值机，达到提高旅客离港处理效率、节约运营成本、提高服务质量的目的。

11.3.2 系统设计关键点

系统设备分为一站式和两站式。

通过在值机柜台加装支架式行李托运设备实现一站式自助行李托运，通过对自助值CUSS设备改造实现两站式自助行李托运。

系统由传统离港值机和行李处理两部分组成，它在传统值机系统基础上增加自助行李投放功能。旅客完成传统的选座位、打印登机牌后，选择需要托运的行李件数，行李系统自动打印出 RFID/条码行李标签，旅客自行将标签挂于自己的行李上，然后根据系统提示放入到行李投放传输机上，然后行李处理系统对行李尺寸、行李标签、重量进行自动检测，并将结果返回给值机应用软件系统。值机应用软件根据离港系统数据查询该旅客允许携带行李标准信息，并判断是否允许托运该件行李，最后值机应用系统发送指令给行李处理系统，据此自动控制传输机完成行李的接收或拒绝，行李接收后系统自动打印行李提取标签，旅客将它贴在登机牌上。

1. 数据管理

1）数据获取

本系统数据获取分为内部数据和外部数据两部分：

（1）内部数据，包括但不限于：

设备状态数据：设备运行状态数据；

设备参数数据：设备参数设置数据；

证件读取数据：通过外设获取的人员信息，识别方式含身份证、纸质和电子登机牌、护照、外国人长期居住证等；

人脸图像数据：通过抓拍摄像机获取的旅客肖像数据；

日志数据：系统运行情况、报警、配置、修改等数据。

（2）外部数据，包括但不限于：

信息集成系统：系统从信息集成系统获取航班信息、资源分配等数据；

离港系统：系统从离港系统获取旅客信息验证数据；

安检信息系统：将旅客值机和托运行李数据发送至安检信息系统；

聚合支付系统：对接第三方聚合支付系统，实现超重行李托运付费功能；

行李系统：由行李系统提供控制接口，本系统联动行李传送带滚动；

机场证卡系统：系统从机场证卡系统获取工作人员身份数据。

2）数据流程

一站式行李托运数据流程：扫描证件获取旅客身份信息发送离港系统验证→离港系统返回旅客购票信息→旅客输入选座及确认信息发送离港系统→离港系统确认旅客值机状态→确认旅客办理行李托运→采集旅客人脸信息→检测旅客行李信息（如行李形状、重量等）→验证旅客支付信息→生成行李条数据并打印→行李条数据激活→发信息至行李传输系统→提交离港系统记录。

单独自助行李托运数据流程：确认旅客办理行李托运→扫描旅客登机牌信息→采集旅客人脸信息→检测旅客行李信息（如行李形状、重量等）→验证旅客支付信息→生成行李条数据并打印→行李条数据激活→发信息至行李传输系统→提交离港系统记录。

3）业务流程

回滚流程：若旅客取消自助托运，已打印的行李条将作废并回滚行李筐。

人脸采集：设备通过摄像机无感采集旅客人脸信息并保存。

异地开包授权：需要获得旅客异地开包授权，旅客需要在屏幕上选择授权许可，必须输入手机号。若旅客未授权，屏幕提示对应信息并退出。

筐检测：在本次自助行李托运系统中托运行李必须装筐。若检测到未装筐行李，退回行李并由屏幕提示装筐信息，等待旅客将行李装筐，再次放入传送带上。

合规检测：包括活体检测、干扰检测、外观检测等。

① 活体检测：设备能检测行李中是否存在任何活体，如人、动物等。一旦检测到行李中存在有活体，系统设备将立即取消当前操作，退回行李筐并告警（闪灯、声音警报等），由屏幕提示对应告警信息，并自动返回到行李牌读取界面。

② 外观检测：设备能检测行李的外观（大小、形状等），对不符合的行李，系统设备立即取消当前操作，退回行李筐并告警（闪灯、声音警报等），由屏幕提示对应告警信息，并自动返回到行李牌的读取界面。

③ 干扰检测：设备能检测到"干扰行为"，即任何形式的干扰保护区域的行为和物体。"干扰行为"指：肢体/物体触碰行李；任何物体/肢体进入托运区域；旅客投掷物品，人员入侵通道内等。一旦检测到侵入行为，系统设备立即取消当前操作，退回行李筐并告警（闪灯、声音警报等），由屏幕提示对应告警信息，并自动返回到行李牌的读取界面。

行李缓存：行李自助托运设备借助现有两节传送带可做到缓存一件行李，因此设备最多能托运两件行李。将第一件行李传送至第二节传送带上缓存，待旅客确认完成托运后，将一件或两件行李传送至行李系统传输。

行李条激活：在旅客确认完后自助行李托运业务后且行李系统开始传送时，激活行李条并将数据发送至离港系统记录。

4）联动规则

与两节皮带联动：行李自助托运设备与两节传输皮带联动。一旦旅客取消自助托运或托运设备异常报警（如行李未装筐、合规检测未通过、取消支付等），传输皮带将控制行李回传输退出；

与称重设备联动：行李自助托运设备与称重设备联动。称重过后的超重支付走称重支付业务流程；

与行李系统联动：在旅客确认完后自助行李托运业务后，自助行李托运系统发送传送信息至行李系统，行李系统传送旅客托运行李。

2. 设备管理

1）设备实时监控

自助行李托运设备集成旅客行李托运所需的各种外设，包括二代身份证阅读器、护照阅读器、登机牌阅读器（支持一维码和二维码）、打印机、人脸比对摄像机、内嵌LCD触摸屏。

自助行李托运系统通过设备状态展示，从而实现设备状态实时监控，对设备发生的各类情况进行展示、报警、处理、记录。

2）设备异常报警

自助行李托运系统能够展示各类报警事件并分类记录，包括但不限于设备运行状态报警、数据读取错误报警、业务办理错误报警、行李检测错误报警等。

3. 系统管理

1）值班身份管理

工作人员通过输入对应的账户和密码登录行李托运设备终端，账户和密码绑定员工身份信息，以此判别值班人员身份信息。

2）日志管理

自动生成日志文件，当系统出现问题时，管理员可以通过日志文件确定系统当前运行状态或追踪特定事件的相关数据。对所有关键的用户操作行为和消息内容进行日志记录，能记录数据的输入、输出、修改、删除，以及执行这些操作的时间、用户等，并提供日志即时查看功能。

3）权限管理

系统可针对不同用户分配不同等级的系统控制权限，并对权限的发放与回收进行记录。包括但不限于以下权限：系统设置与维护权限、设备开启与关闭权限、系统信息统计与查询权限、系统日志管理权限。

4）系统远程设置

系统后台设置图形化界面，在图形化界面中标注设备安装位置和编号，操作员通过鼠标点选能够弹窗显示并设置所选设备信息，包括但不限于：设备编号、运行状态、参数配置等。

4. 查询统计

1）查询

查询提供各种向导式界面、图形查询生成器、提示窗口等，通过简单的鼠标拖拉操作即可实现即席查询、报告生成、图表生成、深入分析和发布等功能。

系统使用人员只需按业务逻辑规则，即可快速简洁地定义查询需求，系统自动完成连接操作、条件定义等复杂的SQL定义操作。

2）统计

通过多样化的查询统计展示工具，实现对数据的统计。系统主要功能是报表的存储、打印、查询功能。系统允许用户产生特定报表，报表提供数据导出功能，使得数据可以用办公软件如Excel和Word打开。

11.4 行李跟踪系统

将RFID 芯片植入行李条，让行李去向一目了然。行李跟踪系统将 RFID 技术、条码技术、无线通信技术、互联网技术和计算机信息系统有机结合在一起，为用户提供了全新、透明、可视、实时、互动、形象化的行李追踪查询及管理要求，如图11-1所示。

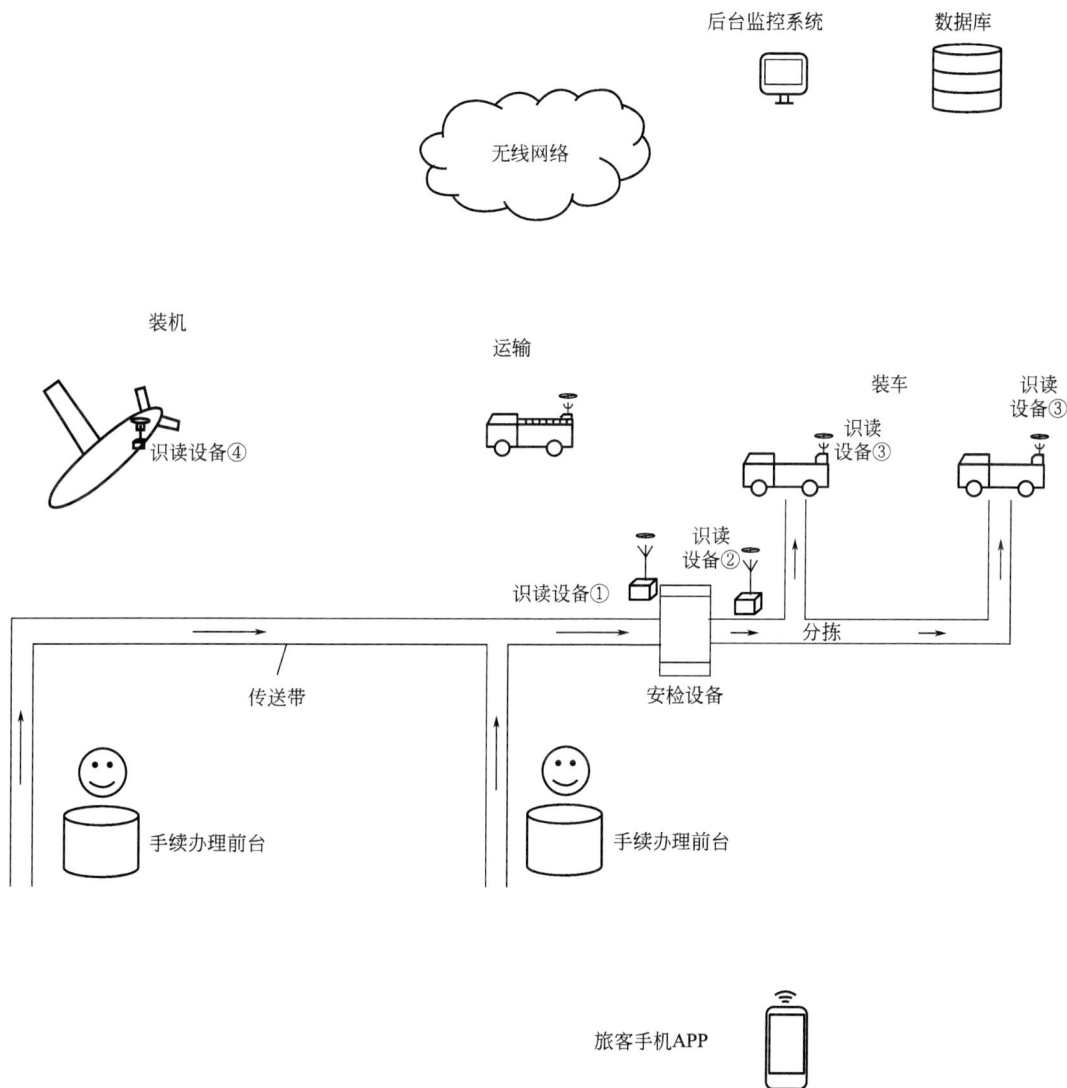

图 11-1　始发离港行李全程跟踪系统流程示例

行李跟踪系统通过与离港控制系统、外航空公司的接口获取行李交运的相关数据信息，通过 RFID 识别或 1D/2D 行李条码扫描获取行李信息，提供进出港行李各个环节的处理、行李运行监控、行李全流程跟踪为核心的功能。

系统采用 B/S +移动 APP 架构，主要包含但不限定有数据采集、行李状态跟踪管理、行李再确认管理、系统报警、统计查询及系统管理几大功能模块。

11.4.1 设计关键点

1. 行李处理

1）行李收运

在行李完成托运时采集行李的照片，完成行李照片与行李编码的绑定。

2）行李分拣

在行李分拣区域，工作人员通过设备对行李牌进行识别，获取该件行李及旅客的详细信息。

通过与本行李滑槽的航班信息进行比对，判断该件行李是否属于本航班，进行行李与航班的匹配确认，可以验证行李的准确性，提示错装、漏装、少装等信息，指导分拣员快速处理。

将行李、旅客信息与行李拖车、装载箱标识号进行匹配，应用装载策略确定行李是否可以装载，是否满足装箱、装车条件，如条件满足则进行装箱、装车，不满足则进行错误或拉下行李的处理。

将可装车箱行李进行装箱、装车，登记该行李的位置、数量等信息，便于后续的快速查找、定位。

3）行李交接

为分拣岗位与运输岗位交接环节提供电子交接方式，只需要勾选需要交接的板箱点击保存即可生成交接单，司机和分拣班长交接后在终端上进行电子签名，系统就可以记录交接的时间和签字信息。支持一个航班多个交接单据，可以使用移动终端对交接的板箱和行李进行识别验证，防止交接错板箱或拉错停机位等。

4）行李装机

在行李装机区域，通过设备对行李牌进行识别，获取该件行李及旅客的详细信息。

通过与航班信息进行比对，判断该件行李是否属于本航班，进行行李与航班的匹配确认。

根据行李、旅客信息、行李拖车、装载箱标识号、航班号及应用装载策略确定行李舱位是否正确。

将可装机行李进行装机，登记该行李的位置、数量等信息，便于后续的快速查找、定位。

5）行李卸机

通过设备对行李牌进行扫描，登记行李的状态和装车车号。扫描行李信息，发现错装行李并提示工作人员进行相应的处理

对VIP行李、中转行李、优先行李进行提示，以便工作人员注意行李码放位置，优先处理。

核对卸机行李与装机行李数量，发现多装、漏装、错装行李。

6）进港行李提取

工作人员通过手持智能终端，读取旅客行李上的行李牌，获取信息进行核对，完成行李提取登记。

7）破损行李处理

支持在任何一个环节对破损行李进行拍照、对破损情况进行登记，并启动响应的处理流程进行处理。

8）行李拉下处理

根据旅客信息或行李编码，快速提取行李装机信息，包括行李照片和行李装机时间，帮助工作人员判断行李装载位置，快速找到行李。

系统能够筛选条件（如可疑人员、未登机人员等信息）查询需要拉下的行李相关信息，包括航班

号、行李位置、行李数量等信息。

根据查询的信息迅速找到需要拉下的全部行李，并进行识别确认。对拉下的行李进行登记，更新机载或车载行李的信息。

对行李拖车、拖卡的识别号码进行识别，确认是否为装载该拉下行李，如满足条件进行装载，并确认装载位置及行李数量，便于行李定位和追踪。

对拉下行李所属旅客的信息进行登记，便于通过拉下行李对可疑人员的信息确认。

9）早晚到行李处理

设置在专门区域，对未分配转盘或容器的早到行李进行收容登记。

提供相应视图，在航班分配了容器时或其他用户定义的节点提示工作人员对行李进行处理。

设置在专门区域，对晚到行李进行收容登记。提供相应视图，提示工作人员及时处理。

10）中转行李处理

识别中转行李并进行提示，登记行李的状态。识别行李牌，获取行李中转航班信息。

根据行李、旅客信息、航班号及应用装载策略确定行李是否可以托运，如条件满足则进行托运，不满足则进行拉下行李的处理并通知旅客。

中转行李最终将放置到行李输送带上按照正常出港行李进行分拣。

11）速运行李处理

识别并识别速运行李。在各环节可对航班的速运行李数量汇总显示，查询速运行李明细。

12）登机口大件行李处理

能够对登机口卡大件行李信息进行登记，并将信息传递给其他岗位。

装卸人员能够及时准确地获取卡大件行李的件数和重量信息，进行正确装载。

2. 行李运行监控

1）行李保障运行监控

结合 GIS 地图，对行李工作区进行可视化呈现。对行李工作区的设备状态、当前处理的航班信息，各个转盘上的行李数量，处理效率，全天行李吞吐量的信息进行综合展示。

监控行李处理各环节效率，并进行可视化展示。

2）航班行李处理监控

以航班为单位，对该航班行李保障情况进行全流程全环节监控，进行可视化展现。展示的流程包括但不限于：出港行李流程、进港行李流程、中转行李流程。

能够对异常进行定义，对每一环节的异常情况进行监控报警。能够针对运行中的紧急情况进行预警和提示，例如：中转行李时间紧张或者即将错失的航班。行李部门工作人员可以根据预警提示及时作出决策和服务补救。

3）资源估算

能够获取进出港行李数量信息，对行李类型进行分析，估算需要人员、车辆数量，展示给工作人员。预留向其他系统提供资源估算数据的接口。

3. 行李全流程跟踪

对接第三方系统，提供行李全流程跟踪（本站、外站、中转站）。

支持对每件进出港行李进行跟踪，显示每件行李在各处理环节、位置信息。对于本场区域内的行李，支持通过 GIS 地图的方式显示行李实时所在的位置。

提供标准接口，向旅客运行平台、旅客体验系统及其他相关系统提供行李跟踪功能。

4. 行李辅助分拣

通过在行李分拣转盘入口架设扫描识别设备（支持 RFID 行李牌、1D/2D 行李牌），对行李进行识别，将行李信息和对应的外观照片显示在行李辅助分拣显示屏上，方便分拣员读取信息将行李搬运到正确的容器上。

以航班为单位显示行李的总件数，已分拣件数，各类行李数量等信息。本功能由行李系统建设。

5. 集装设备管理

对集装设备（BHE）包括集装器（ULD）和行李车的管理，系统支持对集装设备（BHE）的注册、分配、集装设备（BHE）单的打印，预先分配集装设备（BHE），通过集装设备（BHE）与行李的对应关系避免行李差错。支持航班不正常时的集装器（ULD）合并，行李的位置可被跟踪和记录。

6. 分拣转盘管理

能够设置行李分拣转盘的分配规则，支持固定分配及灵活分配模式，支持工作人员手工分配。能够设置进港行李转盘的分配规则，支持固定分配及灵活分配模式，支持工作人员手工分配。对接行李系统从行李系统获取转盘的工作状态，将行李分拣转盘的分配结果发送给行李系统。

7. 数据采集和共享

对接离港、航司获取出港行李信息。

对接外站、其他第三方系统获取进港行李在前站处理各环节信息。

提供统一行李跟踪服务接口，将系统内的数据共享给其他系统，实现行李全球跟踪。

8. 统计查询

支持用户进行广泛的查询、生成报告和数据分析，用户可以在预定义的报表中输入参数，查询行李相关的各类报表和指标。用户可将报表保存为特定格式，如 PDF、XLS 或 CSV、HTML、RTF 和文本格式。

常规查询宜包括以下几个主要方面：

（1）行李数据统计：本系统提供行李数据汇总统计。可按照行李属性进行统计，如所属航空公司、破损、超限、开包数等；也可按照时间进行统计，如按日、周、月、年统计行李数量等。

（2）人工工作量统计：本系统可提供员工工作量统计报表，如按日、周、月、年提供员工分拣件数量统计。

（3）行李状态查询：本系统可按照多种规则进行查询。至少包括状态查询，如传送中、开包中、已分拣、已装机、已接收等状态；数量查询，如已传送件数、未传送件数等；属性查询，如超规行李、破损行李、速运行李、拉减行李等。系统可以按照行李状态、时间、属性等多种规则进行查询。

9. 事件管理

航班事件管理基于实时的航班动态，捕捉航班运行事件，提供航班运行管理人员及时的信息提示和预警，提示运行人员根据行动预案，对异常事件进行处置和应对。

10. 消息接收和分发

存储由航空公司离港控制系统发来的行李相关信息。

根据来自机场信息集成系统 AODB 的信息维护航班计划、更新航班动态。也可获取 BHS 的行李处理过程信息，从而实现行李处理流程的监控。

11. 移动终端功能

移动终端功能包含 RFID、1D/模块 2D 条码识别模块，支持 4G/5G 公网或专网传输，含 Wi-Fi 模块。

移动终端提供的功能包括行李处理各环节岗位的行李业务处理功能，行李数据查询，集装器管理、行李全流程跟踪等功能。

12. 基础数据系统管理

基础数据管理：对行李处理流程相关的基础数据进行管理，包括机场、航空公司、代理等。手持设备管理：包括设备的登记、返还、软件下载和日志查询等。

系统监测：行李跟踪系统具有对关键进程、服务、接口的监护程序，以便于系统维护。

系统配置及管理：可以对整个系统进行配置管理，包括功能配置、参数设置、预警管理等，并能根据现场状况随时随地进行自由调整。

用户权限管理：针对不同用户分配不同等级的权限并进行管理。

日志管理：系统可以自动生成日志文件，当系统出现问题时，管理员可以通过日志文件确定系统当前运行状态或追踪特定事件的相关数据。

11.4.2 系统接口

需与如下系统有接口：

（1）航班信息及运行资源管理系统接口：接收航班计划、航班动态信息。

（2）行李系统接口：从行李系统获取设备状态、向行李系统发送转盘分配信息。

（3）离港系统接口：从离港系统获取进港行李信息、出港行李信息，装机单、卸机单信息。

（4）安检分层系统接口：从安检分层信息系统获取行李安检状态信息，用于行李分拣及行李确认时判断行李是否经过安检。

（5）地服管理系统的接口：从地服管理系统获取人员排班、机场资源分配等数据。将系统内行李信息及资源需求信息发送给地服管理系统。

（6）外航的接口：获取进港行李信息、出港行李信息。

（7）民航局行李跟踪平台（航易行）接口：获取行李信息，获取前站行李处理环节信息，提供本站行李处理环节信息。

11.5 运行与旅服协同平台

航站区运行与旅客服务的协同平台从旅客服务和楼内运行的角度，实现航站区范围内的运行管理、资源管理和服务交付管理。其核心是智能化业务规则引擎，该引擎包括分析和评估现场运行环境的数据分析规则，涉及行动方案的执行流程规则，触发特定告警的规则，以及建立模拟仿真的规划条件规则。从提升旅客在机场的体验为视角，对旅客进行趋势预测和客流分析，了解旅客动态。通过分析现场运行保障的各项要素，主动向旅客推送有价值的服务，进而提升和优化机场的旅客服务水平和品牌形象。

11.5.1 旅客运行管理系统数据库PODB

PODB综合存储各类机场旅客数据信息，并加以有效组织、管理和维护。PODB对旅客运行环节的安全、环境、效率和质量进行综合管理，为提升和优化机场的旅客服务水平和品牌形象，提供最基本的数据保障和支持。PODB是准实时数据和历史型数据，其数据来源为：航班数据、航班资源使用数据等运行服务数据、旅客信息数据和现场运行环境监控数据等。

数据内容包括：

（1）运行环境数据：包括旅客运行相关的CCTV，楼内资源分配，旅客服务状态，柜台、登机口、通道设施、公共设施等状态数据。

（2）旅客数据：包括旅客基本数据，消费或接收服务的数据，值机、安检、等级、位置等状态及位置数据。

（3）行李数据：与旅客相关的行李状态、位置数据。

PODB需要从航班生产平台、安全平台、能源数据分析系统、商业平台等获取必要的机场运营历史数据，用于业务分析和决策支持。

11.5.2　管理要求

1. 楼内资源管理

实现楼内服务资源（包括值机安检设施等）可视化监控、维护和管理。具体包括：

（1）服务资源维护：服务资源的基础数据维护，包括值机、安检、登机等。

（2）服务资源可视化：服务资源开闭状态、旅客放行效率等指标可视化监控。

（3）服务资源容量评估：服务资源每小时服务旅客数量的能力评估和设定。

（4）资源状态预警：服务设施状态异常、容量超阈值的预警提示。

2. 楼内服务管理

提供服务监督、KPI管理、服务请求管理、楼内服务事件跟踪处置，具体包括：

（1）服务绩效指标体系管理：搭建服务绩效指标体系，建立全面的服务评价关键绩效指标KPI，实现相应数据源的数据提取，计算实时/历史绩效指标，全面评价服务质量水平。

（2）服务质量管理：基于服务绩效指标体系的服务过程管理，对服务全流程进行评价和分析，支持机场服务流程的持续改进和提升。旅客可以通过拨打呼叫中心电话、登录手机客户端等方式对服务进行测评。相关管理部门可以通过现场监督或通过监控画面对服务进行测评。当为旅客提供的应急服务，机场将通过相关管理部门现场或通过监控画面进行服务质量监督。

（3）服务事件跟踪处置：系统支持在投诉建议界面填写投诉信息或建议信息；投诉建议的查询，按照用户的会员号、证件号或者手机号，或者投诉类型等进行查询，如果是匿名投诉，则检查不到旅客信息；投诉建议分发、修改及删除；发起评价，发送评价链接到用户的手机或者邮箱让用户进行评价。

（4）服务请求管理：收集旅客投诉建议，转交相关部门处理，反馈处理情况。系统需收集旅客所留下的联系方式，在特定期限内进行处理，并填写反馈内容、结果等信息，告知用户处理结果。

（5）服务商登记：服务商入驻后的基础信息登记和管理。

（6）服务合约管理：服务合约的查看、服务状态更新、续约和过期提醒。合约信息主要包括保障标准合约、旅客服务合约和与安全运行管理有关的其他合约。合约签订后，需要把合约内容录入到数据库供相关的单位查看。合约条款变化时，只需要根据条款的变化实时调整合约数据库的相关保障服务项目。这些信息的变更会立刻反映到系统中，使相关人员按照新的合约规定进行保障服务工作。

（7）服务商评价：根据违约投诉情况和服务指标考核，评价服务商服务质量。

（8）服务商投诉违约管理：服务商的投诉和违约记录及相关奖惩判定。

3. 旅客态势感知

集成旅客数据、了解服务状态，评估运行效率，预测旅客流线。具体包括：

（1）旅客个体行为分析：整合旅客个体行为数据，包括出行办票、消费行为等数据，分析其行为特征，支持用户针对性分析旅客出行需求。

（2）行李跟踪管理：跟踪处理行李异常事件，分析行李处理状态，预计未来一段时间内的行李处理需求。

（3）客流仿真预测：在仿真工具中模拟楼内旅客服务资源设施设备，以及旅客服务流程，根据航班动态，实时预测不同资源配置场景下的客流态势。

（4）中转态势分析：识别中转旅客，分析中转客流状态，了解不同类型旅客的中转需求，如急客、远距离步行等，提供服务建议。

（5）规则和运行调整建议：预警规则和阈值配置，基于预先配置的规则，在特定运行态势下，提供相应的运行和服务资源调整建议。

4. 楼内保障决策支持

分析和评估现场运行环境，监控楼内安全，支持楼内运行保障。具体包括：

（1）楼内运行态势可视化：展现楼内运行态势，包括运行效率、安防视频、安全统计数据、客流发展趋势、服务瓶颈展示等。

（2）服务质量报表：提供各类服务质量报表，统计分析服务水平。

（3）即时消息告警：可配置的消息告警，提示异常事件和服务瓶颈。

11.5.3　系统接口

航站区运行及旅客服务协同平台的关键是多系统数据的互通、挖掘，以实现多系统协同，因此该系统关键技术是数据库（湖）以及数据交互技术（数据总线、数据中台）的合理运用，以及系统接口的设计要求。

1. 与航班信息及运行资源管理系统接口

从航班信息及运行资源管理系统获取：航班动态信息，包括运行时间、状态（延误、取消等）；楼内资源分配和变更信息，如登机口、值机柜台变更。

2. 与PODB接口

从PODB获取：旅客各类数据包括个人信息、值机状态、登机状态、安检状态等，复杂事件处理结果。向PODB提供：旅客相关的复杂事件信息，经 PAP 处理及更新过的旅客各类信息。

3. 与智慧航显/广播接口

智慧航显/广播提供：动态标识调整指令及调整内容，旅客服务通知/公告等。

4. 与地理信息系统接口

从 GIS 系统获取：取地理空间坐标和平面图信息。

5. 与智能安全管理平台接口

从智能安全管理平台获取：楼内安全态势数据向安防管理平台提供安检排队数据。

6. 与时钟系统接口

从时钟系统获取：时间校对数据。

7. 与旅客自助服务系统/ 离港系统接口

从旅客自助服务系统/离港系统获取：旅客信息、旅客进程数据。

8. 与行李处理系统/地服系统接口

从行李处理系统/地服系统获取：行李跟踪状态信息。

9. 与旅客体验系统接口

从旅客体验系统获取：旅客投诉与建议信息。向旅客体验系统提供：旅客投诉反馈信息。

10. 与设施设备运维管理系统接口

向设施设备运维管理系统提供：设施设备维修工单，服务事件信息。从设施设备运维管理系统获取：设施设备维修结果信息，事件处置反馈信息。

11. 与视频融合系统接口

从视频融合系统获取楼内监控视频调用数据。

12. 与服务执行测量系统接口

从服务执行测量系统获取：旅客服务执行情况的测量数据，如排队长度、等待时间、客流密度等。

11.6 旅客体验系统

11.6.1 系统概述

系统主要通过旅客手机APP、机场公众号、机场智能终端、机场自助综合服务终端等手段为旅客提供服务。服务类型主要包括:航班查询与关注、餐饮购物、绑定服务、我的航班、智能导航、手机值机、贵宾服务、人工帮助服务、机场商城、酒店预定、机场交通、旅客中心、反向寻车等功能。该系统将实现旅客与机场之间的信息共享、实时互动。系统将为旅客提供更好的出行体验。

11.6.2 系统功能

包括但不限于：

（1）航班查询与关注。

（2）餐饮购物。

（3）航班信息查询。

（4）智能导航。

（5）手机值机。

（6）贵宾服务。

（7）购物指南。

（8）促销推送。

（9）邮寄服务。

（10）酒店预订。

（11）机场交通。

（12）旅客中心。

（13）寻车引导。

（14）查询统计。

（15）系统管理。

（16）一键上网。

11.6.3　数据交换要求

数据交换要求如表11-1所示。

数据交换要求				表 11-1
序号	发布系统	接收系统	数据类型	实时性要求
1	旅客运行管理系统	旅客体验系统	导航信息、旅客识别信息、推送信息、服务绑定、失物信息	非实时/实时
2	信息集成系统	旅客体验系统	航班信息	实时

11.6.4　共享服务调用要求

共享服务调用要求如表11-2所示。

共享服务调用要求				表 11-2
序号	发布系统	接收系统	服务类型	实时性要求
1	机场地理信息系统	旅客运行管理	地图数据	实时
2	高精度综合定位系统	旅客运行管理	定位服务	实时

11.7　旅客会员系统

11.7.1　概述

旅客会员系统主要是通过对机场会员（VIP会员、注册会员）的管理，机场能够有针对性地满足客户的需要，并通过个性化的沟通方式为旅客营造更为舒适便捷的机场体验，培养乌鲁木齐机场的忠诚旅客群体。

11.7.2　系统功能

1. 个人VIP服务

为社会精英人群量身打造的精品机场贵宾服务项目，包括多种会员卡产品，旨在为高端商务人士提供高标准、个性化的机场进出港贵宾服务。主要的服务项目包括：会员厅候机、豪华VIP车机舱口专车迎送、举牌接机、异地机场贵宾服务等。

2. 企业VIP服务

企业通过与机场签订贵宾厅使用协议，预交保证金、签单月结，等方式租用贵宾厅，并享受多种服务，主要包括：

（1）出港航班服务项目：代办乘机手续（协助旅客办理行李打包、托运，逾重行李等有关费用旅客自理）。引导通过贵宾安检通道。商务贵宾厅候机，提供书报杂志、数字电视、宽带上网服务。

（2）进港航班服务项目：机舱口举牌接机。协助提取托运行李。

（3）提供VIP车接送机摆渡服务。

（4）每厅次可免费办理1个隔离区证件（如增加须另行付费，最多不超过3个）。

（5）贵宾厅专用停车场2h免费停车。

（6）提供茶水、小食品，根据季节提供时令大果盘。

3. 散客服务

所谓散客服务指的是非机场会员，可以通过可通过付现的方式在贵宾区享用机场贵宾服务，目前机场提供两种类型散客服务：嘉宾散客和贵宾散客，其中不同级别享有的服务不同。具体如下：

1）嘉宾散客

出港嘉宾区休息；提供茶水、小点心、书报杂志、数字电视、无线上网。

2）贵宾散客

进港服务内容：机舱口举牌接机、VIP车摆渡至贵宾厅、协助提取托运行李、贵宾厅休息（数字电视、书报杂志、无线上网、免费茶水）、贵宾楼专用停车场2h免费停车。

出港服务内容：代办乘机手续（代办登机牌，代办行李托运）；贵宾厅候机（登机提醒、数字电视、书报杂志、无线上网、免费茶水）；贵宾专用礼遇安检通道；VIP车送至飞机下登机；贵宾厅停车场2h免费停车。

4. 会员管理

会员信息录入、修改、余额查询，会员卡挂失、换卡，会员分级等。

5. 市场策划与管理

针对机场会员行为和产品的实际情况，进行市场战略目标体系的策划，包括新产品的定位、营销方案及整体设计，提升品牌销量。

11.7.3 行为分析

系统可以自动对客户行为、信息进行分析，分出优质会员、客单价待提高会员、消费频次待提高会员、不良会员等等，进而制定出精准促销活动。通过分析筛选出会员群体后，可在系统中轻松制定各种精准促销活动，并在活动结束后配有清晰的活动分析报告。对客户生日、节日提供祝福，还可线下实体礼物赠送。对客户提供可能关心的产品促销信息推送。对老幼病残客户提供安全须知、医务室地点、紧急救助电话、摆渡车、人工帮助等信息推送。

11.7.4 服务绑定

系统将服务类型与用户类型和用户级别进行绑定，其中可以进行绑定的服务类型包括整个航站楼所有服务：摆渡车、接机、停车位、贵宾室、娱乐室、免费餐饮、公交车票预定等等。

绑定的内容也可以是机场内部商家商品折扣程度，也可以是与机场签订合同的外部商店旅客折扣内容。

11.7.5 信息推送

信息推送内容包含：航班信息推送、旅客关怀推送、交通路况推送、商品促销信息推送等。

11.7.6 投诉建议

旅客对机场的服务有什么意见或者建议，可以在投诉建议界面，填写投诉信息或者建议信息，告知机场。若在线填写信息对于旅客过于繁琐，投诉建议界面提供一键拨号功能，直接拨通机场客服的电话，与机场客服直接进行语音通信，帮助旅客登记建议或者意见。

在线登记或者电话告知的投诉建议，旅客都可以用手机客户端进行建议意见查询和查询机场对此作出的回馈信息。

11.8 贵宾管理系统

11.8.1 系统概述

机场贵宾服务立足于机场旅客离港重要环节，为航空高端旅客提供方便、快捷、舒适、尊贵、私密的服务，满足他们对于时间、环境、尊贵、个性化服务的需求，提供一对一的具有高附加值的服务。为满足贵宾旅客个性化服务要求，结合机场结合自身特点，建立机场贵宾管理系统。

11.8.2 系统功能

1. 客户关系管理

客户关系是贵宾服务管理系统的基础子系统，它为其他子系统提供贵宾的基础资料，主要涉及客户档案、合同以及卡务管理等。

1）客户类别管理

维护贵宾客户类别，对其进行增加、编辑、删除等日常处理；涉及的内容包括有：类别编码、类别名称、名称拼音简码、名称五笔简码。

2）客户资料登记

客户资料是一项重要的数据，他们为贵宾预约、财务结算、统计分析提供基础数据，本模块主要完成客户信息登记，对其进行增删改处理，内部包括有：客户编号、客户名称、客户类别、所在地址、联系电话、邮编、单位负责人。

3）客户联系人管理

联系人是市场部门与客户沟通的桥梁和纽带，有客户单位进行委派指定人维护客户对应的联系人，一个单位可以有多个联系人，主要记录联系人所属单位、联系人姓名、性别、职务、电话、QQ号码、E-mail和其他相关信息。

4）客户卡类别管理

对机场贵宾服务所涉及的卡进行分类管理，现阶段主要分为个人卡、个人金卡、团体卡、团体金卡、储值卡，对不同的卡应把其时效性纳入统一管理，在系统中应记录类别编号、类别名、效期（按天计算）、使用次数。

5）储值卡卡务管理

储值卡是一种预先充值，消费后扣减的消费卡，为保证资金的安全性，可采用射频卡作为存取介质；本模块主要完成充值、挂失、解挂、补发等业务功能。

（1）储值卡充现。根据收取客户现金数量在卡中充入等额电子货币，供客户刷卡消费使用。客户每次充值后在系统中应记录其充值明细，并提供充值凭证打印处理；充值明细内部包括充值流水、充值时间、卡号、充值金额、充值操作人员等。

（2）储值卡挂失。当客户丢失储值卡时，系统将提供挂失业务处理，也就是把储值卡进行冻结，各个刷卡消费点将不接受持卡刷卡消费。挂失完成后，系统将记录被挂失的卡、挂失时间、挂失操作人员等信息。

（3）储值卡解挂。在客户已经做挂失业务后，在其书面申请后，系统将提供解挂处理，它主要对已经挂失的卡恢复其使用状态。解挂记录的内容包括解挂时间、被解挂卡号、处理人员等。

（4）储值卡补发。对于已经挂失的卡，可用新卡替代挂失卡；此业务处理完成后，相应的资金账号将转入新卡账户中；同时系统将生成一笔补卡记录，其内容包括原卡卡号、新卡卡号、补发时间、手续费等。

（5）客户到期过期报警。对于即将到期或已经过期的客户，按照用相关设定（提示颜色等）进行报警处理，对于此类客户可方便查询出单位名称、签约时间、到期时间、客户状态（即将到期或过期）、联系人、联系方式等。

（6）客户合同管理。登记客户已经签订合同，记录客户单位、合同号、签约时间、执行状态、到期时间、注意事项等，以表单的形式输出，并支持报表打印。

2. 预约管理

预约管理用于贵宾出行信息提前登记，是提高优质化服务的重要手段，主要方便调度人员提前作好资源调配，服务人员按照预约资料，如贵宾喜好、所乘航班、随行人员等信息，着手准备相关接待工作。包括有贵宾预约登记、历史预约查询、预约取消和航班计划查询等模块。

3. 调度管理

调度管理是贵宾管理的核心子系统，它通过信息手段完成资源预分配、现场调度和任务跟踪；主要有服务房间管理、服务班次设置、服务排班管理，预约资源分配、服务资源现场调度、贵宾服务跟踪等模块。

4. 前台迎宾管理

前台迎宾管理是现场服务的重要环节，主要完成客人身份、行李托运、随行人员、所乘航班等信息确认，当信息核实后，由迎宾人员在系统中完成签到处理，更新签到时间、实际随行人数，同时通知相关礼宾人员迎接，并把处理结果汇报至调度人员。

5. 房间服务管理

房间服务管理是服务人员在调度人员安排下，在指定房间为贵宾提供服务，同时记录贵宾达到时间、登记贵宾消费项目、记录贵宾离开时间；另外需要与食品加工间协助完成食品提供服务。在贵宾离开后清理房间，更新房间状态。

6. 贵宾物品供应及加班管理

响应房间服务人员的申请，为贵宾提供物品准备和加工处理，当准备完成后提醒相应的房间服务人员领取。同时根据当前物品的情况，向仓库提出物品领用申请，建立请领单；在物品领用完成后进行入库上账处理。

7. 基础管理子系统

基础管理子系统是保证整个系统正确运行的基本，它主要完成组织机构、员工资料、角色等信息登记，设置操作人员，分配其工作权限以及系统所依赖的运行参数的管理等。

11.9 服务执行测量系统

服务执行测量系统是监测机场旅客服务效果的系统。通过部署在旅客关键区域的各种监控检测设备，如摄像头、红外探头等自动检验机场旅客的排队、拥堵情况，分析机场服务的效率瓶颈，并为机场其他旅客保障系统提供检测数据，协助机场管理者了解服务情况、分析服务方法，从而提高服务质量。

目前技术条件下，主要依托人数探测设备的旅客流数据计算排队时间、人数预测预警、客流密度分析，生成图表、人流热力图等可视化监测信息；通过多种数据综合计算及校正实现对旅客服务资源的使用状态、效率、排队、人数等方面的监控和预警。

服务执行测量系统的关键技术是基于视频分析的人数统计系统。

服务执行测量系统包括前端监控监测设备、信息采集设备、传感器和后端的管理分析平台。并可以整合机场已有的CCTV，通过视频图像分析技术，达到对关键区域（如安检区域、值机区域、登机口、中转大厅、旅客交汇点、车道边等）客流情况的实时分析。

11.9.1 功能单元

1. 服务执行测量

（1）数据采集：支持多渠道数据采集包括多种人数探测传感器数据，与机场的视频监控系统整合，通过视频分析软件实现精确的客流分析。支持采集已知的服务运行数据。数据采集的区域包括但不限于航站楼的大空间的区域（值机区域、安检区域等）。采集设备能够检测到任意位置形成的队列，不受排队区域设计或列队布置的制约。在同一区域可检测若干队列，需能检查到间隔小于1m的队列。支持一个人数探测设备测量多个队列，也支持多个人数探测设备进行组合测量。

（2）数据管理：通过对采集的各种旅客相关数据进行整理、分类。对关键入口和通道的人数、密度及拥堵情况数据进行分类整理；对值机区域的人数、队列、密度及执行效率数据进行分类整理；对安检区域的人数、队列、密度及执行效率数据进行分类整理；对中转换乘区域或通道的客流、密度数据进行分类整理；对出租车等待区域的队列、密度及运输效率数据进行分类整理；对商业餐饮区域或特定商铺的人数、队列、密度及客流分布数据进行分类整理。

（3）数据分析：系统能统计所检测区域内的旅客吞吐量和实时数量等。系统通过分析客流数据，预测客流的规律，结合航班量等数据，支持对旅客到达服务点的时间和数量情况进行预测和估算。系统能够计算出旅客手续办理接触点处的预计等待时间，及提前30min预测旅客到达的状况。系统可以通过对客流数据的收集，记录旅客通过各服务点的时间和行进路线，计算旅客进出值机和安检区域的时间、数量及停留时间，分析区域拥堵情况。提供对排队服务点的资源进行评估管理，计算满足旅客服务需求所需要的资源数量。

2. 测量数据共享

支持将队列长度、预计等待时间、建议资源数量发布给其他相关系统，如航班信息显示系统。

3. 服务测量规则管理

对值机区、安检区、候机区、陆侧交通区域等服务执行测量检测区域的排队特点进行建模，提供标准服务时长、等待时长、单位资源承载量等指标设置，提供对客流预测模型、预测因子维护功能。

4. 服务监测仪表盘

通过实时视图的仪表盘实时提供可视化旅客的人流路线图或热力图，并分析关键的客流情况。展示未来一段时间内的服务执行态势的变化趋势预测。

5. 传感器设备管理

管理前端传感设备，显示设备状态，能够识别故障设备。

6. 系统管理

提供系统管理要求，包括用户管理、用户授权、参数配置等。

11.9.2 系统接口

1. 与航班信息及运行资源管理系统接口

从航班信息及运行资源管理系统获取航班动态数据。

2. 与数字赋能中心接口

从数字赋能中心获取：旅客信息，包括旅客数量，值机、安检状态等，用于预测和计算排队时间。

3. 与旅客运行服务协同平台接口

向旅客运行服务协同平台提供：服务执行测量数据，数据应以数字方式而非图像方式传输。

4. 与视频融合系统接口

获取各通道入口监控图像数据。

5. 与时钟系统接口

从时钟系统获取：时间校对数据。

6. 与其他旅客服务相关系统接口

向动态标示引导、自助信息查询及寻路等系统提供：现场服务执行测量的数据，如排队长度、等待时间、人数等。

11.10 智慧航班信息显示系统

11.10.1 系统概述

智慧航显系统（FIDS）系统的主要功能是为旅客、机场工作人员等提供及时、准确、完善的航班信息服务，为旅客提供办理乘机手续引导和指示信息、候机引导和指示信息、中转引导和指引信息、登机引导信息，行李提取引导和指示信息，其他相关信息如旅客须知、气象、时间和通知、公益广告等信息。根据航班动态信息和机场各项资源的分配信息，可以在机场规定的区域选择适当的信息发布设备进行信息发布，如图11-2所示。

系统通过证件阅读设备、扫描设备、人脸识别技术、AI技术等实现对旅客航班信息的检索和分析，并结合机场值机规划、安检设置、登机口布局、航站楼电子地图、机场服务等信息，为旅客出行提供一对一、一对多的智慧航班信息显示、路径规划、休息娱乐推荐等服务。

依据建筑流程进行设计，在旅客分流通道口、问询柜台等处建设智慧航显终端，与建筑、室内、标识等专业配合前端显示设备形式、显示内容等，如图11-3所示。

主要部署在旅客通过安全检查区进入候机区域的汇合点位置。

11.10.2 系统设计关键点

1. 信息采集

1）航班信息的采集

旅客服务管理系统通过机场企业服务总线中旅客业务节点获取生产业务节点中信息集成系统的航班信息，主要包括当前时段的航班时段、登机口、航班状况。

2）旅客肖像信息

旅客肖像信息主要分为两个部分，其一，基础人脸肖像信息主要指二代身份证旅客肖像、购票环节上传的自拍旅客肖像，以及其他经过安检前的旅客肖像；其二，现场智慧航显终端获取的旅客肖像。

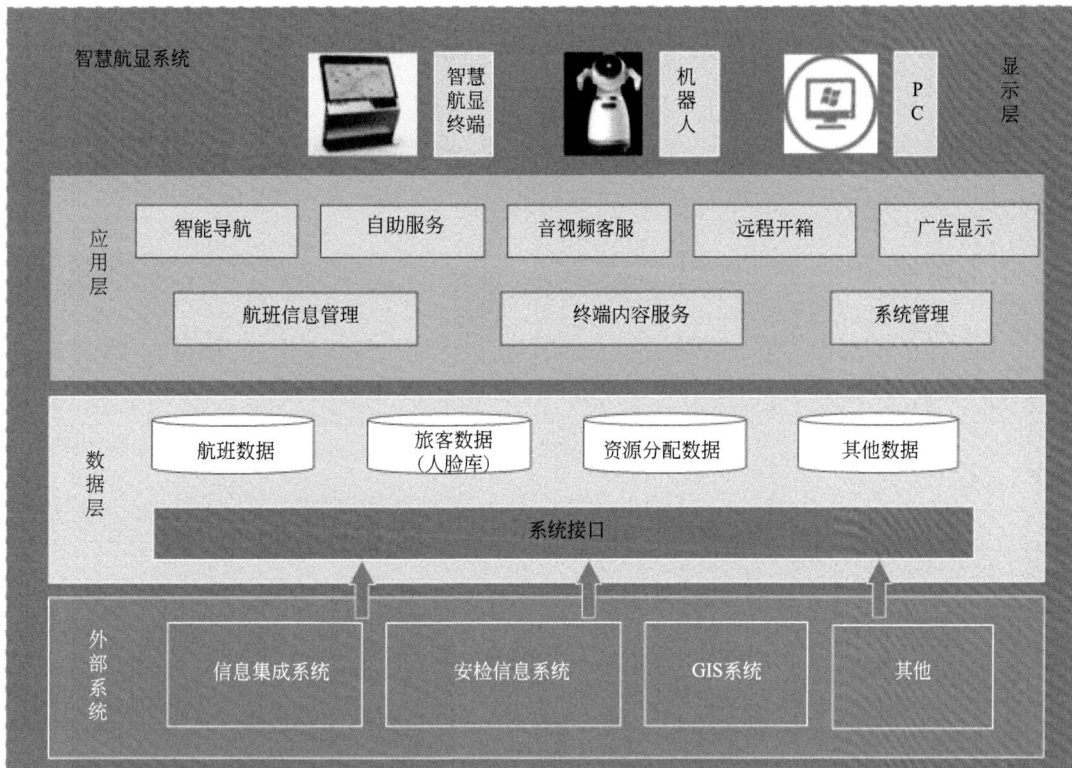

图 11-2 智慧航显系统示例

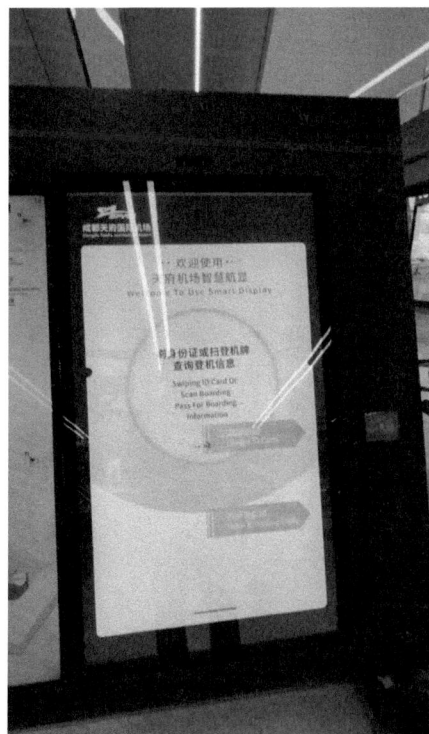

图 11-3 智慧航显终端

基础人脸肖像的来源主要来自于安检信息管理系统中旅客人身安检验证时的二代身份证信息，作为人脸识别的比对源。

3）旅客值机信息

旅客服务管理系统通过机场企业服务总线中旅客业务节点获取生产业务节点中离港控制系统的旅客值机信息，主要有当前旅客登机口信息。

4）机场设施信息

旅客服务管理系统通过机场企业服务总线中旅客业务节点从机场地理信息系统和BIM系统中获取当前楼层的布局三维图片，应包括登机口位置、商业门店位置、地域文化展厅位置等等。

5）其他信息

当前航段的目的地天气信息、目的地概况、目的地旅游景点信息等等。

2. 提供智慧服务支撑

1）机场设施

便于旅客了解当前位、楼层回合点以及楼层三维图形信息。

2）航班查询

通过扫描登机牌或人脸识别，终端自动显示当前旅客的航班信息，如航班的状态信息。

3）地图导航

通过扫描登机牌或人脸识别，终端自动显示当前旅客的登机口信息并规划导航线路，同时也可以根据旅客查询的商业门店并规划导航线路。

4）自动问询

通过扫描登机牌或人脸识别，终端自动弹出旅客服务机器人界面与旅客进行交流，比如旅客所关心的航空知识问答、安全检查知识问答、机场商业打折等等。

5）在线投诉

旅客可以通过终端向机场各服务环节的服务质量提出建议。

3. 自助信息查询

为旅客提供航班查询、货运查询、机场服务查询、机场交通查询、民航知识服务、酒店查询、天气查询、旅游景点及路线查询等。

11.11 智慧导引与综合信息发布

音视频多媒体信息发布的需求一般是逐渐增加的，达到一定规模需要统一管理，但由于其复杂性又不宜与航显系统合用（以确保航显作为核心旅客运行服务系统的可靠性）。将动态显示技术应用于航站楼、GTC的导引标识系统中，并与广告、服务（天气与交通提示、行李寄存与快递取件、订阅动静态信息等）、人文展示等各类大小屏幕纳入系统，统一管理。

发布屏幕形式灵活多样，如LED大屏、拼接投影、透明屏、雕塑屏等形式，设置原则：应体现机场特色、配合人文机场建设；需与土建装修严密配合、协调统一，如图11-4所示。

设计要点：

（1）功能上需要具备所有各类信息的展示，发布对象，包括旅客也包括工作人员；

（2）采用分布式显示技术，统一信息交换接口标准和网络信息安全管理标准；

（3）在功能转换部位、空间聚合部位设置智慧引导屏，作为标识系统的补充。

图11-4 灵活多样的显示设备需要区别于航显系统的统一管理

11.12 数字电视系统

数字电视系统为旅客提供电视节目、广告、航显备份。随着移动互联网的普及，旅客的习惯发生改变，几乎很少在机场观看电视节目。传统有线电视同轴电缆传输系统的作用单一，对铜资源消耗较高，因此数字电视在机场中的发展趋势为采用POL无源光网络进行传输，今后可根据需求随时变换为信息发布系统。

系统由有线电视信息源、前端系统、POL无源光局域网、用户终端等组成。有线电视前端从航显系统获得航班信息和气象信息，形成国内出港、国内进港、国际出港和国际进港4套TV信号源，与当地机场有线电视信号、移动电视网（无线）和自办节目一起重新调制。在航站楼设置IPTV的

POL无源光局域网。系统前端信号源可设置于ITC大楼，经光网OTN延伸至GTC等机场内其他建筑区域。

末端设计原则：根据室内装修方案确定电视终端点位，根据标识设计确定电视安装形式。

在内装和标识专业未介入的初期设计中，可按以下原则预留点位，统计工程量：在候机厅内，可每间隔一个通道设置一个电视末端，每个贵宾厅房内设置一个电视末端，每个商户预留一个电视末端，其余休息区按照每轴预留一个电视末端考虑，在每间会议室预留一个电视点位。

11.13　自动广播系统

机场公共广播系统采用集中管理、分散控制的体系结构，系统采用全数字音频网络系统，采用开放、通用的音频传输协议，采用星型结构构建广播以太网。航站楼公共广播系统接入运行控制中心广播系统统一管理，在运控中心设置具备良好隔声的广播室，内设人工呼叫站及各类音源。数字功率放大器、管理服务器等设置在航站楼主机房。在航站楼各汇聚机房内设置消防信号接口设备，消防情况下，直接采用铜芯电缆将消防音频通过功放传输至相应扬声器回路，并触发前端扬声器回路以最大音量进行消防广播。

11.13.1　系统功能

1. 公共广播

航站楼公共广播接入机场公共广播系统统一管理。

在业务广播时，主要由自动广播及人工广播组成。

自动广播指由机场公共广播系统中的自动广播软件，根据航班动态信息自动生成航班广播信号，并将相关内容下发至该区域广播。该区域自动广播权限、类型、优先级等由机场公共广播系统统一设置、分配。

在航站楼消防控制中心、广播室、各贵宾室和两舱休息室设置多媒体工作站，工作人员可根据业务需要编辑广播文本并触发面向相关区域的半自动广播。

2. 消防应急广播

航站楼消防应急广播与公共广播合用一套广播设备，在消防警情发生或有突发应急情况时，公共广播系统支持强制切入消防应急广播。

公共广播系统在航站楼汇聚机房内分别配置独立的消防接口设备，消防应急广播的控制信号、音频信号传输具备不依赖于计算机网络的连接方式。消防情况或有突发应急情况下，支持自动强切为消防应急广播，并可直接采用铜芯电缆将消防音频通过功放传输至相应扬声器回路，同时向整个航站楼进行消防广播。消防广播语音与火灾声警报器分时交替工作。

在航站楼消防控制中心设置广播多媒体工作站与人工呼叫站。通过广播多媒体工作站，消防部门可手动或按预设逻辑，联动控制广播分区，启动或停止消防广播，并可监视消防广播分区的工作状态。消防控制室的人工呼叫站可独立完成人工消防广播的选区和播出，也可通过输入控制代码，触发系统中预先录制的消防广播内容，实现人工消防广播。

在消防控制中心设置监听音箱，实现对消防应急广播的实时监听功能。利用公共广播系统集中配置的广播录音设备，对人工消防广播进行实时录音。

在其他紧急情况下，公共广播系统可进行紧急广播，指导旅客疏散，调度工作人员进行应急处理工作。

消防广播具有最高优先级，应急广播（空防广播、突发事件广播）优先级仅次于消防广播。

区域应急广播由运行控制中心统一下发。

因为公共广播系统兼做消防应急广播，所以在航站楼汇聚机房内，分别为汇聚间内的广播设备独立配置后备电源，保证消防应急情况下，消防广播的播出时间能满足楼内人员的疏散时间要求。

11.13.2　系统结构

广播系统由数字音频矩阵、自动广播服务器、系统管理服务器、内部通信、信息集成、火灾报警、时钟等系统的接口设备、系统管理工作站、用户操作工作站、设备管理工作站、呼叫站、网络数字音频矩阵及功放、噪声探测器、扬声器等设备组成，如图11-5所示。

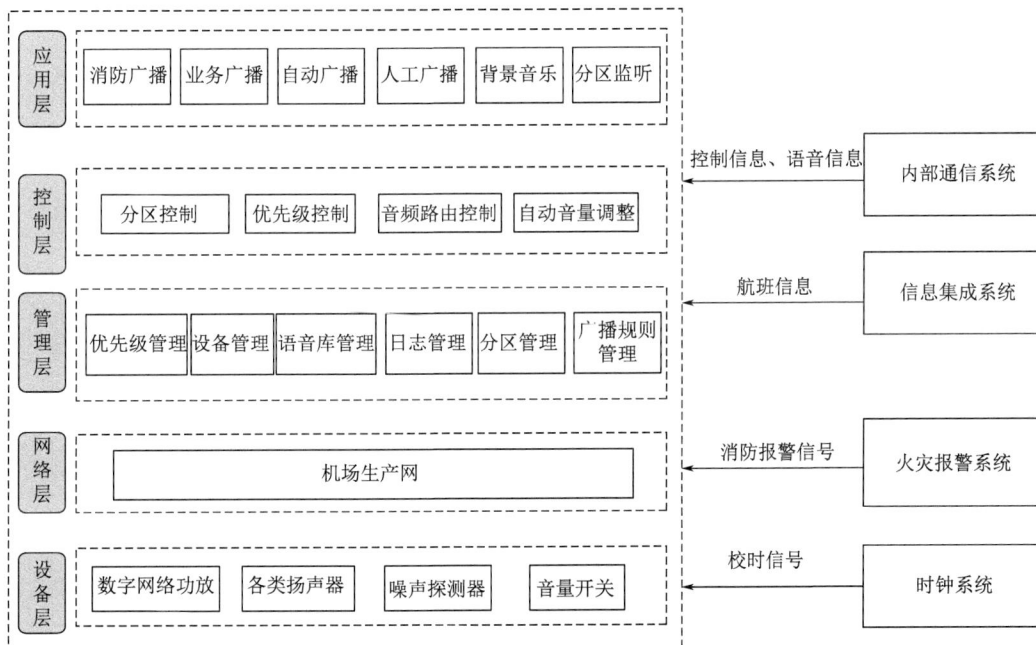

图11-5　自动广播功能框架

11.13.3　设计要点

1. 布点原则

在有吊顶部位设置嵌顶扬声器、在办票岛设置音箱、在大空间处设置可变指向阵列。根据覆盖范围及间距设置条件选择扬声器功率。在旅客流线区域设置噪声探测器。

2. 广播分区

根据航站楼广播系统项目的具体情况，本系统按防火分区和使用功能要求划分广播分区，广播分区不跨越防火分区，航站楼分区根据防火分区和工作分区来确定。当发生火情，确认火灾后，应同时向航站楼全区进行消防广播。应急指挥中心发出的空防和突发事件广播，具备对任意一个、多个或全部广播分区进行广播的能力。系统逻辑分区如表11-3所示。

逻辑分区	逻辑分区
国内出发	国际出发
国内到达	国际到达
国内值机大厅	国际值机大厅
国内行李提取	国际行李提取
国内行李分拣区	国际行李分拣区
登机口（国内出发）	登机口（国际出发）
国内远机位	国际远机位
中转区域	头等舱区
贵宾区域	全区
办公区	……

3. 功放系统

公共广播系统功放设备分布在航站楼汇聚机房，通过机场广播网络和运行控制中心公共广播系统中心设备连接。

采用定压输出功率放大器。考虑火灾或其他应急情况下，公共广播系统将切换用作消防广播或应急广播，故功率放大器功率容量按不小于所接扬声器回路功率之和的 1.5 倍配置。

系统按照不大于 7∶1 的原则配置备份功放，即每 7 台功放至少配置一台备份功放，备份功放均为热备。

配置功放倒备设备，在常用功放故障情况下，自动将故障功放对应回路切换对应至备用功放，保证公共广播系统正常运行。

4. 呼叫站

（1）航站楼消防控制中心、消防控制室：每间配置一台人工呼叫站。

（2）地勤广播室：配置两台人工呼叫站，一用一备。

（3）各登机口柜台、问询柜台、贵宾室前台、两舱休息室前台、行李查询/失物招领柜台：每个柜台配置一台人工呼叫站。

（4）值机岛：每个值机岛配置一台人工呼叫站。

系统为各呼叫站设定其广播权限区域，呼叫站仅支持在权限区域内选区广播。消防控制中心（室）的消防广播、广播室的业务广播，最大范围均需支持面向航站区全区的广播，最小范围支持面向单个广播分区的广播，并支持选择任意广播分区组成组合分区进行广播。各柜台的业务广播，一般仅限定面向其所在广播分区或相邻分区进行广播，广播区域可根据实际使用需求进行配置。

机场公共广播系统人工广播总体优先级，由高到低依次为消防广播、应急广播、广播室业务广播、各柜台的业务广播。

5. 扬声器

因公共广播系统在发生火灾与其他紧急情况时，切换用于消防广播或应急广播，故扬声器布置首先满足消防广播规范要求：

（1）扬声器设置在走道和大厅等公共场所。每个扬声器的额定功率应不小于3W，其数量应能保证从一个防火分区内的任何部位到最近一个扬声器的直线距离应不大于25m；走道末端距最近的扬声器距离应不大于12.5m。在旅客流程区域，扬声器的设置密度会更高，以满足对声音均匀度等广播效果的要求。

（2）在环境噪声大于60dB的场所设置的扬声器，在其播放范围内最远点的播放声压级应高于背景噪声15dB。

（3）同时，根据航站楼内各区域的建声环境，推荐根据扬声器的性能指标和安装方式合理进行扬声器布置及选择，保证均匀、清晰的播音效果。

（4）在仅需播放消防广播的区域，如办公区（办公室）、地下管廊、行李分拣区等，按上述消防广播规范进行扬声器布置，根据各区域建筑条件选择3W吸顶、3W壁挂、15W号角等类型扬声器。在有吊顶且吊顶高度小于4m的位置，如贵宾室、两舱休息室、商铺等，原则上按每7～9m设置一个3W吸顶式顶棚扬声器。

（5）在无吊顶且纵深较小的区域，按每9m布置一个10W壁挂扬声器，覆盖纵深约8m；在小型的空调机房、送/排风机房，每间布置一个10W壁挂扬声器。

（6）在无吊顶且纵深稍远的区域，如指廊登机口候机区，按每12m布置一个20W音柱扬声器，覆盖纵深约12m。

（7）在无吊顶且纵深较远的区域，如指廊登机口候机区，按每12m布置一个60W音柱扬声器，覆盖纵深约32m。

（8）在面积较大、日常生产时噪声较大的空调机房、排风机房、送风机房等机房内，设置15W号角扬声器。

（9）在无吊顶且空间大、高度高的值机大厅、国际出发联检区域等场所采用有源线阵列扬声器。

各类壁挂扬声器、音柱扬声器、号角扬声器安装高度均为下沿距地3m。

有源线阵列扬声器，单节或双节安装高度为下沿距地3m，三节安装高度为下沿距地1.5m。

各类扬声器均使用阻燃材料或配备阻燃后罩。

6. 音量控制器

部分区域地处旅客活动的公共区域，但为保证区域内相对安静的休息或工作环境，需设置音量控制器。

（1）贵宾室各厅房、头等舱休息室内的独立休息房间，每个房间布置一个音量控制器。

（2）登机口候机区的母婴室，每个母婴室布置一个音量控制器。

（3）与公共区域相连通的办公区域，每个办公室片区布置一个音量控制器。安装有音量控制器区域的扬声器音量由现场工作人员根据现场实际进行调节。同时，音量控制器电源线均接入对应汇聚机房内的24V强切电源，发生消防警情时下由消防系统向广播系统提供干节点信号后，将音量控制器回路切换至最大音量进行广播，保证航站楼内旅客及时疏散。

7. 噪声探测系统

噪声探测系统由噪声探测接入设备和噪声探测器组成。在航站楼人员密集区域设置噪声探测器；在旅客到达大厅、国际到达出口迎客区、国内到达出口迎客区分别设置一个噪声探测器；在行李提取区，每个行李提取通道设置一个噪声探测器；在旅客出发大厅、国际到达出口迎客区、国内到达出口迎客区分别设置一个噪声探测器；在每排值机柜台设置一个噪声探测器；在每个登机口候机区（包括远机位登机口候机区）设置一个噪声探测器。噪声探测器吸顶安装或壁挂安装，壁挂安装高度为距地2.5m。

噪声探测器检测到的噪声信号回传至噪声探测接入设备，接入设备每秒多次对接入的噪声探测器进行采样读数，并将读数上传功放系统进行环境噪声计算，由功放系统根据现场噪声情况进行DSP处理，调整功放输出，达到要求的自动音量调节和频率控制。

8. 系统传输

系统线缆可采用阻燃耐火 ZRN-RVSP2×2.5 线缆，有音量调节器的线路可采用 ZRN-RVSP4×2.5。

广播线路要求独立敷设，不和其他线路同管和同线槽槽孔敷设，管线敷设避开强电磁场干扰。

广播线路采用明敷时要求用金属管或金属线槽保护，并在金属管或金属线槽上采取刷防火涂料等防火保护措施，防止火灾发生时消防广播线路中断。

9. 网络需求

航站楼内的网络功放接入所在各汇聚机房内的广播网接入交换机。前端各人工呼叫站分别接入就近弱电间的接入交换机。接入交换机通过单模光纤，采用双链路方式，上联航站楼各汇聚机房内的汇聚交换机。汇聚交换机通过单模光纤上联到核心交换机，采用双链路，保证系统的可靠性。

11.14 卫生间智能监控系统

航站楼中为旅客提供服务的卫生间数量较大，且比较分散，使得管理难度较高。为实施监控卫生间空气质量、人流量、空位情况，以便实时安排卫生间智能监控系统，智能监控系统是结合物联网、大数据、云计算、网络传输、传感器等技术，使传统厕所具备即时感知、准确判断和精确执行的能力，解决传统厕所服务过程中有关异味控制、厕位引导、人性化服务等方面的问题，实现对厕所的精细化管理，能够为旅客提供优质、高端、舒适的服务。

智慧厕所综合监控系统分为前端设备层、本地管理层、集中管理层三级结构，旨在解决各分散厕所环境的"集中监控、集中维护、集中管理"的问题，监控对象主要包括：空气质量监测、客流量统计、蹲位监测等。通过安装相应的环境监测传感器实时收集设备厕所的各项环境参数，安装厕位传感器实时监测厕位占用情况，安装客流量统计终端监测每天厕所的客流量信息，通过技术整合，对厕所环境和设备进行有效实时的监测和调节，让厕所时刻处于清洁、舒适、卫生的状态。

智慧厕所综合监控系统通过在厕所安装相应的传感器设备（包含空气质量传感器、厕位传感器、客流量监控终端、门头指示灯、门锁等），通过网关连接至智能监控终端，智能监控终端进行本地数据采集、解析处理、数据存储等功能，通过外接大屏液晶显示终端以直观的图形化界面显示出来；同时，智能监控终端预留上行数据接口，可通过网络将监控数据上传至上层集中监控管理平台，实现对分散的厕所的统一监控和管理。卫生间智能监控系统展示端、管理端分别如图11-6、图11-7所示。

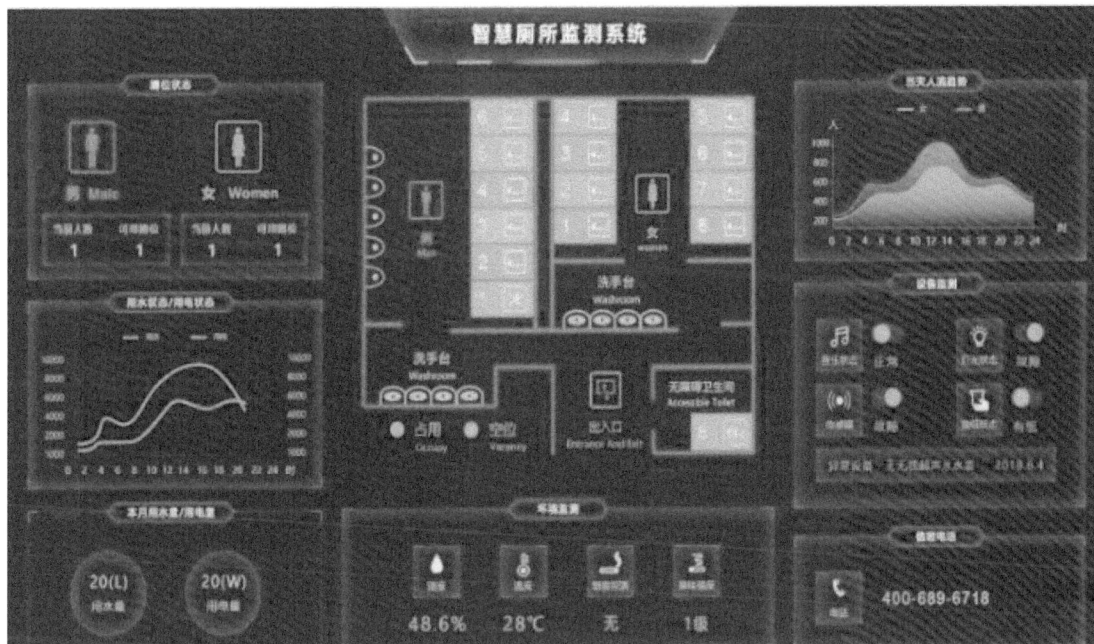

图 11-6　卫生间智能监控系统展示端

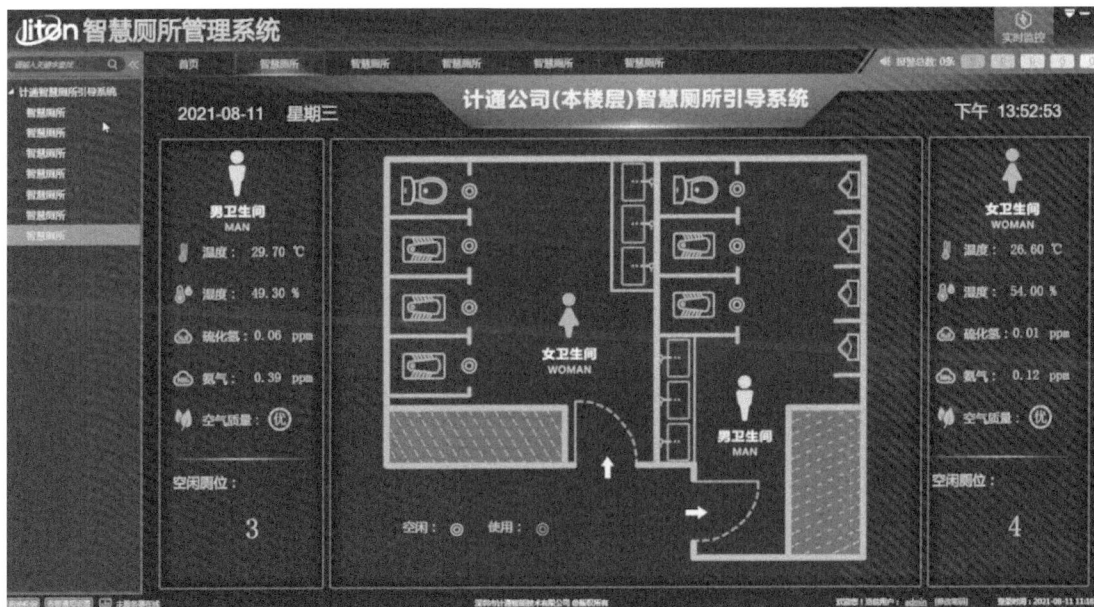

图 11-7　卫生间智能监控系统管理端

11.15　环境监测系统

环境监测系统，属于机场物联网的组成部分，在航站楼（包括：办票值机大厅、候机区、商业区等环境）、GTC等建筑单体内的旅客集中位置，以及室外人员聚集区如出租车候车、车库人行通道等处，安装环境感知网关与环境感知多参数传感器，来采集多种传感数据并上传至环境感知综合管理软件后台，来进行数据的综合分析，主要监控对象包括温度、湿度、气压、光照、风速、$PM_{2.5}$、噪声、CO_2/VOC等参数指标，结合现场的温湿度的空间模型与人流量信息统计给出针对区域的空调使用建议。分析对各区域、点位的空调、灯光照明等系统提出指导性建议，并在AOC、TOC进行大屏展示，从而提升能源利用率，提高旅客环境舒适度指数，同时可将调适后的环境参数在旅客服务信息发布屏上显示，体现人文关怀。空气质量监测管理界面如图11-8所示。

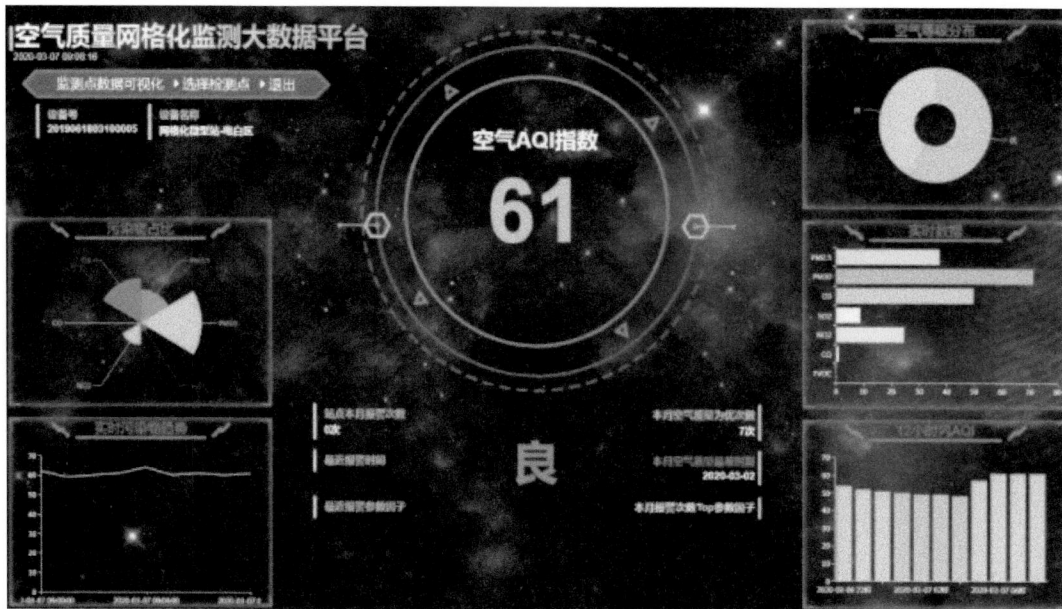

图 11-8　空气质量监测管理界面示例

11.16　时钟系统

时钟系统主要通过前端多种子时钟设备为旅客实时、准确地发布时间信息，为进/出港、换乘各种交通的旅客以及机场的工作人员提供准确的时间服务，避免因显示时间的差异造成不必要的误机或误车矛盾与纠纷；同时分别也为机场其他弱电系统设备提供标准校时信号，以便统一机场各弱电系统的时间基准，从而保证航站楼内各部门始终保持协调、有序、安全、统一地运转。

时钟系统由GPS/北斗双模标准时间信号接收单元及天线、中心母钟、NTP服务器、子钟、监控工作站、监控软件和多路信号输出接口箱设构成。

时钟系统构成了两级分布式通信网络，采用星型拓扑结构，进行分层管理，如图11-9所示：其中GPS/北斗接收机与中心母钟之间构成时钟系统的第一层；母钟至所辖的子钟构成时钟系统的第二层。通信传输接口方式采用标准的NTP网络协议。

设备部署如下：

1）接收装置与天线

北斗/GPS接收装置的接收机宜设置于ITC大楼信息主机房，天线宜设置于ITC楼屋顶室外无遮挡处。

2）母钟位置

宜在ITC大楼信息主机房设置中心母钟系统，在航站楼、GTC、能源中心等单体建筑设置二级母钟

2）人脸识别门禁（图10-12）

图10-12　人脸识别门禁

3）嵌入式二维码门禁（图10-13）

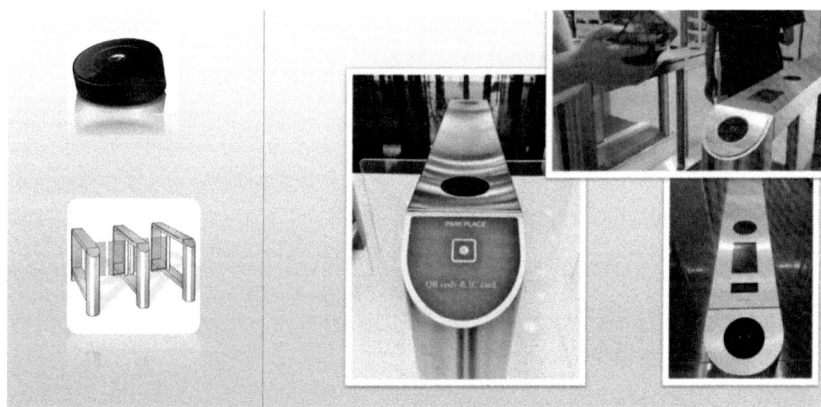

图10-13　嵌入式二维码门禁

4）嵌入式二维码、卡门禁、访客卡回收（图10-14）

图10-14　嵌入式二维码、卡门禁、访客卡回收（一）

系统对接完成、权限开通后，使用者可凭借人脸识别/手机二维码/IC卡通过闸机

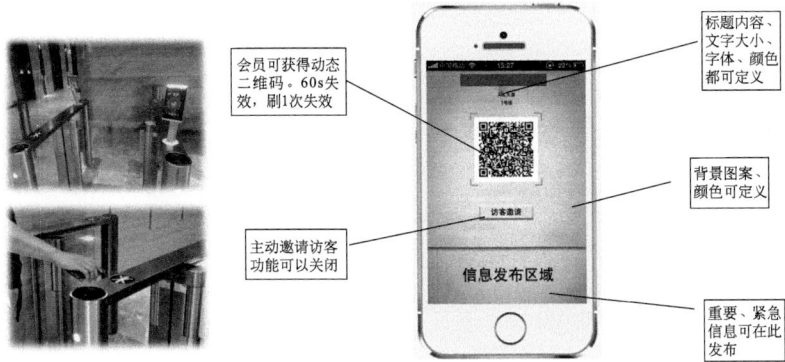

会员可获得动态
二维码。60s失
效，刷1次失效

标题内容、
文字大小、
字体、颜色
都可定义

背景图案、
颜色可定义

主动邀请访客
功能可以关闭

信息发布区域

重要、紧急
信息可在此
发布

图 10-14　嵌入式二维码、卡门禁、访客卡回收（二）

5）非接触梯控（红外感应）（图10-15）

图 10-15　非接触梯控（红外感应）

7. 应急通道、应急安全空间

1）无线门禁（图10-16）

☐ Mesh组网，设备间链式配网，以实现大范围快速配网；　　　　　　　　无线解决方案
☐ 老旧改造项目，无需工程布线，节约大量人工成本；
☐ 一个设备联网即满足大部分设备联网需求，节省大量3G/4G流量卡费用；
☐ 设备支持任意电锁、闸机、梯控信号的接入，不受品牌/型号影响。

服务器　　路由器

Mesh id1　　　　Mesh id2　　　　Mesh id3

● 根节点

○ 中间节点

● 叶子节点

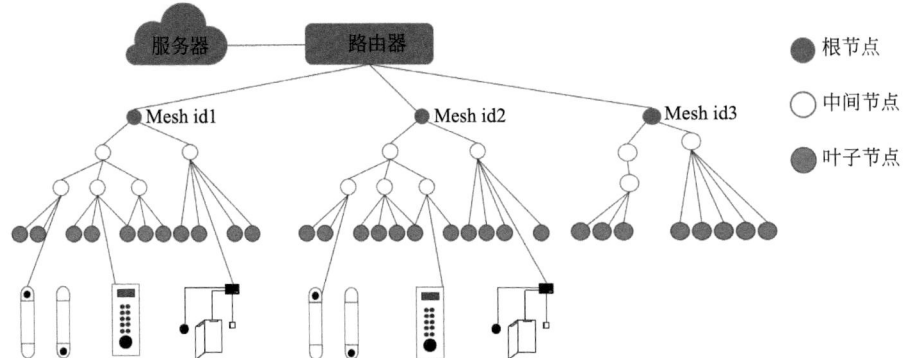

图 10-16　无线门禁

空港枢纽建筑电气及智慧设计关键技术研究与实践

系统，二级母钟通过网络连接前端各子时钟设备。

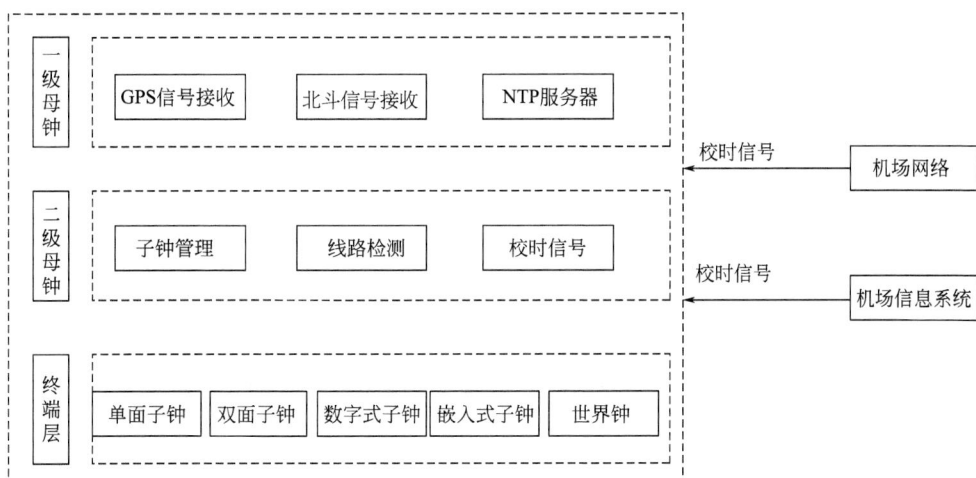

图 11-9　IP 数字时钟系统示例

3）子钟关键位置

子钟安装于航站楼进出港大厅、候机区、通道贵宾室、行李提取处等需要显示时间的公共场所，在国际流程贵宾休息室、问询台等处宜设置世界钟。

第12章　智慧运营

12.1　航站楼协同管理

12.1.1　系统概述

航站楼协同管理系统（T-CDM）是以态势感知、运行管理、协同协作、决策支持为核心，为本次浦东新建T3航站楼内各业务在感知、预测、管控、共享等方面赋能，帮助航站楼内各单位实现"数据协同""业务协同"和"决策协同"，从而达到提升机场航站楼运行保障能力、跨部门协作能力、安全能力、旅客服务能力的目标。

T-CDM系统首先是通过整合楼内航班数据、旅客数据、资源数据、交通数据等，以信息共享为基石，融入航站楼运行管理、旅客登机及达到保障、施工管理、现场巡查管理、运行保障合约管理、失物招领、应急事件管理、投诉管理、物品寄存等日常管理功能。

其次，通过智能分析手段，对楼内旅客的实时分布规律和旅客的行为规律等数据进行分析和预测，再结合航班以及航站楼内保障资源的实时动态变化数据，生成针对航站楼内的日常管理、旅客服务、资源分配、综合交通、旅客等不同对象的预警数据、预测数据和决策数据，为航站楼内各服务部门之间的协同决策提供依据，从而可以进一步优化航站楼业务流程，提升航站楼运行管理效率。

12.1.2　系统架构

航站楼协同管理系统主要由航站楼协同管理数据库、后端业务服务、Web工作站和移动APP构成。后端业务服务由支撑不同业务的微服务组成，从功能上可以大致分为整体态势展示、日常管理、运行监控及决策管理、旅客服务、服务执行管理、生产运行协调、系统管理以及综合统计分析几部分。

12.1.3　系统设计关键点

T-CDM通过GIS地理信息系统获取航站楼平面图，并结合旅客态势数据、生产运行数据、日常管理数据、异常事件数据、服务资源数据等，通过综合可视化平台进行直观展示。

1．航站楼整体运行态势展示

1）航班动态

T-CDM通过数据交互接口从生产业务中间件获取航班数据，实时更新最新航班动态信息，与楼内旅客数据、资源分配使用数据等整合，向用户提供全面的楼内运行信息。

2）旅客态势

T-CDM运用航站楼视频监控、物联网、室内高精度定位等系统，实现航站楼内旅客分布、密度、排队长度、群体异常行为等复杂宏观旅客态势的精准感知；通过核心算法，实现航站楼内旅客未来流量、排队等待时间等数据的预测，从安检系统、离港系统获取旅客各进展情况（已值机、已安检、已起飞旅客）及旅客人数等信息，通过先进的信息化手段对航站楼内各项数据进行深度整合，为航站楼智慧化管理提供完善的数据及共享支撑。

3）服务设施运行态势

T-CDM系统可对接航站楼内的设施设备管理系统、环境监测系统等，实现对楼内服务设施及环境的可视化。

4）运行告警

在采集到的数据的基础上，提供告警阈值设定，结合数据和告警阈值，T-CDM通过一定的算法实现智能告警。主要包括:密度过大告警、排队过长告警、旅客突发聚集行为告警、旅客突发分散行为告警、旅客人群中逆行告警、旅客人群中奔跑行为告警、楼内浓烟明火告警、航站楼内设施设备故障告警、楼内环境异常告警等等。

2. 航站楼日常管理

包含资产可视化管理、安全管理、合约管理、巡视巡查管理、维修报修管理、异常事件管理、投诉意见管理、物品寄存管理、失物招领管理、航站楼标识标牌管理。

1）资产可视化

T-CDM系统可对接航站楼内的设施设备管理系统、通过进一步的信息采集和整合，实现对楼内设备生产运行状态的监控、设备运行历史状态的查询、设备设施运行报警联动的管理、固定资产的可视化管理以及库房的可视化管理。

2）安全管理

建立消防安全管理和风险隐患管理模块，将消防安全责任书、可自定义的风险管理和隐患管理清单等录入系统中，并建立各类数据库，具备数据查询、统计分析等功能。同时，根据预设时间及条件，自动提醒用户开展相应工作。

3）合约管理

合约管理是为了对航站楼保障/服务各项业务提供合约文本依据而建立的一套合约文本管理系统。包括合约文件管理、合约风险及提醒设定、合约执行计划及提醒设定、合约收付款计划及提醒设定、合约执行情况记录、合约回收站以及合约统计分析。

4）巡视巡查管理

T-CDM系统对接高精度地位系统、巡查打卡系统等实现航站楼巡查全流程的管控。包括巡查计划编制、巡检任务管理、巡查人员安排、现场巡查、巡查结果填报、巡查异常结果处置、异常处置结果复查、巡检进展详情查看等功能。

5）维修报修管理

现场巡查人员、各单位工作人员可通过系统，实现物业故障报修、维修跟踪验证等功能，并结合航站楼三维模型，建立航站楼维修数据库。系统具备故障报修、报修单查询、维修派工、维修结果、验收确认、维修统计等功能。

6）异常事件管理

系统可实现按照不同异常事件类型，设定相应的处置程序，管控异常事件录入到处置整个业务流程，实现各部门的协同。功能至少包括异常事件录入、异常事件共享、异常事件处置人员安排、异常事件处置情况记录、异常事件上报以及异常事件统计等。

7）投诉意见管理

系统可以实现对投诉、意见、建议、表扬等信息的统一记录、分类查询和管理。投诉信息可以通过系统工作站客户端和巡检巡查手持终端进行记录。记录的内容包括投诉人信息、被投诉方信息、投诉事件类型、投诉内容、投诉时间、反馈方式等。

针对所有的投诉信息，系统可以按投诉信息中的投诉对象、投诉事件类型、投诉处理结果等条件进行分类查询。

能够将所有投诉信息分类上传给相关系统、相关部门，还可以通过接口与管理局、航空公司的投诉平台实现信息互通。

针对投诉信息的反馈结果，系统可以按预设的投诉反馈方式向投诉方进行反馈。

8）物品寄存管理

系统可以实现对旅客的物品进行寄存登记、费用计算以及取出登记。

在为旅客进行物品寄存时，旅客提供身份证、联系手机号码和寄存的物品，工作人员在系统对寄存物品进行登记。登记的内容包括寄存时间、物品名称、数量、特点、寄存物品所放柜子编号、寄存人姓名、寄存人联系方式等。

在旅客来取寄存的物品时，旅客提供身份证或者电话号码等信息，工作人员在对旅客身份进行确认后，根据寄存人信息在系统中查询出所寄存的物品存放柜子的编号，然后取出寄存的物品给旅客，并进行取出物品登记。登记的内容包括取出时间、取件人姓名、取件人联系方式等。

9）失物招领管理

系统可以实现为机场旅客提供失物的信息查询等服务。失物招领分为失物信息管理、拾物信息管理和失物领取三个模块。

10）航站楼标识标牌管理

系统可以实现对航站楼内管理主体负责管理的所有标识标牌信息进行统一编号管理，并实时记录伴随流程改造或者航站楼扩建项目，标识标牌的更新状况，并且还可以在二维或者三维的GIS地图中对标识标牌的位置、属性等信息进行标注、展示。

此外，系统也提供查询统计功能，统计标识标牌其版面、点位、数量、类型及变更情况等信息。

3. 运行监控及决策管理

包括KPI管理、运行实时监控、数据管理、报警管理、协同管理以及决策支持。

1）KPI管理

T-CDM系统通过采集楼内各个业务系统的节点数据，为KPI提供依据。系统可根据需要设置基于不同KPI指标的参数、规则，审核通过后系统会自动基于这些参数、规则进行实时动态的监控和统计。

2）运行实时监控

T-CDM系统可对接机场服务总线、视频监控系统、无线网络系统、高精度定位系统等实现对航班信息、客流信息以及服务资源信息等内容进行实时监控。

3）数据管理

T-CDM系统可对接机场服务总线、视频监控系统、无线网络系统、高精度定位系统等获取航班运行数据、旅客数据、视频分析数据、热力图数据、地理信息数据等，并可以对获取的数据按照需求进行分类整理。

4）报警管理

可根据需求设置相应的警报信息，制定对应的阈值，当达到设定的值后，将通过屏幕、声音或邮件的方式（可选择）通知用户。

5）协同管理

主要是提供消息交互平台和实现业务全程电子化。通过信息交互平台，系统将枯燥且传统的信息

空港枢纽建筑电气及智慧设计关键技术研究与实践

交流变为高效有趣的信息协同协作，让航站楼内各保障单位沟通更顺畅、更专注。

6）决策支持

系统对数据和业务进行深度分析和客观评估，实现辅助决策、协同决策、智能决策等多种决策支撑体系，为资源分配、保障人员安排、服务流程优化、交通运力调配、广告位投放、商业布局等运营决策提供数据支持，提升决策的科学性和及时性。

辅助决策：深度统计分析，如旅客分布规律，旅客流量规律等。通过客流量的运行规律，分析各时间段客流，为数据化排班提供决策支持，通过实时监控与热力图，及时发现拥堵状况，提早进行应急应对。

智能决策：系统根据智能决策算法直接给出决策建议结果，例如：登机口开放数量建议，值机柜台开放数量建议等。

4. 旅客服务

1）不正常航班服务

提供航延态势图，可视化呈现当前航延各项指标及延误航班分布和详细信息。

提供航延处置业务流程图，实现对延误航班各关节服务提醒和服务情况记录。

2）特殊旅客服务

实现特殊旅客（包括要客、无陪儿童和老人、残疾人员）登记、服务任务安排以及服务进程监控功能。

5. 服务质量管理

T-CDM系统通过对接航站楼内的视频监控系统、无线网络系统、高精度定位系统、综合交通平台、物联网平台等，实现在重点区域采集机场旅客的排队、拥堵等数据，经过统计和分析后，提出机场服务的效率瓶颈，协助机场管理者了解服务质量是否满足要求。包括关键入口和通道服务管理、值机区域服务管理、安检区域服务管理、换乘区域服务管理、出租车等候区域服务管理以及商业餐饮区域服务管理。

6. 生产运行协调

1）关键节点监控

针对航站楼内旅客流、行李流进行关键节点监测，通过对关键节点的监控和管理，能够更好地计划和使用资源，充分挖掘机场资源潜力，提高航站楼内对旅客服务的能力，提高运营效率，进而降低旅客的登机延误率，提高旅客满意度，为旅客提供良好体验。

2）节点保障管理

通过航班信息自动计算正常状态下各节点时间，与基于节点监控采集的数据结果进行分析对比，对节点线上发生延误的节点通过采取手机信息提示等方式提醒旅客，并采取最恰当的保障措施来控制各节点延误造成的影响，使流程尽可能地回到正常的时间轴上来，避免旅客登机延误和到达离开的时间耽误。

3）施工管理

通过T-CDM系统对航站楼内的施工进行全过程的管理，主要包括：

施工管理单位将施工申请上传至系统，系统自动提醒施工管理用户进行审批。

施工管理用户将施工审批情况向各用户进行信息推送，提醒现场监管、涉及单位重点关注。

现场监管、施工管理单位将施工监管情况上传至系统平台，发生至施工管理用户。

施工验收结束后，施工管理用户可将验收相关台账上传至系统进行分类归档，并向相关人员进行公示。

7. 系统管理

系统管理主要包括用户权限管理、日志管理、系统配置管理以及系统运行状态管理等功能。

8. 综合统计和分析

综合统计和分析是通过多样化的统计展示工具，实现对相关数据进行综合统计和分析。展现形式包括但不限于各种表格、饼图、条形图、柱状图、折线图等。系统允许用户定制个性化报表。报表提供数据导出功能，使得数据可以用办公软件如 Excel 和 Word 打开。

9. 移动端APP

T-CDM 移动 APP 主要为参与航站楼运营保障的各有关单位或部门的工作人员配备的移动终端，并配备相应的 APP 应用软件，满足生产人员的移动式办公需求。

同时支持与机场已建或者拟建的小程序，公众号等相关系统对接。

12.2 数字孪生

12.2.1 "数字孪生机场"概念

数字孪生的相关设想早在2003年已经由美国密歇根大学的Grieves教授提出，当时没有使用"Digital Twin"，Grieves将之称为"Conceptual Ideal for PLM（Product Lifecycle Management）"，但该设想中已明确了数字孪生的基本思想，即在虚拟空间构建的数字模型与物理实体交互映射，忠实地描述物理实体全生命周期的运行轨迹。2010年，"Digital Twin"一词在美国国家航空航天局的技术报告中被正式提出，并被定义为"集成了多物理量、多尺度、多概率的系统或飞行器仿真过程"。

在建筑工程领域，数字孪生（Digital Twin）是指通过对物理世界的人、物、事件等所有要素数字化，在网络空间再造一个与之对应的"虚拟世界"，形成物理维度上的实体世界和信息维度上的数字世界同生共存、虚实交融的格局。充分利用物理模型、传感器更新、运行历史等数据，集成多学科、多物理量、多尺度、多概率的仿真过程，在虚拟空间中完成映射，从而反映相对应的实体装备的全生命周期过程，可能用到迄今为止的所有信息技术。

数字孪生机场就是利用物理世界实体机场的模型，结合传感器的数据以及历史的数据等，集成多学科、多物理量、多尺度、多概率的仿真过程，在虚拟数字世界映射出一个与物理现实世界完全相同的数字机场模型，形成物理维度上的实体世界和信息维度上的数字世界同生共存、虚实交融的格局，去反映真实实体机场的全生命周期过程，如图12-1所示。

数字孪生机场建设是一项基建工程，在建设实体土建机场的过程中，同步建设一座数字孪生机场。数字孪生机场是狭义数字机场的终点，智慧机场的起点；是智慧机场的基础设施。

12.2.2 数字孪生机场的建设目标

数字孪生机场的建设目标可概括为：

（1）建设机场智能感知平台：采用物联网、位置定位等多种技术，实现对机场重要设备设施的状态采集、智能感知；

（2）建设机场数字孪生模型：以机场建设过程中的工程图档为基础，采用GIS、BIM等多种技术，建设高仿真的机场数字孪生模型，实现对机场的物理仿真；

（3）建设数字孪生服务中台：对工程图档信息和数字孪生模型的存储、使用、更新、维护进行统一管理，为机场建设和运营各单位提供统一、共享的数字孪生服务，充分发挥信息投资效益；

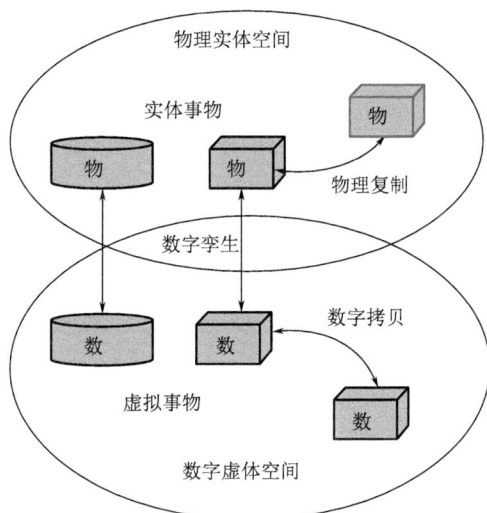

图 12-1　数字孪生机场

（4）建设机场可视化应用系统：在工程图档库和数字孪生模型的基础上，基于数字孪生服务中台，为机场建设和运营单位提供可视化业务应用系统，包括为机场建设阶段服务的规划设计仿真评估、数字化施工管理等，以及为机场运营阶段服务的机场安全/运行/旅服等可视化应用系统的建设。

12.2.3　数字孪生机场总体架构

数字孪生机场的总体框架如图12-2所示，由以下几个部分组成：

（1）标准规范体系：保证系统数据有效整合和统一，包括数据标准、技术标准和管理标准等。

（2）数字孪生模型数据库：系统存储的所有数据，包括机场覆盖范围内的数字孪生模型数据库、地下管网数据库、建筑物数据库、工程编目数据库、工程文件库、多媒体数据库、方预案库、实时和历史动态信息数据库等。

（3）数字孪生服务中台：实现对各类数字孪生模型的管理、提供各类数字孪生服务。

（4）数字孪生共享发布门户：保证系统管理和展示的窗口，包括平台管理、服务查询、在线定制应用、可视化数据分析等，是系统展示的门户。

（5）数字孪生应用服务系统（另建）：面向不同的业务单位提供丰富多样的可视化业务应用功能，是实现业务管理和智慧决策的重要抓手。

（6）系统用户：不同用户获得信息和功能不一样。

12.2.4　机场孪生模型

通过GIS、BIM、三维仿真等多种技术，实现机场室内室外、地表地下的全方位建模，及对设备设施的多种方式空间表达，完成机场的物理仿真。

在对工程内容数据库统一存储与管理的基础上，按照相应的数字孪生机场标准规范，对相关工程电子图档数据进行清洗、整理与转换，建设高仿真数字孪生机场模型库，形成地面、地下、建筑物内部的综合模型数据库。通过模型数据管理和服务平台为机场建设的业务管理、信息分析、各级领导决策提供全面、准确、实时的统一的信息支持。

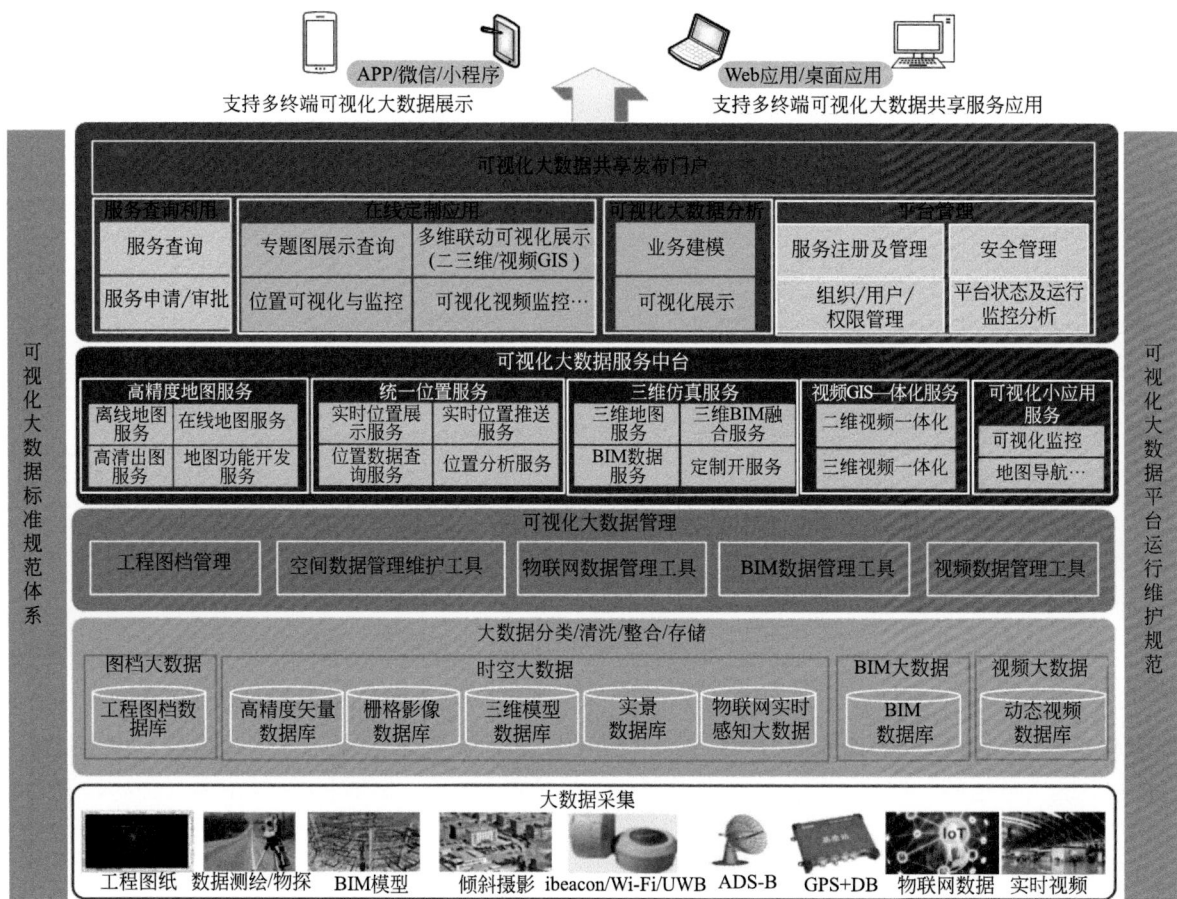

图 12-2　数字孪生机场框架示例

12.2.5　机场智能感知

"数字孪生机场"的先决条件就是要感知物理世界。一个机场从大到建筑结构小到一个井盖，从静态的设备设施到移动的人员车辆，从物理的设备设施到虚无的温度湿度，涉及的事物林林总总，数不胜数。如何能够在虚拟空间中最快速、精准、全面地搭建出模型来就需要采用各种感知手段去获取实际物理信息。

机场目前实现物理感知的几大类型如下：

1）位置感知

位置感知是与机场运行最密切的一种感知内容，机场的生产运行、安全保障、旅客服务、设施管理、运行维护等都离不开位置的需求，位置感知解决了机场"它在哪儿"的问题。目前机场主要采用的以下几种位置感知技术：

（1）ADS-B/MLAT/二次雷达：实现对飞机位置的定位。

（2）GNSS：实现对车辆、可移动无动力设备、人员的室外定位。

（3）Beacon/UWB/Wi-Fi：实现对设备、人员的室内定位。

（4）NFC/RFID：实现对设备、人员的区域定位。

2）空间感知

现代机场的设计正逐步实现由二维CAD平面与三维BIM空间相结合的设计方法，图纸数据经过汇总、清洗、整合和处理后形成空间模型数据库。两种不同维度的设计图纸经过计算机应用系统的自动处理，为"数字孪生机场"提供了最原始的二/三维基础数据。对于设计图纸中的数据缺项补充或数据准确校验，还可以通过勘探、测绘的手段予以补充。

3）视频感知

随着视频技术数字化的发展，图像清晰度越来越高，从单点应用也逐步发展到多机联动，视频分析技术可以从非结构化的视频流数据中提取结构化的属性数据，这一切都为"数字孪生机场"提供了一种信息采集的手段。虚实结合的场景展示，可以更加直观地反映客观事实。

4）传感感知

设备感知是通过设备所配备的专有监控装置，实现对设备运行状态的实时监视和控制，主要有以下方式：

（1）PLC：主要对行李传输、电力电机、空调主机、电扶梯等机电设备的状态感知。

（2）带外管理：主要对防火墙、服务器、网络、存储设备运行状态的感知。

（3）传感器：主要对空气、温湿度、风力、水流、燃气、电流等环境和能源数据感知。

5）生物感知

现在越来越多的机场将生物识别技术也纳入到机场的建设范围内，虹膜、指纹、声纹、人像等识别技术也逐步应用到机场生产、安全、旅服等应用方面。生物信息可以准确地反映一个人的基本信息，配合定位、视频等技术的运用，实现对人员身份识别和定位追踪。

由上可见，数字孪生的感知层与机场物联网建设是统一起来的。

12.2.6 数字孪生服务中台

数字孪生服务中台是满足数字孪生机场建设的模型库库资源和应用功能充分共享的应用需求而建设的。随着机场建设的推进，根据业务需求，可基于数字孪生服务中台开发更多的业务系统，形成机场完整的数字孪生应用服务体系，以充分发挥数字孪生库的投资效益。

数字孪生服务中台能够为各业务系统提供基础的数据服务与通用的应用功能，以实现数字孪生模型的共享与服务。机场建设各部门及未来的机场运营各部门，甚至是相关政府机构都会基于新机场综合信息数据库构建一些业务应用系统，通过数字孪生服务中台所提供的个性化定制功能，使得一定范围的业务需求可快速搭建，各业务系统即可获得定制的模型数据、定制的通用工具、定制的应用功能。

数字孪生服务中台能够与相关业务系统集成，整合相关系统的数据，利用平台进行可视化分析与展示。该平台建成后，可以通过实时信息接口，与机场的多种业务系统集成，获取相关系统的实时数据，辅助各级管理人员的日常管理与决策。

12.2.7 行业应用

包括：航班运行预测、车辆调度模型、旅客流模型、交通流模型、图像识别与分析。

1. 航班运行预测

预测航班运行状况，根据机场航空器运行规则（航班计划制定、跑道分配规则、机位分配规则、最优滑行路线），建立时间推演算法。利用该算法对机场未来运行态势进行模拟，并通过GIS技术对航空器运行的状态（空域飞行、进港滑行、停靠机位、出港滑行）进行可视化仿真预测。

2. 车辆调度模型

根据各类型车辆的业务规则以及航班保证流程及航班信息综合建设保障车辆调度模型，提高车辆运行及航班保障效率。

3. 旅客流模型

根据历史数据及航班信息，建立数据模型，对进出港旅客进模拟，综合分析客流特征，挖掘数据价值。

4. 交通流模型

表明交通流重要性质的物理量。即平均交通量Q、路段平均车速V、平均密度K三个基本参数。密度大小反映一条道路上车辆疏密程度，对上下行各有若干车道的路，为使密度能对比，应按单一车道调查分析，便于理解三者间关系。

5. 图像识别与分析

基于大数据和深度学习实现，可精准识别图像中的视觉内容，包括上千种物体标签、数十种常见机场场景等，包含场景分类、图像打标等在线API服务模块，应用于智能相册管理、图片分类和检索、图片安全监控等场景。

12.2.8 数字孪生机场发展方向

民航局机场司副司长张锐指出：围绕目前我国数字孪生机场建设需要解决的问题，从物理感知、数据处理、数据挖掘、资源可视化等方面考虑我国数字孪生机场建设规划，首先要以物理感知为建设前提，其次以数据处理作支撑，并以数据挖掘为核心任务，最终实现机场各种信息的可视化，为智慧机场建设与智慧化运营提供基础平台。伴随数字孪生理论研究不断深入，其应用领域和应用场景将不断丰富，同时随着5G、物联网等技术的不断革新，可以预见在未来我国机场建设过程中，将围绕机场基础设施建设和全生命周期运营维护，开展数字孪生平台的构建和部署，不断反馈和迭代，建立各类流程和信息的交互和映射，源源不断地获取物理设施的数字信息。相信在不远的将来，数字孪生机场将更多地呈现在民航机场规划、设计、建设、管理等人员面前，极大地促进降本增效，实现我国民航机场的高质量发展。

12.3 数据处理及云数据平台

12.3.1 IT自动化运维系统

自动化运维管理系统是指为机场网络信息管理部门使用，对机场所有 IT 资源进行监控运维管理的系统。

基于 IT 资产管理为核心实现资产配置的全生命周期管理，保证 IT 生产环境中配置项的完整性和精准性。通过对 IT 基础设施的集中监控管理，包括了对网络设备、服务器、存储设备、安全设备、数据库、中间件、业务应用系统、虚拟化资源等 IT 资源的数据采集和事件处理，并利用监控可视化平台提供 2D/3D 可视化展现。通过规范服务流程和技术服务工作，建立一套标准的 ITIL 运维服务流程，实现 IT 运维服务的流程化、规范化、自动化管理。通过自动化运维系统作为工具实施有效的 IT 服务管理，并对 IT 基础架构进行全面而集中的运维管理，根据实际的业务需求提供高品质的 IT 服务，从而确保组织业务的有效运作的业务目标的实现。

自动化运维管理系统主要功能包括：配置管理库、监控管理、带外管理、运维流程管理、统一服务门户。

12.3.2 IaaS

IaaS（Infrastructure as a Service）是基础设施即服务，基于云计算技术对多种IT设备进行管理，建立计算、存储及网络资源松耦合架构的IT基础设施管理平台。

通过IaaS对物理资源和虚拟资源进行统一调度管理，实现资源进行弹性化扩展，并具备高可靠性，高安全性和高可用性等特点，通过技术手段保证运行于架构之上业务系统的稳定性。

IaaS的主要功能包括：虚拟资源管理、物理资源管理、备份管理、异地多机房统一管理，高可用管理等。

12.3.3 PaaS

PaaS（Platform as a Service）是平台即服务，基于云计算技术对业务应用及其运行环境进行管理的管理平台。

建设PaaS通过统一应用的运行、测试环境，结合资源管理系统，使得运行环境和IT资源透明化，可更专注于应用本身；通过高效的自动化应用部署能力，可在短时间内大批量部署或升级应用，节省大量工作，方便进行版本控制；通过服务管理架构，有益于应用间相互功能服务与数据交换；通过权限管理，使得用户与应用有安全的使用权限和界限。

PaaS的主要功能包括：对应用运行环境进行统一管理，通过注册、发布、订阅等方式将应用系统的功能开放共享出来，方便进行多业务系统间的协同工作。

12.3.4 DaaS

DaaS（Data as a Service）是数据即服务，即基于云计算及大数据技术对业务数据及其计算环境进行管理的管理平台。

建设DaaS平台可优化的数据源规划机制与数据存储模型，集成标准化的数据描述体系，统一管理数据资产，统一采集、存储和管理机场日常产生的各种结构化和非结构化数据，通过业务分析的需求进行数据挖掘计算，并最终提交分析成果，结合数据仓库为领导决策分析提供数据依据，形成多源异构数据的全生命周期管理和运行监控体系。

DaaS的主要功能包括：数据采集、数据存储、数据计算任务调度、定制数据挖掘模型、系统监控管理等。

IaaS、PaaS、DaaS三者从基础设施、应用运行、数据存储分析的不同角度分别进行统一管理，通过机场云平台运营管理系统的门户统一对用户提供服务。

12.3.5 机场云平台运营管理系统

机场云平台运营管理系统是指为机场各信息系统提供运营管理服务的系统。成为管理基础设施平台（IaaS），应用管理平台（PaaS），数据管理平台（DaaS）的统一平台，整合机场基础IT资源进行统一管理；成为机场各业务部门、驻场单位、联检单位提供服务的统一门户；成为机场网络信息部的运维团队管理的统一界面。

通过资源申请审批流程，满足各业务部门及外部单位自助申请资源的需要，通过计量功能监控管理各部门及单位资源使用情况，通过计费功能实现对外部单位增值服务管理。最终打造成为对所有IT资源统一管理的服务交付运营门户。

机场云平台运营管理系统主要功能包括：资源统一管理、用户管理、监控及告警事件统一管理、资源计量计费管理、单点登录访问等。

12.3.6 数据仓库

数据仓库是按管理主题领域所建立的分析型数据资源体系，是分析功能所作用的直接对象。数据仓库包括描述各种有关事物的细节及详细数据、体现各类管理主题的不同综合程度的主题数据、各业务数据集合及其形成过程的描述性信息等。

数据仓库储存了大量的、不同业务的历史数据，为机场管理人员通过分析不同的时期和趋势来做出对未来的预测提供了数据支撑环境。同时，数据仓库的实施将数据从众多的数据源系统中转换成标准格式，管理人员能够获得更加准确的、标准的数据内容，而准确的、标准的数据内容是强大的商业决策的基础。

数据仓库包括数据采集管理、元数据管理、主数据管理、作业调度管理、数据库系统。

12.3.7 机场智能仓库（AIR）

机场智能数据仓库 AIR 和传统的基础运行数据仓库 AODB 的区别在于，AIR 提供了复杂事件处理的数据支撑，保存了来自机场运行各方面的事件信息，并基于复杂事件处理 CEP 引擎，对各类事件进行综合性的分析，来制定相关的行动方案，达到主动服务的目的。

AIR 与 AODB 形成了双核心的集成信息系统体系架构。以机场运营和旅客服务为核心，提供基于事件模型的全方位的机场运营数据的存储；通过 CEP 提供基于事件驱动的复杂事件决策支持，实现跨部门业务协同，实时主动决策及信息实时共享，为未来新机场航站区的运行进行全面的支撑。

AIR 是基于传统机场运营管理的基础上，实现更智慧运营管理的代表性系统。

12.3.8 机场综合运行视图

反映机场运行全貌的机场综合运行视图，是全机场范围协同运行的信息化支撑。将航班运行保障、旅客服务关怀、园区环境保障、综合交通运输以及保障人员资源的管理整合到统一的信息平台上，通过图表、KPI、CCTV 实时图像、音视频通信、动态地图等手段，向机场运行管理人员实时地反映机场当前的运行态势，并通过预测分析和场景模拟，来向管理人员反映未来可能发生的运行风险和状况，协助管理人员及时主动的制定行动方案，处理已发生的特殊事件、预防可能的风险，高效率地调配各类保障人员和资源，实时反馈并进一步提升运行效率。

12.3.9 生产业务智能中间件平台IMF-O

IMF-O是中间件消息平台与机场生产业务主题逻辑引擎集成于一身的管理平台，将成为机场生产系统集成核心中的核心。对内包含与空侧业务主题以及所有机场内各生产子系统的接口，对外包含与机场企业服务总线的接口，实现与外部单位，如空管、航空公司、货运公司等的数据交互。未来可通过IMF-O扩展业务子系统。

IMF-O是机场生产业务类各子系统进行航班生产数据交换的核心主件，生产业务主题内各系统基于IMF-O，通过发布服务和消费服务，建立起基于SOA的IT体系架构。SOA架构独立于发布服务和消费服务的硬件平台、操作系统和编程语言，使得构建在异构环境中的系统可以以统一、标准的方式进行数据交互；SOA也可以将独立业务功能定义为服务，从而形成新的业务功能或业务流程。

通过建设IMF-O，实现位置透明和协议独立，简化生产业务主题内各系统之间的接口，实现接口服务的重复使用、管理和配置，有效地降低IT成本。

IMF-O的总体要求如下：

（1）生产业务智能中间件平台中的航班相关数据、旅客相关数据、行李相关数据、生产相关数据、运营保障相关数据、机场协同决策相关数据等均通过IMF-O实现交互。

（2）所有参与集成的系统使用IMF-O上的规范服务，不关心服务是由哪个系统提供的，服务是如何具体实现的。

（3）IMF-O提供数据格式的转换，协议转换，数据路由，服务组装，消息订阅/广播等功能。

（4）IMF-O提供服务监控平台对所有服务进行监控。

IMF-O是由一系列的中间件组成，遵循公开标准格式或业界标准，支持负载均衡功能，以满足大容量应用需求。

12.3.10 机场企业服务总线（ESB）

机场企业服务总线建设是为整个机场建立企业级的信息传递与共享的交换平台，该平台交换的数据范围覆盖于生产、安全、旅客、管理与商业等多个方面，服务于所有信息系统和应用系统。机场企业服务总线提供标准化的多元化数据交换服务，实现各系统互联互通的基础。在总线中建立设备健康采集数据体系，为各子系统开放，从而提供对设备状态监控平台有力支撑。机场企业服务总线在机场信息化总体构架中的位置示意如图12-3所示。

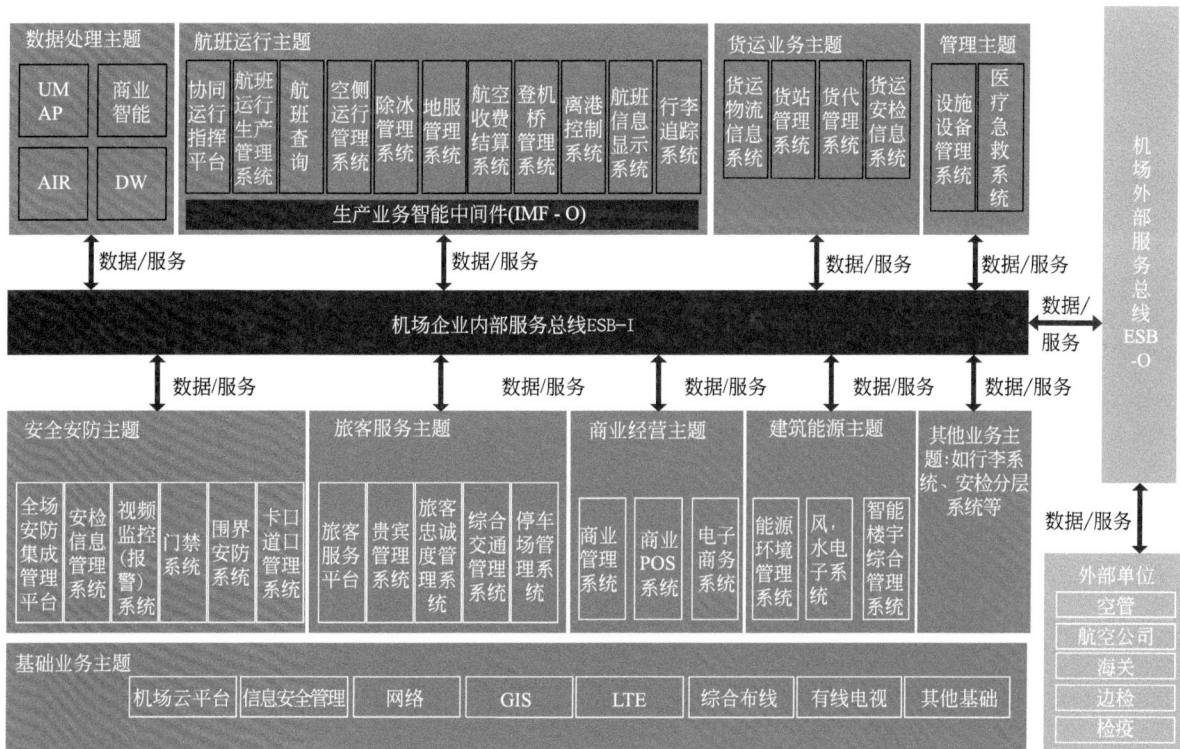

图12-3 机场企业服务总线在机场信息化总体构架中的位置示意

机场企业服务总线不仅解决了最头痛的信息系统整合问题，还能提供了一个软件的基础体系架构。机场企业服务总线是一个基于标准的，松散耦合的，灵活性和扩展性非常高的平台，可以实现对机场内各种异构系统进行数据服务的整合，并为以后开发的各种面向服务的应用提供自动的集成，当业务需求有变化时也不需要对原来的系统进行改造，真正达到"按需互连"的效果。

机场企业服务总线的主要功能包括：数据转换、消息传输、动态路由、异常处理、消息流开发、日志管理等。

12.4 地理信息系统（GIS）

随着计算机软件技术的发展，大量数据处理专用软件的开发，促进了地图矢量化、地理数据建库等GIS技术的发展，GIS是对地面、空间以及地下等一切可以用坐标或其他方式来定位的客观存在进行显示、查询和分析的一门学科。它可以对地球上存在的东西和发生的事件进行成图和分析。GIS 技术把地图这种独特的视觉化效果和地理分析功能与一般的数据库操作（例如查询和统计分析等）集成在一起。GIS技术以其准确而可靠的数据、多样化的信息输出，开拓出广泛的应用空间。

对于大型机场建设工程，无论建设中，还是建设后，还是运维阶段，必定要产生和使用到大量的各式各样的信息资料，我们称之为"工程文档（ED）"，包括工程项目过程管理控制类文档、工程文档（MicroStation Dgn 文件、AutoCAD DWG文件）、电子表格、工程技术性文档、各种图像视频信息等。其特点是数据量特大，数据格式种类多。

机场建设工程规模较大，所采用技术、工艺和项目管理复杂，非常有必要利用信息化手段，特别是以GIS技术为核心的图文等多媒体的整合与管理手段，对工程全过程产生的大量工程文档（涉及项目过程控制、勘测、规划、设计、实施、竣工各个阶段相关的管理类与技术类信息资料）进行科学管理，使之能够进行归档储存、数据检索、应用开发、工程技术性利用、运行维护、实现工程文档的全面数字化管理，协调工程设计、建设过程中各设计施工单位整体工作，为工程建设管理提供服务。

机场建设工程产生的大量图文资料是机场建成后，投入运营的重要管理维护资料。特别是图形资料，不仅仅是机场建设和管理维护的基础，图形资料承载的大量机场基础环境、机场设施、网管、驻场单位等综合信息，这些信息是机场运营管理的重要基础信息资源。如何充分整合并利用这些信息资源，并在此基础上进行增值应用开发，是地理信息业务主题的核心内容。地理信息业务主题将工程图档管理与地理信息系统相结合，并在此基础上完成地理信息服务平台的建设。

地理信息业务主题包括机场地理信息系统（含机场地理信息库、机场工程图档库、共享地图服务、工程图档管理、地理信息管理、综合管网管理、土地管理），组成架构如图12-4所示。

机场地理信息系统以机场地理信息库/机场工程图档库为基础，以可视化应用服务为目的，建设通用的空间数据管理、空间数据查询/显示和空间分析等服务，为各种应用系统提供应用接口或直接向用户提供空间服务。实现统一的GIS服务、统一的空间信息资源共享服务，各种应用系统均可通过共享服务平台调用空间地理数据，根据业务流程定制各种可视化应用。为用户和应用可提供多种格式的数据接口，提供地图数据的定制与发布，提供地理信息的应用服务功能。

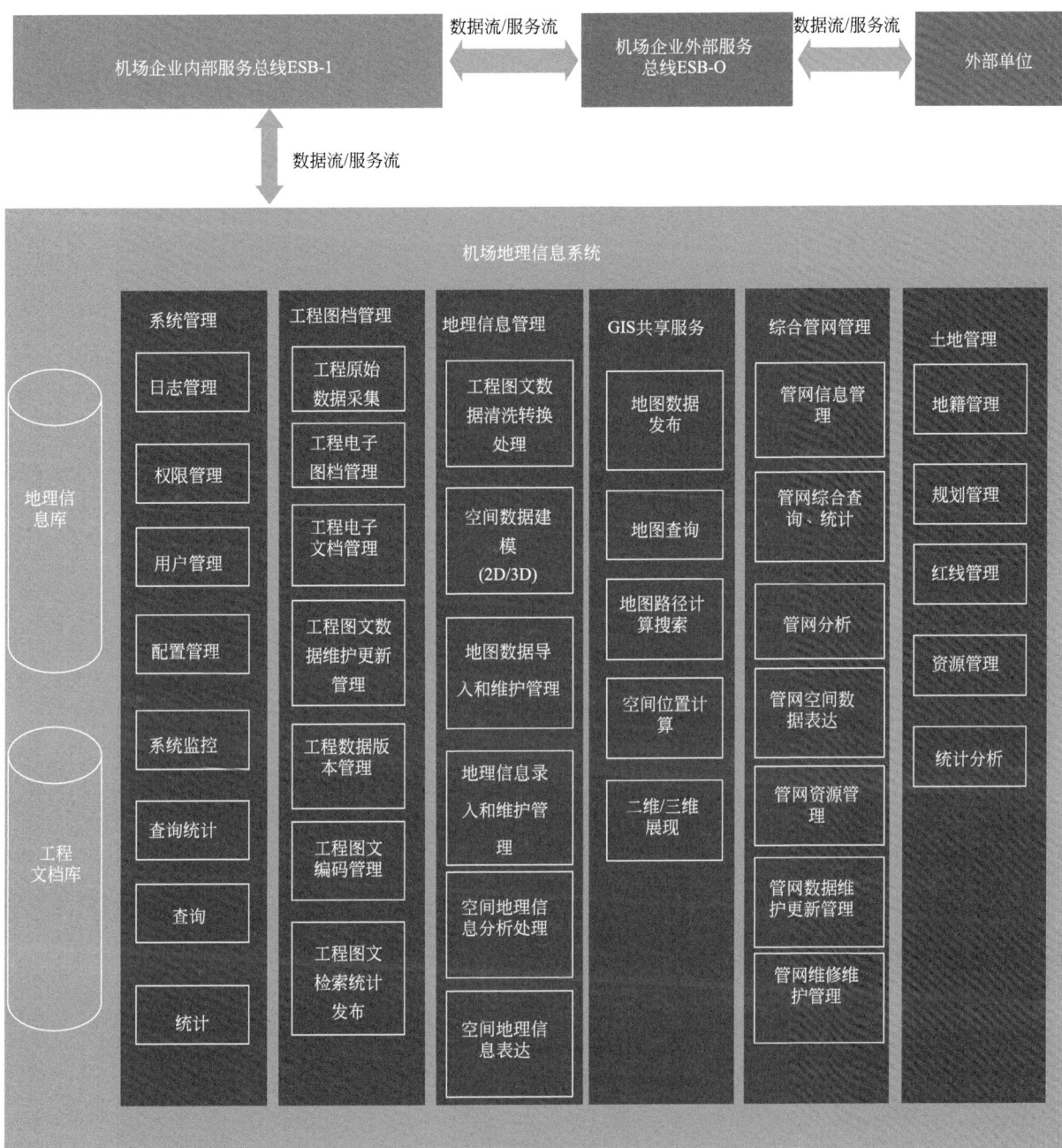

图 12-4　GIS 组成架构

機场企业内部服务总线ESB-1　数据流/服务流　机场企业外部服务总线ESB-O　数据流/服务流　外部单位

数据流/服务流

机场地理信息系统

地理信息库　工程文档库

系统管理：日志管理、权限管理、用户管理、配置管理、系统监控、查询统计、查询、统计

工程图档管理：工程原始数据采集、工程电子图档管理、工程电子文档管理、工程图文数据维护更新管理、工程数据版本管理、工程图文编码管理、工程图文检索统计发布

地理信息管理：工程图文数据清洗转换处理、空间数据建模（2D/3D）、地图数据导入和维护管理、地理信息录入和维护管理、空间地理信息分析处理、空间地理信息表达

GIS共享服务：地图数据发布、地图查询、地图路径计算搜索、空间位置计算、二维/三维展现

综合管网管理：管网信息管理、管网综合查询、统计、管网分析、管网空间数据表达、管网资源管理、管网数据维护更新管理、管网维修维护管理

土地管理：地籍管理、规划管理、红线管理、资源管理、统计分析

307

第12章　智慧运营

12.5　商业综合管理系统

　　商业综合管理平台主要面向机场提供综合商业服务，满足机场商业管理和机场内各主要商户的经营与管理活动的需要，实现机场商业的统一管理。

　　通过建立商业综合管理平台，实现机场多元业务板块的经营管理，对经营管理信息进行收集、挖掘和分析，掌握经营情况，分析经营需求，针对性制定营销方案，促进多元业务收入的提升。

商业综合管理平台主要功能包括：商户管理、业态管理、合约管理、租赁管理、财务结算、活动促销、卡券管理、免提袋购物、导引导购、远程门店监控、客流统计分析、移动手机营销、商业数据报表等。

12.6 商业POS系统

商业 POS 系统是建立在统一销售平台下，采用先进的信息管理技术，可满足国内区域商品销售及销售管理、租赁部分租户销售及销售管理；国际区域免税店、有税店销售及销售管理。

商业 POS 系统可提供方便、有效、快捷的处理手段，最大限度地提高商业管理的服务水平和运营效率，为旅客提供了多种支付方式的同时，更利于机场对商业销售数据的了解和掌握，以便更好地对商家进行管理。

商业 POS 系统主要功能包括：商业销售管理子系统模块（商品管理、采购管理、库存管理、价格管理、销售管理、结算管理）、商品零售终端机、POS 子系统模块（销售、退货、作废、前台变价、前台辅助管理、会员发卡管理、会员折扣、前台收银、前台交接班、条码扫描、条码打印等）、外部接口。

12.7 医疗急救站管理系统

12.7.1 系统概述

急救站信息管理是一个动态系列工程，包括物品、流程、人员的管理，关系到病人抢救成功率，是机场急救中心的重要组成部分，体现了机场急救中心整体医疗服务水平。

目前新疆机场急救中心暂未开展医疗急救信息化的建设，中心内外的急救信息链缺乏有效整合，基于现代化急救中心管理和电子病历的数字化急救中心还有待完善，迫切需要建设医疗急救信息管理系统，通过该系统的建设，能够极大缩短应急救治响应时间，提高医疗急救的效率和质量以及对危重病人的抢救成功率。

12.7.2 系统功能要求

1. 急救中心综合管理

实现人员管理、排班管理、车辆管理、急救药品及耗材管理、救护车设备管理、医疗质量监控及绩效考核等功能，集成办公管理、通信录、内部通信等功能，满足机场急救中心日常办公类业务的开展。

2. 院前急救综合调度

急救调度对院前急救调度信息及预约信息进行管理，根据急救任务的具体情况（如事发位置、病情等），以及排班情况、急救车状态和所在位置等情况，对急救车及出车医护人员进行分配、调度，并将调度信息发送到出诊医护人员的工作站。

急救调度可实现按事件查询录音和车辆轨迹，往救地点定位，并传送至救护车。指挥中心可以调阅车辆前后监控摄像的实时画面，结合车辆的实时定位，可以掌握现场情况，提高调度指挥能力。亦可通过远程医疗通信软件，可以与医生所持的医疗终端互联，实现与随车医生、医院三方音视频通话以及远程医疗指导。

指挥中心可以调阅车辆前后监控摄像的实时画面，可以提高调度中心的作用。还可以通过远程医疗通信软件，跟现场的医生包括送往的医生实行三方音视频通话，并进行远程医疗指导，比如指派一些高级医生，通过视频、音频系统，跟现场进行远程沟通。

3. 急救车载信息工作站

急救车载信息工作站配备移动监护除颤仪、3G/4G路由器、医院信息终端等，自动采集病人体征信息、心电图、图片等信息，将医护人员填写的电子院前急救病例和采集数据信息通过无线网络实时传输到机场急救中心，急救中心医生可通过院前急诊栏目可以查看患者的实时体征波形数据、心电图及其他文字、图片等病情描述，通过视频系统可以观察伤患情况及与患者和救护人员进行音视频通话。

4. 急救移动终端

为出车医护人员提供病例书写、远程会诊、数据传输与信息交互等功能。

5. 急救车载系统

急救车载系统主要包括车载信息终端和车载监控系统等，其中车载信息终端主要用于接收指挥中心指令信息，反馈出车、到达等工作状况的远程信息；可对往救地点定位导航；车载监控系统安装有监控摄像，配置储存硬盘，能够实现指挥中心远程实时查看、远程监控车辆行驶和随车医生医疗行为、回顾性质量控制等。

6. 救护接诊管理

实现病人信息查询、参阅转诊患者资料、急诊机构确认接诊后及在救护车到达前可启动远程会诊功能、绿色通道申请及管理、转诊过程结果反馈等。

7. 电子病历管理

实现医疗、护理和检查检验结果等医疗电子文书提供创建、管理、存储和展现等功能，同时也提供患者既往诊疗信息的收集，使医护人员能够全面掌握患者既往诊疗情况。支持按患者基本信息、就诊时间、就诊科室、接诊医师、疾病编码信息等进行检索。

8. 突发群体事件应急处置

根据120呼救受理和呼救现场进行初级判断以及现场抢救的确认，对突发事件进行评估，确定性质（自然灾害、事故灾难、突发社会安全事件和突发公共卫生事件）和级别，为启动应急预案和应急中心的应急决策提供数据支撑。针对特定疾病病例（如传染病病例），提供信息上报功能。

12.8 楼宇智能化集成IBMS

系统集成平台应在建筑设备监控系统、安全防范系统、火灾自动报警及消防联动系统等各子分部工程的基础上，实现建筑物管理系统（BMS）集成。BMS可进一步与信息网络系统（INS）、通信网络系统（CNS）进行系统集成，实现弱电工程系统集成平台，以满足建筑物的监控功能、管理要求和信息共享的需求，便于通过对建筑物和建筑设备的自动检测与优化控制，实现信息资源的优化管理和对使用者提供最佳的信息服务，使智能建筑达到投资合理、适应信息社会需要的目标，并具有安全、舒适、高效和环保的特点。

弱电工程系统集成平台意为建筑智能化集成管理系统（Intelligent Building Management System），

其是为了将不同功能的建筑智能化系统，通过统一的信息平台实现集成，以形成具有信息汇集、资源共享及优化管理等综合功能的系统。

12.8.1 平台价值

（1）系统高度集成。

（2）降低运维费用。

（3）减少设备能耗。

（4）实现实时能耗管理。

（5）弱电子系统集成化。

（6）高质高效的物业管理服务。

（7）安全、舒适便捷的环境。

12.8.2 系统整体架构图

系统整体架构图如图12-5所示。

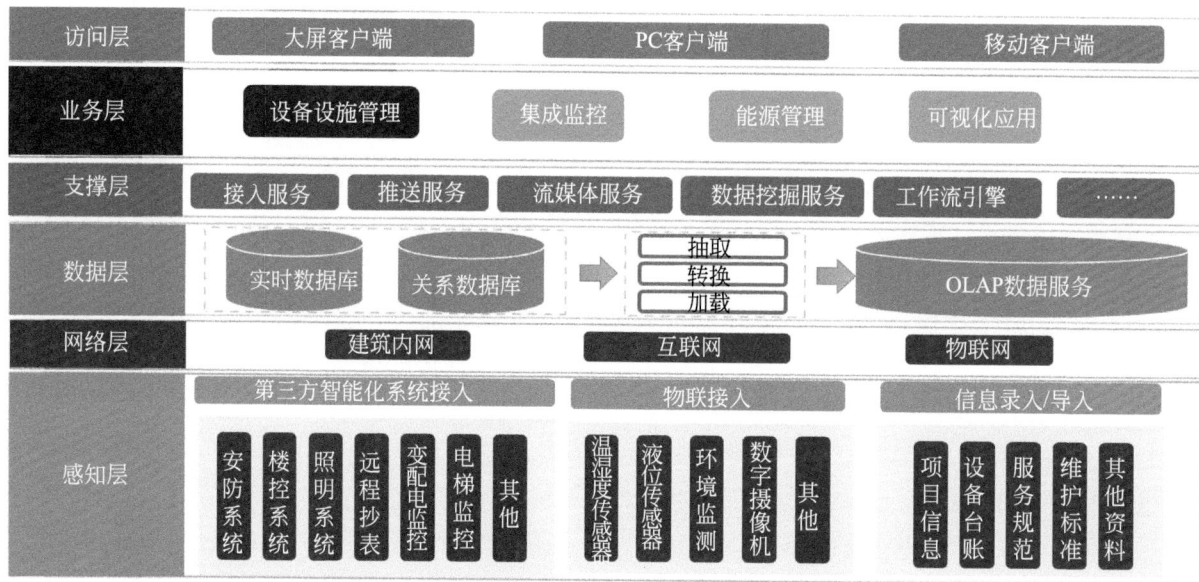

图 12-5 系统整体架构

12.9 楼宇自控系统BAS

本章节内容详见第六章节。楼宇自控系统（Building Automation System，BAS），通过对前端多种类型传感器（温度传感器、压力传感器、流量传感器等）的信号采集、传输以及汇总，通过预设好的控制逻辑，对楼内多种机电设备进行集中管理和监控，使建筑在满足舒适、安全的前提下，实现全面节能。固定的控制逻辑功能代替日常运行维护的工作，大大减少维护人员日常工作量的同时，提高了设备运行的可靠性。其系统组成如图12-6所示。

智能楼宇综合管理系统

电力公司

政府

能耗信息　信息规范　能耗信息

能效对标/
能效评估

| BA楼宇控制自动化 | OA办公自动化 | SA安防自动化 | FA消防自动化 | CA通信自动化 | EM能源管理 |

综合能源管理　能效分析　集中式监控

管理办公室

交换机/集线器

通信模块　　　　　　　　　　　通信模块

企业网络

监测/故障
信息上报　控制信息
下发　　用电监测/故障
信息上报　控制信息
下发

智能楼宇自控

用电监测/控制设备

屋顶光伏/风力
发电

综合
能源

用电监测

空气调节控制　照明控制

微机保护装置　框架断路器

电力公司进线

智能楼宇配变电室

电梯控制　给排水控制

无功补偿器　智能测控仪表

消防控制　安防监控

变压器温控仪　直流屏

......

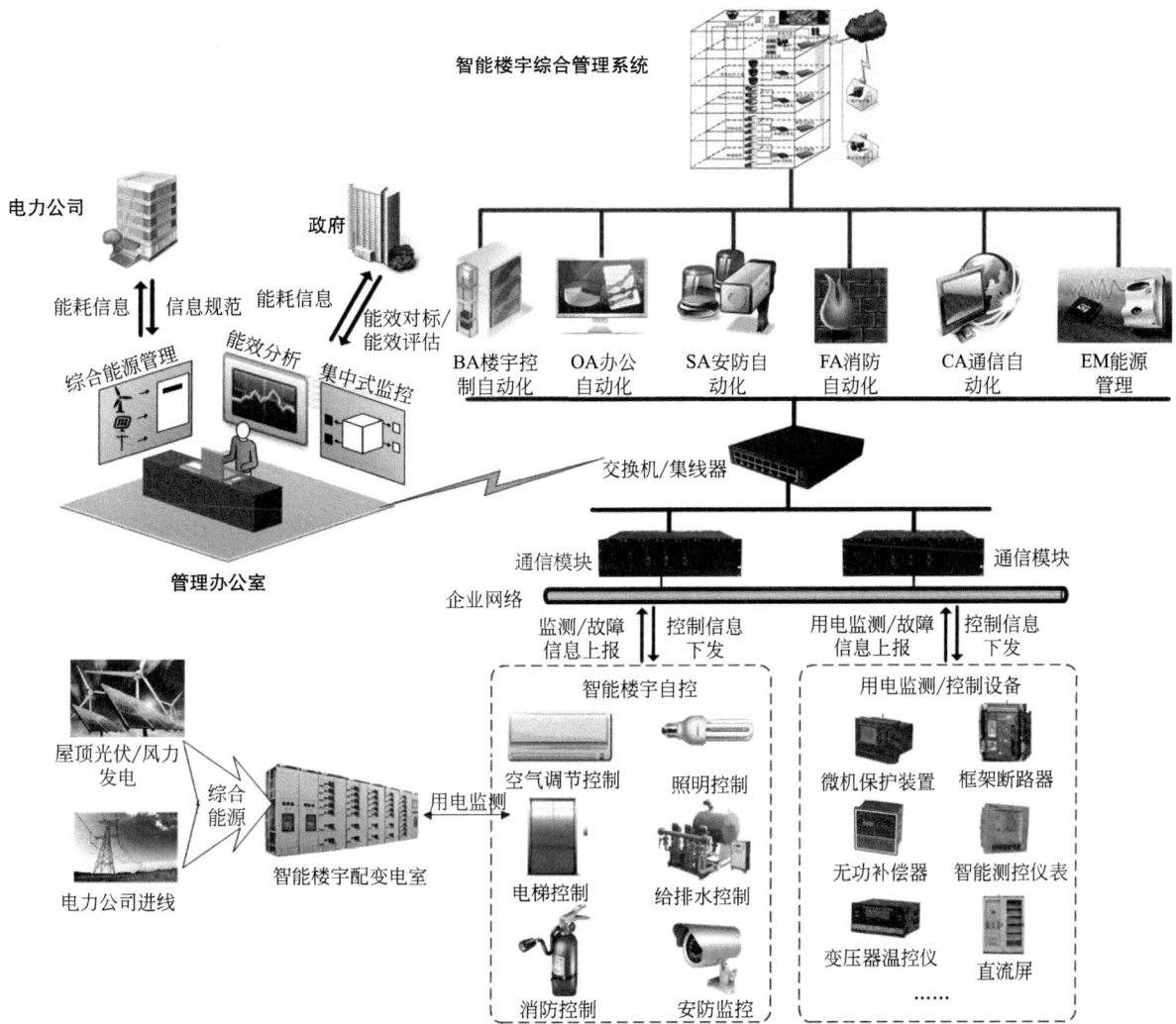

图12-6　楼宇监控系统框图

第二篇 ｜ 实践篇

1. 乌鲁木齐国际机场北区改扩建工程

1.1 机场现状

机场现有T1航站楼2.2万m²，T2航站楼4.78万m²，T3航站楼11.5万m²，总面积18.5万m²。三者布局较分散，且航站构型差别较大。T1为单层式布局，目前已停止使用，T2为两层式布局，目前承担除南航外的其他航空公司业务，T3航站楼2010年投入使用，目前承担南航的国内及国际旅客需求。

1.2 基础设计参数

根据总体规划（2016年版）近期按照满足2025年旅客吞吐量4800万人次、货邮吞吐量55万t、飞机起降36.5万架次的需求进行规划；终端按照年旅客吞吐量6300万人次、货邮吞吐量100万t、年飞机起降44.6万架次进行控制。需在北区新建T4航站楼及配套附属。T4航站楼及配套附属总建筑面积为1055240m²（近期）/1465240m²（远期），东工作区（左片区）总建筑面积为519200m²，西工作区356000m²。

1.3 新建航站楼工程概况

本期新建航站区北区工程，将按照2025年处理年旅客吞吐量3500万人次规划。航站楼平面布局采取了几何逻辑感较强，简单易读的直线性构型设计，分为一个主楼和三根平行指廊，主楼面宽约684m，进深约215m，三根指廊宽度分别42m，共设有67座固定登机桥，70个近机位。航站楼与交通中心及车库之间设交通连廊。

航站楼地下一层、地上四层（含夹层），自上而下分别是出发景观商业夹层、出发值机办票及国际出发候机层、国内混流及国际到达层、站坪层、地下机房及设备管廊层。

航站楼国内国际旅客分离，国内旅客的出发和到达在同层混合，国际旅客的出发到达旅客上下分层，出发层在上，到达层在下。

航站楼所在场地南高北低，以主楼和中指廊一层标高为0.000m（绝对标高640.1），南指廊首层地面标高1.000m，而北指廊则为−1.000m。

出发值机大厅位于13.300m，国际部分的出发与到达位于北指廊，出发候机标高9.050m，到达标高4.500m；国内出发候机则位于南指廊的6.500m和中指廊的5.500m；站坪层的主楼部分主要是行李处理机房，指廊部分除了远机位的出发和到达、可转换机位，还有设备机房、站坪维修间、业务用房等功能。航站楼地上建筑面积约50万m²。

1.4 新建交通中心工程概况

本期交通中心主要建设内容包括换乘中心和敞开式停车库。

换乘中心主要位于航站楼东侧轴线中心区域，西侧和航站楼到达层平层相连，南北侧分别与停车库连接，竖向通过垂直交通和地下轨道交通层联系。主体建筑东西向长度约350m，南北向宽度约80m，建筑高度约36m，地上4层地下1层（隔震层）。

顶层为5.5m标高，主要功能是换乘通道和商业设施，换乘通道西侧与航站楼到达层连接，南北侧通过人行通道平层衔接停车库；三层为-2.1m标高，主要功能是机场巴士、公交巴士、旅游巴士的候车厅和车道边，以及轨道交通的站厅层和相关设备用房等，巴士车道边和航站楼楼前地面层到达车道直接相连；二层为-7.5m标高，主要功能是敞开式停车库，主要提供给员工停车使用，该层和-5.9m标高南北两侧停车库通过车道直接相连；首层为-13.5m标高，主要功能为设备用房、员工餐厅和旅游巴士停车场等；地下夹层标高为-17.7m，主要功能为隔震层。

敞开式停车库位于换乘中心南北两侧，呈平行四边形对称布置，车库东侧为-2.1m和-13.5m两个标高层面的入库通道，分别满足东进场道路和西进场道路的私家车入库，停车库西侧和南北侧分别与航站楼到达层和换乘中心平层相连，每侧停车库建筑东西向长度约248m，南北向宽度约130m，建筑高度约23.8m，地上6层，局部设有地下1层。

敞开式停车库主要分6个标高层面，从上到下分别为5.5m、1.7m、-2.1m、-5.9m、-9.7m和-13.5m，停车库层高约3.8m，南北侧停车库靠近换乘中心一侧设置库内车道边，为有围护结构的空调区域。停车库顶层5.5m标高层西侧和南北两侧分别与航站楼到达层和换乘中心人行通道相连，-5.9m标高层南北两侧分别与换乘中心-7.5m层员工停车库车行通道连接；首层-13.5m标高层为主要设备机房与停车库，局部地下1层为设备机房。

交通中心所在场地自然地坪南高北低，通过场地土方自平衡，交通中心设计地面层室内标高为-13.5m（0.000m相当于绝对标高640.1m）。

交通中心地上总建筑面积约34万m²，其中换乘中心约12.8万m²，停车库约23.5万m²，合计总建筑面积约为36.4万m²。

总平面图：

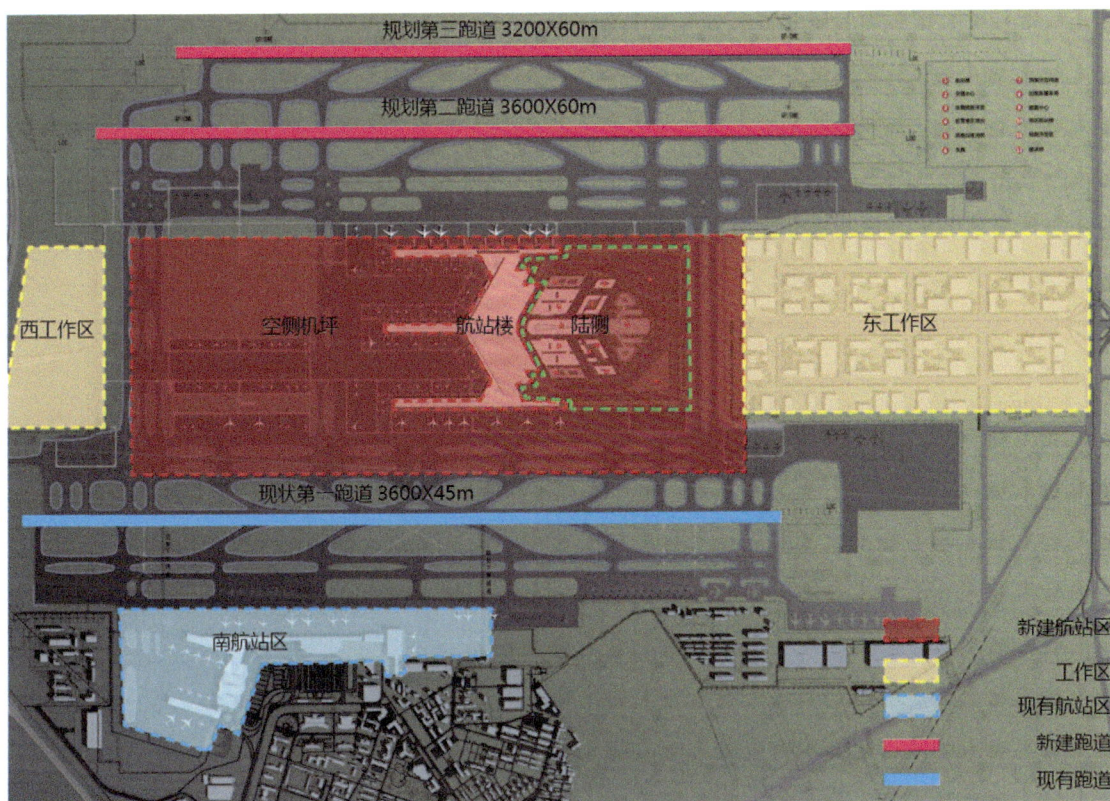

规划第三跑道 3200X60m

规划第二跑道 3600X60m

西工作区

空侧机坪　航站楼　陆侧　　东工作区

现状第一跑道 3600X45m

南航站区

新建航站区

工作区

现有航站区

新建跑道

现有跑道

鸟瞰图：

A. 项目概况

项目所在地		乌鲁木齐
建设单位		乌鲁木齐临空开发建设投资集团有限公司
民航专业设计顾问		民航机场成都电子工程设计有限责任公司
总建筑面积		约 86.4 万 m²
建筑功能（包含）		T4 航站楼、交通中心、车库
各分项面积及功能	T4 航站楼	约 50 万 m²
	交通中心	约 12.8 万 m²
	停车库	约 23.5 万 m²
设计时间		2020 年 1 月
竣工时间		2025 年

B. 供配电系统

申请电源	10 组 10kV		
总装机容量（MVA）	94.8		
变压器装机指标（VA/m²）	110		
实际运行平均值（W/m²）			
供电局开关站设置	□有　■无	面积（m²）	

C. 变电所设置

变电所位置	电压等级	变压器台数及容量	主要用途	单位面积指标 VA/m²
北指廊 1#	10/0.4kV	2×2500, 2×1600	照明电力空调	140
北指廊 2#	10/0.4kV	2×2500+2×1250	照明电力空调	140
北指廊 3#	10/0.4kV	2×2000+2×1000	照明电力空调	140
主楼 4#	10/0.4kV	2×2000+2×1600	照明电力空调	140
主楼 5#	10/0.4kV	4×2000+2×1600	照明电力空调	140
	10/0.4kV	2×2500	行李	140
主楼 6#	10/0.4kV	2×2000+2×1600	照明电力空调	140
中指廊 7#	10/0.4kV	2×2000	照明电力空调	140
中指廊 8#	10/0.4kV	2×1250+2×1000	照明电力空调	140
南指廊 9#	10/0.4kV	2×2000, 2×1250	照明电力空调	140
南指廊 10#	10/0.4kV	2×2500, 2×2000	照明电力空调	140
南指廊 11#	10/0.4kV	2×2000	照明电力空调	140
北换乘中心 12#	10/0.4kV	2×2500	照明电力空调	70
南换乘中心 13#	10/0.4kV	2×2000	照明电力空调	71
北停车楼 14#	10/0.4kV	2×1600	照明电力空调	27
南停车楼 15#	10/0.4kV	2×1600	照明电力空调	28
北停车楼充电 16#	10/0.4kV	1×500	照明电力空调	4
南停车楼充电 17#	10/0.4kV	1×500	照明电力空调	5

D. 柴油发电机设置

设置位置	电压等级	机组台数和容量	主要用途	单位面积指标 W/m²
北指廊 1#	0.4kV	1×600	UPS 等应急负荷	20
北指廊 2#	0.4kV	1×600	UPS 等应急负荷	20
北指廊 3#	0.4kV	1×600	UPS 等应急负荷	20
主楼 4#	0.4kV	1×1600	UPS 等应急负荷	20
主楼 5#	0.4kV	1×1600	UPS 等应急负荷	20
主楼 6#	0.4kV	1×1600	UPS 等应急负荷	20
中指廊 7#	0.4kV	1×600	UPS 等应急负荷	20
中指廊 8#	0.4kV	1×600	UPS 等应急负荷	20
南指廊 9#	0.4kV	1×600	UPS 等应急负荷	20
南指廊 10#	0.4kV	1×1000	UPS 等应急负荷	20
南指廊 11#	0.4kV	1×600	UPS 等应急负荷	20
北换乘中心 12#	0.4kV	1×1200	UPS 等应急负荷	9
南换乘中心 13#	0.4kV		UPS 等应急负荷	
北停车楼 14#	0.4kV	0	/	/
南停车楼 15#	0.4kV	0	/	/
北停车楼充电 16#	0.4kV	0	/	/
南停车楼充电 17#	0.4kV	0	/	/

E. 强电间设置

T4 航站楼强电间

	楼层	面积（m²）	主要用途	空 / 陆侧	备注
T4 航站楼	各层	10~15	照明电力空调	空侧	122 间

GTC 交通中心及车库强电间

	楼层	面积（m²）	主要用途	空 / 陆侧	备注
交通中心	各层	10~15	照明电力空调	陆测	32 间
停车楼	各层	10~15	照明电力空调	陆测	54 间

F. 智能化弱电设备机房和运用用房设置

T4 航站楼弱电设备及运控用房

	楼层	面积（m²）	主要用途	空 / 陆侧	备注
T4 航站楼 PCR	0m 层	500	航站楼主机房	陆侧	156 机柜
T4-PCR 配线间	0m 层	120	主机房配线	陆侧	近 PCR
T4 机房监控	0m 层	100	主机房配线	陆侧	近 PCR
T4 航站楼 DCR	0m 层	100×4	航站楼汇聚机场	都有	4 间
T4 航站楼 DCR	5.5m 层	100	航站楼汇聚机场	空侧	1 间
T4 航站楼运营商	0m 层	120	运营商主机房	陆侧	1 间
进线间	-8m 层	20×2	南北双进线	陆侧	2 间
消防安防监控中心	0m 层	180		陆侧	1 间
TOC 二级运行办	0m 层	250	航站楼值班及执行 AOC 指令	陆侧	1 间
飞行区运控中心	0m 层	100×2	飞行区监控	空侧	南北各 1

F. 智能化弱电设备机房和运用用房设置					
空管机房	0m 层	150	空管运行系统	陆侧	近 PCR
弱电间	各层	10~25	区域、登机桥专用、值机岛专用	都有	203 间
海关机房	5.5m 层	60	海关、检疫	空侧	1 间
海关监控中心	5.5m 层	40	海关、检疫	空侧	1 间
边检机房	10.5m 层	45	边检	空侧	1 间
边检监控中心	10.5m 层	30	边检	空侧	1 间
GTC 交通中心及车库弱电设备及运控用房					
GTC 联合设备机房	−13.5m 层	200	GTC 及市政公共区设备	陆测	1 间
GTC 消防控制室兼交通运行指挥中心	−13.5m 层	250	消防、安保、综合交通指挥	陆测	1 间
换乘中心 DCR	−13.5m 层	80		陆测	1 间
换乘中心弱电间	各层	15		陆测	38 间
车库 DCR	−13.5m 层	60×2		陆测	2 间
车库弱电间	各层	10		陆测	76 间

G. 智能化系统配置		
系统名称	系统配置	备注
数字孪生机场建设	无。各重要系统具备三维操作及展示平台	
数据中心建设	是否建设：本期建设机场云数据中心（北区） 灾备：南北区数据机房互为灾备	
旅客自助流程	自助值机：具备 自助行李托运：具备 自助登机闸机：具备 行李位置追踪系统：具备	
智慧安检通道	智能安检闸机：具备 毫米波门：具备 自动回框：具备 人包对应：具备	
综合布线系统	布线类型：Cat.6A U/FTP 主干布线：室内单模光缆 共计信息点：31896 只（不含安防、楼控） 无线 AP：生产网 700 只、旅客网 469 只	
通信系统	运营商固网＋手机信号覆盖	
信息网络系统	系统架构：三层交换网络架构 网络规划：生产网、综合网、安防网、离港网、旅客网、机电网（只提供核心交换机） 多骨干节点：具备	
无源全光网络系统	是否具备：具备 应用场景：IPTV 传输网	
有线电视	系统型式：IPTV 节目源：机场有线＋航显 设置位置：贵宾室、候机区 共计电视终端：236 只	
信息导引及发布系统	是否与航显系统合用：是 系统型式：网络系统 显示型式：液晶屏、LED 屏 共计显示终端：同航显	

G. 智能化系统配置		
广播系统	系统型式：数字系统 系统功能：机场业务广播、紧急广播 共计扬声器：100V 定压扬声器 4136 只、有源阵列扬声器 10 只	
安全防范系统	入侵报警：双监探测器 34 只、报警按钮 750 只、声光报警器 200 只	
	视频监控：1080P 固定摄像机 6982 只、快球 237 只、人数统计摄像机 19 只、人脸识别摄像机 350 只、拼接全景摄像机 299 只、4K 超高清摄像机 9 只、全自动热成像体温筛查系统 6 套 安防存储：在 ITC 设置 30 天热数据存储 8.5PB（IP-SAN）、全场安防设置 90 天冷数据存储（磁带库）	
	出入口控制：门禁读卡器 2551 只	
	一卡通：集成门禁、考勤、就餐、借阅等	
	电子巡查：利用门禁	
楼宇对讲系统	是否具备：具备 应用场景：登机桥远程对讲及开门、楼前公共区对讲求助	
智慧会议系统	是否具备：具备 应用场景：应急指挥会议室会议系统	
时钟系统	系统形式：IP 式 母钟设置：一级母钟在 ITC、二级母钟在 T4 主机房 子钟数量：222 只	
智慧公厕	是否具备：无 应用场景：无	
空气质量监测系统	是否具备：具备 应用场景：旅客流程空间内点状分布	
智慧办公	是否具备：无 应用场景：无	
智慧通行	是否具备：无 应用场景：无	
酒店管理系统	是否具备：无 应用场景：无	
客房控制系统	是否具备：无 应用场景：无	
卫星电视系统	是否具备：无 应用场景：无	
停车库管理系统	车库道闸一进一出 3 套 车位引导：超声波探测器 1376 只 反向寻车：无	
智能化集成系统	集成消防、安防、无线对讲、设备监控、能耗、信息发布等	
民航专业系统 / 信息系统建设	登机桥管理系统、航班信息显示系统、离港控制系统、行李再确认系统、安检信息管理系统、贵宾管理系统、商业 POS 系统等	
信息工程建设情况	主要包含数据中心网络系统、数据中心应用系统、航空收费结算系统、信息集成系统、机场协同决策系统、地服管理系统、空侧运行管理系统、除冰管理系统、机坪车辆管理系统、货运物流信息系统、货站管理系统、货代管理系统、货运安检信息系统、全场安防集成管理平台、机场地理信息系统、设备设施运行管理系统、医疗急救站信息管理系统、能源管理系统、视频会议系统、综合交通管理系统、旅客体验系统、旅客运行管理系统、旅客忠诚度管理系统、商业管理系统、电子商务系统、建筑群通信光缆工程等	
通信工程建设情况	主要包含 LTE 无线通信系统、150M 集群通信系统等	

平面功能布局图：

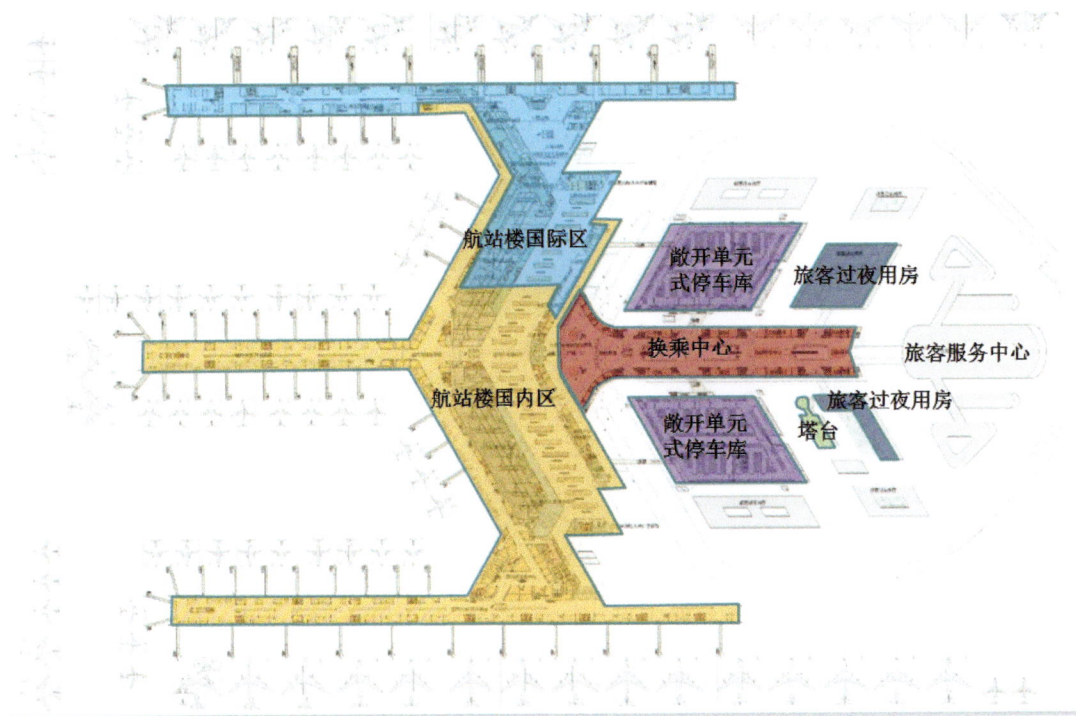

供配电系统单线图：

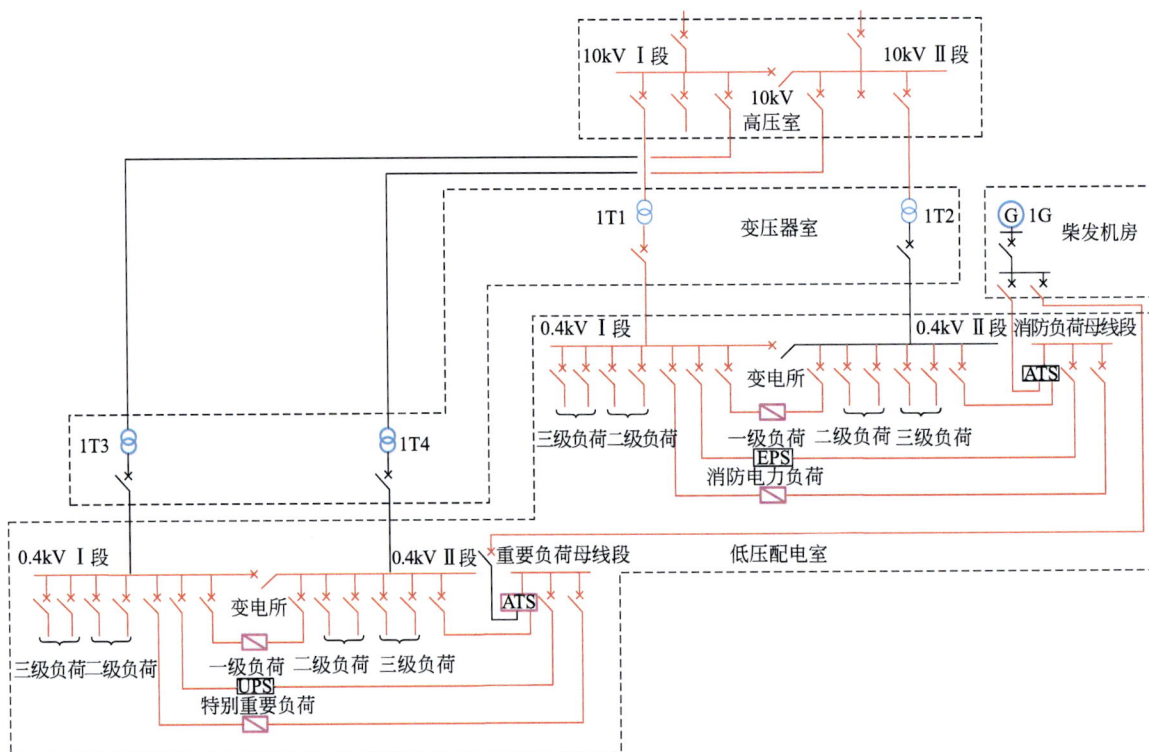

主要电气机房分布图：

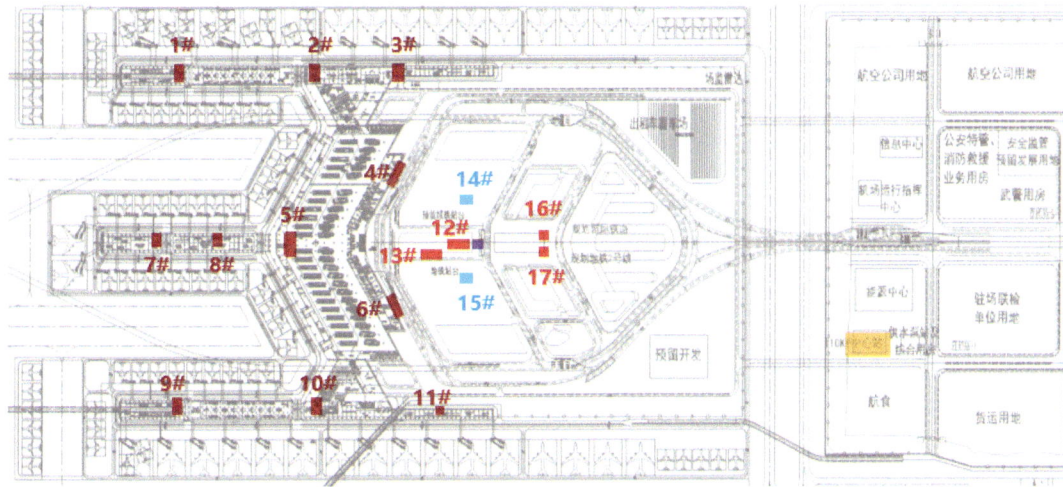

图例	名称
■ (红)	航站楼1#~11#10kV变配电站
■ (紫)	换乘中心(10kV开闭所)
■ (蓝)	停车库14#、15#变配电站
■ (橙红)	换乘中心12#、13#,充电桩16#、17#变配电站
■ (黄)	机场新建东侧区域变电站110/10kV

主要弱电机房分布图：

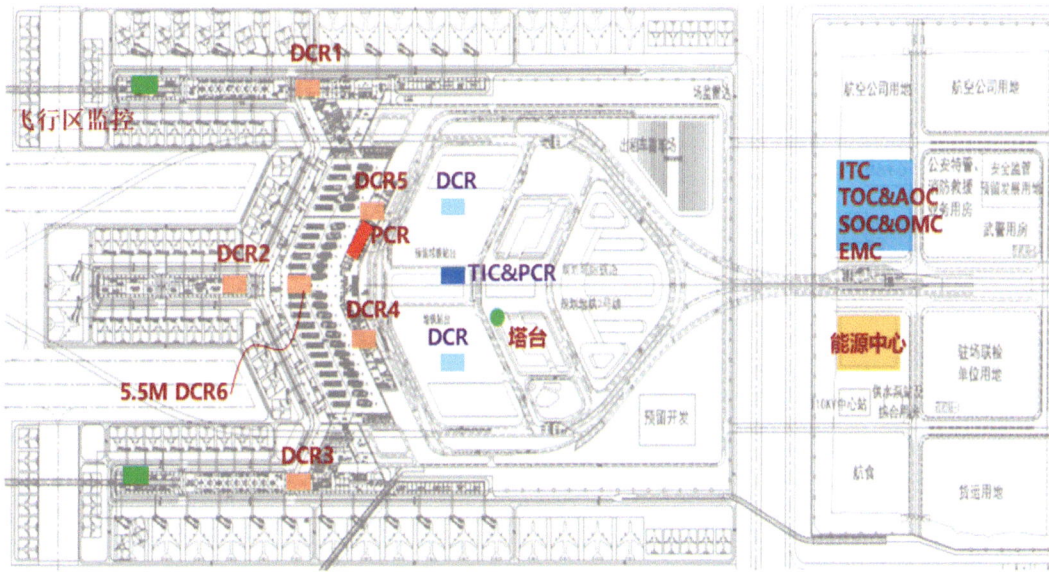

主要安保监控中心分布：

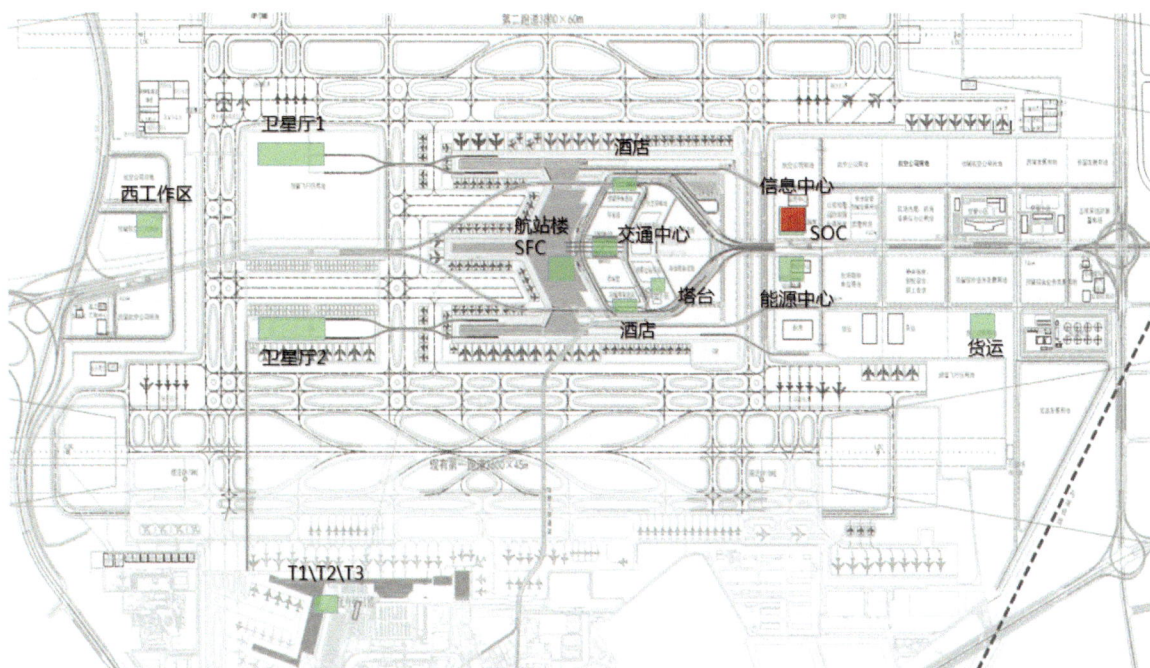

主要通信管道路由规划：

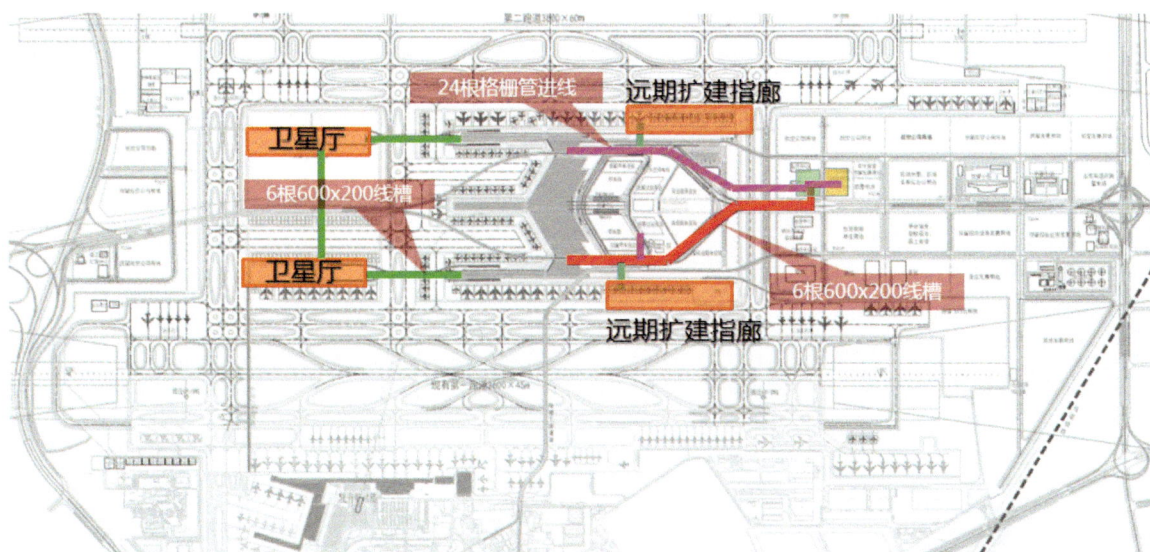

综合管廊弱电桥架路由规划：

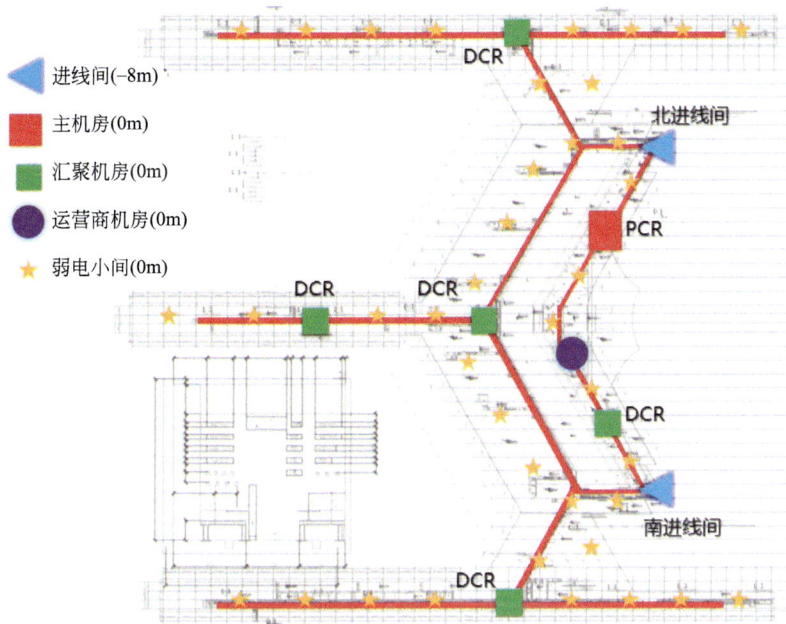

进线间(-8m)
主机房(0m)
汇聚机房(0m)
运营商机房(0m)
弱电小间(0m)

DCR
北进线间
PCR
DCR
DCR
南进线间
DCR

综合管廊桥架规划及典型剖面：

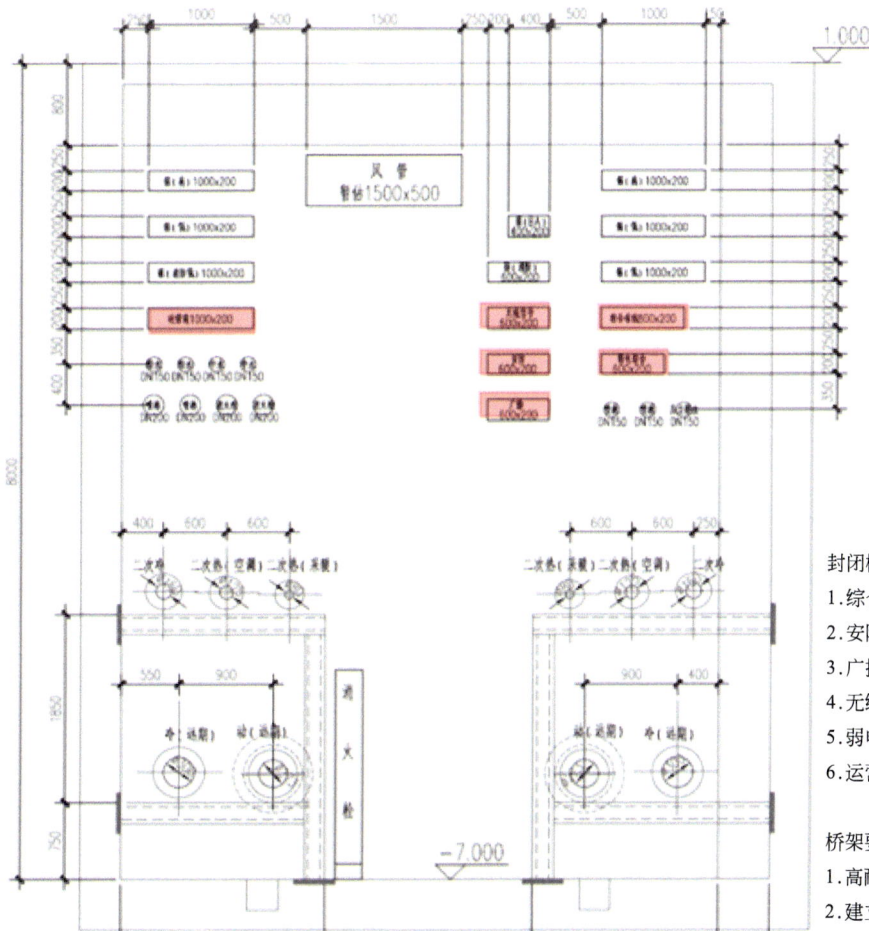

封闭桥架规划：
1.综合布线800×200
2.安防600×200
3.广播600×200
4.无线信号600×200
5.弱电综合600×200
6.运营商1000×200

桥架要求：
1.高耐腐、高强度
2.建立颜色标识体系

2. 上海浦东国际机场T3航站楼

2.1 航站区设施现状

上海浦东国际机场现有T1、T2两座航站楼。

上海浦东国际机场T1航站楼位于第一跑道东侧，建筑面积34.8万㎡。

上海浦东国际机场T2航站楼位于T1航站楼东侧，建筑面积54.6万㎡。

上海浦东国际机场卫星厅于2019年9月16日启用，位于T1、T2航站楼南侧，建筑面积62.2万㎡，与T1、T2航站楼共同满足年旅客吞吐量8000万人次的运行需求。

P1、P2停车场位于浦东国际机场T1、T2航站楼前，共有5349个停车位。其中，P1建筑面积11.8万㎡，车位数量2737个；P2建筑面积13.5万㎡，车位数量2612个。

2019年12月底，P4长时停车库投入使用，由A、B、C、D四栋建筑体组成，共有5354个停车位。

2.2 基础设计参数

2019年上海浦东国际机场完成旅客量7615.35万人次，航空旅客量即将突破原规划确定的8000万年旅客量。随着航空业务量规模逐渐增大，上海浦东国际机场的增长速度明显减缓，目前已低于全国民航的平均增长水平。同时，各主要设施的保障能力已经或即将达到上限，高负荷的运转带来的运行风险逐渐增大。航站区及飞行区规划应依托现有跑道和滑行道系统能力，提升机坪和航站楼及其他主要功能保障能力，缓解未来一段时期内由于航空业务量快速增长带来的压力。近期新建T3航站区与T1、T2航站楼、卫星厅共同满足1.3亿年旅客吞吐量的容量需求。

T3航站楼建成后将服务于主要基地航司及其合作伙伴，在全场旅客量达到1.3亿时，T3需要满足5000万人次旅客量。本次规划T3航站楼采用"双主楼一体化"构型，形成了"双主楼、双陆侧、一个交通中心"的总体布局。双主楼围合呈一个"口"字形，国内主楼和国际主楼前后分置，南侧为国际楼，北侧及两翼为国内楼，实现以下设计特点：

- 国际设施集中布局，运行灵活，便于中转。
- 国内设施分区运作，便捷高效。
- 两楼协同提供航站楼设施设备、车道边最大冗余度，满足极端高峰小时以及国内国际错峰特征的航站楼需求。
- "浅港湾，多指廊"构型运行灵活、高效。
- 航站楼结合跑滑系统最大化机位数量。

本次规划T3航站楼的设计体现东航集团提出的"360"运营管理理念，即"100%靠桥率""100%行李自动分拣""100%通程航班"及"60分钟MCT"，打造集航空、轨道交通、陆侧交通、综合办公、旅游集散等功能整合于一体的T3航站区规划方案。

2.3　航站楼工程概况

本次规划T3航站楼综合体是集航站楼、交通中心、南北停车楼、市政地面道路及配套等一体化的建筑。本期用地范围位于卫星厅南侧，主要建筑及规模包括航站楼、北交通中心和南交通中心。根据规划方案，采用主楼居中的双主楼一体化构型的航站楼，分为国内、国际两个主楼，地下三层，地上五层，总建筑面积118万m²，建筑高度48m。

2.4　南交通中心概况

作为一个超大规模的交通枢纽，T3航站楼综合体模糊了航站楼与交通中心界限。它涵盖了进出航站楼的各换乘空间设施（站点）、车辆的停蓄车空间设施及串联这一系列设施的交通换乘通道，以及旅客过夜用房、后勤业务用房等辅助功能设施，贴邻国际国内主楼自然形成了南北两个组团；北交通中心包括北侧交通换乘中心、北停车楼、北过夜用房、配套业务用房等。南交通中心包括交通换乘通道、南停车楼、南旅客过夜用房等，地下四层、地上六层，总建筑面积为259022m²，其中交通中心15339m²、南停车楼195683m²、南旅客过夜用房48000m²。

交通换乘通道位于国际楼前，主要楼层标高为6.0m旅客到发通道，串联T3国际主楼、南停车楼与南旅客过夜用房、北与整个航站区6m换乘大通道平层联系、向南则通过陆侧连廊与楼前开发相联系、旅客还可通过通道下至0m网约车车道边与定制巴士车道边。

2.5　北交通中心概况

作为一个超大规模的交通枢纽，T3航站楼综合体模糊了航站楼与交通中心界限。它涵盖了进出航站楼的各换乘空间设施（站点）、车辆的停蓄车空间设施及串联这一系列设施的交通换乘通道，以及旅客过夜用房等辅助功能设施，贴临国际国内主楼自然形成了南北两个组团。其中，交通中心北组团包括北侧交通换乘中心、北停车楼、北过夜用房等。

交通换乘中心提出了−18m和6m立体双换乘通道通道概念，解决大量人流在枢纽内部的换乘问题；交通换乘中心内部设置航站楼功能，有效疏导人群，提供航站楼运营冗余度。根据构型，交通换乘中心内部分为南北侧两个部分；北交通中心联系大巴、出租车等公交换乘，以及轨交换乘大厅、换乘通道等。

北交通中心子项总建筑面积为702710m²，其中地上建筑面积为205733m²，地下建筑面积为496977m²。屋面绿化面积为24000m²。

总体规划设计图：

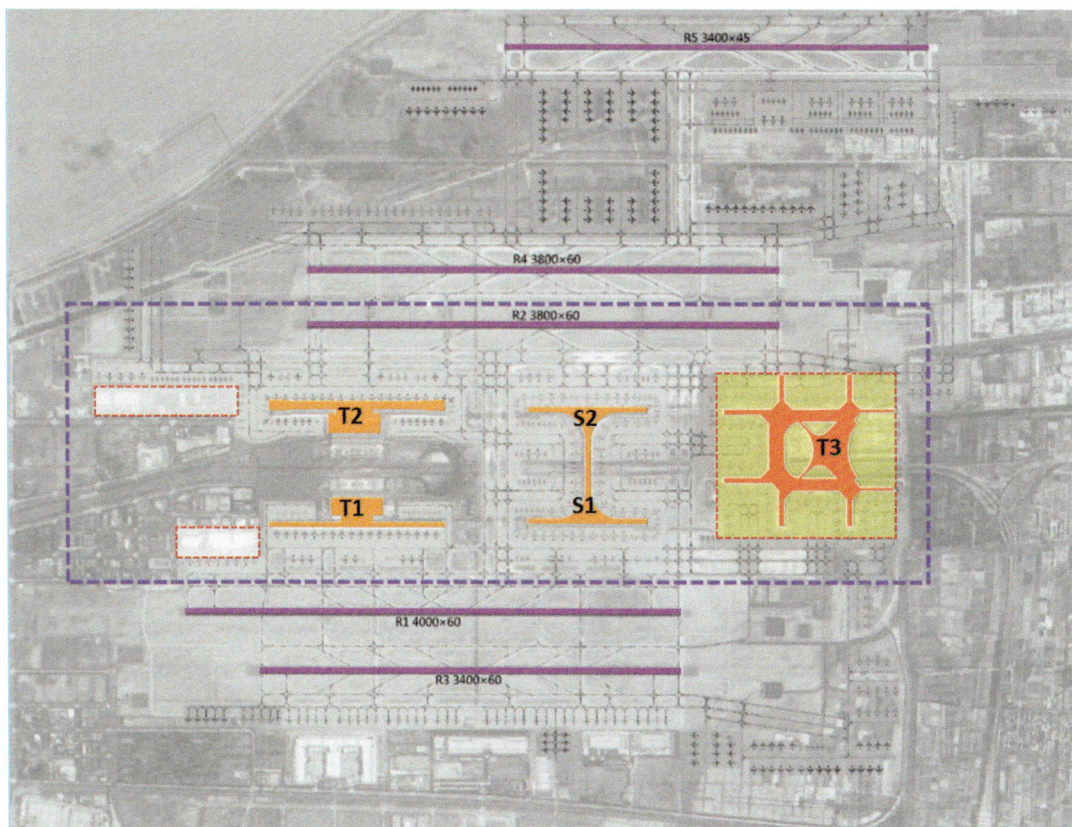

鸟瞰图：

A. 项目概况

项目所在地	上海
建设单位	上海机场（集团）有限公司
民航专业设计顾问	民航机场规划设计研究总院有限公司
总建筑面积	约 214 万 m²
建筑功能（包含）	T3 航站楼、交通中心、南北停车楼、南北过夜用房

各分项面积及功能	T3 航站楼	约 118 万 m²
	南交通中心	约 25.9 万 m²
	北交通中心	约 70.2 万 m²

设计时间	2020 年 4 月
竣工时间	2028 年

B. 供配电系统

申请电源	24 组 10kV
总装机容量（MVA）	220.6
变压器装机指标（VA/m²）	103
实际运行平均值（W/m²）	
供电局开关站设置	□有　☑无　　面积（m²）

C. 变电所设置

变电所位置	电压等级	变压器台数及容量 kVA	主要用途	单位面积指标 VA/m²
航站楼 1#	10kV	4×1600	照明电力空调	131
航站楼 2#	10kV	4×2000	照明电力空调	131
航站楼 3#	10kV	4×2000	照明电力空调	131
航站楼 4#	10kV	2×2500，2×2000	照明电力空调	131
航站楼 5#	10kV	4×1600	照明电力空调	131
航站楼 6#	10kV	4×2500	照明电力空调	131
航站楼 7#	10kV	2×2500	照明电力空调	131
航站楼 8#	10kV	2×2500，4×2000	照明电力空调	131
航站楼 9#	10kV	4×2500	照明电力空调	131
航站楼 10#	10kV	6×2000	照明电力空调	131
航站楼 11#	10kV	2×2500，4×2000	照明电力空调	131
航站楼 12#	10kV	6×2000	照明电力空调	131
航站楼 13#	10kV	4×2000	照明电力空调	131

C. 变电所设置

航站楼 14#	10kV	4×2000	照明电力空调	131
航站楼 15#	10kV	2×2500，2×2000	照明电力空调	131
航站楼 16#	10kV	2×2500，2×2000	照明电力空调	131
航站楼 17#	10kV	4×2500	照明电力空调	131
航站楼 18#	10kV	2×2000	照明电力空调	131
GTC1#	10kV	4×2500	照明电力空调	131
GTC2#	10kV	4×2500	照明电力空调	131
北交车库 1#	10kV	2×1000，2×2500	照明电力空调	84
北交车库 2#	10kV	2×1000，2×2500	照明电力空调	84
南交车库 1#	10kV	2×1250	照明电力空调	79
南交车库 2#	10kV	2×1000	照明电力空调	79
南交车库 3#	10kV	2×2500	照明电力空调	79
南交车库 4#	10kV	2×2500	照明电力空调	79
北交酒店	10kV	2×2000，2×630	照明电力空调	105
南交酒店	10kV	2×2000，2×1000	照明电力空调	100

D. 柴油发电机设置

设置位置	电压等级	机组台数和容量	主要用途	单位面积指标（W/m²）
能源中心	10kV	10×2000kW	UPS 等应急负荷	14.5

E. 强电间设置

T3 航站楼强电间及变电所

	楼层	面积（m²）	主要用途	空/陆侧	备注
T3 航站楼强电间	各层	15~25	照明电力空调	空侧	203 间
T3 航站楼变电所1#~6#	0m	700	照明电力空调	空侧	6 个
T3 航站楼变电所7#，18#	0m	500	照明电力空调	空侧	2 个
T3 航站楼变电所8#，10#~12#	0m	900	照明电力空调	空侧	4 个
T3 航站楼变电所9#，13#~17#	0m	700	照明电力空调	空侧	5 个

南北交通中心、车库及酒店，变电所及强电间

交通中心强电间	各层	25	照明电力空调	陆侧	42 间
交通中心变电所	−9m	700	照明电力空调	陆侧	2 个
北交车库强电间	各层	10	照明电力空调	陆侧	180 间
南交车库强电间	各层	10	照明电力空调	陆侧	160 间

E. 强电间设置					
北交酒店强电间	各层	10	照明电力空调	陆侧	20 间
南交酒店强电间	各层	10	照明电力空调	陆侧	16
北交车库 1#、2# 变电所	−9m，0m	450	照明电力空调	陆侧	2 个
南交车库 1#~4# 变电所	−9m，0m	180	照明电力空调	陆侧	4 个
北交酒店 1#	0m	450	照明电力空调	陆侧	1 个
北交酒店 2#	0m	150	照明电力空调	陆侧	1 个
南交酒店 1#	0m	450	照明电力空调	陆侧	1 个
南交酒店 2#	0m	150	照明电力空调	陆侧	1 个

F. 智能化弱电设备机房和运营用房设置

T3 航站楼弱电设备及运控用房

	楼层	面积（m²）	主要用途	空 / 陆侧	备注
T3 航站楼 PCR	北交 30.0m 层	520	航站楼主机房	陆侧	168 机柜
T3 航站楼 DCR	0m 层	120×5	航站楼汇聚机房	都有	5 间
T3 航站楼运营商	北交 30.0m 层	100	运营商主机房	陆侧	1 间
移动覆盖机房	0m 层	70×5	航站楼汇聚机房	陆侧	5 间
楼管中心	北交 30.0m 层	170	航站楼值班	陆侧	1 间
飞行区运控中心	0m 层	60×2	飞行区监控	空侧	东西各 1
弱电间	各层	20	区域、登机桥专用、值机岛专用	都有	235 间
移动小间	各层	15		都有	121 间
海关机房	12.5m 层	待定	海关、检疫	空侧	1 间
海关监控中心	12.5m 层	待定	海关、检疫	空侧	1 间
边检机房	12.5m 层	待定	边检	空侧	1 间
边检监控中心	12.5m 层	待定	边检	空侧	1 间
公安机房	0m 层	待定	公安	陆侧	1 间
公安监控中心	0m 层	待定	公安	陆侧	1 间
门禁控制室	北交	待定	安检	陆侧	1 间

南北交通中心及车库弱电设备及运控用房

	楼层	面积（m²）	主要用途	空 / 陆侧	备注
交通运行指挥中心	0m 层	待定	安保、综合交通指挥	陆侧	1 间
交通中心 DCR	0m 层	50×2		陆侧	2 间
交通中心移动覆盖机房	0m 层	50×2		陆侧	2 间
交通中心弱电间	各层	15		陆侧	
交通中心移动小间	各层	15		陆侧	

G.弱电系统设置

（1）通用信息弱电系统

序号	平台 / 系统	建设方式	备注
1	桥架及综合管路系统	新建	
2	综合布线系统	新建互联	
3	机房工程	新建	含 IT 操作室、机房监控管理等
4	运控中心工程	新建	北交中心楼上物管中心
5	有线电视系统	延伸	
6	室内无线覆盖系统	延伸	
7	计算机网络系统（含 Wi-Fi）	新建互联	
8	内部通信系统	延伸	
9	IT 运维管理系统	数据接入	
10	商业 POS 系统	延伸	

（2）民航专业设备及系统

序号	平台 / 系统	建设方式	备注
1	航班信息集成系统	待定	根据股份升级后运行情况进行评估再确定技术方案
2	机场协同决策系统（A-CDM）	数据接入	
3	航班信息综合查询系统	待定	根据 ACDM 升级后的功能进行评估再确定技术方案
4	航班信息显示系统	新建	
5	国内离港控制系统	延伸	含报文处理
	国际离港控制系统	升级扩容	
6	公共广播系统	新建	
7	安检信息管理系统	新建互联	
8	安检分层管理系统	新建互联	
9	视频监控系统	新建	
10	门禁系统	新建互联	
11	时钟系统	新建互联	
12	登机桥及桥载设备综合保障系统	延伸	
13	泊位引导系统	新建	
14	一关两检	待定	
15	安检设施设备	新建	

（3）能源管理系统

序号	平台 / 系统	建设方式	备注
1	楼宇自控	新建	
2	智能照明	新建	
3	电气综合监控系统	新建	
4	电力监控系统	新建互联	
5	能效管理系统	新建	

（4）智慧应用信息系统

序号	平台 / 系统	建设方式	备注
1	基础云平台	新建互联	
2	基础通信服务平台	待定	
3	智能分析平台	待定	
4	数据服务总线	延伸	
5	信息安全	待定	
6	旅客及行李综合服务系统	待定	
7	安防集成应用系统	新建	
8	安检管理信息平台	升级扩容	
9	离港全流程自助系统	新建	
10	智慧安检设备	新建	
11	智慧信息显示系统	新建	
12	航站楼协同管理系统	新建	

平面功能布局图：

供配电系统单线图：

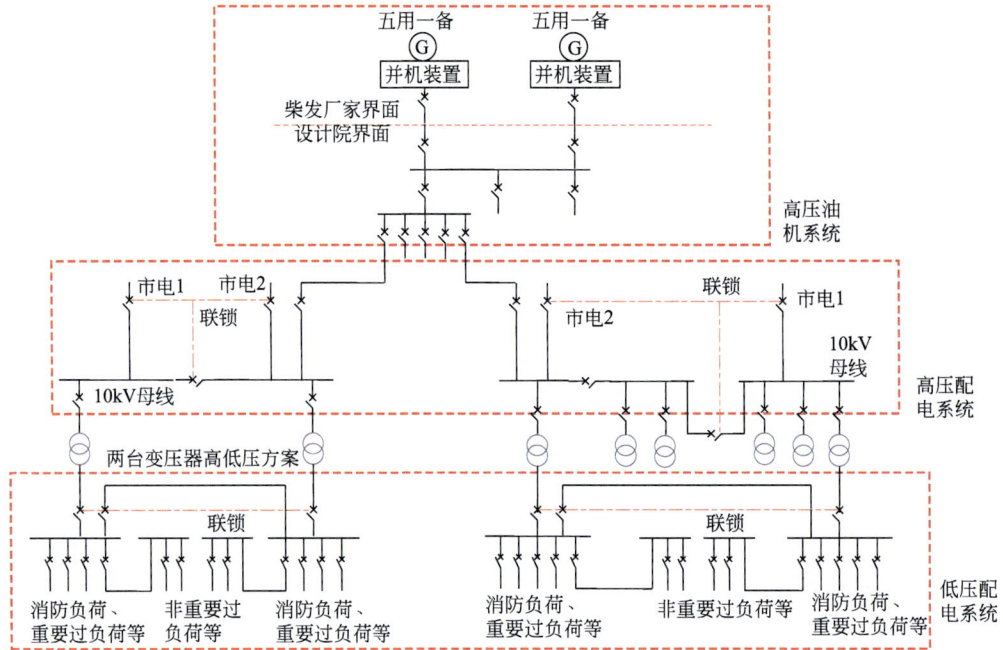

主要电气机房分布图：

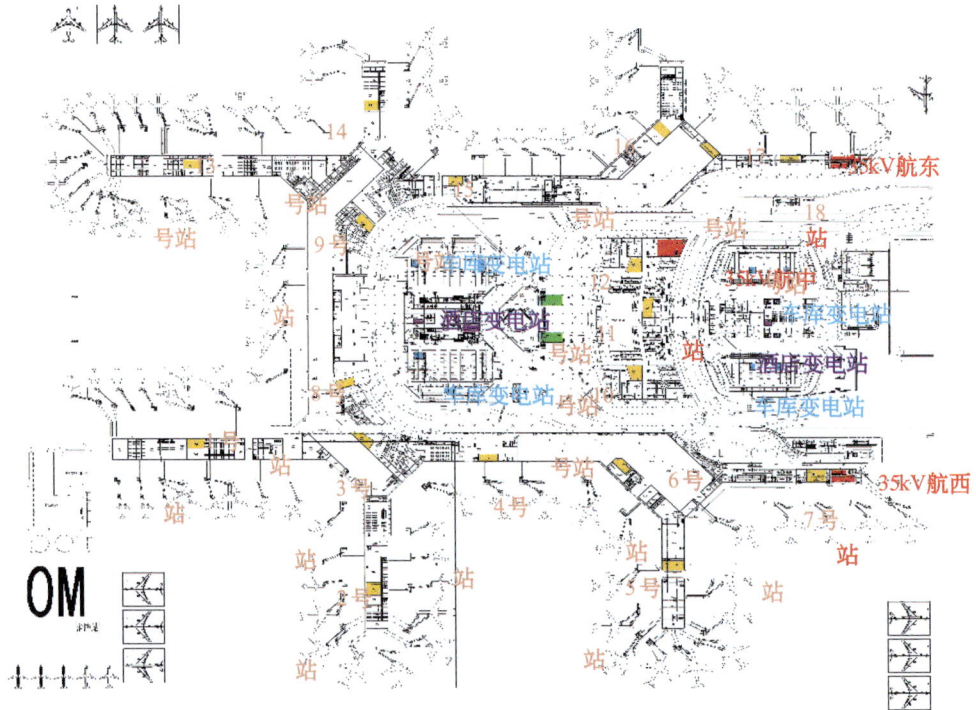

空港枢纽建筑电气及智慧设计关键技术研究与实践

主要弱电机房分布图：

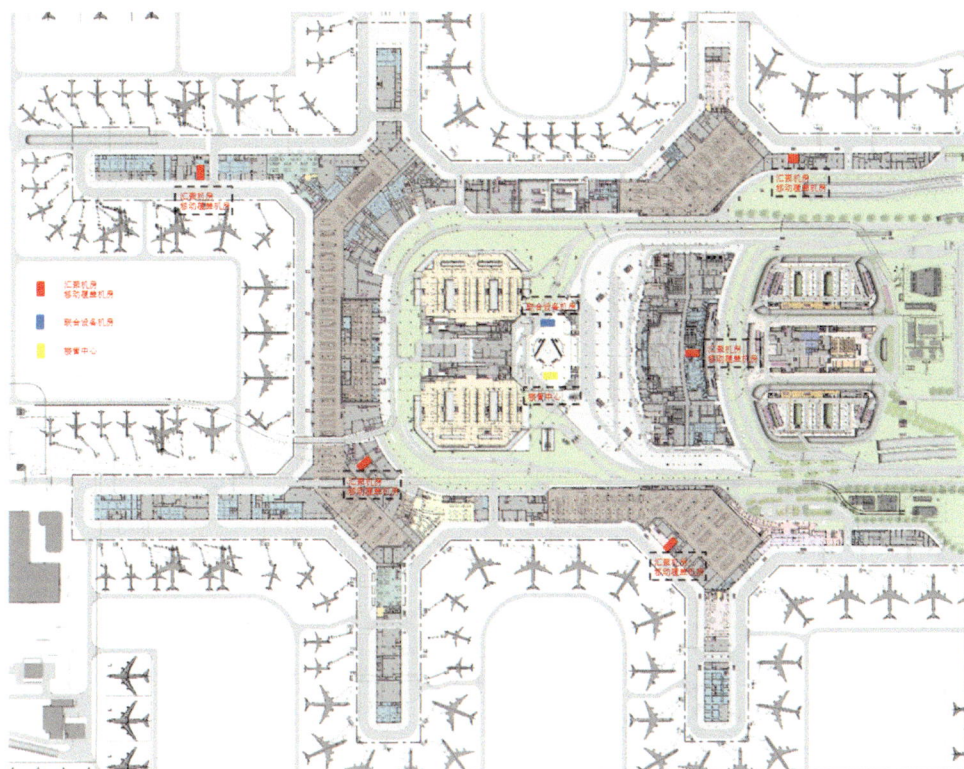

综合管廊弱电桥架路由规划：

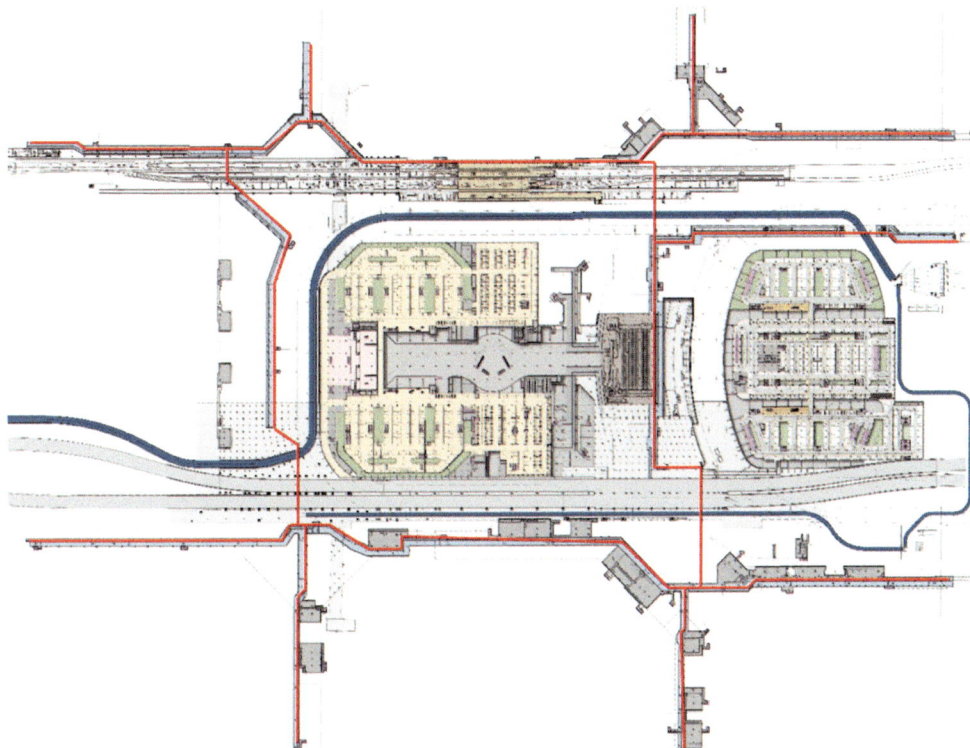

综合管廊桥架规划及典型剖面：

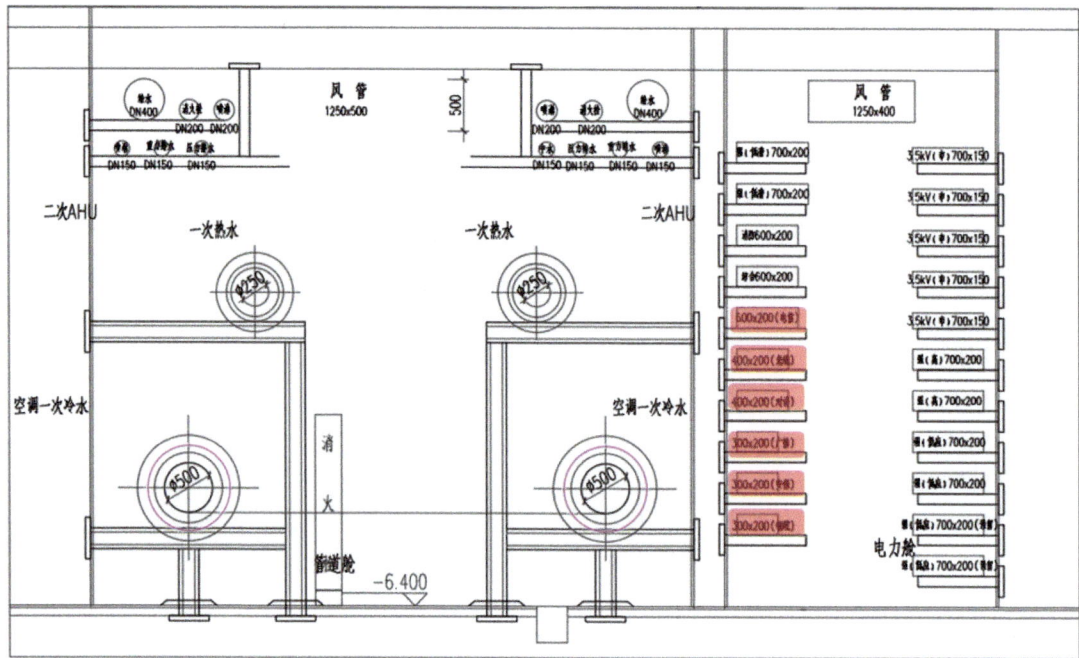

电信600×200　　光缆400×200　　无线对讲400×200
广播300×200　　铜缆300×200　　安防400×200

2.6　设计技术亮点

缩短旅客综合出行时间提升旅客体验。

通过人脸识别等技术形成机场人脸数据库，利用OneID技术减少出示证件次数，实现一张脸出行，提升无感通关。

在设置各类自助服务设备基础上，在旅检环节设置人包对应自动回框、毫米波安检门和差异化安检系统让旅客出行更加便捷，提高通行效率和安全裕度。

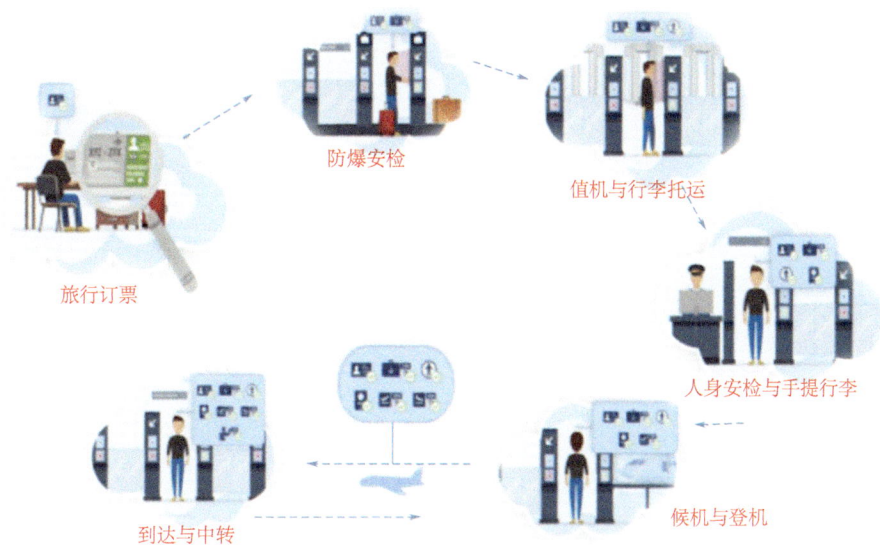

旅行订票

防爆安检

值机与行李托运

人身安检与手提行李

候机与登机

到达与中转

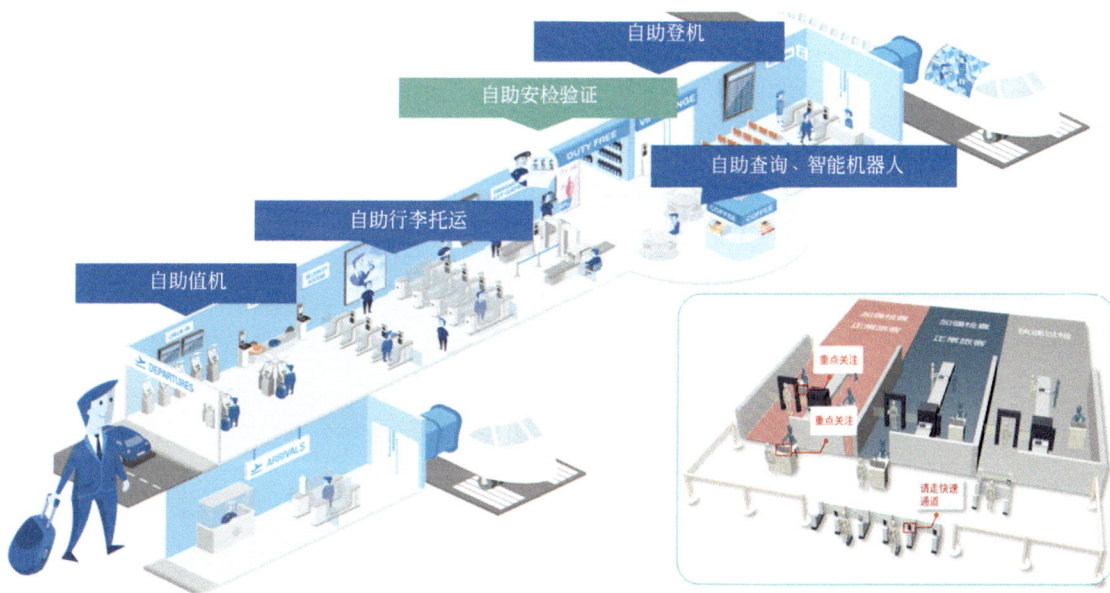

自助登机

自助安检验证

自助查询、智能机器人

自助行李托运

自助值机

3. 上海浦东国际机场卫星厅

3.1 机场现状

上海浦东国际机场一期工程从1996年3月开始进行方案设计，1997年8月10日正式开工，并于1999年9月16日正式启用，建有一座28万m²的航站楼，13万m²的停车楼、陆侧道路系统，以及为航站区服务的多种配套设施。

2005年，浦东国际机场二期扩建工程启动，主要建设项目包括T2航站楼，第三跑道、西货运区、南进场路以及各项配套设施。经过历时近3年的建设，2008年3月26日，浦东国际机场第二航站楼即T2正式投入运行，由候机主楼、连接廊和候机长廊组成，总建筑面积54.6万m²。

3.2 基础设计参数

根据浦东国际机场总体规划的航站区规划中，航站区远期规划3座航站楼（T1、T2和T3）及2个卫星厅（S1和S2）。T1航站楼的主楼设计容量为2000万人次/年，T2航站楼的主楼设计容量为4000万人次/年。T1航站楼主楼的处理能力是3680万人次/年。T1、T2以及规划预留T3的旅客处理综合能力将能满足未来8000万人次/年的需求。旅客候机和中转功能由T1指廊、T2指廊及卫星厅（S1+S2）共同承担。现有T1指廊的候机能力可以满足2000万人次/年的需求，T2可以满足2200万人次/年的需求。因此，S1和S2两座卫星厅需要承担3800万人次/年候机和中转功能。浦东国际机场三期扩建工程的核心任务之一，是建设一座面积规模约60万m²的卫星厅。

3.3 卫星厅工程概况

上海浦东国际机场三期扩建工程卫星厅由指廊及中央大厅组成。总建筑面积约62万m²。整个建筑平面形状为"工"字形，卫星厅与主楼共同承担浦东国际机场8000万/年的旅客吞吐量。

- 新建卫星厅位于现有T1、T2航站楼南侧，一跑道与三跑道中间。
- 卫星厅的功能是现有航站楼指廊功能的延伸。
- 现有T1指廊的候机能力可以满足2000万人次/年的需求，T2可以满足2200万人次/年的需求。
- S1和S2两座卫星厅需要承担3800万人次/年旅客候机和中转功能。
- 卫星厅内的中转行李将在卫星厅处理。

3.4 捷运工程概况

T1航站楼与S1卫星厅、T2航站楼与S2卫星厅之间，设置捷运系统，实现两楼连接，为国际国内旅客提供出发、到达、中转等服务。共设有4座车站，分别位于既有的T1、T2航站楼和新建的S1、S2卫星厅内，同时预留远期航站楼站位。

总平面图：

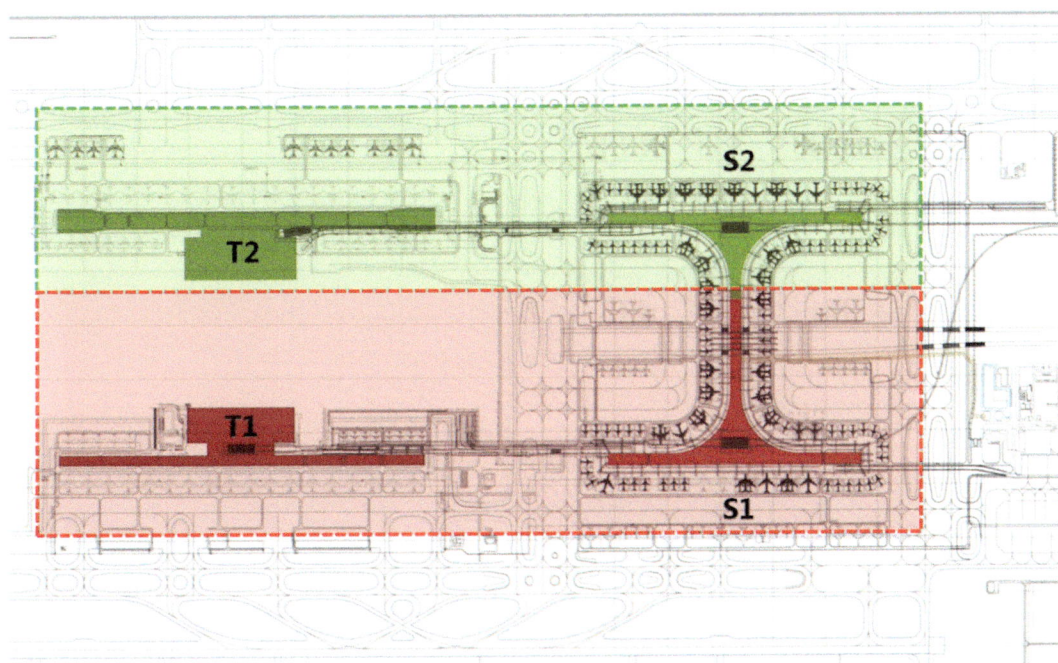

捷运系统平面图：

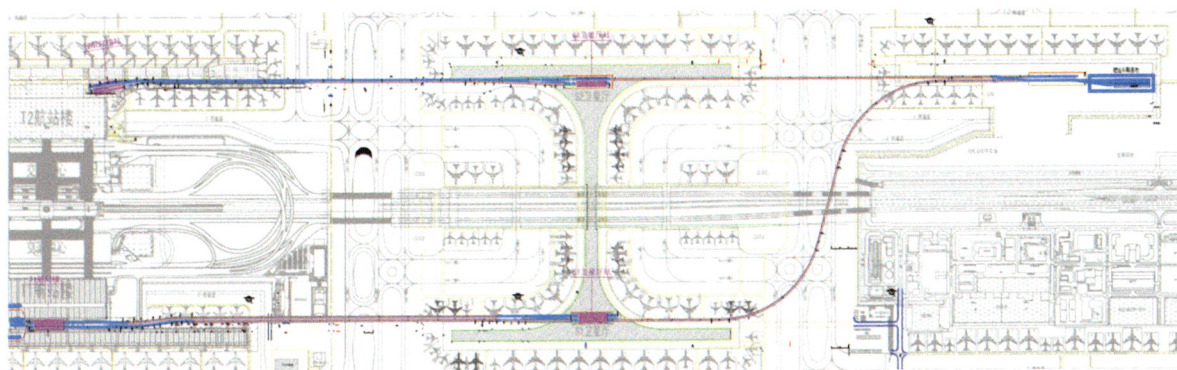

鸟瞰图：

空港枢纽建筑电气及智慧设计关键技术研究与实践

A. 项目概况

项目所在地		上海
建设单位		上海机场（集团）有限公司
民航专业设计顾问		民航机场成都电子工程设计有限责任公司
总建筑面积		约 62 万 m²
建筑功能（包含）		卫星厅
各分项面积及功能	卫星厅	约 62 万 m²
	T1~S1 捷运	
	T2~S2 捷运	
设计时间		2014 年 3 月
竣工时间		2019 年 9 月

B. 供配电系统

申请电源	8 组 10kV
总装机容量（MVA）	86.4
变压器装机指标（VA/m²）	139
实际运行平均值（W/m²）	
供电局开关站设置	□有　☑无　　　面积（m²）

C. 变电所设置

变电所位置	电压等级	变压器台数及容量	主要用途	单位面积指标 VA/m
航站楼 1#、4#、6#、9#	10kV	2×2500kVA	照明电力空调	139
航站楼 2#、3#	10kV	6×2000kVA	照明电力空调	139
航站楼 7#、8#	10kV	4×2000kVA，2×1600kVA	照明电力空调	139
航站楼 5#、10#	10kV	4×2500kVA	照明电力空调	139

D. 柴油发电机设置

设置位置	电压等级	机组台数和容量	主要用途	单位面积指标 W/m^2
航站楼 0m	0.4kV	4×800kW	UPS 等应急负荷	17
航站楼 0m	0.4kV	4×1200kW	UPS 等应急负荷	17
航站楼 0m	0.4kV	1000kW，1500kW	UPS 等应急负荷	17

E. 强电间设置

卫星厅强电间					
	楼层	面积（m^2）	主要用途	空/陆侧	备注
航站楼强电间	各层	20~25	照明电力空调	空侧	155 间
航站变电所 1#、4#、6#、9#	0m	700	照明电力空调	空侧	4 个
航站楼变电所 2#、3#	0m	900	照明电力空调	空侧	2 个
航站楼变电所 7#、8#	0m	900	照明电力空调	空侧	2 个
航站楼变电所 5#、10#	0m	700	照明电力空调	空侧	2 个

F. 智能化弱电设备机房和运营用房设置

卫星厅弱电设备及运控用房					
	楼层	面积（m^2）	主要用途	空/陆侧	备注
卫星厅 PCR	中指廊 18.9m 层	400	卫星厅主机房	空侧	100 机柜
卫星厅 DCR	0.0m 层	60×2	卫星厅汇聚机房	空侧	2 间
卫星厅运营商	中指廊 18.9m 层	100	运营商主机房	空侧	1 间
移动覆盖机房	0.0m 层	50×8	卫星厅汇聚机房	空侧	8 间
TOC	中指廊 18.9m 层	300	航站楼值班	空侧	1 间
弱电间	各层	15	区域、登机桥专用	空侧	
移动小间	各层	10		空侧	
安检机房	0.0m 层	350	安检	空侧	1 间
海关机房	0.0m 层	100×2	海关、检疫	空侧	2 间
海关监控机房	0.0m 层	40	海关、检疫	空侧	1 间
边检机房	0.0m 层	300	边检	空侧	1 间
边检监控中心	12.8m 层	100	边检	空侧	1 间
公安机房	0.0m 层	100	公安	陆侧	1 间
公安监控中心	0.0m 层	40	公安	陆侧	1 间

G. 弱电系统设置

序号	平台／系统	建设方式	备注
1	信息集成系统	系统延伸	
2	航班信息显示系统	系统延伸	
3	国际离港系统	系统延伸	
4	国际离港系统	系统延伸	
5	呼叫中心	系统延伸	
6	内部通信系统	系统延伸	
7	计算机网络系统	互联互通	
8	无线网络	互联互通	
9	综合布线	互联互通	
10	门禁系统	互联互通	
11	有线电视系统	系统接管	
12	收费统计管理系统	系统接管	
13	航班信息查询系统	系统接管	
14	安防监控系统	独立新建	
15	公共广播系统	独立新建	
16	电梯管理系统	独立新建	
17	登机桥系统	独立新建	
18	桥载系统	独立新建	
19	安检信息管理系统	独立新建	
20	楼宇自控系统	独立新建	

平面功能布局图：

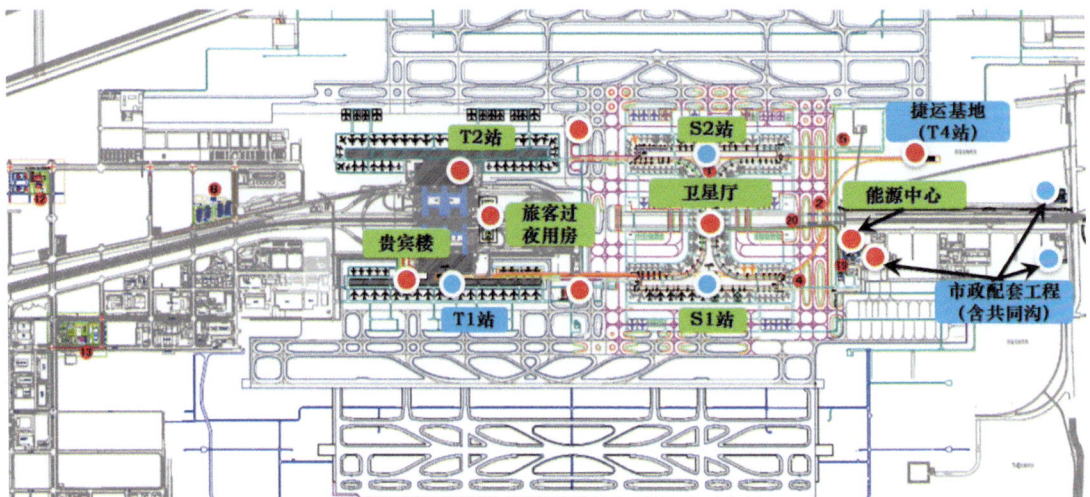

供配电系统单线图：

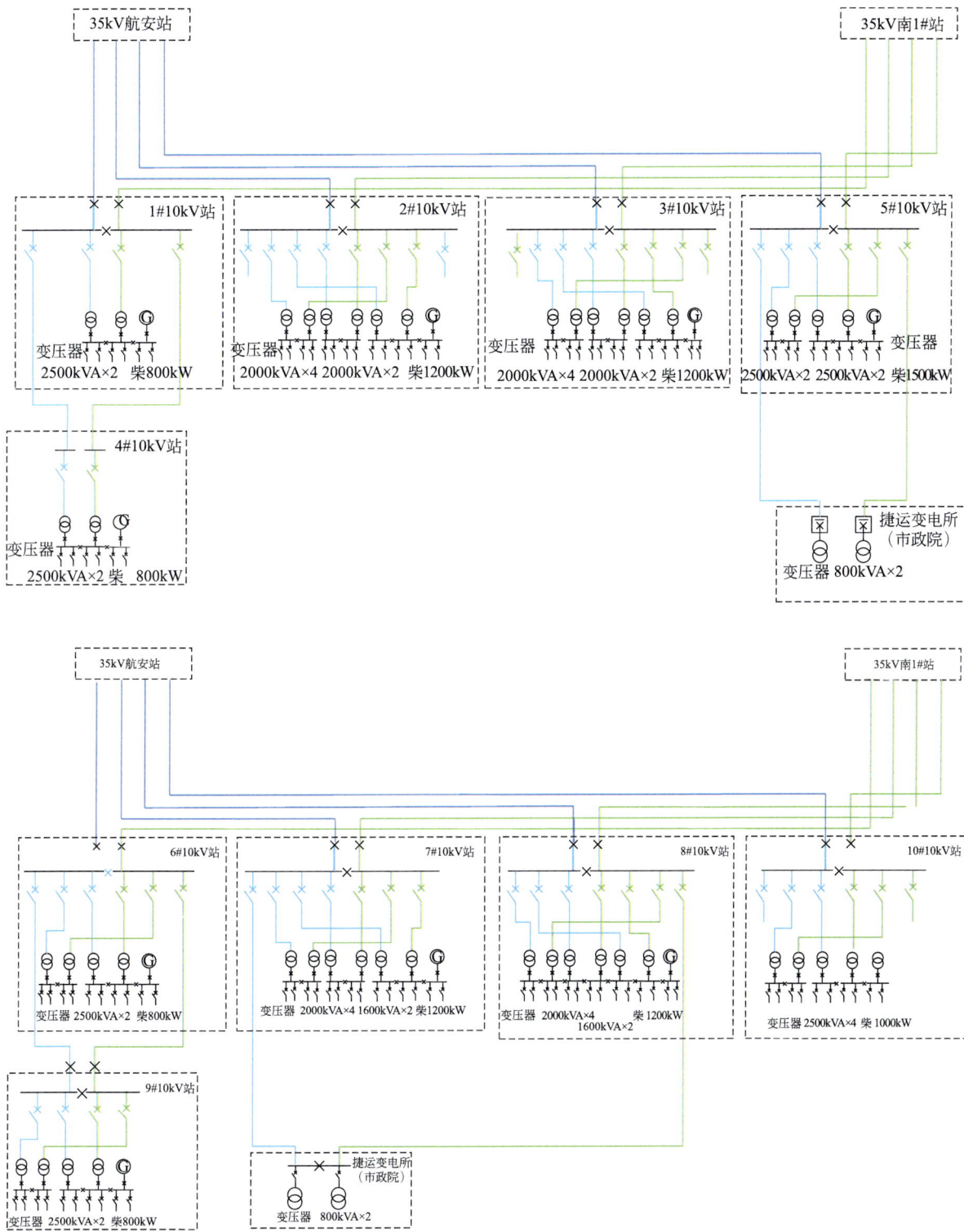

主要电气机房分布图：

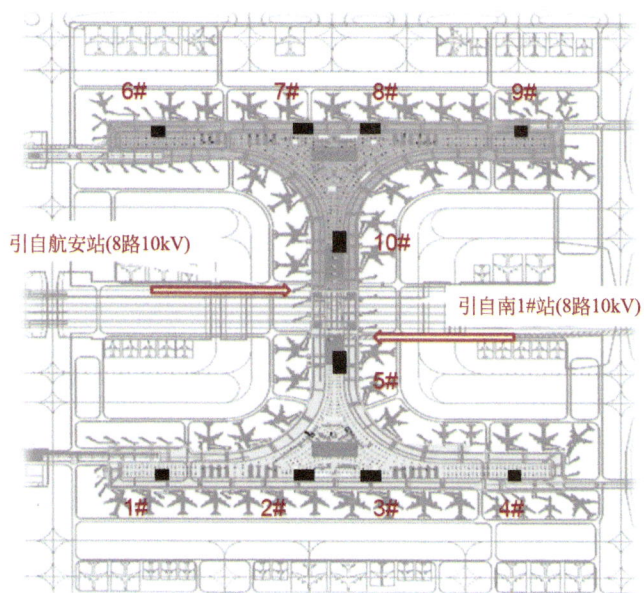

主要弱电机房分布图：

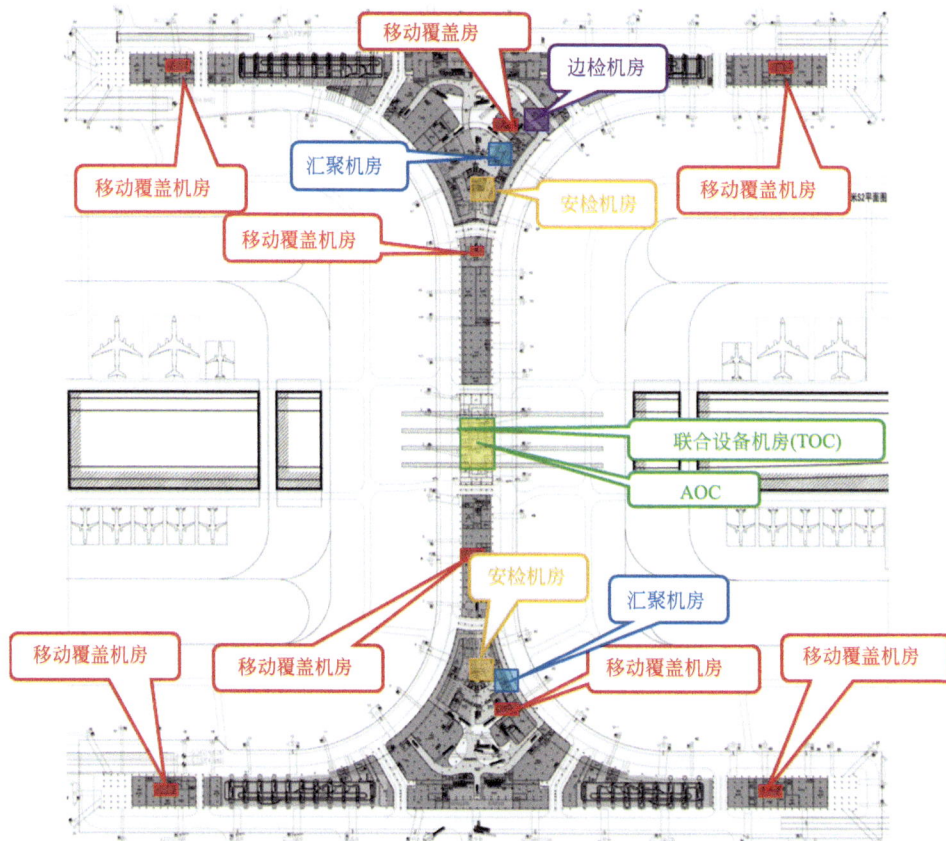

空港枢纽建筑电气及智慧设计关键技术研究与实践

总体管线路由规划：

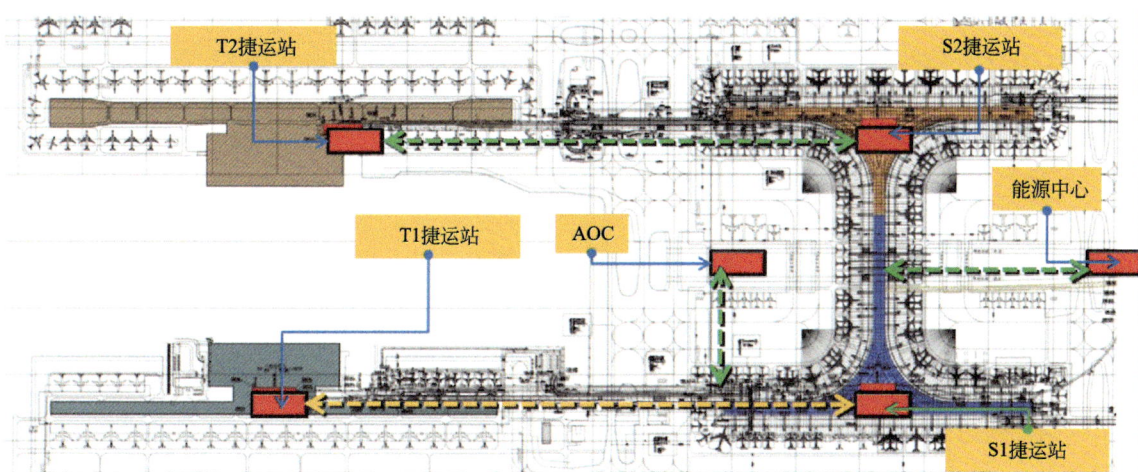

3.5 设计技术亮点

（1）通过捷运通道预留4根192芯光缆与T1、T2连接。

（2）通过总体通信管道预留一根96芯光缆及100对大对数铜缆与能源中心连接。

（3）AOC通过总体通信管道预留2根96芯光缆与原AOC连接。

（4）在卫星厅新建一套数字安防系统，通过核心网络与T1、T2航站楼安防系统互联。

（5）安防网采用核心、汇聚和接入的三层网络架构。

（6）整个系统共有3000多个摄像机点位，从全数字安防系统架构上来分析在上海机场属于首次使用。

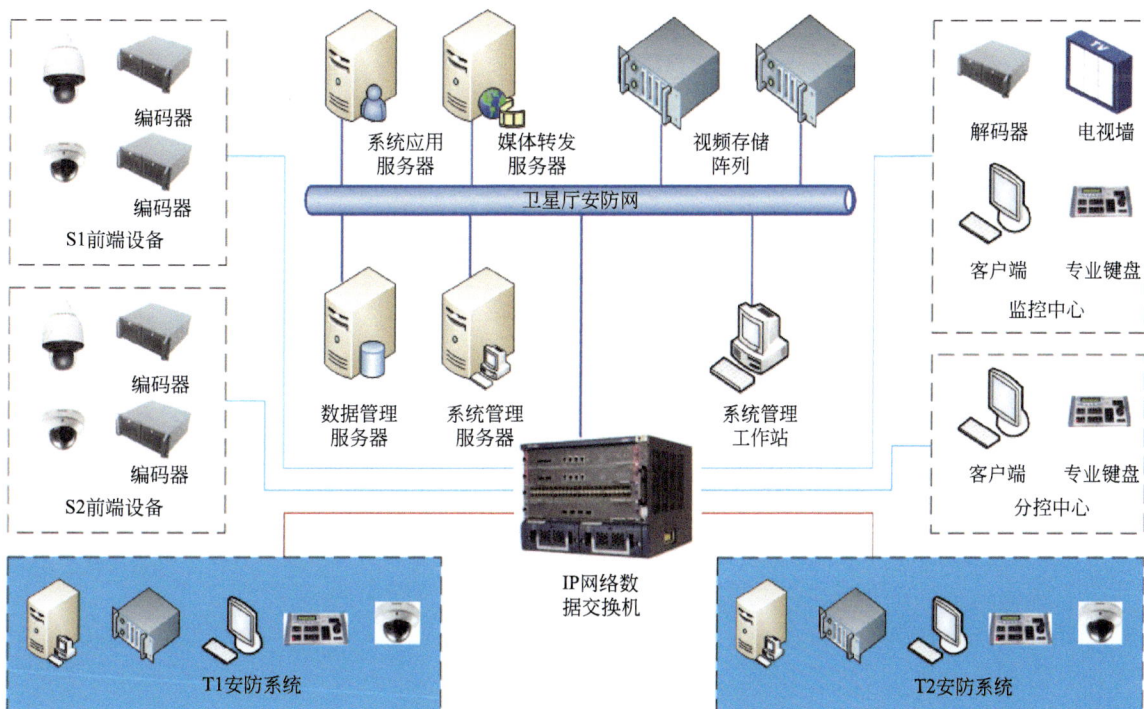

4. 合肥仙桥国际机场T2航站楼

4.1 机场现状

机场现有T1航站楼建筑面积约 10.85万m²，设计容量为 1100万人次／年；其中国内约8.85万m²，国际约2万m²；国内区位于东侧、国际区位于西侧。航站楼前站坪面积约 36万m²，共设机位 27 个（2E4D21C），其中近机位19个（2E3D14C），远机位 8 个（1D7C）。

T1 航站楼前设有社会停车场、出租车停车场、员工停车场和贵宾楼停车场。

社会停车场为地面停车场，面积约 6.5万m²，其中小汽车车位 1378 个，大型汽车车位 18 个。出租车停车场面积约 7500m²，可容纳 100 辆出租车蓄车排队。员工停车场面积约 8500m²，可容纳 270 辆车辆停放。贵宾楼停车场 3200m²。航站楼前西侧设有能源中心一座，占地面积 2711m²，建筑面积 2711m²，主要为航站楼中央空调设备。航站楼东侧为机场空管塔台，高 67.80m。

4.2 基础设计参数

根据总体规划（2019年版）近期按照满足年旅客吞吐量 4000 万人次、货邮吞吐量 35 万吨、年起降架次 30.7 万架次规划；远期按照年旅客吞吐量 8000 万人次、货邮吞吐量 80 万吨、年起降架次 58.3 万架次规划。

近期新建 T2 航站楼，建筑面积 34.88万m²，近期航站楼总建筑面积46 万m²，T1 设计容量为 1100 万人次／年、T2 设计容量为 3000 万人次／年。远期改扩建 T1 航站楼，容量提升至 2500 万人次／年；新增 T3 航站楼，设计容量为 2500 万人次／年；远期航站楼总建筑面积约 80 万m²。本期工程提供 T2 航站楼近机位 61 个，靠近 T2 区域提供 6C 远机位供周转使用。

4.3 新建航站楼工程概况

本期 T2 航站楼工程，将按照年旅客吞吐量 3000 万人次规划。航站楼平面布局采取了双港湾 + 双 L 的构型设计，分为一个主楼和五根指廊。主楼面宽约 400m，进深约 180m，中指廊宽约54m，边指廊宽约 42m，共设有 51 座固定登机桥，其中近机位 61 个（52C8E1F），采用自滑入顶推出方式；近楼远机位6个（6C），采用自滑入自滑出方式。

航站楼地下一层、地上三层，自上而下分别是出发值机办票层、国内混流层、国际到达层、站坪层、地下机房及设备管廊层。

航站楼国内、国际旅客分层分离，国内旅客的出发和到达在同层混流，国际旅客的出发到达旅客上下分层，出发层在上，到达层在下。

航站楼主楼首层标高为 0.000m（绝对标高 62.00m）。中指廊为国际指廊，14.0m 标高为国际出发夹层，夹层与主楼之间通过连廊连接，连廊控制净高4.5m。南北指廊为国内指廊，12.0m标高为国内出发夹层，中部设垂直电扶梯连接6.0m层，并通过吊索形式的钢连桥连接室外登机。

出发值机办票及国际出发候机层标高为14.00m，国内混流及国际到达层标高为8.00m/6.00m，国际到达层标高为4.20m；站坪层的主楼部分主要是行李处理机房，指廊部分除了远机位的出发和到达、可转换机位，还有设备机房、站坪维修间、业务用房等功能，地下机房及设备管廊层标高为-7.32m。

T2航站楼总建筑面积约37.28万㎡（含登机桥）。

4.4 新建交通中心工程概况

本期交通中心主要建设内容包括地上换乘中心和停车楼。

换乘中心位于航站区中轴线位置，地上二层地下二层，建筑长约170m，宽约50m，屋面相对标高15m，联系航站楼、敞开式停车楼、轨道交通及远期东侧开发及T3航站楼等。楼地面标高分别为-14.5m、-7.32m、0m、6m。地上层高6m以上，主要功能是换乘通道、候车空间和配套服务设施。地下层主要功能是换乘通道、轨道交通的站厅（含相关设备用房预留）和附属配套机房。换乘中心与T2航站楼前的陆侧配套用房采用一体化设计，功能协调、流程互通、空间统一。其中，商业办公分布在枢纽换乘大厅周边，充分满足航站区旅客及员工的使用需求。

地下二层标高-14.5m，连通城际铁路的站厅层，通过中庭内的垂直交通与上部连通；地下一层标高-7.32m，平层衔接T2航站楼和地铁站厅，通过中庭垂直交通连通下部的城际铁路和上部的商业配套用房。在枢纽换乘大厅周边设有商业配套服务用房和设备机房，为旅客提供快捷便利的轨交换乘体验；地面一层标高0m。枢纽换乘大厅通过中庭垂直交通与下部的轨交换乘空间和上部的T2航站楼6m到达层沟通。在周边设有为旅客服务的配套商业服务用房，如餐饮、零售等。在外部与交通中心的地面道路系统连接，满足车行进入、后勤服务和消防的功能需求；地面二层标高6m。与T2航站楼的到达层平层相连。到发旅客均可以经由这一层面快速进出航站楼。中部的枢纽换乘大厅通过中庭垂直交通与下部的轨交换乘空间沟通。在周边设有为旅客服务的配套商业服务用房，如餐饮、零售等。设有步行平台延伸至北侧的旅客过夜用房，为旅客休息、出行、使用配套商业提供了极佳的便捷条件。换乘中心的屋顶最高点控制在相对标高15m左右，与T2航站楼、楼前出发层高架桥、旅客过夜用房保持了适宜的空间尺寸，形成一体化的新航站楼群体形象。

敞开式停车楼位于换乘中心南北两侧的地下，采用敞开式停车楼设计。地面主要车行出入口设在北面，满足新建T2航站楼3000万年旅客量的社会车辆使用需求。分为南北两个停车单元，分别南北向长约210m，东西向长约150m，层高4m，楼地面标高分别为-15.32m、-11.32m、-7.32m，与换乘中心在-7.32m平层相连。北侧单元地下两层局部一层，南侧单元地下三层局部一层，每个单元建筑尺度长约240m宽约170m，顶板相对标高-3m左右，主要停放小型社会车辆，并设有楼内上客车道边、充电车位、无障碍车位和部分员工停车。

进出场道路在停车楼的北部地面设有闸道入口，设有2个入库收费闸机；在南部地面设有闸道出口，设有7个出库收费闸机（3个作为远期预留）。停车楼在0m设有4个车行出入口，南北两块分别设有各自的出入口各一个，满足南北区各自的进出场功能。同时在停车楼内部 -11.32m设有内部连通车道，可有序互通。离场车辆通过闸机后，经过缓冲合流段并入地面离场主车道向南离开航站区。每层停车楼内，在靠近换乘中心一侧布置车道边以及垂直交通设施，设有电梯和自动扶梯供旅客上下，并就近配套设置卫生间、残疾人卫生间、疏散楼梯和设备用房等。停车楼内部的车辆上下行坡道设在西侧，与出入口便捷相连，便于车流疏导。南北两侧停车楼通过在 −7.32m层连通车道进行环通。结合单元式停车楼特点均匀布置疏散楼梯。停车楼内机动车道主次分明，采用大循环 + 小循环的车流方式，主车道上行驶大循环，次车道上行驶小循环，单向行车，无尽端路以及盲区；西侧汽车坡道与主车道直通，连接水平车流，形成立体的循环流线格局。出发与到达的旅客人行流线通过换乘中心在6m层和−7.32m层的通道与航站楼便捷连通。在停车楼内，每两排车位设有一条1.2m宽的专用行人通道，这些人行通道联系了楼内车道边和停车区域，形成了较为完善的人车分行系统。尽量减少了车辆和人行的交叉，提高了停车楼的使用效率并保障了行人安全。每个停车楼单元均设有100m长的车道边区域，3车道宽度，车道边设置。

室内封闭等候区和人行区域，并采用便捷的自动扶梯配合容量合理的电梯来满足旅客使用需求，且在 −7.32m层设置了相应的行李车收集点。

交通中心工程包括17.52万m²的综合交通中心（其中换乘中心1.4万m²、敞开式停车楼 16.12 万m²）和预留配建的 5.576 万m²的陆侧配套用房（其中商业办公等 2.576 万m²、旅客过夜用房 3 万m²）。

总平面图：

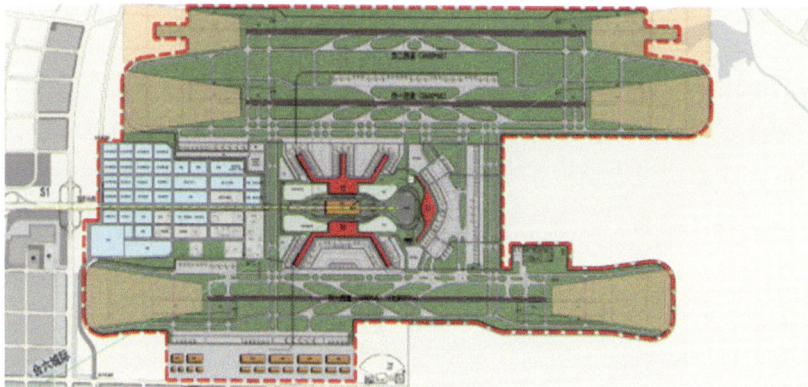

鸟瞰图：

A. 项目概况

项目所在地	合肥
建设单位	合肥新桥国际机场有限公司
民航专业设计顾问	
总建筑面积	约 57.5 万 m²
建筑功能（包含）	T2 航站楼、交通中心、车库

各分项面积及功能	T2 航站楼	约 37.28 万 m²
	交通中心	约 5 万 m²
	停车库	约 15.2 万 m²

设计时间	2020 年 8 月
竣工时间	2024

B. 供配电系统

申请电源	3 组 10kV		
总装机容量（MVA）	71.52		
变压器装机指标（VA/m²）	124		
实际运行平均值（W/m²）			
供电局开关站设置	□有　☑无	面积（m²）	

C. 变电所设置

变电所位置	电压等级	变压器台数及容量	主要用途	单位面积指标 VA/m²
航站楼 1#		4×1250kVA	照明电力空调	139
航站楼 2#		2×1250kVA+2×1600kVA	照明电力空调	139
航站楼 3#		4×2000kVA	照明电力空调	139
航站楼 4#		4×2000kVA	照明电力空调	139
航站楼 5#		2×1250kVA+2×1600kVA	照明电力空调	139
航站楼 6#		4×1250kVA	照明电力空调	139
航站楼 7#		2×1600kVA+2×2000kVA	照明电力空调	139
航站楼 8#		2×1600+2×2000kVA	照明电力空调	139
换乘中心		2×1250kVA+2×1600kVA	照明电力空调，塔台用电	114
停车库 1#		2×1250kVA	照明电力空调	66
停车库 2#		2×1250kVA	照明电力空调	66
停车库 3#		2×1250kVA	照明电力空调	66
停车库 4#		2×630kVA	照明电力空调	66
停车库 5#		2×630kVA	照明电力空调	66
旅客过夜用房		2×2000kVA	照明电力空调	120

D. 柴油发电机设置

设置位置	电压等级	机组台数和容量	主要用途	单位面积指标 W/m²
航站楼 1#~5#	0.4kV	1600kW	UPS 等应急负荷	21
交通中心	0.4kV	1000kW	UPS 等应急负荷	20

E. 强电间设置

T4 航站楼变电站及强电间

	楼层	面积（m²）	主要用途	空/陆侧	备注
航站楼强电间	各层	20~25	照明电力空调	空/陆侧	147 间
航站楼 1#~8# 变电站	0m	900	照明电力空调	空/陆侧	8 个

GTC 交通中心及车库变电站及强电间

车库 1#~5# 变电站	0m	100~175	照明电力空调	陆侧	5 个
车库强电间	各层	8~12	照明电力空调	陆侧	20 间
GTC 开闭所	0m	120		陆侧	1 个
GTC 变电站	0m	260	照明电力空调	陆侧	1 个
GTC 强电间	各层	12~20	照明电力空调	陆侧	14 间

F. 智能化弱电设备机房和运用用房设置

T4 航站楼弱电设备及运控用房

	楼层	面积（m²）	主要用途	空/陆侧	备注
T2 航站楼 PCR	0m 层	560	信息弱电主机房	陆侧	150 机柜
T2 航站楼 DCR	0m 层	100	航站楼汇聚机房	都有	3 间
T2 航站楼运营商小间	各层	10	提供给移动、联通、电信使用	陆侧	近 SCR
进线间	0m 层	20	南北双侧	陆侧	2 间
运营商网络机房	0m 层	120		陆侧	1 间
IT 运维办公室		150			近 PCR
安保现场控制室	0m 层	200			
消防安防监控中心	0m 层	120		陆侧	1 间
弱电间	各层	10~25	区域、登机桥专用、值机岛专用	都有	139 间
海关机房		90	海关、检疫	空侧	1 间
海关/检疫弱电间		30			海关集中办公区
国安与公安主机房		40			各 1 间
边检机房		90	边检	空侧	1 间
边检弱电间		30			边检集中办公区

GTC 交通中心及车库弱电设备及运控用房

GTC 联合设备机房	-7.32m 层	150	GTC 及市政公共区设备	陆侧	1 间
GTC 消防控制室兼交通运行指挥中心	-7.32m 层	80	消防、安保、综合交通指挥	陆侧	1 间
换乘中心 DCR	-7.32m 层	70		陆侧	1 间
换乘中心及车库弱电间	各层	15~20		陆侧	38 间
交通中心移动覆盖机房	-7.32m 层	50		陆侧	1 间

系统名称	系统配置	备注
数字孪生机场建设	无。各重要系统具备三维操作及展示平台	
数据中心建设	是否建设：本期建设机场云数据中心（北区） 灾备：南北区数据机房互为灾备	
旅客自助流程	自助值机：具备 自助行李托运：具备 自助登机闸机：具备 行李位置追踪系统：具备	
智慧安检通道	智能安检闸机：具备 毫米波门：具备 自动回框：具备 人包对应：具备	
综合布线系统	布线类型：Cat.6 U/FTP 主干布线：室内单模光缆 共计信息点：约 24400 只 无线 AP：生产网、旅客网独立组网	
通信系统	运营商固网 + 手机信号覆盖	
信息网络系统	系统架构：三层交换网络架构 网络规划：生产网、综合网、安防网、离港网、旅客网、机电网（只提供核心交换机） 多骨干节点：具备	
无源全光网络系统	是否具备：无 应用场景：无	
有线电视	系统型式：IPTV 节目源：机场有线 + 信息发布 设置位置：贵宾室、候机区 共计电视终端：165 只	
信息导引及发布系统	是否与航显系统合用：否 系统型式：网络系统 显示型式：液晶屏、LED 屏 共计显示终端：同航显	
广播系统	系统型式：数字系统 系统功能：机场业务广播、紧急广播	
安全防范系统	入侵报警含双监探测器、报警按钮及声光报警器	
	视频监控：1080P 固定摄像机、快球、人数统计摄像机、人脸识别摄像机、拼接全景摄像机、4K 超高清摄像机、全自动热成像体温筛查系统等 安防存储：在 ITC 设置 30 天热数据存储 8.5PB（IP-SAN）、全场安防设置 90 天数据存储	
	出入口控制：门禁读卡器	
	一卡通：集成门禁、考勤、就餐、借阅等	
	电子巡查：利用门禁	
楼宇对讲系统	是否具备：具备 应用场景：登机桥远程对讲及开门、楼前公共区对讲求助	
智慧会议系统	是否具备：具备 应用场景：应急指挥会议室会议系统	
时钟系统	系统形式：IP 式 母钟设置：一级母钟在 ITC、二级母钟在 T2 主机房	
智慧公厕	是否具备：具备 应用场景：航站楼公共卫生间	
空气质量监测系统	是否具备：具备 应用场景：旅客流程空间内点状分布	
智慧办公	是否具备：无 应用场景：无	

G. 智能化系统配置		
智慧通行	是否具备：无 应用场景：无	
酒店管理系统	是否具备：无 应用场景：无	
客房控制系统	是否具备：无 应用场景：无	
卫星电视系统	是否具备：无 应用场景：无	
停车库管理系统	车库道闸两进七出 1 套 车位引导：超声波探测器 1376 只 反向寻车：无	
智能化集成系统	集成消防、安防、无线对讲、设备监控、能耗、信息发布等	
民航专业系统 / 信息系统建设	登机桥管理系统、航班信息显示系统、离港控制系统、行李再确认系统、安检信息管理系统、贵宾管理系统、商业 POS 系统等	
信息工程建设情况	主要包含数据中心网络系统、数据中心应用系统、航空收费结算系统、信息集成系统、机场协同决策系统、地服管理系统、空侧运行管理系统、除冰管理系统、机坪车辆管理系统、货运物流信息系统、货站管理系统、货代管理系统、货运安检信息系统、全场安防集成管理平台、机场地理信息系统、设备设施运行管理系统、医疗急救站信息管理系统、能源管理系统、视频会议系统、综合交通管理系统、旅客体验系统、旅客运行管理系统、旅客忠诚度管理系统、商业管理系统、电子商务系统、建筑群通信光缆工程等	
通信工程建设情况	主要包含 LTE 无线通信系统、400M 集群通信系统等	

空港枢纽建筑电气及智慧设计关键技术研究与实践

平面功能布局图：

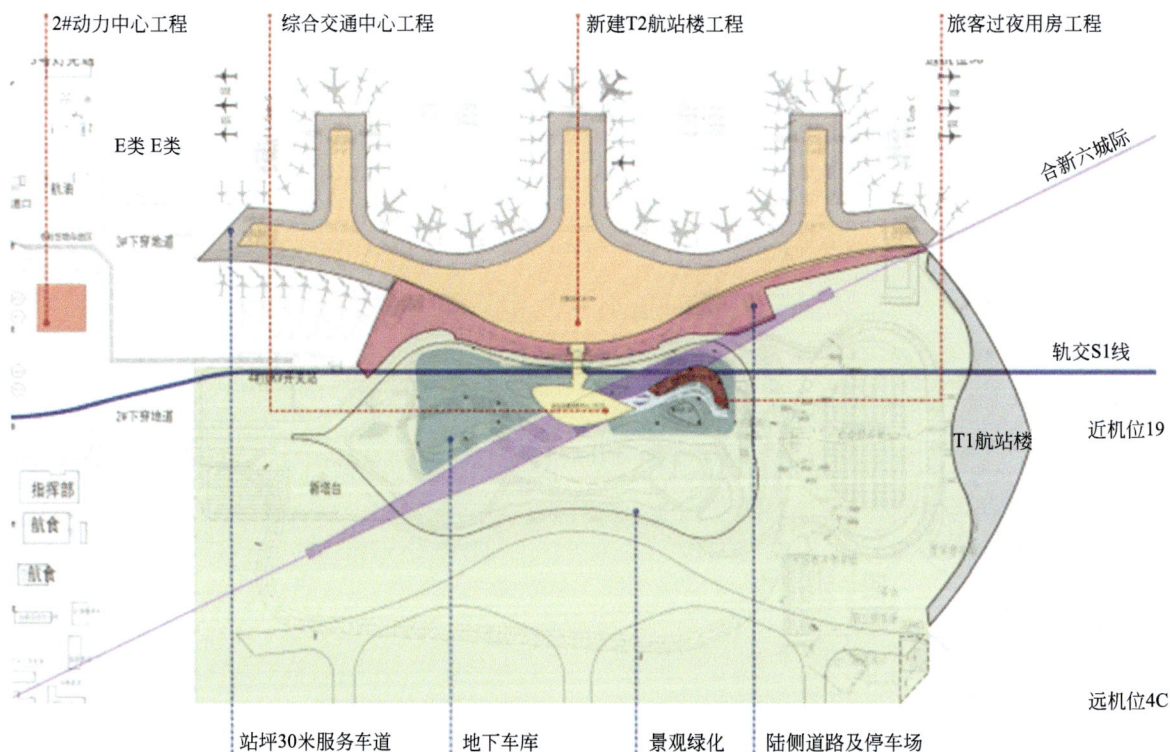

供配电系统单线图:

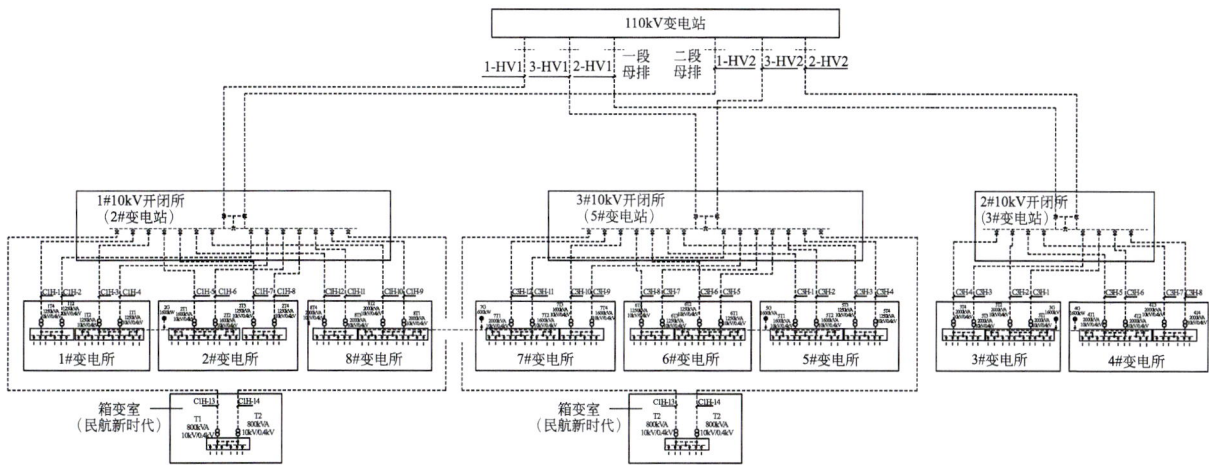

主要电气机房分布图:

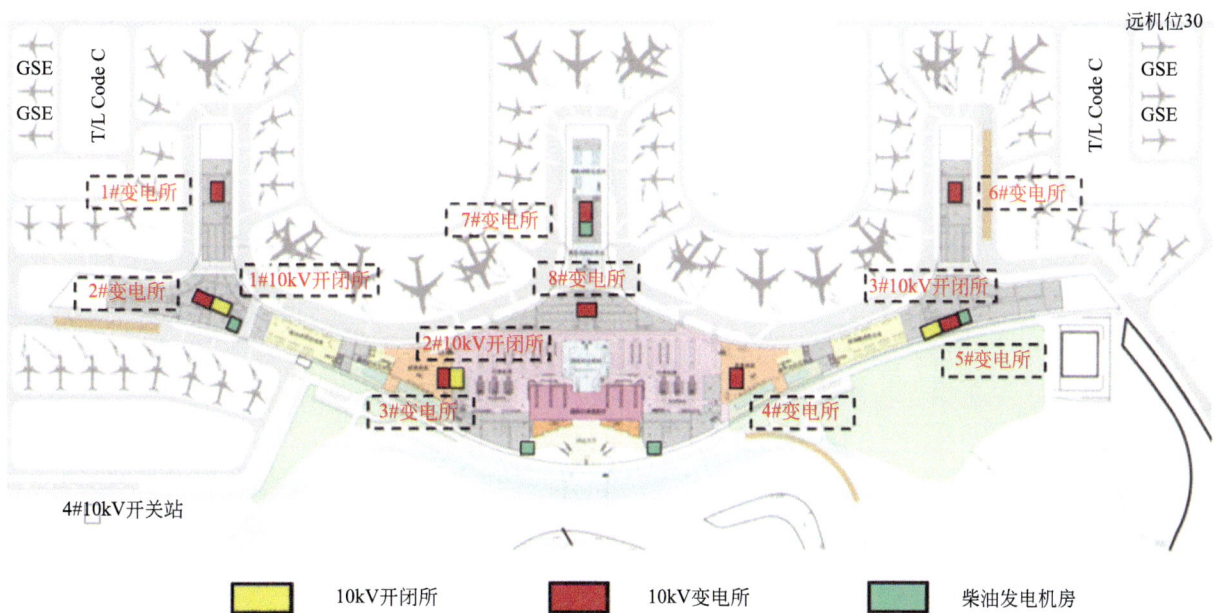

远机位30

GSE
GSE

T/L Code C

GSE
GSE

T/L Code C

1#变电所

7#变电所

6#变电所

2#变电所

1#10kV开闭所

8#变电所

3#10kV开闭所

2#10kV开闭所

5#变电所

3#变电所

4#变电所

4#10kV开关站

| | 10kV开闭所 | | 10kV变电所 | | 柴油发电机房 |

主要弱电机房分布图：

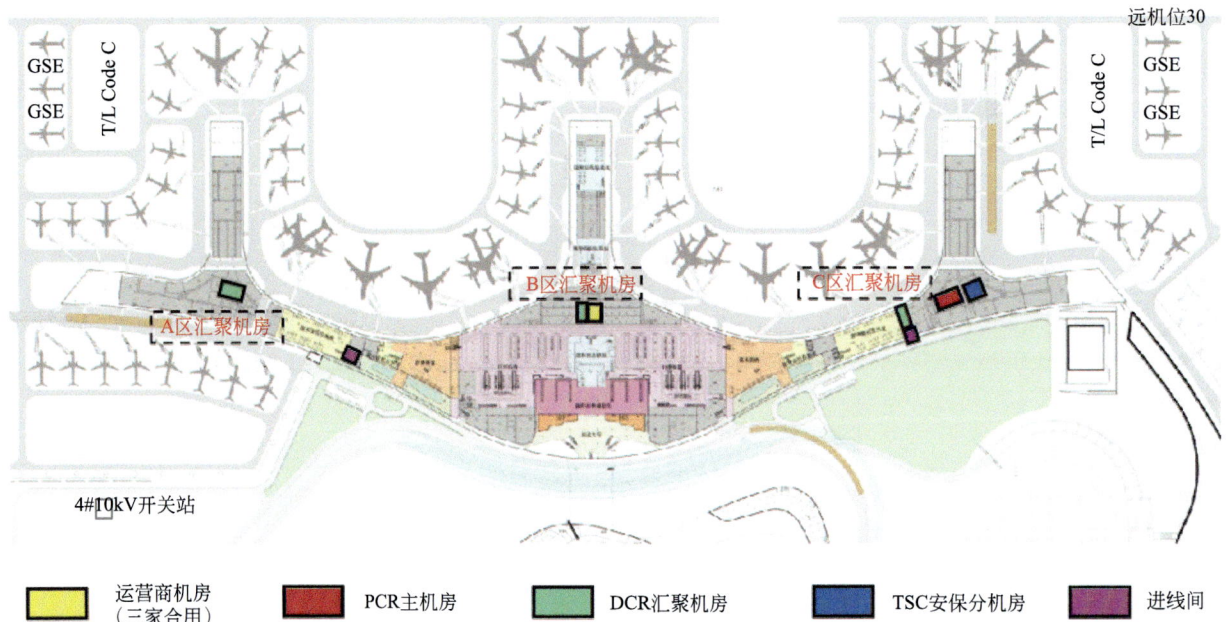

远机位30

GSE
GSE
T/L Code C

GSE
GSE
T/L Code C

A区汇聚机房

B区汇聚机房

C区汇聚机房

4#□10kV开关站

空港枢纽建筑电气及智慧设计关键技术研究与实践

| 运营商机房（三家合用） | PCR主机房 | DCR汇聚机房 | TSC安保分机房 | 进线间 |

主要通信管道路由规划：

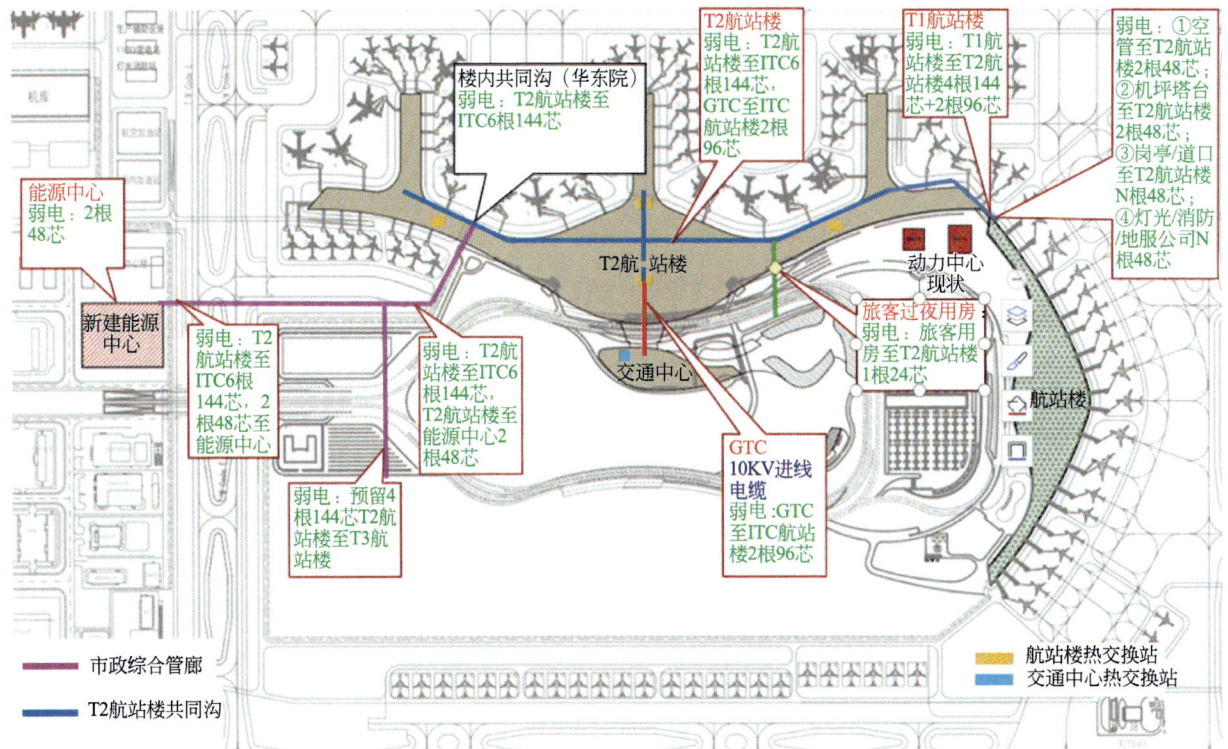

楼内共同沟（华东院）
弱电：T2航站楼至ITC6根144芯

T2航站楼
弱电：T2航站楼至ITC6根144芯；GTC至ITC航站楼2根96芯

T1航站楼
弱电：T1航站楼至T2航站楼4根144芯+2根96芯

弱电：①空管至T2航站楼2根48芯；②机坪塔台至T2航站楼2根48芯；③岗亭/道口至T2航站楼N根48芯；④灯光/消防/地服公司N根48芯

能源中心
弱电：2根48芯

新建能源中心

弱电：T2航站楼至ITC6根144芯，2根48芯至能源中心

弱电：T2航站楼至ITC6根144芯，T2航站楼至能源中心2根48芯

弱电：预留4根144芯T2航站楼至T3航站楼

T2航站楼

交通中心

动力中心现状

旅客过夜用房
弱电：旅客用房至T2航站楼1根24芯

航站楼

GTC
10KV进线电缆
弱电：GTC至ITC航站楼2根96芯

| 市政综合管廊 | | 航站楼热交换站 |
| T2航站楼共同沟 | | 交通中心热交换站 |

综合管廊桥架规划及典型剖面：

封闭桥架规划：
1．综合布线 700×200
2．电信 600×200
3．光缆 400×200
4．铜缆 400×200
5．广播 300×200
6．安保 300×200
7．对讲 300×200

桥架要求：
1．高耐腐、高强度
2．建立颜色标识体系

5. 太原武宿国际机场三期改扩建工程

5.1 机场现状

太原武宿机场位于太原市的东南方向和晋中市西北方向的交界处。目前机场飞行区等级为4E，同时兼顾F类飞机的备降要求。2019年，太原机场达到旅客吞吐量1400万人次，实现运输起降10.8万架次，货运吞吐量5.8万t。机场客、货运吞吐量分别位列全国29、36名。现有T1航站楼面积2.7万㎡，设计容量为国内旅客 300 万人次 / 年；T2航站楼5.5万㎡，设计容量为国际旅客360万人次/年。

5.2 基础设计参数

根据规划及分析数据预测，至2030年，太原武宿机场年旅客吞吐量预计将达到3000万，T3启用后，现有的T1、T2航站楼考虑关闭，T3承担全场旅客进出港功能。终端2035年全场预计满足4000万年旅客量，其中T1、T2航站楼共满足900万国内年旅客量，T3航站楼满足3100万年旅客量。

新建T3航站楼的高峰小时旅客人均航站楼面积的合理范围为45~55㎡/人。预期满足全场4000万（其中T3满足3100万人次）的旅客吞吐量需求的指标下，新的太原武宿机场（T1+T2+T3）的规划总建筑面积约为48.2万㎡，预计高峰小时旅客人均航站楼面积为43.63㎡/人。

5.3 新建航站楼工程概况

本期 T3 航站楼工程，将按照年旅客吞吐量2030年服务3000万人次，终端服务3100万人次规划。航站楼采用"大港湾+三通道"的经典三指廊构型，逻辑清晰，空间指向明确。航站楼主楼面宽约342m，进深约120m，中指廊宽度为60m，两侧指廊宽度为42m，本期共设有52座固定登机桥，57个近机位。航站楼与交通中心设交通连廊，航站楼建筑高度约45m。

航站楼地上五层（含夹层），地下仅设综合设备管廊。自上而下分别是观景平台、商业夹层（标高18.00）；出发值机办票及国际出发层（标高13.50）；国内混流、行李提取、到达大厅层（标高7.50/6.00）；国际到达层（标高4.20）；大巴及公交、长途候车厅、站坪、设备层、行李处理机房层等（站坪层）。

航站楼国内国际旅客分离，国际旅客的出发到达上下分层，国内旅客的出发和到达在同层混流。国际近机位位于中指廊，其中中指廊9个机位为国际国内可转换机位；东西两侧指廊全部为国内近机位。

在航站楼地下与交通中心连接处预留与地铁的地下联络通道，未来可提供国内值机功能，地铁出发旅客可经由交通中心与航站楼的地下连廊，从轨道站厅层平层进入航站楼，办理值机手续后，通过垂直交通进入出发大厅。

T3航站楼总建筑面积40万m²。

5.4 新建交通中心工程概况

本期交通中心主要建设内容包括换乘中心、停车楼、轨道交通站点以及配套业务用房等。

交通换乘中心功能主要包括旅客换乘通道、陆侧商业、预留陆侧办票、配套办公用房、设备用房等，共计约5万m²。

顶层为9.50m标高，商业夹层围绕"绿谷飞梁"换乘大厅在GTC的中心，云中绿甬是立体共享空间的室外表达；二层为6.00m标高，6.00m空中通道是陆侧各种交通方式主要的换乘通道，直接联系T3航站楼，实现轨道交通功能与航站楼的直接联系。同时6.00m标高层也可进入两侧4.00m层和8.00m层的停车楼，通过楼内车道边的垂直交通设施进入此通道，实现出发、到达及换乘功能。首层标高0.00m，设置办公及设备用房，结合中心庭院设置商业；地下一层标高−6.00m，设置站厅层，通过换乘厅内垂直交通可直接与地上和地下联系，并去往航站楼。

交通换乘中心地下预留工程：交通中心地下预留通往T3航站楼人行通廊，面积约为3000m²。近期，轨交旅客通过站厅层内垂直交通，经由6m换乘大通道去往航站楼。远期，当航站楼吞吐量和轨交旅客比例进一步提升，启用地下人行通道，轨交旅客可直接通过地下联络通道平层进入航站楼，该−6m地下联系通道与6m换乘通道互为备份，同时缓解6m通道运行压力。

停车楼设置在交通换乘中心两侧，地上两层，地下一层。本期新建停车楼约13万m²。停车楼采用单元式布局，每个单元不超过1万m²，保持单元之间合理的消防间距，通过车道连接所有的停车单元。

停车库分为三层（0.00m、4.00m、8.00m），总面积约13万m²。车库在8.00m层及4.00m层分别与交通换乘中心相连。车辆由0m标高进入各个车库单元，在南北侧分别设置出入口闸机，共4个主要出入口，方便统一管理。地下车库可上下互通，各出入口互为备份。

停车库各层分别在靠近换乘通道处设置库内车道边，同时保证网约车车道边，车道边两侧集中布置垂直交通，停车库内设计有2～3m宽的专用行人通道。机动车流线以单向大循环为主线，以小循环划分不同的停车区。停车库四周均设有上下坡道互通，循环圈可分可合，并可组合成大的循环流线格局，管理灵活便捷。

轨道交通具有大运量、长运距、高密度、快捷准点的特点，加强枢纽机场与轨道交通的互联互通是扩大机场辐射范围、提高枢纽运行效率的重要举措。根据《太原都市区轨道交通线网规划（征求意见稿）》研究成果，武宿机场区域规划引入1号线、3号线、R1号线3条城市轨道交通线路，在机场T3航站楼前交通中心形成三线换乘节点，车辆均采用A型车6辆编组，最高时速80km/h。

1号线由马练营路向东南进入武宿机场范围，在T2、T3航站楼前分别设站后，向南转入机场东路敷设。1号线工程线路全长43.2公里，设站32座，其中换乘车站11座。

3号线沿机场北侧规划路设武宿北站，向南接入交通中心，设武宿机场T3站后，继续向东敷设，武宿北站可兼顾武宿商务圈远期开发。3号线线路全长48.3km，设车站34座，其中换乘车站14座。

R1号线在武宿机场T3航站楼前设起点站，向南沿机场东路敷设，满足远期中部城市群快速衔接需求。R1号线线路全长78.2km。线路沿机场东路、化章街南规划绿廊、人民南路、真武路、太太路敷设。

交通中心及停车楼（GTC）是机场集成航空、地铁及公路的综合交通枢纽，本次工程在东航站区新建GTC楼，建筑面积约42万m²，包括停车楼、地铁站站厅及配套的商业及办公区等。

总平面图：

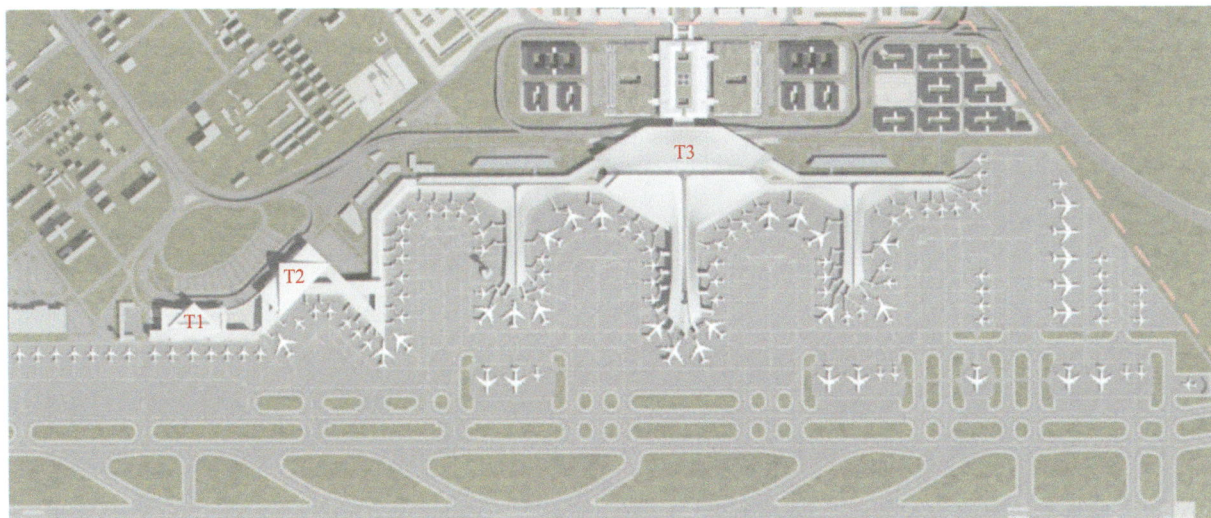

鸟瞰图：

A. 项目概况

项目所在地		太原
建设单位		太原武宿国际机场有限公司
民航专业设计顾问		
总建筑面积		约 58 万 m²
建筑功能（包含）		T3 航站楼、交通中心、车库
各分项面积及功能	T3 航站楼	约 40 万 m²
	交通中心	约 5 万 m²
	停车库	约 13 万 m²
设计时间		2020 年 5 月
竣工时间		—

B. 供配电系统

申请电源		6 组 10kV
总装机容量（MVA）		67.26
变压器装机指标（VA/m²）		103
实际运行平均值（W/m²）		
供电局开关站设置	□有　　□无	面积（m²）

C. 变电所设置

变电所位置	电压等级	变压器台数及容量	主要用途	单位面积指标（VA/m²）
航站楼 1#	10kV	2×1250	照明电力空调	162
航站楼 2#	10kV	2×1600	照明电力空调	162
航站楼 3#	10kV	2×800	照明电力空调	162
航站楼 4#	10kV	4×2000	照明电力空调	91
航站楼 5#	10kV	2×2000，2×2000	照明电力空调	91
航站楼 6#	10kV	2×1600，2×1600	照明电力空调	155
航站楼 7#	10kV	4×2000	照明电力空调	91
航站楼 8#	10kV	2×800	照明电力空调	162
航站楼 9#	10kV	2×1600	照明电力空调	162
航站楼 10#	10kV	2×1600	照明电力空调	162
航站楼 X-1#	10kV	2×2000	照明电力空调	266
航站楼 X-2#	10kV	2×1600	照明电力空调	266
GTC1#	10kV	2×1600	照明电力空调	114
GTC2#	10kV	2×1250	照明电力空调	114
车库 1#	10kV	2×500，4×800 箱变	照明电力充电桩	67
车库 2#	10kV	2×630，4×800 箱变	照明电力充电桩	67

D. 柴油发电机设置

设置位置	电压等级	机组台数和容量	主要用途	单位面积指标（W/m²）
航站楼 0m，1#	0.4kV	600kW	UPS 等应急负荷	9
航站楼 0m，2#	0.4kV	1400kW	UPS 等应急负荷	18
航站楼 0m，3#	0.4kV	1400kW	UPS 等应急负荷	18
航站楼 0m，4#	0.4kV	400kW	UPS 等应急负荷	12
航站楼 0m，5#	0.4kV	2×1000kW	UPS 等应急负荷	18
航站楼 0m，6#	0.4kV	600kW	UPS 等应急负荷	9
交通中心 0m	0.4kV	1000kW	UPS 等应急负荷	20

E. 强电间设置

T3 航站楼强电间

	楼层	面积（m²）	主要用途	空/陆侧	备注
航站楼强电间	各层	15~25	照明电力空调	空/陆侧	121 间
航站楼变电所 1#、10#	0m	350	照明电力空调	空/陆侧	2 个
航站楼变电所 2#、9#	0m	265	照明电力空调	空/陆侧	2 个
航站楼变电所 3#、8#	0m	110	照明电力空调	空/陆侧	2 个
航站楼变电所 4~5#、7#	0m	700	照明电力空调	空/陆侧	3 个
航站楼变电所 6#	0m	500	照明电力空调	空/陆侧	1 个
航站楼变电所 X-1#、2#	0m	85	照明电力空调	空/陆侧	2 个

GTC 交通中心及车库强电间

	楼层	面积（m²）	主要用途	空/陆侧	备注
GTC 强电间	各层	12~16	照明电力空调	空/陆侧	18 间
车库强电间	各层	8~12	照明电力空调	空/陆侧	56 间
GTC 变电所	0m	670	照明电力空调	空/陆侧	1 个
车库变电所	0m	100	照明电力空调	空/陆侧	6 个

F. 智能化弱电设备机房和运用用房设置

T4 航站楼弱电设备及运控用房

	楼层	面积（m²）	主要用途	空/陆侧	备注
T3 航站楼 PCR	0m 层	770	信息弱电主机房	陆侧	
T3 航站楼 DCR	0m 层 /6m 层	86	航站楼汇聚机房	都有	3 间
进线间 / 进线 + 管理	0m 层	67/170	南北两侧	陆侧	2 间
运营商网络机房	0m 层	160		陆侧	1 间
运营商小间	10.5m 层 /15m 层	20-30			8 间

F. 智能化弱电设备机房和运用用房设置

T4 航站楼弱电设备及运控用房

离港机房	0m 层	120			近 PCR
安保现场控制室	0m 层	103		陆侧	1 间
弱电间	各层	20~30	区域、登机桥专用、值机岛专用	都有	
海关机房 / 监控中心		45/45	海关、检疫	空侧	各 1 间
边检机房及监控室		102	边检	空侧	1 间

GTC 交通中心及车库弱电设备及运控用房

换乘中心 DCR	0m 层	106		陆侧	1 间
换乘中心及车库弱电间	各层	15		陆侧	
交通中心安保消防控制室	0m 层	52		陆侧	1 间

G. 智能化系统配置

系统名称	系统配置	备注
数字孪生机场建设	无。各重要系统具备三维操作及展示平台	
数据中心建设	是否建设：本期建设机场云数据中心（北区） 灾备：南北区数据机房互为灾备	
旅客自助流程	自助值机：具备 自助行李托运：具备 自助登机闸机：具备 行李位置追踪系统：具备	
智慧安检通道	智能安检闸机：具备 毫米波门：具备 自动回框：具备 人包对应：具备	
综合布线系统	布线类型：Cat.6 U/FTP 主干布线：室内单模光缆	
通信系统	运营商固网 + 手机信号覆盖	
信息网络系统	系统架构：三层交换网络架构 网络规划：生产网、综合网、安防网、离港网、旅客网、机电网（只提供核心交换机） 多骨干节点：具备	
无源全光网络系统	是否具备：具备 应用场景：无	
有线电视	系统型式：IPTV 节目源：机场有线 + 航显 设置位置：贵宾室、候机区	
信息导引及发布系统	是否与航显系统合用：是 系统型式：网络系统 显示型式：液晶屏、LED 屏 共计显示终端：同航显	
广播系统	系统型式：数字系统 系统功能：机场业务广播、紧急广播	

G. 智能化系统配置		
安全防范系统	入侵报警含双监探测器、报警按钮及声光报警器	
	视频监控：1080P 固定摄像机、快球、人数统计摄像机、人脸识别摄像机、拼接全景摄像机、4K 超高清摄像机、全自动热成像体温筛查系统等 安防存储：在 ITC 设置 30 天热数据存储（IP-SAN）、另全场安防设置 90 天数据存储	
	出入口控制：门禁读卡器	
	一卡通：集成门禁、考勤、就餐、借阅等	
	电子巡查：利用门禁	
楼宇对讲系统	是否具备：具备 应用场景：登机桥远程对讲及开门、楼前公共区对讲求助	
智慧会议系统	是否具备：具备 应用场景：应急指挥会议室会议系统	
时钟系统	系统形式：IP 式 母钟设置：一级母钟在 ITC、二级母钟在 T3 主机房	
智慧公厕	是否具备：具备 应用场景：航站楼公共卫生间	
空气质量监测系统	是否具备：具备 应用场景：旅客流程空间内点状分布	
智慧办公	是否具备：无 应用场景：无	
智慧通行	是否具备：无 应用场景：无	
酒店管理系统	是否具备：无 应用场景：无	
客房控制系统	是否具备：无 应用场景：无	
卫星电视系统	是否具备：无 应用场景：无	
停车库管理系统	车位引导：具备 反向寻车：具备	
智能化集成系统	集成消防、安防、无线对讲、设备监控、能耗、信息发布等	
民航专业系统/信息系统建设	登机桥管理系统、航班信息显示系统、离港控制系统、行李再确认系统、安检信息管理系统、贵宾管理系统、商业 POS 系统等	
信息工程建设情况	主要包含数据中心网络系统、数据中心应用系统、航空收费结算系统、信息集成系统、机场协同决策系统、地服管理系统、空侧运行管理系统、除冰管理系统、机坪车辆管理系统、货运物流信息系统、货站管理系统、货代管理系统、货运安检信息系统、全场安防集成管理平台、机场地理信息系统、设备设施运行管理系统、医疗急救站信息管理系统、能源管理系统、视频会议系统、综合交通管理系统、旅客体验系统、旅客运行管理系统、旅客忠诚度管理系统、商业管理系统、电子商务系统、建筑群通信光缆工程等	
通信工程建设情况	主要包含 LTE 无线通信系统、400M 集群通信系统等	

平面功能布局图：

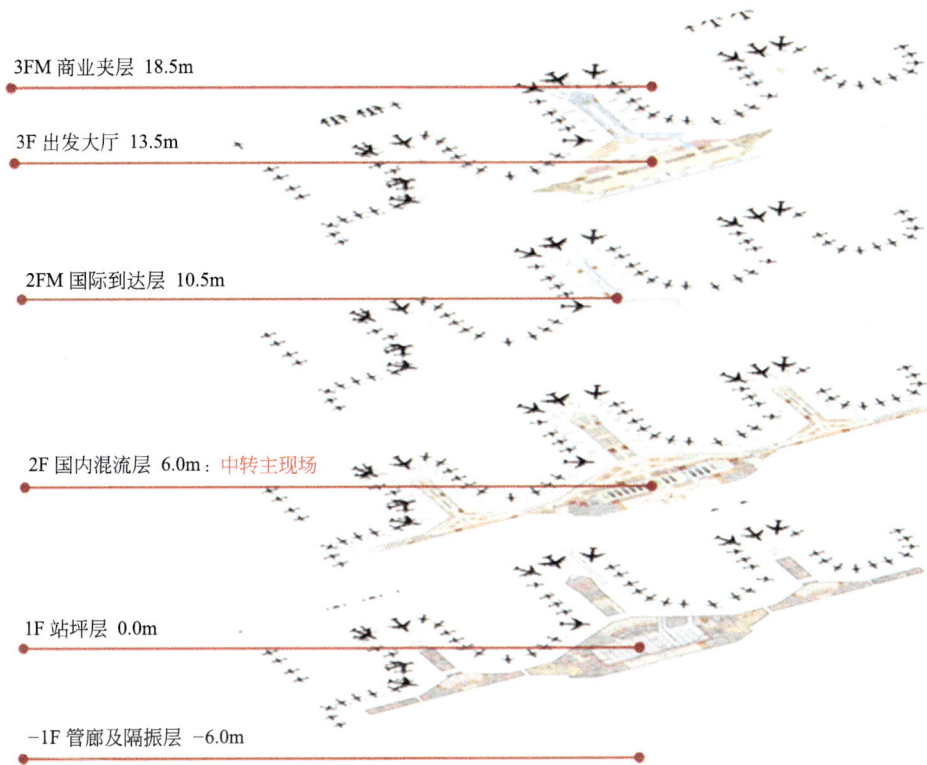

3FM 商业夹层 18.5m

3F 出发大厅 13.5m

2FM 国际到达层 10.5m

2F 国内混流层 6.0m：中转主现场

1F 站坪层 0.0m

-1F 管廊及隔振层 -6.0m

供电网络单线图：

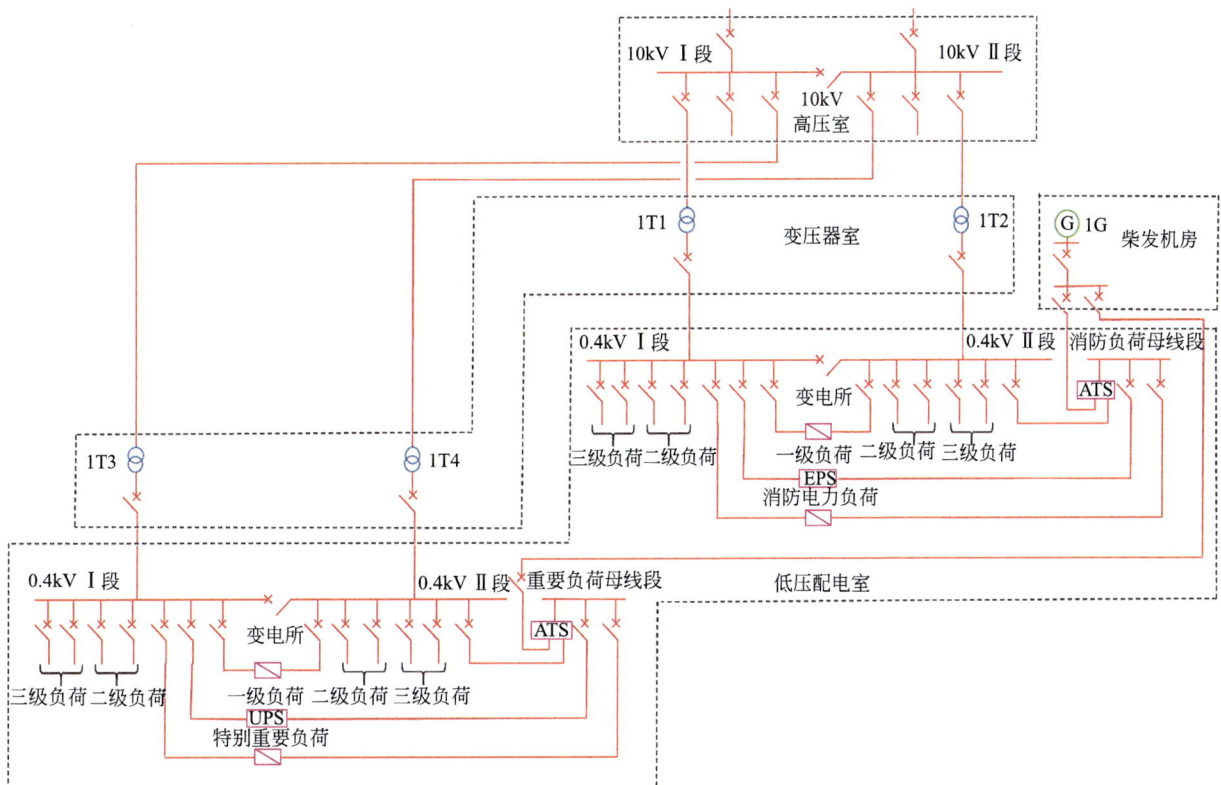

10kV Ⅰ段　　　　10kV Ⅱ段

10kV
高压室

1T1　　变压器室　　1T2　　　Ⅰ1G　柴发机房

0.4kV Ⅰ段　　　　0.4kV Ⅱ段　消防负荷母线段

变电所　　ATS

三级负荷 二级负荷　一级负荷 二级负荷 三级负荷

EPS
消防电力负荷

1T3　　　　1T4

0.4kV Ⅰ段　　　0.4kV Ⅱ段　重要负荷母线段　低压配电室

变电所　　ATS

三级负荷 二级负荷　一级负荷 二级负荷 三级负荷

UPS
特别重要负荷

主要电气机房分布图：

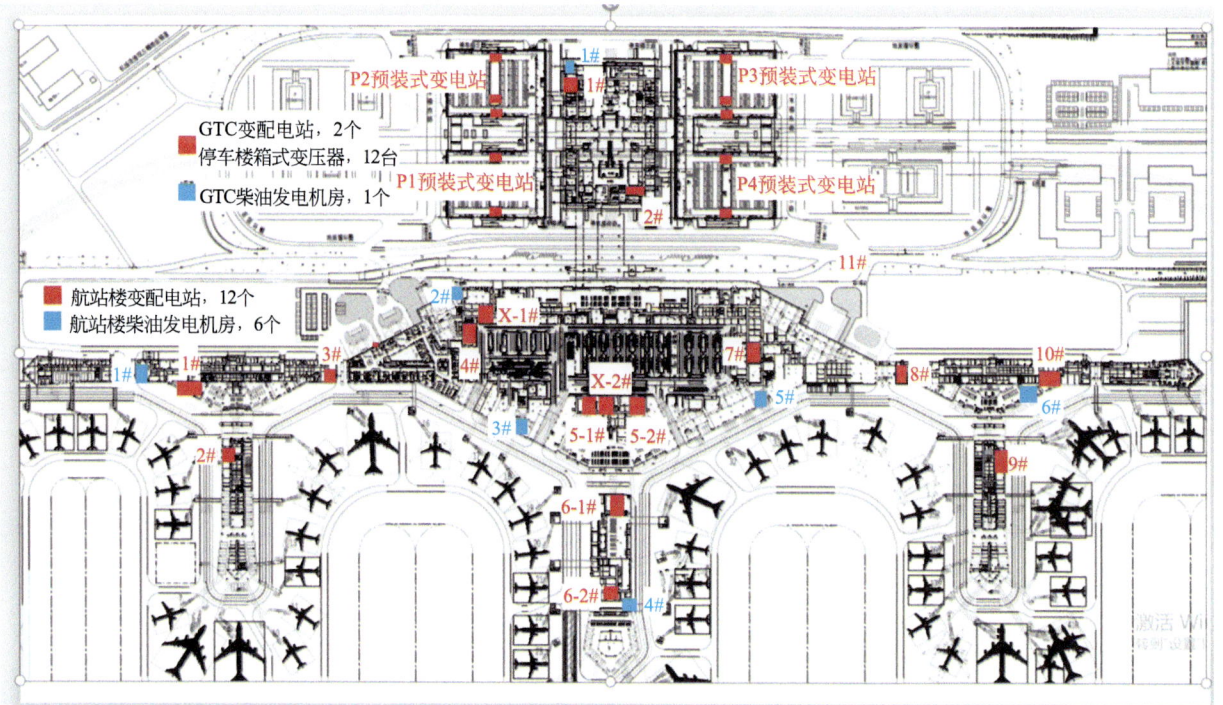

- GTC变配电站，2个
- 停车楼箱式变压器，12台
- GTC柴油发电机房，1个

P2预装式变电站　P3预装式变电站
P1预装式变电站　P4预装式变电站

- 航站楼变配电站，12个
- 航站楼柴油发电机房，6个

X-1#　X-2#

主要弱电机房分布图：

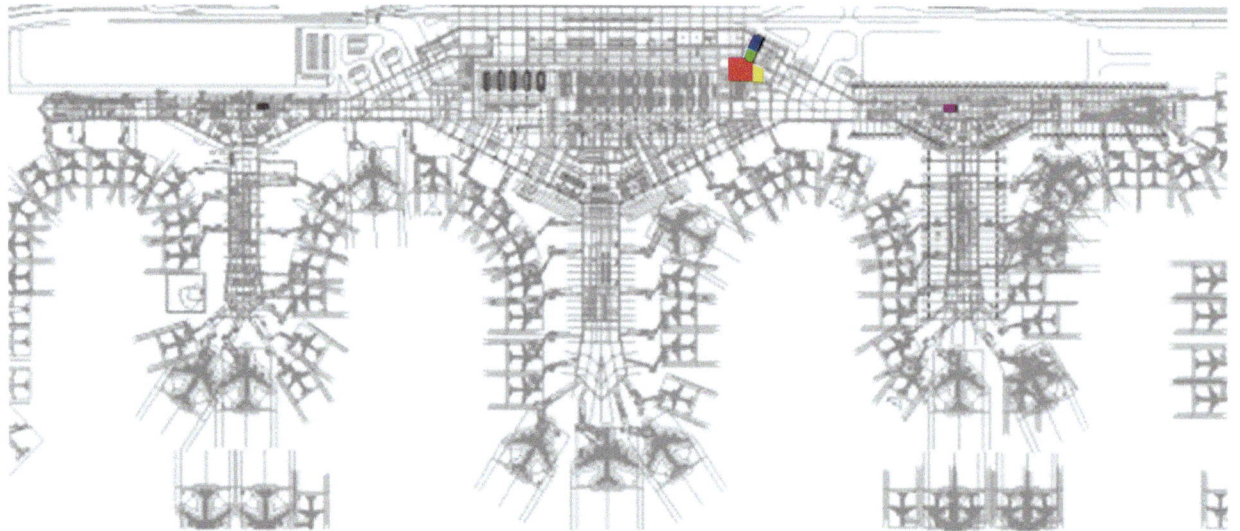

运营商	PCR机房	离港机房	弱电进线间	DCR机房

空港枢纽建筑电气及智慧设计关键技术研究与实践

主要通信管道路由规划：

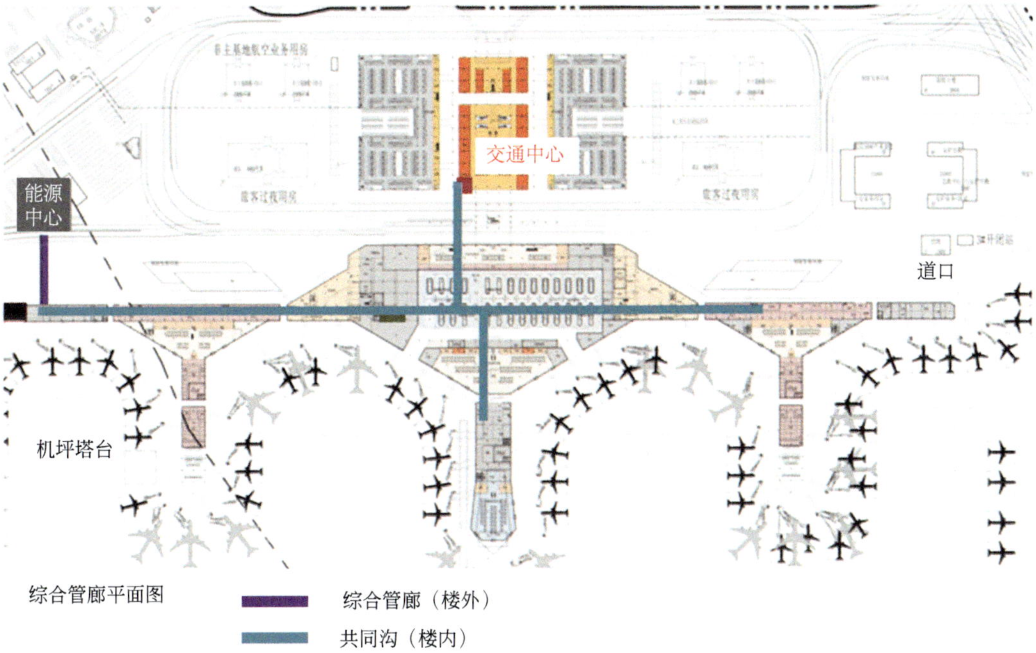
交通中心
能源
中心
道口
机坪塔台
综合管廊（楼外）
共同沟（楼内）

综合管廊平面图

6. 杭州萧山机场T4航站楼

6.1 机场现状

杭州萧山机场一期工程占地7260余亩，2000年12月28日建成通航，二期扩建工程2012年12月30日全部建成投运。

杭州萧山机场现有三座航站楼：T1和T3为国内楼，其中T1航站楼（含地下室面积）约10万m²，设计容量为800万；T3航站楼为两指廊式，面积约17万m²，设计容量为2100万人次；T2国际楼（含地下室面积）约10万m²，设计容量为384万人次。

6.2 基础设计参数

按照省委省政府的发展要求，全力做好2022年亚运会保障工作，杭州萧山国际机场启动了机场新一轮总体规划修编并同步推进三期扩建工程。

杭州萧山国际机场2000年投入运营，至2017年机场旅客吞吐量3557万人次，增长迅猛，航线网络日趋完善，已成为国内10强、华东地区第三大机场，跻身世界机场100强。

三期工程包括T4航站楼、交通中心、上盖开发及配套市政工程等，建成后将提供国际近机位24个，国内近机位50个，至2030年整个航站区容量将达到9000万/年。

6.3 航站楼工程概况

T4航站楼为主楼居中的7指廊构型；地下2层，地上4层，屋面最高点44.55m，总建筑面积约72万m²。

交通中心地下四层，地上2层，总建筑面积约48万m²。

旅客过夜用房和业务配套用房，总建筑面积约16.9万m²。

其中旅客过夜用房包括2幢高层塔楼及2个北侧裙房，地上10层，地下1层，建筑高度44.5m，总建筑面积约9.4万m²。

配套业务用房包括2幢高层塔楼及2个北侧裙房，地上9层，建筑高度42.6m，总建筑面积约7.5万m²。

总体规划设计图：

鸟瞰图：

项目所在地	浙江	
建设单位	杭州萧山国际机场有限公司	
民航专业设计顾问	中国民航机场建设集团有限公司	
总建筑面积	约 137 万 m²	
建筑功能（包含）	T4 航站楼、交通中心、旅客过夜用房和配套业务用房	
各分项面积及功能	T4 航站楼	72 万 m²
	交通中心	48 万 m²
	旅客过夜用房	9.4 万 m²
	配套业务用房	7.5 万 m²
设计时间	2018 年 5 月	
竣工时间	—	

B. 供配电系统

申请电源	6 组 10kV		
总装机容量（MVA）	74.620		
变压器装机指标（VA/m²）	122		
实际运行平均值（W/m²）	—		
供电局开关站设置	□有　☑无	面积（m²）	—

C. 变电所设置

变电所位置	电压等级	变压器台数及容量	主要用途	单位面积指标
变电所 N1	10kV	2×2500kVA+2×2000kVA	照明电力空调	122VA/m²
变电所 N2	10kV	2×2500kVA	照明电力空调	122VA/m²
变电所 N2-2	10kV	2×1000kVA	照明电力空调	122VA/m²
变电所 N3	10kV	4×1600kVA	照明电力空调	122VA/m²
变电所 N4	10kV	2×1250kVA	照明电力空调	122VA/m²
变电所 C1	10kV	4×1600kVA	照明电力空调	122VA/m²
变电所 C2	10kV	4×2500kVA	照明电力空调	122VA/m²
变电所 C3	10kV	4×2500kVA	照明电力空调	122VA/m²
变电所 C4	10kV	2×2000kVA	照明电力空调	122VA/m²
变电所 C5	10kV	6×2000kVA	照明电力空调	122VA/m²
变电所 C6	10kV	2×2000kVA	照明电力空调	122VA/m²
变电所 S1	10kV	2×630kVA	照明电力空调	122VA/m²
变电所 S2	10kV	2×630kVA	照明电力空调	122VA/m²

D. 柴油发电机设置

设置位置	电压等级	机组台数和容量	主要用途	单位面积指标
能源中心	10kV	6x2000kVA	UPS 等重要负荷	10W/m²

E. 强电间设置

T4 航站楼强电间

	楼层	面积(m²)	主要用途	空 / 陆侧	备注
配电间	各个楼层	15~25	照明电力空调	空侧	235 间
变电所 N1	0m	650	照明电力空调	空侧	
变电所 N2	0m	425	照明电力空调	空侧	
变电所 N2-2	−6.5m	165	照明电力空调	空侧	
变电所 N3	0m	545	照明电力空调	空侧	
变电所 N4	0m	370	照明电力空调	空侧	
变电所 C1	0m	485	照明电力空调	空侧	
变电所 C2	0m	650	照明电力空调	空侧	
变电所 C3	6m	650	照明电力空调	空侧	
变电所 C4	0m	300	照明电力空调	空侧	
变电所 C5	−6.5m	650	照明电力空调	空侧	
变电所 C6	0m	120	照明电力空调	空侧	
变电所 S1	0m	3	照明电力空调	空侧	
变电所 S2	0m	300	照明电力空调	空侧	

F. 智能化弱电设备机房和运营用房设置

T4 航站楼弱电设备及运控用房

	楼层	面积（ m² ）	主要用途	空 / 陆侧	备注
PCR	10.8m 层	482	航站楼主机房	空侧	1 间
DCR	0m 层	100×4	航站楼汇聚机房	空侧	4 间
弱电间	各层	20	区域、登机桥专用	空侧	
移动小间	各层	10		空侧	
安检机房	15.6m 层	120	安检	空侧	1 间
边检机房	10.8m 层	120	边检	空侧	1 间
国安机房	10.8m 层	50	国安	空侧	1 间
口岸机房	10.8m 层	20	国安	空侧	1 间

G. 弱电系统设置

序号	平台 / 系统	建设方式	备注
1	综合布线	新建	
2	运控中心	新建	
3	综合桥架及管路工程	新建	
4	时钟系统	延伸	
5	有线电视系统	延伸	
6	楼宇自控系统	新建	
7	机房弱电工程	新建	
8	计算机网络系统	新建	
9	统一通信平台	新建	
10	内部通信系统	新建	
11	高精度综合定位系统	新建	
12	有线通信系统	新建	
13	基础云平台	新建	
14	机场企业服务总线	新建	
15	数据中心	新建	
16	信息集成系统	升级改造	
17	航班信息显示系统	新建	
18	离港系统	新建	
19	机场协同决策系统	新建	
20	行李再确认系统	新建	
21	公共广播系统	新建	
22	安全运行管理系统	新建	
23	视频监控系统	新建	
24	门禁系统	新建	
25	安检信息管理系统	新建	
26	空勤证管理系统	新建	
27	旅客服务管理系统	新建	
28	应急救援管理系统	新建	
29	商业 POS 系统	新建	

平面功能布局图：

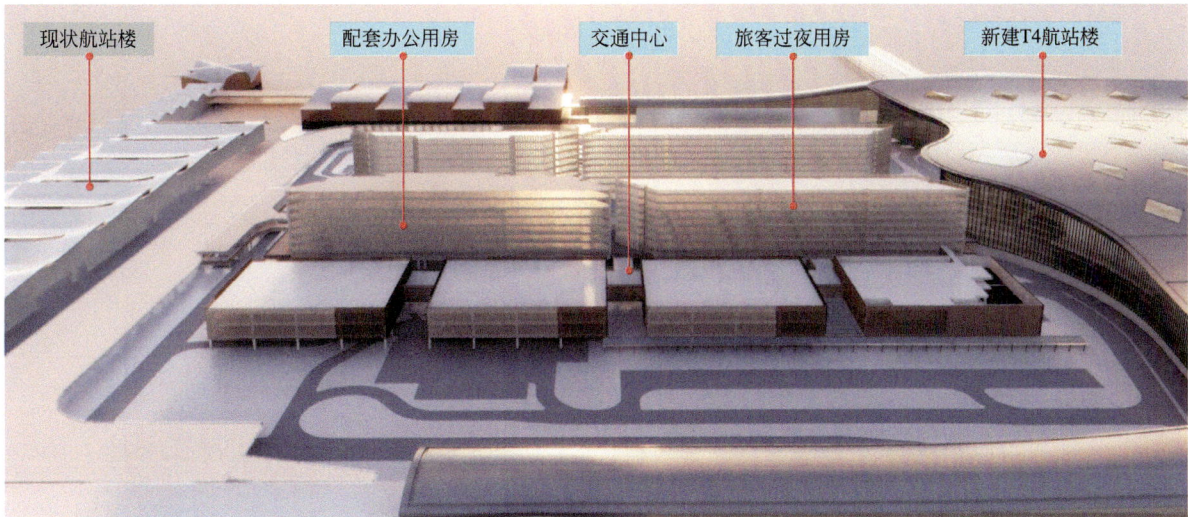

现状航站楼　配套办公用房　交通中心　旅客过夜用房　新建T4航站楼

供配电系统单线图：

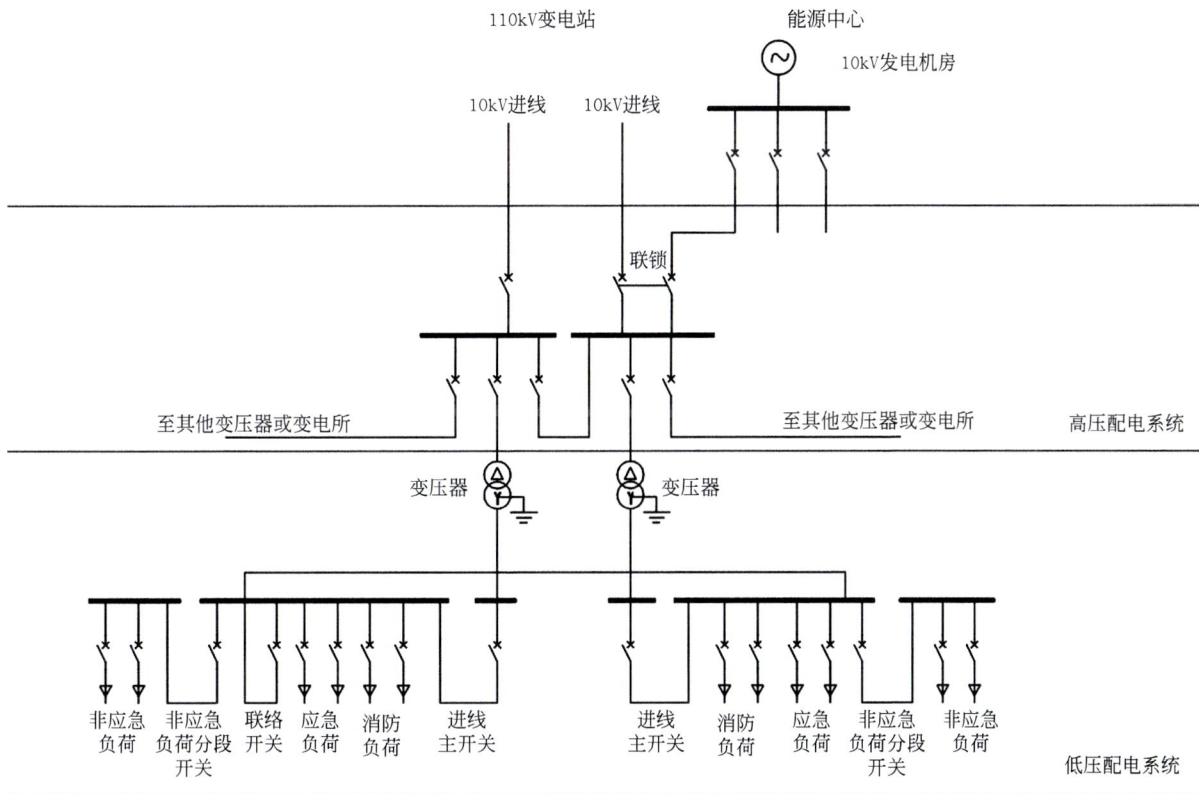

110kV变电站　　　　能源中心

10kV发电机房

10kV进线　10kV进线

联锁

至其他变压器或变电所　　　　　至其他变压器或变电所　　高压配电系统

变压器　　　　　变压器

非应急负荷　非应急负荷分段开关　联络开关　应急负荷　消防负荷　进线主开关　　进线主开关　消防负荷　应急负荷　非应急负荷分段开关　非应急负荷　　低压配电系统

主要电气机房分布图：

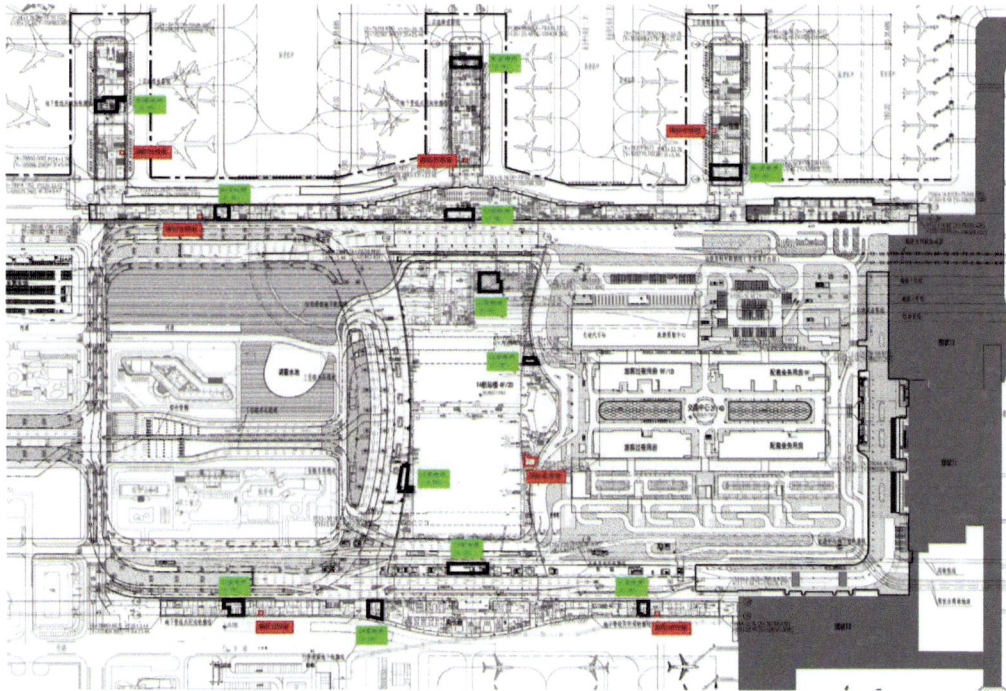

信息弱电总体架构图：

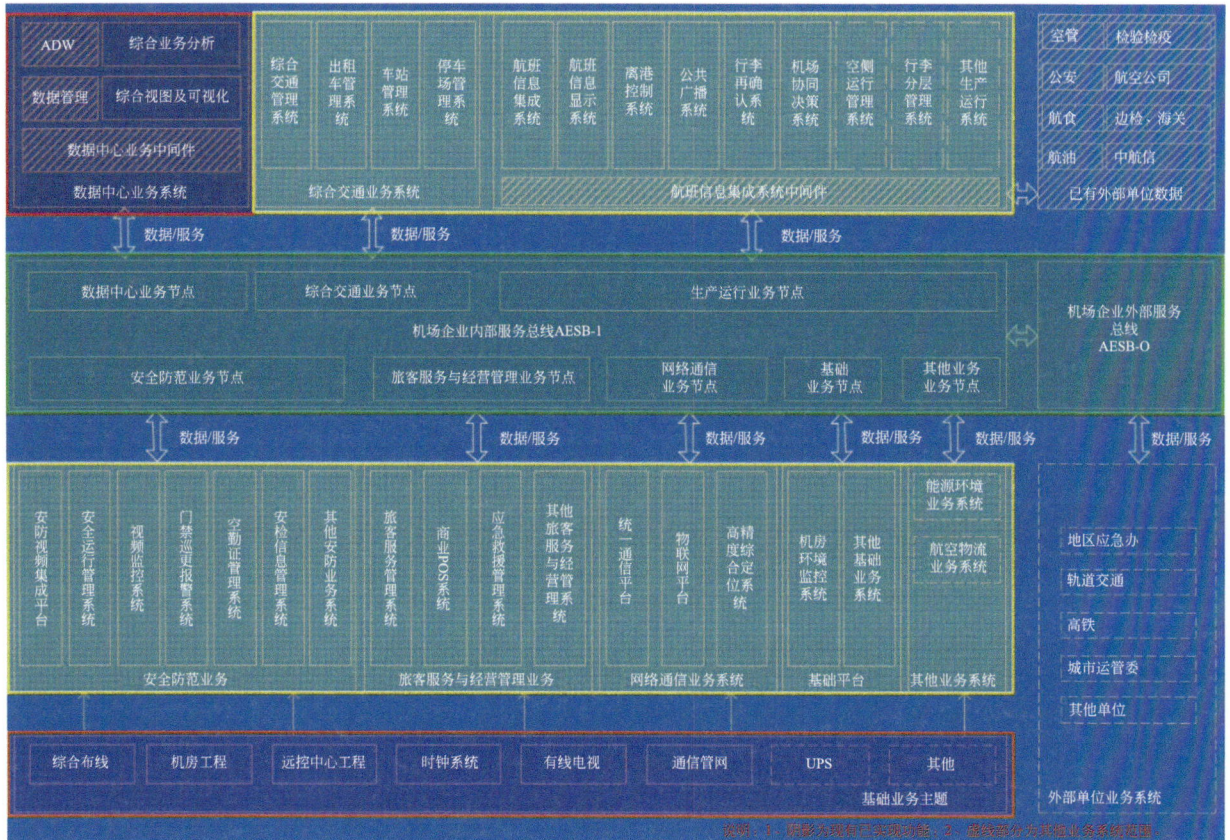

6.4 设计技术亮点

（1）数字出行，全流程的自助服务。

（2）配置较高比例的自助设备，实现旅客从家门到舱门的全流程、全自助的航旅服务。

（3）大量采用人脸识别技术，并建设统一的人脸库，在航站楼运行中能够通过自学习，不断完善人脸库，使旅客在航站楼过程中能够享受更多刷脸服务。

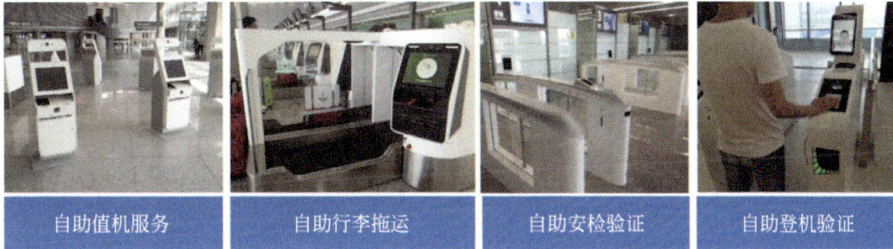

| 自助值机服务 | 自助行李拖运 | 自助安检验证 | 自助登机验证 |

跋

　　1950年，新中国民航初创时，仅有小型飞机30多架，年旅客运输量仅1万人次；时至2021年，我国拥有民航客机4000架左右，年旅客运输量约9亿人次，国内运输机场共248个。按现有增长率，到2025年左右，中国民航旅客运输量有可能赶超美国，届时我国民用机场规划建成数量达到320个，但也仅是接近美国民用运输机场总量的60%。可见，中国机场建设缺口大，面临需要用较少机场实现较大旅客吞吐量的现实诉求，所以，通过智慧机场建设提高机场运行效率至关重要。

　　2010年左右，世界各国的新机场建设纷纷向"airport3.0"阶段迈进，国内机场建设领域在民航局引领下积极探索，2017年，中国民航正式提出"智慧机场"建设理念，并逐步推出了一系列指导意见，鼓励从业者积极研究、实践。2019年9月25日，习近平总书记在出席北京大兴国际机场投运仪式时指示，要求建设以"平安、绿色、智慧、人文"为核心的四型机场。智慧机场建设成为机场建设的重要一环。智慧机场涉及土建、机电、智能化等多专业领域，华东院在国内空港枢纽领域有丰富的设计总包经验，从长期的项目实践中收集了大量的机场建设痛点，总结了一系列的应对措施；作为国内建筑智能化与智慧建筑相关规范标准的引领与主编单位，对智慧机场建设有着深刻的理解。响应民航局技术引领，我院副院长、国家勘察设计大师郭建祥早在2017年便组织院内机场专业技术骨干开展智慧机场关键技术课题研究；2021年开始，结合我院主编的《智慧建筑设计标准》T/ASC 19—2021的创新理念，沈育祥总工程师主持院内技术骨干开展"智慧建筑关键技术研究与实践（机场）"的课题研究。

　　2021年，沈育祥总工程师组织华东院的机电专业技术骨干团队，对空港枢纽项目的电气与智慧设计关键技术再次进行研究、梳理、总结与归纳，反复推敲，几易其稿，于2022年3月底编撰完成了这本《空港枢纽建筑电气及智慧设计关键技术研究与实践》。

本书在编撰过程中，得到了华建集团和华东院领导的大力支持，张俊杰院长、郭建祥大师亲自为本书作序。各位编者认真撰写每一个章节，反复斟酌修改，为本书的编制及顺利出版付出了辛勤的劳动，同时，机场建设和民航行业专家为本书提出了宝贵的指导意见，在此一并表示感谢！

本书凝聚了华东院电气智能化设计师的汗水和心血，希望本书的出版，为我国空港枢纽建筑的电气与智慧设计、实施做出一定的贡献！

2022年4月